国家出版基金项目
NATIONAL PUBLICATION FOUNDATION

"十四五"时期国家重点出版物
出版专项规划项目

现代兵器科学技术丛书

兵器科学技术概论

缪文民 吴明曦 瞿雁冰 周旭芒 等◎著

BINGQI KEXUE
JISHU GAILUN

国防工业出版社
兵器工业出版社
·北京·

内 容 简 介

本书是“现代兵器科学技术丛书”的分册之一，是综合性、总体性、集成性的分册，也是一部以概括兵器科学技术经验传承和创新发展为主要内容的论著。本书主要包括兵器科学技术概述、兵器科学技术发展历程、兵器行业发展与建设、兵器科学技术与现代战争、兵器装备建设与技术管理、国外兵器科学技术发展、发展中的兵器科学技术、发展趋势等内容。

本书既可作为兵器行业科研生产和管理人员、部队官兵的学习材料，也可作为兵器专业本科生、研究生的参考教材，同时还可作为普及兵器科学技术知识的科普读物。

图书在版编目（CIP）数据

兵器科学技术概论 / 缪文民等著. -- 北京 : 国防工业出版社, 2025. 11（重印）. --（现代兵器科学技术丛书）.

ISBN 978－7－118－13814－6

Ⅰ. E92

中国国家版本馆 CIP 数据核字第 2025N51F12 号

※

国防工业出版社出版发行

（北京市海淀区紫竹院南路 23 号　邮政编码 100048）

雅迪云印（天津）科技有限公司印刷

新华书店经售

*

开本 787×1092　1/16　**印张** 22　**字数** 505 千字

2025 年 11 月第 1 版第 2 次印刷　**印数** 1501—3000 册　**定价** 178.00 元

（本书如有印装错误，我社负责调换）

国防书店：（010）88540777　　书店传真：（010）88540776

发行业务：（010）88540717　　发行传真：（010）88540762

出版说明

党的二十大提出了教育、科技、人才“三位一体”强国战略，对实现建军一百年奋斗目标、开创国防和军队现代化新局面作出专项部署，强调坚持机械化信息化智能化融合发展，打造强大战略威慑力量体系，增加新域新质作战力量比重，加快无人智能作战力量发展，统筹网络信息体系建设运用，为兵器科学技术发展和人才队伍建设指明了方向。

近年来，随着科学技术的快速发展，传统兵器科学技术的内涵与范畴，已不能适应新时期军事变革的需要，必须更新和完善兵器科学技术知识体系。2020 年，兵器工业集团决定组织编撰出版《现代兵器科学技术丛书》，成立了由兵器工业集团、兵器装备集团两个集团领导参加的丛书编审委员会，以兵器行业首席科学家、科技带头人为主的丛书编写委员会，以及以兵器行业两院院士为主的丛书学术指导委员会，于 2020 年 12 月正式启动编撰工作。

按照丛书编审委员会的部署要求，丛书编撰出版工作遵循“兵器丛书、兵器主导”的原则，基本定位是：立足现实、着眼未来，以普及更新现有知识和引领未来发展为重点，提高兵器行业科研生产和管理人员、部队官兵的科技素养，为加快兵器科学技术创新发展、建设世界一流军队提供有力支撑。着眼系统性、知识性、引领性，丛书设置综合、装备、基础 3 大类 18 个分册，系统总结兵器科学技术及工程应用发展现状，展望兵器科技发展趋势与方向重点，其中：综合类包括《兵器科学技术概论》《陆域装备体系工程》《兵器智能化技术》3 个分册，介绍了兵器科技总体发展态势，装备体系化、智能化发展趋势等；装备类包括《兵器信息化与信息系统》《机动突击系统技术》《远程火炮与火箭炮技术》《智能化弹药技术》《陆战防空系统》《士兵系统》《定向能与电磁武器技术》《陆战场空天信息资源与应用》8 个分册，介绍了兵器装备的分类、装备技术发展现状与未来发展趋势；基础类包括《火炸药技术》《兵器核心元器组件技术》《引信技术》《火工品技术》《兵器材料科学与技术》《兵器先进制造技术》《兵器技术基础》7 个分册，介绍了与兵器科技相关的基础支撑技术发展现状与未来发展趋势。

2024 年，围绕党中央关于一体推进教育科技人才事业发展的部署要求，根据丛书学术指导委员会的指导意见，丛书编写委员会结合推动兵器学科建设发展，优化了有关分册的结构和内容。

丛书编撰工作历时四年，于 2024 年 12 月完成。丛书内容繁多，虽经不同兵器科技领域的专家精心撰写，并征求有关军内外专家的意见，进行了反复修改，仍然不免会有疏漏和差误。欢迎广大读者提出宝贵意见，以便今后修改完善，为丰富拓展兵器学科内涵、推动兵器科学技术创新发展作出更大贡献。

《现代兵器科学技术丛书》编写委员会

2024 年 12 月

《现代兵器科学技术丛书》

《现代兵器科学技术丛书》之

《兵器科学技术概论》
编写委员会

FOREWORD

前言

兵器科学技术是指兵器装备全寿命周期建设和发展的专业知识体系，主要包括各类兵器装备的基本原理、系统构成、战技性能、工程经验、未来发展等内容，是国家科学技术体系的重要组成部分。兵器科学技术的先进水平，事关国家核心竞争力和军事实力，很大程度上影响和决定着战争的胜负。

本书是“现代兵器科学技术丛书”的分册之一，是综合性、总体性、集成性的分册。第 1 章兵器科学技术概述重点阐述了兵器科学技术的内涵、兵器科学技术体系演变过程、现代兵器科学技术体系主要构成及特点；第 2 章和第 3 章重点阐述了兵器科学技术发展历程、兵器行业发展与建设；第 4 章和第 5 章重点阐述了兵器科学技术与现代战争的相互影响与相互促进，以及面向军事需求、技术发展的兵器装备与技术管理方法；第 6 章国外兵器科学技术发展重点阐述了主要军事强国相关领域科学技术发展战略、作战运用、组织管理和科技发展等；第 7 章和第 8 章重点阐述了兵器科学技术的发展态势，对前沿技术发展趋势及军事应用前景进行了展望。

本书由缪文民研究员担任编写委员会主任，吴明曦研究员、瞿雁冰编审、周旭芒研究员担任编写委员会副主任，对全书结构进行统编设计并确定重大及关键性问题，对每章内容进行统筹、调整和审改。

本书共分 8 章。第 1 章“兵器科学技术概述”由杨建研究员、崔梦莹研究员执笔，第 2 章“兵器科学技术发展历程”由肖宁编审、马玮高级工程师、王晓云博士、聂森高级工程师执笔，第 3 章“兵器行业发展与建设”由武瑞文研究馆员、李一鸣工程师、彭璨馆员执笔，第 4 章“兵器科学技术与现代战争”由郭雷平研究员、蓝新波研究员执笔，第 5 章“兵器装备建设与技术管理”由刘锦松研究员执笔，第 6 章“国外兵器科学技术发展”由门宝副研究员、田泽助理研究员执笔，第 7 章“发展中的兵器科学技术”由胡阳旭副研究员、王勇副研究员执笔，第 8 章“发展趋势”由郑斌研究员、门宝副研究员、何恩山研究员执笔。

《兵器科学技术概论》是众多专家学者和编务人员共同创作完成的，是集体智慧的结晶。借本书出版之际，谨向所有给予本书关心、支持的领导，所有参加本书编写、审查的人员，所有向本书提供资料、图片等的单位和同志，特别是中国兵器科学研究院、中国北方工业公司、中国兵工学会、北方科技信息研究所、中国兵器工业档案馆、北京理工大学、南京理工大学、中北大学、国防大学、陆军研究院等单位，以及于小虎研究员、张小兵教授、曹红松教授、马骁高级工程师、欧建平教授、窦国庆研究员、宋太亮研究员、刘英研究员、李春光研究员、崔剑研高工、缪爱平研高工、孟岩编审、雷明编审、范宁军教授、袁轩研究员等同志，表示最衷心的感谢！

《兵器科学技术概论》编写委员会

2024 年 12 月

CONTENTS

目录

第1章

兵器科学技术概述

兵器科学技术作为军事技术的重要组成部分，是维护国家主权、安全、发展利益的必要条件，是实现国防和军队现代化的物质技术基础，是决定战争胜负的重要因素，也是国家科技进步和经济建设的重要力量。随着科学技术的发展和战争形态的演变，现代兵器科学技术的概念内涵正在不断丰富和拓展。本章从兵器科学技术内涵、兵器科学技术体系演变过程、现代兵器科学技术体系主要构成、现代兵器科学技术特点等方面进行阐述。

1.1 兵器科学技术内涵

兵器科学技术的内涵界定，主要涉及几个相关概念的内涵及其相互关系：一是兵器内涵的界定；二是兵器与武器装备的关系；三是兵器与兵器行业的关系。

广义上讲，兵器的概念内涵主要包括两大方面内容：一是指兵器装备，主要包括陆上作战的单兵班组武器、机动突击系统、火力打击系统、战术信息系统和同时支撑其他军事行动的光电与常规弹药系统等，是进行常规战争、应付突发事件、保卫国家安全重要的物质技术基础；二是指兵器行业，是以研究、设计、试验、生产和保障兵器装备为主，同时为核、航天、航空、船舶、电子等行业提供配套武器装备，为国民经济建设提供相关产品的产业门类。本书中兵器的概念内涵主要是指兵器装备。

当猿人第一次举起木棍、石器等工具挥向猎物或对手，兵器这个概念就在人类历史舞台上登场。春秋战国时期，随着冶金技术的进步，相继出现刀、剑、矛、矢等兵器，并随之出现了盔、甲、胄、盾等防护兵器。公元808年前后，我国炼丹家发明了火药，唐代末期开始将火药用于制造兵器，比如利用火药燃烧喷气推进的火箭雏形。化学能的释放使兵器威力有了质的飞跃，人类从冷兵器时代开始走向利用化学能的热兵器时代。到15世纪，欧洲国家开始发展火炮，火炮逐渐成为战争中的主角。第二次世界大战期间，美、英、苏、德、日更是研制了大批坦克、自行火炮、飞机、战车等，传统以陆上作战为主的兵器概念已不能覆盖面向陆、海、空等作战域的武器装备范畴。20世纪50年代之后，比火炮射程更远、打击更精准的导弹成为各国武器装备研发的重点，导弹的出现改写了现代战争的作战形态。20世纪80年代以来，随着计算机和互联网技术的发展，以C^4ISR为代表的信息系统的出现，标志着武器装备步入了信息化装备时代。近年来，人工智能技术的发展及其与传统技术的交叉融合，正在推动传统的武器装备向智能化装备发展。从木石到钢铁，从刀箭到枪炮、导弹、信息化装备和智能化装备，以兵器为基础的武器装备发展伴随并见证着人类文明的进步。

在冷兵器和热兵器时代，通常把兵器作为武器装备的同义词。从机械化时代开始，现代武器装备的概念范围逐步扩大，包括陆、海、空、天、网络等领域的武器装备，兵器是现代武器装备的一个重要组成部分，并且与其他领域的装备相互关联、相互渗透，见图 1－1。虽然核武器、战略导弹、作战飞机、作战舰艇等武器装备，已经超出了传统兵器的范畴，但其中的部分武器系统、火炸药、战斗部、引信、火工品、核心器件等，仍与兵器科学技术密切相关。兵器是武器装备中消耗量较大、品种较多、使用较广的一类。随着时代的进步，兵器概念的内涵和外延也在不断地延伸和拓展。

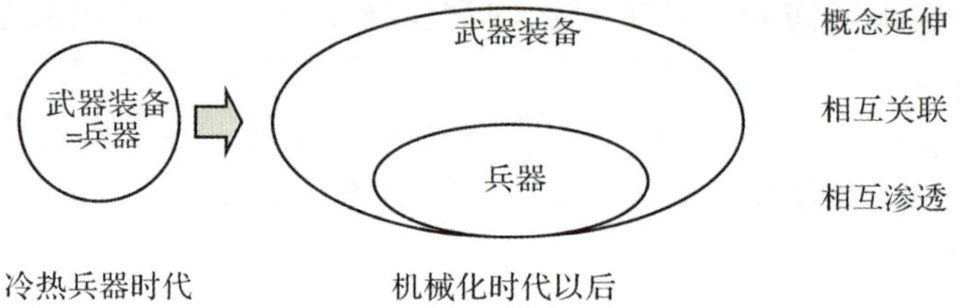

图 1－1　兵器概念示意图

人类的科学技术向前迈一步，几乎总是能在兵器身上找到最为鲜明的足迹。伴随着冶炼技术的出现，人们用金属代替木石来制造冷兵器；火药的诞生，开启了热兵器时代的篇章；随着机械制造能力的进步，坦克、自行火炮开始在战场上广泛应用……科学技术的发展使兵器的运载和发射方式、射程、精度以及杀伤力得到一次次跨越提升。科学技术发展的历史证明，科学技术的众多最新成就往往首先应用于军事，引起军事领域的变革；而军事变革的发展，又在不同程度上促进各种科学技术的发展与进步。底层根技术发明与兵器科学技术跃迁关系如图 1－2 所示。

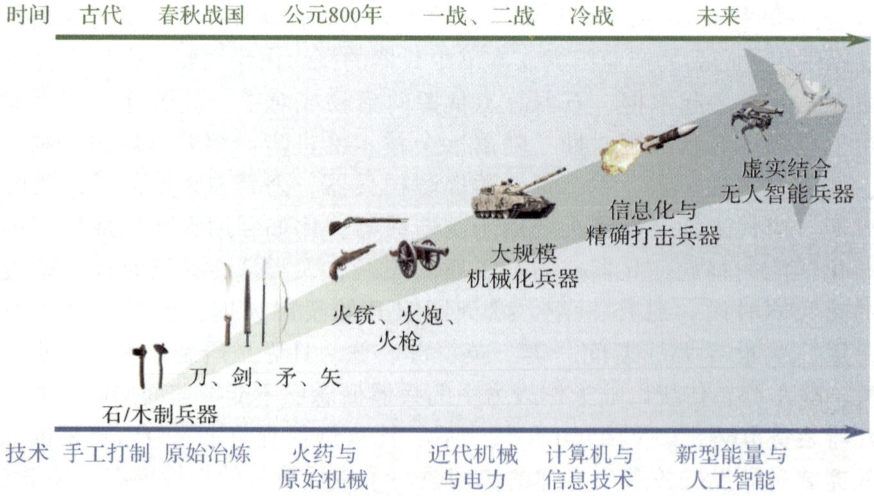

图 1－2　底层根技术发明与兵器科学技术跃迁关系图

兵器科学技术是指兵器装备全寿命周期建设和发展的专业知识体系，主要包括各类兵器装备的基本原理、系统构成、战技性能、工程经验、未来发展等内容，是国家科学技术体系的重要组成部分。现代兵器科学技术是指为满足现代战争需要，运用先进的理论体系、设计思想、工程方法和技术途径，满足兵器装备论证、科研、生产、保障等需要的科学技术群。兵器科学技术研究的内容，主要有3个维度：①系统维，研究材料、器件、组件、分系统、装备系统、集群系统、装备体系建设应用等，各层次技术发展及其相互支撑、相互协作的关系；②建设维，研究发展战略与规划、装备论证与方案选择、工程研制、试验鉴定、生产、储存、使用、维修保障及配套科研生产能力建设与管理等过程中的理论、方法和技术；③发展维，研究机械化→信息化→智能化→前沿科技开发应用的演进规律及其融合迭代关系。兵器科学技术研究三维图如图1-3所示。

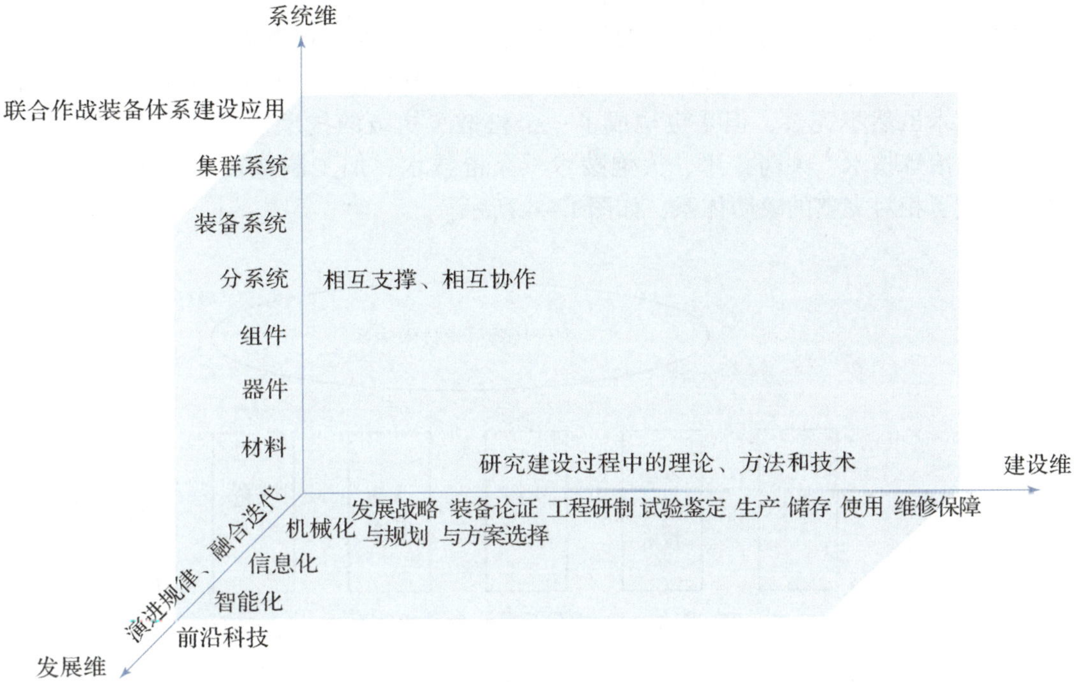

图1-3 兵器科学技术研究三维图

1.2 兵器科学技术体系演变过程

兵器是先进科学与技术最先应用的载体，具有鲜明的时代特征和先进性。随着科学技术的发展，兵器从简单到复杂，从低水平的单一技术发展到高新技术交叉融合的体系化发展，兵器科学技术体系也在不断发展和变化。本书把兵器科学技术体系的发展分为古代兵器、近代兵器和现代兵器三个阶段。

古代兵器科学技术体系主要包含冷兵器和热兵器涉及的相关技术。冷兵器主要是指使用手工制作的石质、铜质、铁质刀枪剑戟及弓箭、甲胄等。在石兵器时期，人类学会了制造石刀、石斧和弓箭，作为杀伤和防护的特殊兵器。在铜、铁兵器时期，以铜合金冶炼、钢铁冶炼和加工制造技术、木工技术、土木建筑工程技术等为代表的科学技术成果，被广泛用于制造兵器和建造军事工程设施，很多情况下只需要单一技术就可以形成武器。比如，利用铸造和锻造技术制造出以矛和剑为代表的各种近战用的白刃兵器，利用材料的弹性制造出弓箭和弩，利用杠杆原理制造出抛石机，利用木材、兽皮等制造出战车、战船、盾和攻城槌及云梯等攻城机械，利用铜片或铁片制造出铠甲、胫甲、头盔等防护装置等。

火药技术及数学、几何学、力学和冶铁、制造等科学技术的不断发展，促进了火枪等热兵器的诞生。同时，数学、力学的研究成果，又促使射击理论和射击技术不断发展，使火枪、火炮的实战性能大幅度提升并得到广泛应用。火药技术的发明将战争由冷兵器战争推进到热兵器战争。随着科学技术的发展，化学能开始取代机械能成为武器投送的主要方式，通过将火药的化学能转换成瞬间爆发的热能，实现了能量形式质的突破，使热兵器的杀伤力得以有数倍、数十倍的提高。有些专家认为，古代兵器的相关技术虽然不完善，但是也构成了一个松散、初级的技术体系，主要由木工技术、金属冶炼技术、火药技术、火炮技术、火枪技术、加工制造技术等专业技术构成，形成了相对完整的攻防体系，如图 1－4 所示。

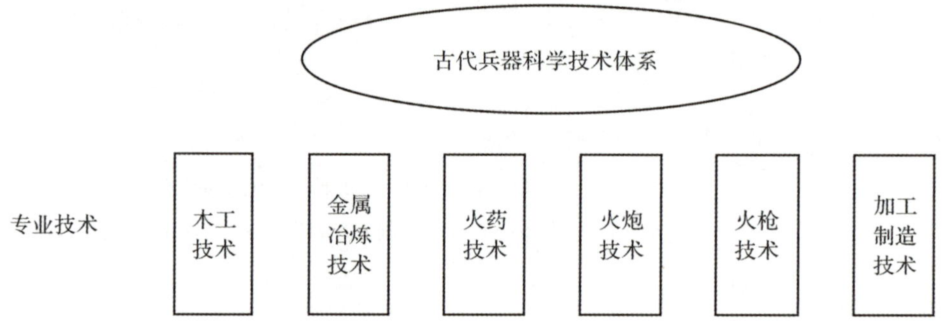

图 1－4　古代兵器科学技术体系

近代兵器科学技术主要是指与机械化兵器相关的科学技术体系。第一次技术革命为兵器的研制和革新创造了技术基础，促进了铁甲战车和机枪等的发展，使战争形态从热兵器战争转变为半机械化战争。第二次技术革命促进了发电机、电动机、电报、电话、无线电通信和内燃机的发明与应用，使机器大工业与电气化融为一体，从而导致坦克、火炮等武器迅速出现和发展，使战争形态从半机械化战争转变为机械化战争。两次世界大战促进了兵器科学技术的迅猛发展。近代兵器科学技术体系主要由坦克装甲车辆技术、火炮技术、枪械及轻武器技术、弹药技术、水中兵器技术等平台技术，以及动力传动技术、发射技术、观瞄技术、弹道技术、防护技术、引信火工品技术、火炸药技术、加工制造技术等核心技术构成，如图 1－5 所示。

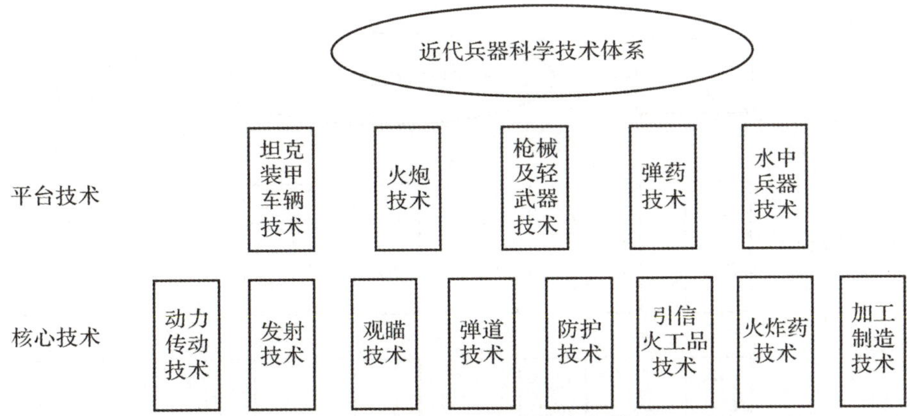

图 1-5 近代兵器科学技术体系

中华人民共和国成立后，兵器工业迅速完成了坦克装甲车辆、火炮、弹箭、火炸药、光电信息五大行业的建设，在机动突击、远程压制、精确打击、高效毁伤、防空反导、信息夜视六大装备领域和动力传动、火炸药、引信火工品、光电信息、新材料与先进制造五大基础技术领域逐步形成了专业配套、门类齐全的专业技术体系。第三次技术革命促进了电子、通信和计算机等技术的大发展，特别是 20 世纪 70 年代以来，随着网络信息技术、微电子技术、光电子技术、生物工程技术、新材料技术和新能源技术等一系列高技术领域的不断开拓，以及在第二次世界大战结束前就已建立起来的无线电技术、航空技术、雷达技术、电子计算机技术、火箭导弹技术的不断发展，使卫星技术、电子战技术、精确制导技术等军事高技术茁壮成长，促使武器装备产生了质的飞跃，电子信息装备、精确制导武器等信息化武器装备得到迅速发展，从而导致战争形态进入信息化战争时代。21 世纪，随着人工智能技术、光电技术、微电子技术、计算机技术、信息网络技术、生物技术、空间科学与技术、新材料、新能源等一大批高新技术的迅猛发展，现代科学与技术呈现相互依赖、相互促进的发展趋势，即科学的技术化和技术的科学化，使科学和技术日益一体化。在高新技术迅猛发展的有力推动下，兵器正发生着以高新科技为主要特征的深刻变革，进一步牵引兵器科学技术的发展，使该科学技术体系的内涵更加丰富。

随着世界新军事革命的深入推进，现代战争已经从机械化战争形态快速向信息化、智能化战争形态演进，发展为体系与体系之间的对抗，军事需求和科技进步促使兵器科学技术的基本理论、专业体系不断进步和发展。现代兵器科学技术体系正逐渐形成由军事学、应用数学和力学、化学工程、机械工程、光学工程、材料科学与技术、信息技术、人工智能、通信工程、电子科学与技术、动力工程与工程热物理、系统工程学科交叉融合的综合性科学技术体系。现代兵器科学技术体系研究内容涉及广泛，包括概念探索、原理研究、方案论证、工程研制、试验验证、生产制造、维修保障、新材料新技术应用等。现代兵器科学技术体系领域更加广泛、内容更加丰富、层次更加分明、关联更加紧密、专业更加融合，体现了现代兵器科学技术体系的复杂性。本书把现代兵器科学技术体系分成体系技术、系统技术、核心技术、支撑技术、前沿技术 5 个层次，每个层次包含若干技术，如图 1-6 所示。

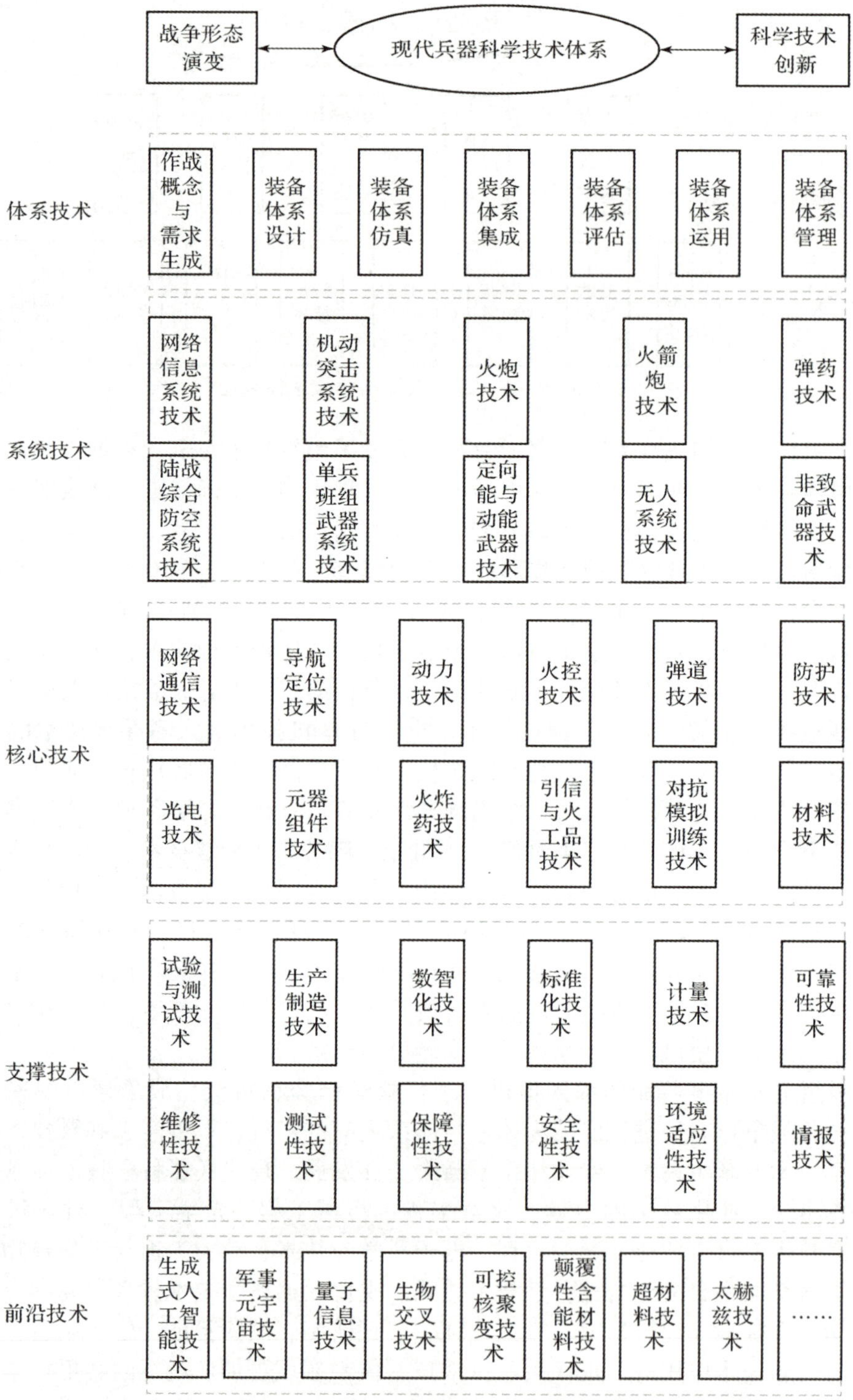

图1-6　现代兵器科学技术体系框架

1.3 现代兵器科学技术体系主要构成

构成现代兵器科学技术体系的体系技术、系统技术、核心技术、支撑技术、前沿技术，是互相联系、互相依赖、互相促进的统一体。现代兵器科学技术体系完整的创新链是从体系技术、系统技术、核心技术、支撑技术、前沿技术开发和产业化应用到规模化发展的全过程。

1.3.1 体系技术

装备体系是在一定的战略指导、作战指挥和保障条件下，为适应一体化联合作战特点与要求，由功能上互相联系、性能上相互补充的各类武器装备综合集成后组成的更高层次的复杂系统，它由主战装备、信息系统、保障装备、无人装备等子系统构成。从世界主要军事大国的发展情况来看，装备体系建设重点聚焦在联合侦察预警、联合指挥控制、联合进攻作战、联合防御作战、联合信息作战、联合综合保障和联合战略威慑等领域。兵器装备体系是由相互独立而又相互协作的不同兵器装备系统为完成一定作战任务而构成的复杂系统。作为体系的一种，兵器装备体系拥有体系所具有的整体性、层次性、子系统独立性、协作性、环境适应性、复杂性、涌现性、演进性等特征。体系技术主要是指兵器装备体系设计、研发、建设、运用过程中采用的理论、手段和方法，主要包括作战概念与需求生成、装备体系设计、装备体系仿真、装备体系集成、装备体系评估、装备体系运用、装备体系管理等。体系技术的研究具有重要意义，它可以提升装备体系整体能力和作战效能，为装备体系的全面、协调和可持续发展提供科学论证手段，为装备体系建设和运用提供决策支持。

1. 作战概念与需求生成

作战概念是对未来特定时间、空间范围内和战场环境条件下如何遂行作战而进行的前瞻性设计，是科学构设未来作战场景、细化研究作战行动、创新作战方法的重要前提。围绕作战概念的提出、设计完善、论证评估、进入条令等活动而展开的系统工程称作作战概念开发。兵器装备体系需求生成是需要跟随战争形态的演进、前沿武器技术的创新、军队编制结构的变化而变化的复杂系统工程，其开发过程需要装备发展部门、一线作战单位、军种、工业部门多方共同协作完成。兵器装备体系需求生成主要有以下几个阶段：兵器装备体系需求生成过程分析—需求生成要素抽取—兵器装备体系需求生成方法—兵器装备体系生成与验证过程实现等，主要是“从顶向下分解”与“自底向上聚合”。

2. 装备体系设计

装备体系设计的主要目的是构建优化的装备体系结构与编配，支持装备体系的规划、论证、设计、集成、验证、评估、优化、管理与决策，推进装备体系的一体化论证与顶层设计。基于模型的系统工程在装备体系结构设计领域已得到广泛应用，该方法在装备体系设计过程中将模型的建立和分析作为中心，具有描述清晰准确、易于交流、验证方便、重复使用和需求跟踪等诸多优势。

3. 装备体系仿真

装备体系仿真是通过模拟仿真、虚拟仿真和实拟仿真等手段，为开发新型作战与装备体系提供作战需求分析和解决方案权衡、红蓝体系对抗推演、体系结构优化与评估等实验环境，从而为装备体系的改进、优化、调整提供定量分析的依据。

4. 装备体系集成

装备体系集成是基于装备体系设计和装备体系仿真优化得到的整体效能最优的装备体系方案，通过“从顶向下分解”与“自底向上聚合”进行综合集成，并在综合集成过程中进行测试与验证，比较该装备体系与/或由其组成的子系统是否满足其能力需求和规范的过程，既可用于鉴定系统和体系的作战能力，也可用于装备体系论证、技术方案验证和性能指标优化、训练使用和战法研究等。

5. 装备体系评估

装备体系评估是指装备体系作战效能评估，在装备体系总体论证中发挥着承上启下的作用，是与军事需求、作战想定及装备体系编成结构相协调的虚实结合的评估，支撑起对作战概念和装备体系结构配置的评估分析，牵引体系中具体装备的性能指标需求。主要目的是为决策者是否采纳设计环节形成的装备体系方案及如何改进装备体系方案，如何选择装备发展重点等提供决策建议。

6. 装备体系运用

装备体系运用是指按确定的装备体系方案进行生产、交付部队之后，与人和编制一起形成战斗力的重要过程，主要指各级指挥员对所属部（分）队的武器装备在作战中的指挥、控制与使用，目的是充分发挥各种武器装备在作战中的整体效能，更加高效地打击敌人。装备体系运用是实现装备建设目标的基本途径，是检验武器装备特性、作战任务与战法融合效果的试金石。

7. 装备体系管理

装备体系管理主要是指装备体系建设的管理，包括兵器装备体系建设的组织、指挥、协调和控制等一系列活动。装备体系管理通过顶层设计、整体筹划，协调各层次、各阶段关系，使装备体系功能配套、结构合理、质量可靠、效费比高，是兵器装备体系建设的重要内容，也是军队管理的重要组成部分。

1.3.2 系统技术

系统技术主要指兵器装备及装备系统的总体设计、结构分析、功能实现、集成优化等活动与过程，是对兵器装备核心技术、支撑技术的综合性运用，同时也会对核心技术、支撑技术提出新的需求。系统技术主要包括网络信息系统技术、机动突击系统技术、火炮技术、火箭炮技术、弹药技术、陆战综合防空系统技术、单兵班组武器系统技术、定向能与动能武器技术、无人系统技术、非致命武器技术等。

1. 网络信息系统技术

网络信息系统是实现作战与装备体系综合集成、提升体系整体作战效能的关键，由信息获取、信息传输、信息处理、信息管理和信息应用等部分组成，主要用于保障军队作战和日常活动。典型装备如 CT4A 机动式旅级指挥中心（图 1－7），是新一代军贸陆军有人/无人协同作战旅（营）级指挥装备，提供涵盖任务规划、兵力编配、作战指挥、战场控制等全流程 OODA 闭环 C^4I 能力，为传统有人作战装备和无人机、无人车、电子战等新质作战装备提供信息赋能，实现旅级有人/无人协同作战。

图 1－7 CT4A 机动式旅级指挥中心

网络信息系统主要包括指挥信息系统、作战信息系统和日常业务信息系统等，见图 1－8。

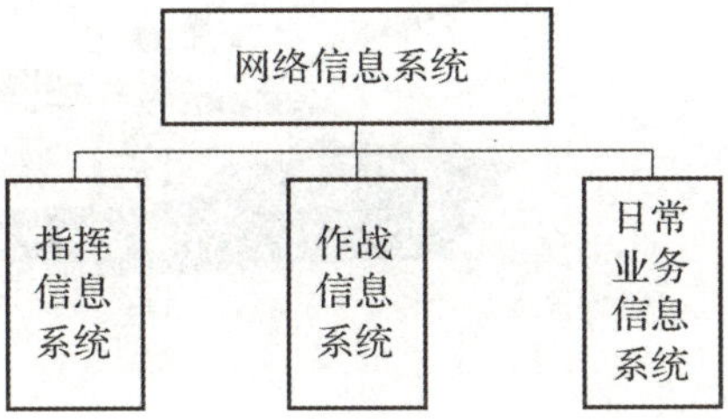

图 1－8 网络信息系统组成

网络信息系统是集成指挥控制、预警探测、情报侦察、信息对抗、战场环境等功能系统，以及政治工作、后勤保障、装备管理等各级各类信息系统的有机整体。网络信息系统技术利用信息技术的渗透性，采用附加或嵌入的办法实现武器装备和作战力量的信息化，将其纳入信息化作战体系；利用信息技术的联通性，通过全域覆盖的通信网络，将分布式部署在不同地域的武器装备和作战人员互联起来；利用信息技术的融合性，将作战力量和武器装备融合为有机整体，形成体系对抗能力。网络信息系统技术主要发展方向包括软件定义架构、数字孪生、泛在操作系统、软件定义战术通信网络技术、虚拟化资源化服务化网络技术、军事云脑技术等，通过“云、网、端”的架构，实现单体智能、群体智能与体系智能的紧密衔接。

2. 机动突击系统技术

机动突击系统技术是指各种用于地面突击与反突击作战的集强大火力、快速机动力、综合防护力和信息力于一体的武器系统技术。以主战坦克为典型代表的机动突击系统具有典型的技术密集型特征。

机动突击系统按照结构形式不同，一般分为重型装甲装备、中型装甲装备、轻型装甲装备、两栖装甲装备、空中突击装备、空降装甲装备和新概念装甲装备。重型装甲装备以主战坦克为代表，突出优点是其强大的火力、优异的越野机动能力和综合化的防护能力，适用于在各种复杂的环境和条件下使用；中型装甲装备通常以轮式装甲车辆为主，兼具机动性、防护性以及火力威力；轻型装甲装备以轮式装甲步兵战车为代表，突出优点是公路机动性好，自身具备战略机动能力，全寿命周期经济性好；两栖装甲装备以两栖履带装甲突击车为代表，突出优点是其海上机动性和抗风浪能力，以及对海岸突击和占领能力；空降装甲装备以履带式空降战车为代表，突出优点是重量轻、体积小、战略机动性好；新概念装甲装备以地面无人作战装备为代表，突出优点是恶劣环境下的生存能力和长时间的值守能力，是有人装备的有效补充。机动突击典型装备主要如下。

VT4 主战坦克（图 1－9）是我国研发的具有完全自主知识产权的新型主战坦克，其各项性能和综合作战能力达到世界先进水平。

图 1－9　VT4 主战坦克

VT5 坦克（图 1－10）是我国研制的一种多功能轻型主战坦克，该坦克适用于泥泞道路、沙漠、雪地、丛林和城市环境作战，可实现高度灵敏的战场态势感知，可满足信息化作战环境下的联合作战需求。

图 1－10　VT5 坦克

VN22 型 6×6 重型轮式装甲车（图 1－11）是面向现代战争需求的新一代高防护大承载中型轮式装甲车，主要编配于机械化部队和快速反应部队，用于机动突击作战人员输送、巡逻警戒、指挥侦察、反恐防暴、国际维和等任务。

图 1－11 VN22 型 6×6 重型轮式装甲车

VN1 型 8×8 轮式装甲车（图 1－12）是我国研发的新型装甲车。该装甲车不仅具有强大的承载能力、高机动性和更高的防护性能、舒适的人机环境，还具有水上浮渡能力，其性能已经达到国际先进水平。

图 1－12 VN1 型 8×8 轮式装甲车

机动突击系统的火力、机动、防护、信息四大性能的提升，需要总体设计技术、车辆综合信息系统技术、武器系统技术、推进系统技术、综合防护系统技术、机电系统技术以及相应支撑技术的创新发展，见图 1－13。不断涌现的新技术，如强激光武器、电磁发射武器等新概念武器，无人车、机器人等智能平台，电驱动、高压供配电等新型供电体制，隐身、软硬杀伤等新型防护手段等，极大地推动了机动突击系统的发展。

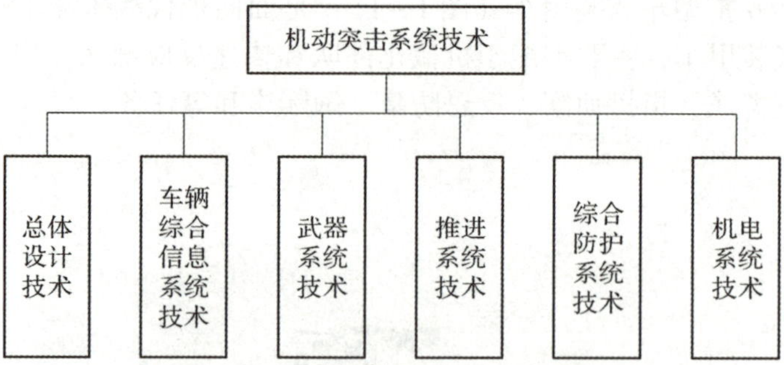

图 1－13　机动突击系统主要关键技术

3. 火炮技术

火炮是指以化学能、物理能或其他形式能量为能源，利用炮管、发射筒、定向器等管轨形结构，将炮弹、激光、微波等战斗载荷和能量发射出去，以便对目标产生毁伤效果的武器。火炮种类较多，配有多种弹药，可对地面、水上和空中目标射击，歼灭、压制有生力量和技术兵器，摧毁各种防御工事和其他设施，击毁各种装甲目标和完成其他特种射击任务。火炮按用途分为地面压制火炮、高射炮、反坦克火炮、坦克炮、航空机关炮、舰炮和海岸炮等。其中，地面压制火炮包括加农炮、榴弹炮、加农榴弹炮和迫击炮。反坦克火炮包括反坦克炮和无坐力炮，按弹道特性分为加农炮、榴弹炮和迫击炮，按运动方式分为自行火炮、牵引火炮等，按炮膛构造分为线膛炮和滑膛炮。典型装备主要如下。

霹雳 PLC52（SH15）型 155mm 车载加榴炮（图 1－14），采用车炮一体化、升降悬架等大量创新设计，具有射击精度高、机动性强、火力猛、反应迅速、可靠性高等优点，代表着 155mm 火炮未来的发展方向。

图 1－14　霹雳 PLC52（SH15）型 155mm 车载加榴炮

SH8（PLZ52）型 155mm 履带式自行加榴炮（图 1－15），是一款 52 倍口径的履带式自行加榴炮，具备各种复杂环境下成系统或自主作战的能力，具有高机动、高防护、远射程、高精度、自动化等特点，满足现代战争中对“战争之神”提出的火力凶猛、反应迅速、点面结合等全新要求，代表了155mm自行火炮的世界一流水平。

图1－15　SH8（PLZ52）型155mm履带式自行加榴炮

AHS4（AH4）型155mm轻型加榴炮（图1　16）具有可靠性高、自动化程度高、重量轻、精度高、反应迅速等优点，是世界一流的155mm轻型加榴炮。

图1－16　AHS4（AH4）型155mm轻型加榴炮

远程火炮是陆军的重要组成部分和主要火力突击力量，具有强大的火力、较远的射程、良好的精度和较高的机动能力，能集中、突然、连续地对地面和水面目标实施火力突击。火炮技术主要由火炮总体设计技术、火炮弹道技术、火炮发射控制技术、火炮信息与控制技术等构成，如图1－17所示。新型弹道技术、发射控制技术、信息与控制技术、智能技术等为加速远程火炮系统创新发展，推动适应现代战争形态和作战样式变革需求提供重要支撑。

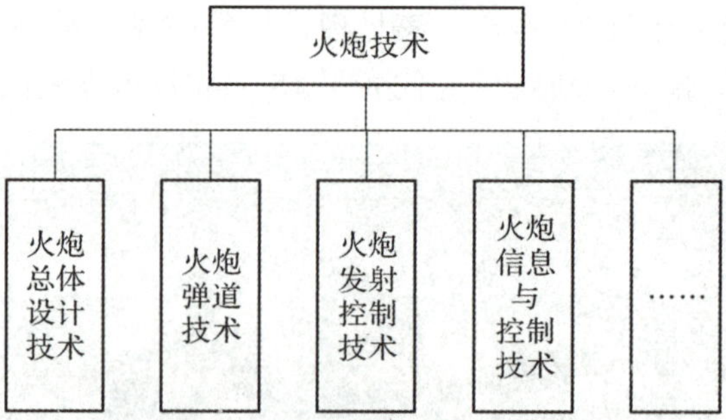

图 1－17　火炮主要关键技术

4. 火箭炮技术

火箭炮技术是关于利用固体火箭推进剂有效能源，通过轨形、笼形或管形机构将作战载荷（火箭弹）发射出去的技术科学和工程应用领域。火箭炮具有射程远、火力猛、威力大、机动性能好、突防能力强的特点，能在短时间内形成密集火力，实施面目标射击，有效填补了身管火炮和战术导弹之间的火力空白，是实施纵深打击的理想武器，是完成火力突击任务的骨干力量，是陆军炮兵压制火力必不可少的手段。火箭炮作为传统压制武器，其主要作战对象为敌方集结的有生力量和技术兵器，包括炮兵、装甲兵、火箭兵等以及指挥通信系统、后勤补给设备、登陆上陆工具及舰艇等。典型装备主要如下。

AR3 多管火箭武器系统（图 1－18）是世界领先的陆基远程精确打击武器系统，系统火力范围不小于 290km，具有射程远、精度高、威力大、反应快等特点，是精确压制、歼灭敌集群目标的有效手段，是慑战合一的武器装备。

图 1－18　AR3 多管火箭武器系统

SR5 多管火箭炮（图 1－19）是一种集成了箱式发射、自动装填和弹箭共架技术的中型高机动火箭武器。该火箭炮兼容发射 122mm 无控/制导、220mm、300mm、610mm 的制导火箭弹，实现了远中近程火力压制和精确打击的有机结合。

图 1－19 SR5 多管火箭炮

火箭炮包含的关键技术主要有系统总体技术、精确打击技术、弹箭共架发射技术、多功能火箭炮技术和火箭炮蜂群巡飞攻击技术等，如图 1－20 所示。此外，火箭弹直接体现了远程火箭武器系统的性能和威力，是远程火箭武器系统的核心。

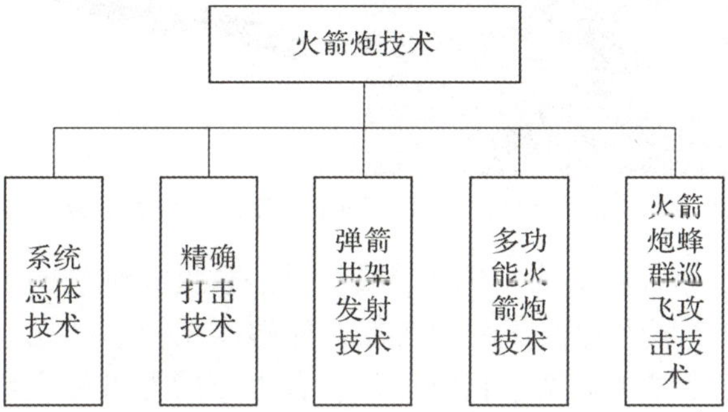

图 1－20 火箭炮主要关键技术

5. 弹药技术

弹药是含有火药、炸药或其他装填物，爆炸后能对目标起毁伤作用或完成其他作战任务的军械物品。传统弹药如枪弹、榴弹、迫击炮弹、火箭弹、航空炸弹等以其制造简单、使用方便、成本低廉、火力迅猛、密集压制等特点在战争的历史上发挥了重要的作用。现代战争更加重视信息化、智能化，既关注打击力度也重视打击精度，具有寻的制导能力（弹上有导引头）的反装甲导弹、制导炮弹、制导迫弹、制导火箭、制导炸弹、末敏弹、巡飞弹等智能弹药应用越来越广泛。典型装备主要如下。

红箭－12E 导弹武器系统（图 1－21）是国际先进的轻型自寻的反坦克导弹，配备串联破甲战斗部，用于打击主战坦克、装甲车辆、雷达站、作战人员和小型水面舰艇等。

图 1－21　红箭－12E 导弹武器系统

红箭－9A 轻型车载反坦克导弹武器系统（图 1－22）是一款远程重型反坦克导弹武器系统，采用电视测角、毫米波指令制导，最大射程 5.5km，发射装置采用车载 8 联装，具有射程远、威力大、抗干扰能力强等特点，可打击披挂先进重型反应装甲的主战坦克。

图 1－22　红箭－9A 轻型车载反坦克导弹武器系统

蓝箭－11 空地导弹武器系统（图 1－23）是一款世界领先的空地导弹，可挂载于多种空中平台，也可集成于地面车辆或舰船，能够实现三军通用。该产品配备了串联破甲和杀爆战斗部，能够对坦克、装甲车辆、有生力量等目标实现高效毁伤，可用于防暴反恐、局部冲突、定点清除等任务。

图 1－23　蓝箭－11 空地导弹武器系统

GP155A激光末制导炮弹武器系统（图1－24）是一款不需试射即可首发摧毁点目标的精确制导弹药，可以对各类阵地工事、行进中的坦克、步兵战车、火炮及其他重要地面和水面目标实现精确点打击。

图1－24　GP155A激光末制导炮弹武器系统

GP155B1卫星制导炮弹（图1－25）是一种采用北斗/GPS＋惯性导航技术和滑翔增程技术的远程精确制导弹药，能够对40km范围内的敌指挥所、通信枢纽、雷达、指挥车、炮兵阵地、野战工事及有生力量等目标实施高效精确打击。该产品具有“发射后不管”和“全天候作战”能力，命中精度高、离轴攻击能力强、后勤保障简便，可以在复杂作战环境下实现快速、精确的火力打击。

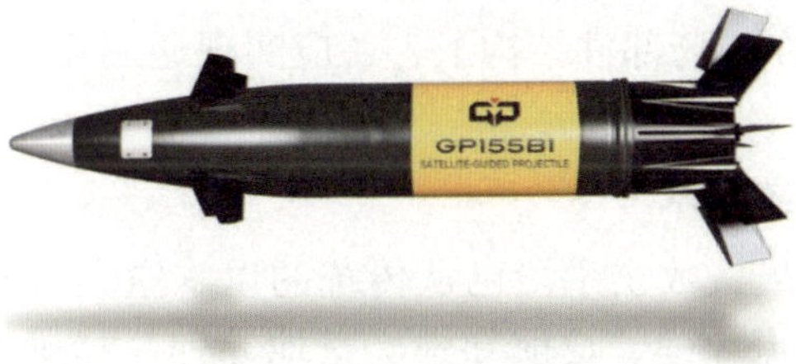

图1－25　GP155B1卫星制导炮弹

GP155C末敏弹（图1－26）是一种由155mm口径榴弹炮发射的灵巧弹药，装载2枚末敏子弹，炮弹弹体开舱后，末敏子弹可自主搜索并攻击地面静止或移动的高价值目标，包括坦克、自行火炮、装甲车辆等。

图1－26　GP155C末敏弹

智能弹药技术主要由系统总体设计技术、导航与制导控制技术、寻的导引技术、动力技术、自主集群技术等构成，如图 1－27 所示。

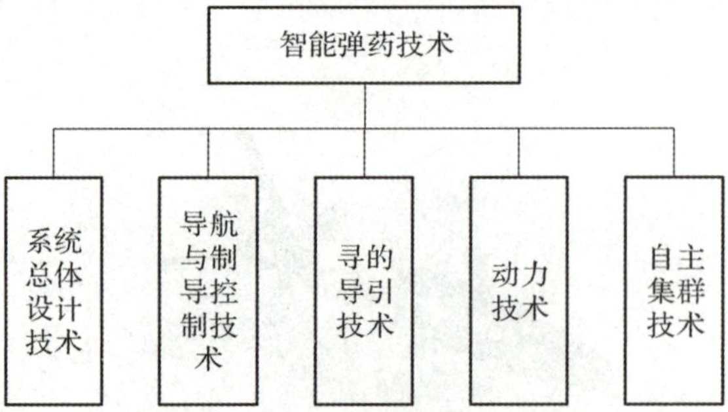

图 1－27　智能弹药主要关键技术

随着科学技术的发展，弹药技术将向着灵巧化、制导化、智能化、微型化、多能化的方向发展。未来采用高破片率钢材制作弹体或装填重金属、预制可燃金属、半预制破片，提高战斗部的杀伤威力；发展智能引信技术，实现最佳的引信与战斗部配合，提高战斗部对目标的作用效率；研制复合作用战斗部技术，增加单发弹药的多用途功能；发展集束式、子母式和多弹头战斗部，提高弹药打击集群目标和多个目标的能力；发展航空弹药和炮弹的简易末段制导或末段敏感技术，提高弹药对点目标的命中精度；发展各类特种弹药技术，执行军事侦察、战场监视/听及通信干扰等任务，适应未来全方位作战需要；采用高能发射药、改善弹药外形，或探索简易增程途径，增大弹药射程。此外，在弹药部件结构上，还应实现通用化、标准化、组合化，简化生产及勤务管理。

6. 陆战综合防空系统技术

现代战争的空袭作战，攻击手段已从传统的以临空轰炸为主，转型为以从防区外、视线外发射战术弹道导弹、巡航导弹、空地导弹、精确制导炸弹等对地攻击制导弹药为主，俄乌冲突中，巡飞弹、自杀式无人机，甚至在商业无人机上挂装的普通炸弹也成为防区外攻击的制导弹药。这样，陆战防空的主要作战对象，就由原来的反飞机为主转向拦截防区外、视线外发射的对地攻击制导弹药为主，这对以反飞机为主的传统地面防空兵器装备的发展与运用提出了严峻的挑战。陆战综合防空系统旨在打破传统防空系统必须成建制研制、配属、使用的限制，将作战单元构成要素进行解耦，形成以指控系统、探测传感器、拦截器和制导数据链等为最小单元的作战资源节点，通过搭建新的高度网络化通信网络，对已有的防空资源进行重新整合，形成最优化的火力配系；采用松耦合、节点化、在线动态编组架构，能够充分组织现有防空作战资源以及扩展接入未来发展的传感器、拦截器的能力，能够通过持续扩展升级，应对现有以及未来不断出现的空中威胁，同时可使未来的防空装备以指控系统、探测传感器、拦截器和制导数据链等为最小单元进行研制、配属。典型装备主要如下。

天龙 100 防空导弹（图 1－28）是中国北方工业公司基于国内成熟的雷达型空空导弹装备最新研发的一型先进中远程防空产品，最大拦截距离 100km，可配属武器系统拦截固定翼飞机、武装直升机、无人机、巡航导弹等各类目标，实现区域防空、要地防空和野战防空等作战任务。

图1－28 天龙100防空导弹

天龙50防空导弹（图1－29）是中国北方工业公司基于国内成熟的雷达型空空导弹装备研发的一型先进中程防空产品，最大拦截距离70km，可配属武器系统拦截固定翼飞机、武装直升机、无人机、巡航导弹等各类目标，实现区域防空、要地防空和野战防空等作战任务。

图1－29 天龙50防空导弹

倚天Ⅱ防空导弹系统（图1－30）由作战车辆和相关保障设备组成，战车装备8枚倚天Ⅱ导弹，集目标探测系统、火控系统、通信指挥系统于一体，具有独立作战能力。多辆战车也可以协同作战，共享情报，相互掩护，协同作战。

图1-30　倚天Ⅱ防空导弹系统

SWS2型35mm弹炮结合防空武器系统（图1-31）是可为陆军机动部队提供伴随近程防空的武器系统，模块化炮塔可以适配多种履带式、轮式底盘适应多种地形作战。该产品可作为一个下属火力单元融入天龙导弹系统执行近程防护、低空补盲防空任务以及机动防空任务。

图1-31　SWS2型35mm弹炮结合防空武器系统

陆战综合防空系统技术主要包括探测跟踪技术、指挥信息技术、火力抗击技术、信息对抗技术等，如图1-32所示。

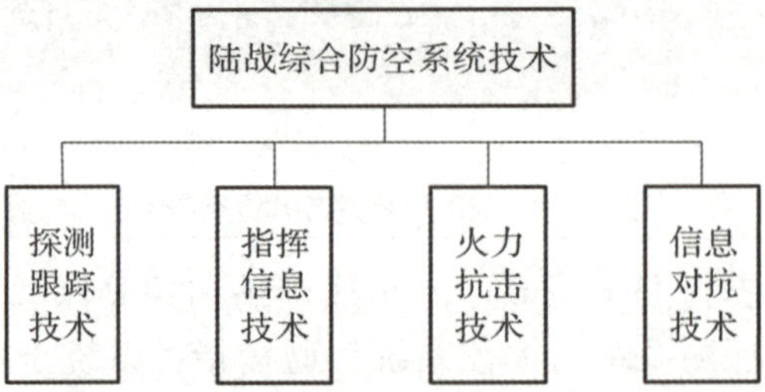

图1-32　陆战综合防空系统主要关键技术

7. 单兵班组武器系统技术

单兵班组武器系统是以士兵为平台，以火力为核心、信息为主导，以提升士兵作战能力为目标，将士兵所需的武器弹药、光电瞄具、通信电台、防护装具、卫生医疗、工程作业和军需保障等进行一体化融合设计的复杂武器系统。单兵班组武器系统涵盖打击、防护、侦察、通信、生存保障等作战全要素，种类繁多、门类齐全。打击方面包括枪械、榴弹武器、单兵火箭弹等；防护方面包括防弹头盔、防弹衣、核生化防护服等；光电侦察方面包括头戴或手持式光电瞄具、手持观瞄仪、测风测距仪等；通信方面包括单兵电台、手机、腕表等；生存保障方面包括睡袋、单兵食品、水袋等。

为适应未来战场要求，提升士兵作战能力，美国在 20 世纪 80 年代首先提出士兵系统概念。士兵系统是以士兵为平台，对各种作战功能子系统进行系统化设计与集成的单兵装备，对士兵的武器、光电瞄具、通信器材、防护用具等作战装备进行优化集成和人机匹配，以大幅度提高士兵的精确打击能力、战场感知能力、信息处理能力和战场生存能力。士兵系统在物理上由“头戴平台、身背平台、手持平台”集成（图 1－33）。

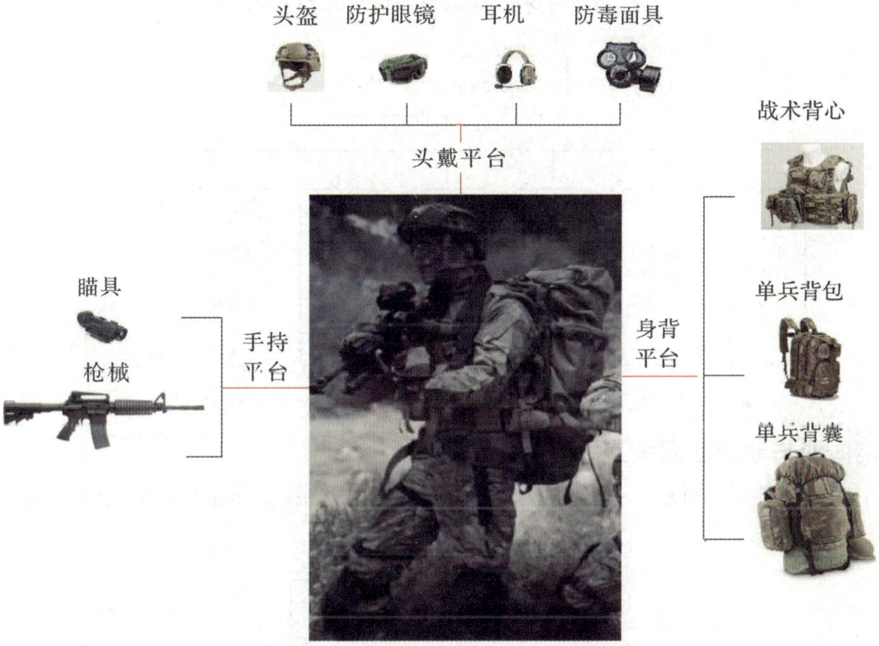

图 1－33　士兵系统物理集成架构

中国新一代单兵综合系统于 2019 年国庆 70 周年阅兵仪式上正式亮相。该系统以士兵为平台、以火力为核心、以信息为主导、以保障为基础，将士兵作战所需的作战、指挥、信息、生存保障、救护等装备进行一体化融合设计的单兵系统，使单兵具备高效打击、态势感知、自由联通、野战生存与战场机会等综合作战能力，将单兵融入联合作战体系的装备系统，是影响中国军队战斗力的基础装备。

单兵班组武器系统技术是士兵系统核心技术之一，用于士兵系统火力打击与毁伤能力的实现，其主要作战用途是杀伤有生力量，毁伤轻型装甲车辆，摧毁简易掩体工事，破坏其他武器装备和军事设施，如图 1－34 所示。现代社会恐怖活动不断发生，单兵班组武器在反恐防暴领域发挥的作用也日益明显，除杀伤打击以外，还需具备对有生目标制服和驱散等非致命打击能力。单兵班组武器系统技术包括单兵武器技术、侦察探测技术、指挥控制技术、信息通联技术、伪装防护技术、携行机动技术、维持保障技术等，如图 1－35 所示。

图 1－34　典型单兵班组武器系统

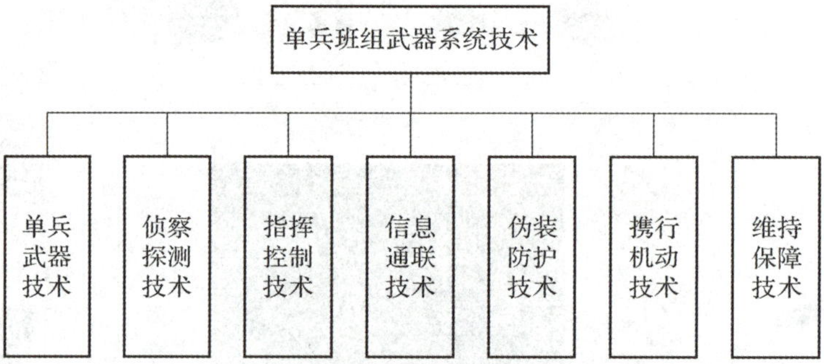

图 1－35　单兵班组武器系统主要关键技术

8. 定向能与动能武器技术

定向能与动能武器技术主要包括动能武器技术、激光武器技术、微波武器技术、粒子束武器技术等，如图 1－36 所示。

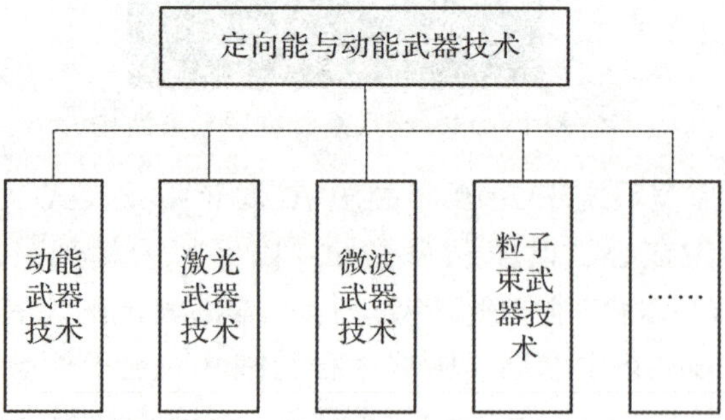

图 1－36　定向能与动能武器主要关键技术

（1）动能武器技术包括电磁轨道发射技术、电热化学发射技术、电磁线圈发射技术等，是以等离子体科学和电磁学理论为基础，将弹道学、热力学、化学动力学、高电压、电磁学等学科技术融为一体的新型技术，可突破传统火炮发射的初速极限，具有超高速、大威力和射程远的优点。法国和德国联合组建的圣路易斯研究所（ISL）建成的“天马座”（PEGASUS）电磁轨道炮，包括50mm圆膛和40mm方膛电磁轨道炮、10MJ电容储能脉冲电源，如图1－37所示。

(a) 50mm圆膛

(b) 40mm方膛

图1－37　PEGASUS电磁轨道炮

（2）激光武器技术主要是用高能激光对远距离目标进行精确射击的武器技术，主要有激光合成技术、高效热管理技术、高能激光聚焦发射及控制技术、自适应光学技术等，具有快速、灵活、精确和抗电磁干扰等特点。激光武器无须弹药补给，作战效费比高，具有打击速度快、命中精度高等优势，主要典型装备如下。

OW5－A50激光武器系统（图1－38）是我国研制的一种基于8×8卡车底盘的高机动低空反无人机系统，用于保护要地和车队免受近距离接近的无人机威胁。该系统集成多种探测手段，可快速精确发现、瞄准、跟踪目标。OW5－A50具备单车作战能力，可提供全天时、全天候、低附带损伤的打击手段，可有效保护重要资产、重大活动和核心人员。

图1－38　OW5－A50激光武器系统

OW5－A30激光武器系统（图1－39）搭载于6×6中型高机动越野底盘，主要作战目标为低慢小无人机。该系统集成多种探测手段，可快速精确发现、瞄准、跟踪目标。OW5－A30具备单车作战能力，也可与其他防空系统集成，可对城市要地、首脑机关、重要设施等目标进行保卫。

图 1 –39　OW5 – A30 激光武器系统

OW5 – A10 激光武器系统（图 1 – 40）是一种基于 6 × 6 轮式越野底盘的高机动低空反无人机系统，用于保护要地和车队免受近距离接近的无人机威胁。该系统集成多种探测手段，可快速精确发现、瞄准、跟踪目标。OW5 – A10 具备单车作战能力，也可与其他防空集成，可对城市要地、首脑机关、重要设施等目标进行保卫。

图 1 –40　OW5 – A10 激光武器系统

（3）微波武器技术是用高能量的电磁波辐射，通过损伤、降级、扰乱、干扰等方式，对敌方电子系统实施攻击和毁伤目标的技术，主要包括高功率脉冲功率驱动源技术，高功率微波产生技术，高功率微波发射、传输和控制技术，高功率微波锁频、锁相与相干功率合成技术等。微波武器具有全天候、光速攻击、精确打击、面杀伤、不造成人员伤亡等特点。21 世纪以来，高功率微波技术逐步与作战平台相结合，相关技术研发和装备应用也受到各国的普遍重视。目前，美国和俄罗斯的总体技术水平处于世界前列。

经过长期的资金投入和技术发展，美国的高功率微波武器技术已基本进入实用化阶段。其中，EPIRUS 公司推出的“莱奥尼达斯”（Leonidas）是一种新型的基于 GaN 固态放大器的高功率微波武器系统（图 1 – 41），该系统可通过固态功率放大器的智能控制优化功率输出，通过频率调谐具备目标普适性，通过功率放大器的灵活更换具备可扩展能力。该系统的小型化和机动性进一步提升，同时具有可靠性高、功率密度大、响应时间快和能在高温条件下工作等优点。2021 年，美国国防部通过试验展示出该系统反无人机（集群）的能力。2022 年以后，EPIRUS 公司将该系统陆续集成到装甲车和无人机等平台上，如图 1－42、图 1－43 所示，用于短程防空和抵近目标式应对无人机（蜂群）的威胁。

图 1－41 Leonidas 高功率微波武器系统

图 1－42 集成于“斯瑞克”轮式装甲车的 Leonidas 微波武器系统

图 1－43 Leonidas 高功率微波吊舱

（4）粒子束武器是一种利用特定方法将粒子加速到接近光速，通过电极或磁集束形成非常细的粒子束流发射出去，用来摧毁目标或使之失效的武器，是定向能武器的一种。根据粒子束是否带电，可以将粒子束武器分为地基带电粒子束武器和天基中型粒子束武器。粒子束武器不受云雾烟等自然条件影响，可以全天候作战。

9. 无人系统技术

无人系统由无人平台、任务载荷、指挥控制系统及天－空－地信息网络组成，是集系统科学与技术、信息控制科学与技术、地面机动平台技术、机器人技术、航空技术、空间技术和海洋技术等高新技术于一体的综合系统。无人系统包括地面无人车辆（UGV）与机器人、无人机（UAV）、无人艇（USA）、水下无人潜航器（UUA）等，统称为UXV。无人系统主要由无人平台（含任务载荷、动力装置以及配套控制系统等）、无人系统控制站等组成。典型装备主要如下。

BZK－005E无人机（图1－44）是一款具备全天候作战能力、复杂环境适应能力、多用途的中高空长航时无人机系统。BZK－005E无人机作为独立作战单元，可配备各类载荷，编配于陆海空等多兵种，用于执行战役级情报、监视、侦察等多种任务。

图1－44　BZK－005E无人机

金雕CR500无人直升机系统（图1－45）是一种多用途无人直升机系统，可挂载光电、雷达等侦察设备，执行战场侦察、目标定位、照射引导、毁伤评估等战术任务。该无人机系统具备垂直起降能力，战斗准备时间短，战场环境适应性强。

图1－45　金雕CR500无人直升机系统

VU－T10 中型履带式无人地面作战平台（图 1－46）是一款具备较强火力打击能力、远距离侦察和操控能力的中型无人战车平台，可遂行远程遥控侦察、监视、巡逻和火力打击等任务，伴随有人装备快速形成战斗力，形成协同打击能力；也可独立使用，满足城市、野外作战需求，减少人员伤亡、提升战场多维感知能力。

图 1－46　VU－T10 中型履带式无人地面作战平台

无人系统技术是利用自主式、半自主式和人工遥控的无人平台以完成预定战术或战略任务为目标的技术科学。无人系统技术包括系统总体设计技术、感知与环境理解技术、自主规划与决策技术、核心器件与任务载荷技术、动力技术、高适应机动技术、人机交互技术、指挥控制技术等，如图 1－47 所示。无人系统技术是机械化信息化智能化高度融合的典型装备技术。

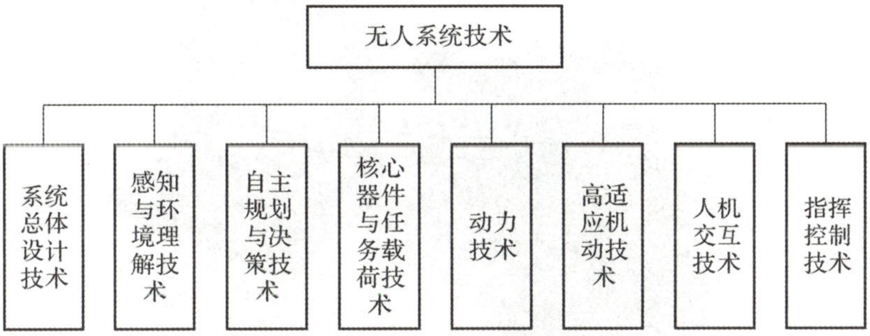

图 1－47　无人系统主要共性关键技术

10. 非致命武器技术

非致命武器技术是利用声、光、电磁、化学、生物等技术手段，使人员或武器装备暂时或部分丧失作战能力的武器技术。非致命武器在作用机理、结构方式等方面与传统杀伤性武器有着本质不同，它不是通过爆炸、穿透和破片等方式来达到破坏目的，而是利用某些物质独特的物理、化学性质使敌方人员暂时丧失战斗能力而不产生致命性的杀伤，也不会留下永久性伤残，能暂时阻止某些车辆、舰船等装备或设备正常运行而不至于造成大规模破坏，并对生态环境破坏最小。图 1－48 为 38mm 防暴枪，图 1－49 为 64mm 遥控防暴武器站。

图1－48　38mm 防暴枪

图1－49　64mm 遥控防暴武器站

非致命武器可根据不同的作战用途、作用机理、结构形式等分为多种类型。从作用的目标分为反人员非致命武器和反物质非致命武器；按技术属性分为物理类、化学类、定向能类、生物类、心理战类、信息战类等。非致命武器的装备有动能非致命武器、化学失能剂、化学刺激剂、闪光爆震弹、声波武器、拒止武器等。非致命武器技术包括非致命化学技术、动能非致命技术、电击非致命武器技术、阻滞技术、激光非致命技术、微波非致命技术、声波非致命技术等，如图1－50所示。

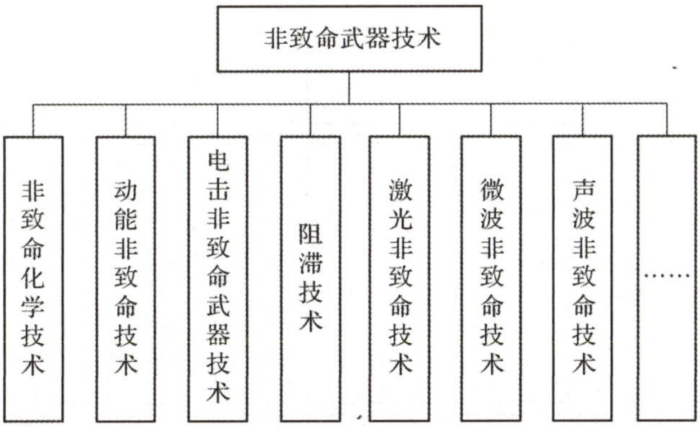

图 1-50 非致命武器技术构成与分类

1.3.3 核心技术

兵器核心技术是兵器装备系统技术的重要组成部分，同一项兵器装备系统技术里需要多种不同核心技术，而某一项核心技术可以支撑多项兵器装备系统技术。兵器核心技术主要由网络通信技术、导航定位技术、动力技术、火控技术、弹道技术、防护技术、光电技术、元器组件技术、火炸药技术、引信与火工品技术、对抗模拟训练技术、材料技术等构成。

1. 网络通信技术

网络通信技术是诸军种、兵种遂行联合作战时信息传输交换的公共平台，支撑作战地域内各作战要素之间战场态势、指挥控制、武器控制和战斗支援等信息的传输，增强指挥员、武器平台等要素对战场态势信息的共享能力。网络通信技术通过对嵌入在侦察、指挥、武器、保障装备中的通信、网络设备进行有序规划、开通、监控、调整，从而实现各作战要素之间信息通联和资源共享，并对战术通信系统进行故障诊断、修复，兼容、扩充发展等处理。网络通信技术主要包括通信传输技术、通信组网技术、通信抗干扰技术、网络安全防护技术、网络运维管理技术、通信业务传输控制技术等。

兵器相关的战术网络通信装备主要包含通信传输设备、通信组网设备、网络安全防护设备、通信对抗设备、网络运维管理设备以及通信节点设备等，战术网络通信装备组成如图 1-51 所示。

通信传输设备包含用于构建骨干网以及用户接入子网，包含光纤、被覆线、局域网、总线等各种有线传输介质以及电台、微波、散射、卫星等各种无线通信装备；通信组网设备主要用于控制通信网络中的路由交换、业务适配以及信道控制，含路由器、交换机、通控器等；网络安全防护设备主要用于网络的安全检测与防护，包含通信网络防护设备、数据资源防护设备以及终端防护设备等；通信对抗设备用于对敌方通信网络节点以及传输链路进行干扰以及破坏的设备，包含通信侦察系统、通信测向和定位系统、通信干扰系统以及综合通信对抗系统等；网络运维管理设备负责为通信网络的实际开设和运行状态监控提供保障，包含节点管理设备、参数分发设备、网络

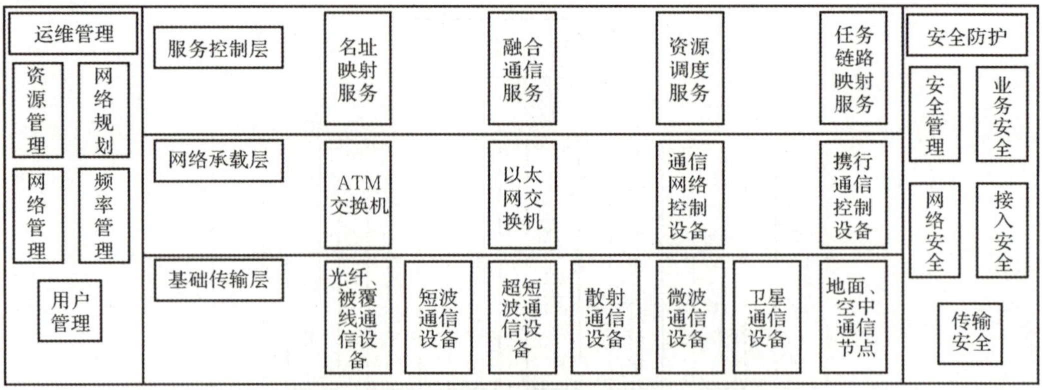

图 1-51　战术网络通信装备组成示意图

规划软件以及网络控制软件等；通信节点设备负责为各级指挥节点接收和分发信息，包含地面通信节点装备与空中通信节点装备。典型装备如 VE23C 型综合通信服务车（图 1-52），集成性能先进的微波、数据链、散射、卫通、HF 电台、UHF/VHF 电台、军用 LTE 等通信装备。

图 1-52　VE23C 型综合通信服务车

2. 导航定位技术

导航定位技术是指实现载体定位、定向、定姿、导航等特定功能的技术，实现在各种条件下自主稳定持续地输出载体当前的时间、位置、航向、姿态，以及线运动（速度、加速度）和角运动（角速度）等信息。导航定位技术主要包括惯性导航定位技术、卫星导航定位技术、组合导航定位技术等。导航定位技术是车辆、火炮、弹药等装备精确导航、制导与控制系统的核心信息源，是实现武器系统“精、准、稳”的关键单元，在武器装备信息化和智能化发展过程中具有不可替代的关键支撑作用。目前，世界上能提供全球卫星导航服务的有美国全球定位系统（GPS）、苏联/俄罗斯格洛纳斯（ГЛОНАСС）、欧盟 Galileo 卫星定位系统、中国北斗卫星导航系统。北斗三号卫星导航系统如图 1-53 所示。

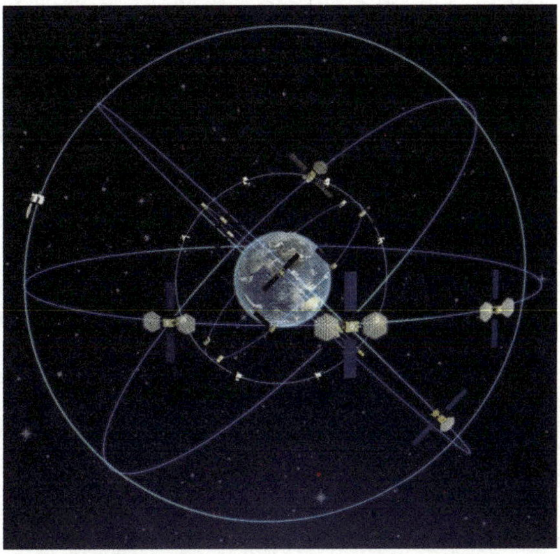

图1-53　北斗三号卫星导航系统

3. 动力技术

兵器装备的动力技术主要包括坦克装甲车辆动力技术、弹用动力技术、无人机动力技术和锂电池、电磁弹射、温差发电、燃料电池、太阳能等新型能源动力技术，如图1-54所示。

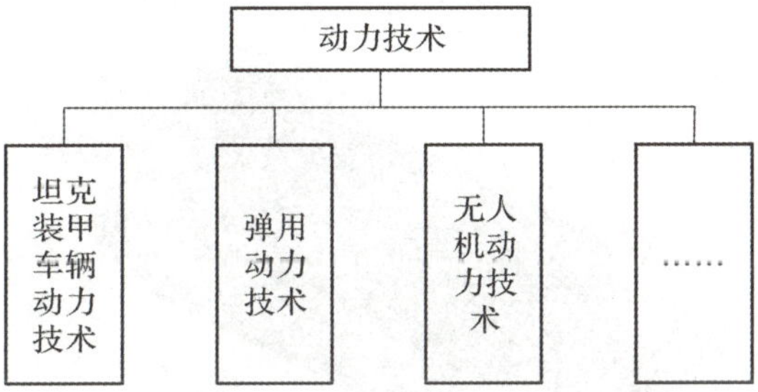

图1-54　动力相关技术

坦克装甲车辆动力技术主要是指地面装备动力、传动、行动系统配合和优化设计，获取高机动能力的技术。坦克装甲车辆上的动力系统包括动力装置、传动装置、动力传动辅助系统和行动装置构成的整体。坦克装甲车辆动力技术直接决定了坦克装甲车辆的机动性能，同时也是其发挥火力性能、提高生存能力的基础。图1-55为带动力传动保障系统的动力系统示意图。

弹用动力技术为弹药的飞行提供能量来源，通过能量高效、可控、稳定地输出，满足弹药高速、远程、高机动、高安全性等作战需求。弹药动力系统类型功能多样、技术涵盖面广，主要包括固体火箭发动机、微小型涡轮喷气发动机、冲压发动机、长航时巡飞发动机及组合循环发动机等。固体火箭发动机（图1-56）具有战备时间短、可靠性高、结构多样、长贮性能稳定、成本低廉等优点，是弹药最常见、最成熟的动力形式，其推力包括单室单推力、单室多推力、多脉冲推力、变推力等多种形式。涡轮喷气发动机（图1－57）具有质量轻、比冲高、长航时等优点，在弹药的远程化发展中，具有非常重要的地位。冲压发动机（图1－58）具有比冲高、结构简单、推力可调等优点，是超声速巡航弹药的理想动力装置之一。弹药动力技术的发展水平直接关系到弹药的综合性能，对弹药射程、突防能力、作战灵活性的提高具有重要意义。

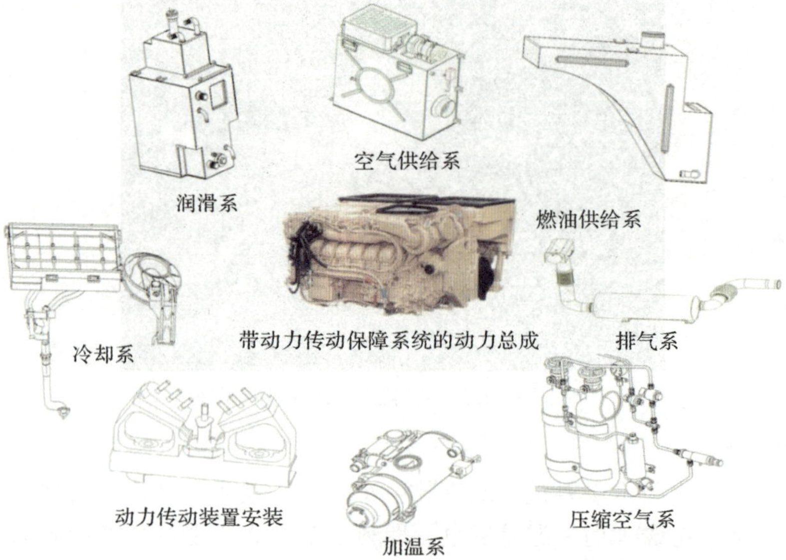

图1－55　带动力传动保障系统的动力系统示意图

图1－56　固体火箭发动机结构示意图

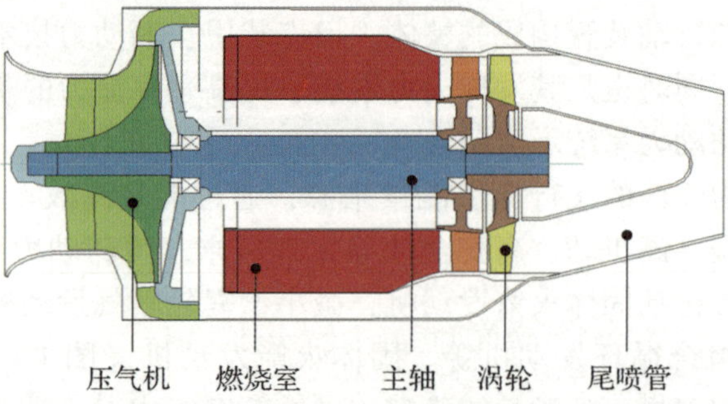

图1－57　典型弹用微型涡轮喷气发动机结构示意图

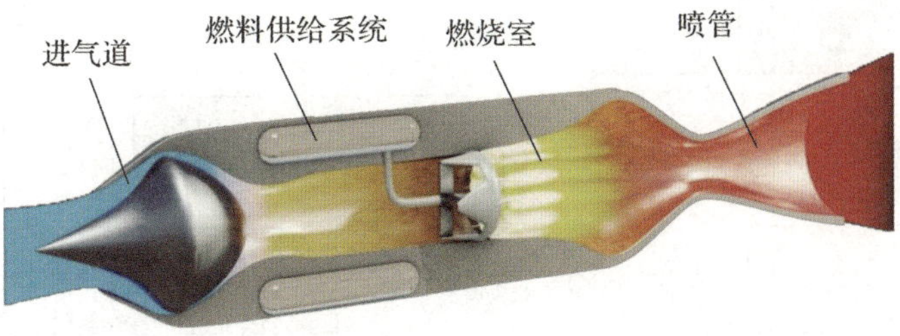

(a) 液体火箭冲压发动机

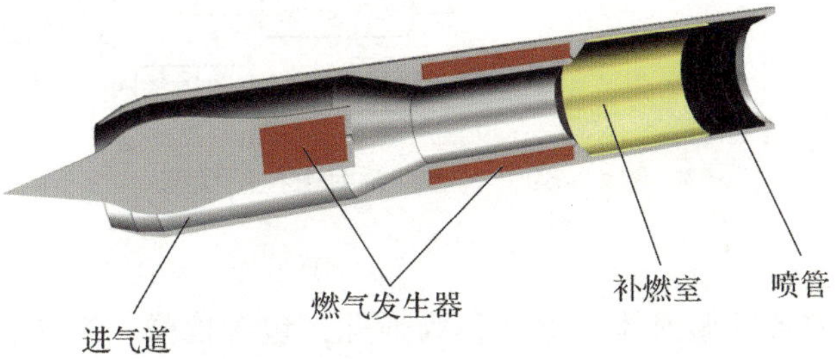

(b) 固体火箭冲压发动机

图 1－58　冲压发动机结构示意图

无人机动力技术的发展与无人机的发展趋势密切相关、相辅相成。一方面，无人机的发展需求牵引带动了动力技术的发展；另一方面，动力技术的发展反过来又推动了无人机的发展。无人机的动力装置包括活塞式发动机、转子发动机（旋转活塞式发动机）、涡轮喷气发动机、涡轮风扇发动机、涡轮螺桨发动机、涡轮轴发动机、电驱动系统（用电池组/蓄电池、燃料电池和太阳能电池给电动机供电，驱动螺旋桨）、微型发动机、冲压式喷气发动机、脉冲爆震发动机，以及各种组合发动机。

4. 火控技术

火力控制系统（简称火控系统）是指通过独立、相互或协同发挥作用完成并实现火力控制全过程和功能的所有单元、设备单体和分系统的统称。火控系统主要由目标搜索与跟踪系统（光电计算机）、信息处理与弹道解算系统（火控计算机）、火炮稳定与射击控制系统（伺服计算机）三部分组成，现代化的火控系统还需要有测距观瞄系统、导航系统、位姿测量与解算系统、弹道气象测量系统为火控计算机提供各类信息。火控的工作过程具体包括：战场观察，对目标的搜索、发现、识别、跟踪、确认、瞄准、测量与接收或设置（解算诸元）、解算（弹道射击诸元）、装定（射击诸元）、发射与控制（武器），对目标（毁伤）状态的评估与修正，确定再次打击。火控系统射击控制模型如图 1－59 所示。

火控技术是指支撑火控系统完成对目标搜索、发现、瞄准和发射等相关功能的各项技术的统称。火控技术发展的趋势是智能化、自主化。智能化火控技术是利用人工智能、自主控制等技术实现目标火力打击过程无人化、自主化，主要包括目标自主搜索和识别、目标自主跟踪、打击优化决策、自动火力打击实施等技术。

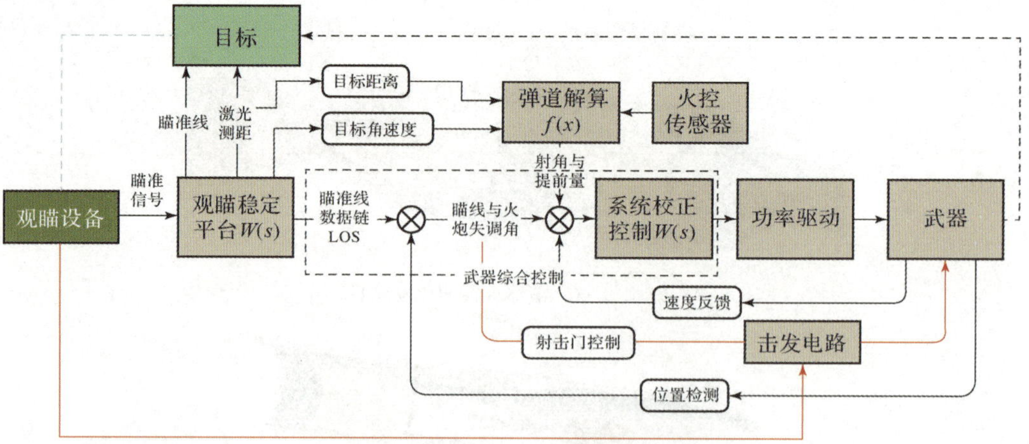

图 1－59　火控系统射击控制模型

5. 弹道技术

弹道技术是研究各种抛射体（通常称为弹丸，包含枪弹、炮弹、航空炸弹、火箭弹等）在抛射全过程中的运动规律及伴随的有关现象的技术。弹丸从抛射起点到终点，要经历启动、推进、在空中运动、对目标作用等不同的过程，并在不同环境中表现有不同的规律和产生不同的现象。弹道技术的根本目的在于应用全弹道系统的观点在理论与实践上指导武器的设计和改进，是武器在优化的条件下达到预定的射程、射击精度及破坏效果，并保证稳定的弹道性能和武器的准确使用。图 1－60 为炮射侦察滞空弹的作战过程弹道示意图。

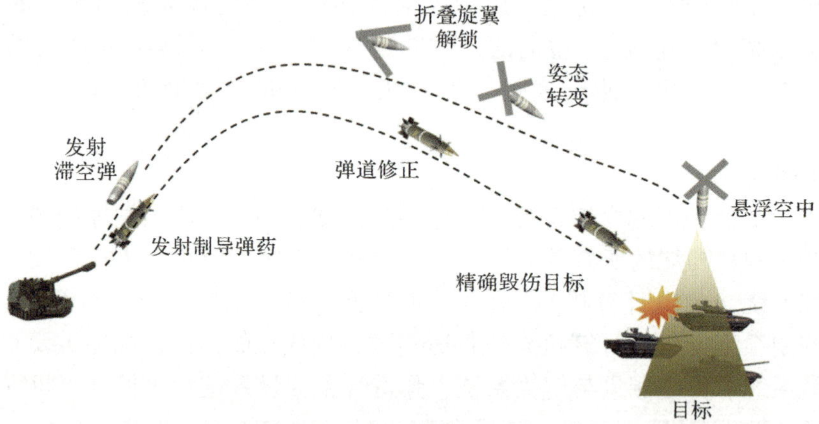

图 1－60　炮射侦察滞空弹的作战过程弹道示意图

弹道技术分为内弹道技术、外弹道技术、中间弹道技术、发射动力技术、终点弹道技术、火箭导弹发射技术、水中弹道技术以及新概念发射技术等，如图 1－61 所示。

内弹道技术是研究发射过程中枪炮膛内、火箭发动机及其他发射装置内的火药燃烧、工质流动、能量转换和弹丸运动等规律以及伴随有关射击现象的技术总和，主要技术包括模块装药内弹道技术、新型弹药内弹道理论与技术。

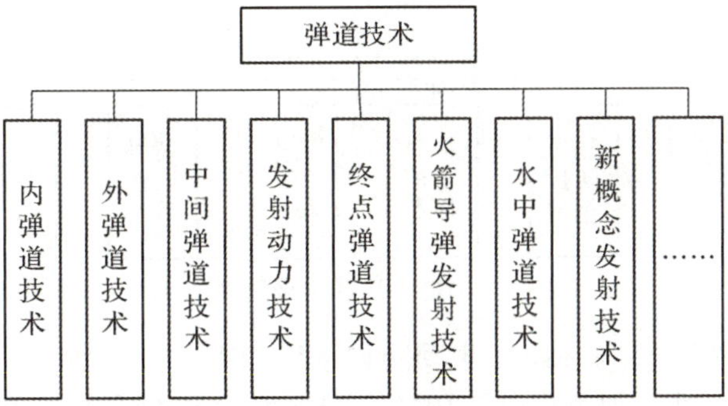

图 1-61 弹道相关技术

外弹道技术是研究弹箭及其他发射体在空中或水中的运动规律、飞行性能及有关现象的技术总和，主要技术包括非线性外弹道理论、弹箭飞行控制的外弹道理论与技术、电磁轨道炮弹飞行弹道设计理论与技术、弹箭增程技术、稀薄气体及临近空间外弹道理论。

中间弹道技术是研究身管武器发射过程中，弹丸穿越膛口流场时的受力状况、运动规律，以及伴随膛内火药燃气排空过程发生的各种现象的技术总和，主要技术包括复杂发射环境下的中间弹道技术、中间弹道危害控制及其防治标准技术。

发射动力技术是研究武器系统发射过程中受力与运动规律的技术总和，主要技术包括武器多体系统发射动力学快速可视化仿真与设计技术，武器系统发射动力学模拟、测试与控制技术。

终点弹道技术是研究弹丸/战斗部机理及对目标毁伤效应的技术总和，主要技术包括以新材料、新原理为基础的新型穿甲、破甲技术，超高速碰撞终点弹道技术，目标易损性与毁伤效能评估技术。

火箭导弹发射技术是研究以火箭发动机为推力源的发射载荷生成与作用、装备响应与控制、生存安全与环境兼容的技术总和，主要技术包括发射装备战场生存安全理论与技术、火箭导弹多样式发射理论与技术。

水中弹道技术是研究各种射弹或其他发射体从发射、跨介质入水、水中运动、与目标交会到终点毁伤全过程的运动规律及有关现象的技术总和，主要技术包括水中内弹道技术、入水弹道技术、水中外弹道及其超空泡技术、水中中间弹道技术、水中爆炸声波传播理论与技术、水中终点弹道技术。

新概念发射技术是通过发射原理与发射能源的创新提高发射能力的新型发射技术的总和，主要技术包括电热电磁发射技术、膨胀波火炮发射技术、液体药发射技术等。

6. 防护技术

兵器的防护技术主要是指地面装备、人员应对战场威胁，防探测、防命中、防击穿、防毁伤，提高战场生存力的技术手段，包括综合防护总体技术、隐身防护技术、主动防护技术、装甲防护技术、特种防护技术、人体防护技术等，如图 1-62 所示。

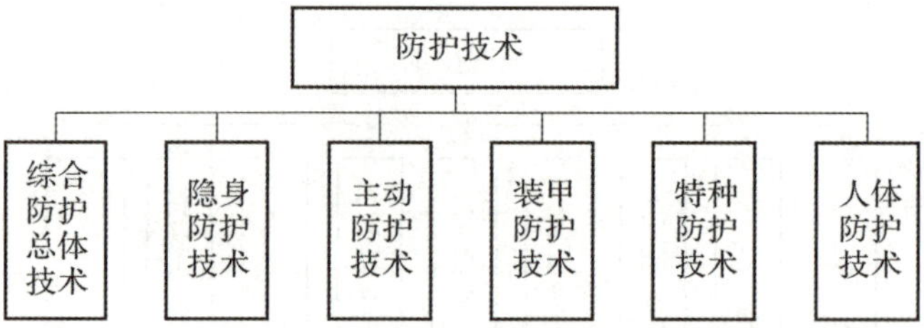

图 1-62　兵器主要防护技术

以色列的"铁拳"（Iron Fist）主动防护系统如图 1-63 所示，使用高爆预制破片战斗部拦截弹对目标进行硬杀伤，采用转台定向发射和两个双管发射器，每个覆盖方向角 270°。其轻量高速定向发射器可远程遥控拦截弹，发射器可容纳两枚拦截弹和一个红外干扰模块，该系统可对抗穿甲弹，并可降低爆轰二次伤害。

图 1-63　以色列"铁拳"（Iron Fist）主动防护系统

兵器防护技术是在与威胁的不断博弈中发展起来的技术，其技术内涵也在不断地变化。坦克装甲车辆将采用系统集成的生存力解决方案，从单一的以装甲防护为主向全方位综合防护概念转变，综合采用主动和被动防护措施、常规和特殊防护手段，包括隐身技术、新型装甲材料、新型装甲结构、软/硬杀伤主动防护技术、二次效应防护技术和三防技术等，形成"避免被发现、避免被攻击、避免被击中、避免被击穿、避免被毁伤"的防护体系，即装甲车辆的综合防护系统概念。人体防护技术是指用于单兵免遭子弹和破片袭击的防护技术，是未来单兵作战系统的主要组成部分，可有效保护人体重要部位，提高士兵战场生存能力和战斗能力。人体防护技术包括防弹衣技术、防弹头盔技术和防弹盾牌技术等。

7. 光电技术

光电技术是光电侦察感知、精确制导武器的重要基础技术，光电技术迅速发展及其在兵器装备中的广泛应用，提高了兵器装备的信息化含量和智能化水平，加强了武器系统常规威慑和实战能力，推动了兵器装备向信息化智能化兵器方向发展。光电技术门类宽泛，涉及多个专业（学科），包括理学的光学、工学的光学工程、仪器科学与技术、物理电子学与光电子学、电子科学与技术、计算机科学与技术等，涉及光电材料与器件、光电测量与传感、光电信息、光电对抗、光电制造、前沿光电及体系应用等方面，支撑目标探测、稳瞄跟踪、信息显示、火力引导以及精确毁伤等功能实现和装备研制。

光电装备是采用光学、光电子学为主要技术途径，与机械工程、电子科学与技术、计算机科学与技术等学科结合，形成特定功能和性能、满足军事斗争需求的装备，如侦察、观瞄、火控、制导、导航、显示、对抗、打击等典型装备。兵器光电装备基本覆盖了真空、固态、化合物、硅基、光发射、光接收、光显示等全部光电器件，具有紫外、可见光、红外光谱范围的紫外、蓝绿光、微光、激光、短波红外、中波红外、长波红外以及多波段复合的各种类型探测器光电产品，涉及材料、器件与微系统、整机与装备、系统应用以及光电测量等全产业链，具备光电装备与技术体系化自我迭代的便捷优势。图 1－64 为激光焦平面探测器组件结构示意图。

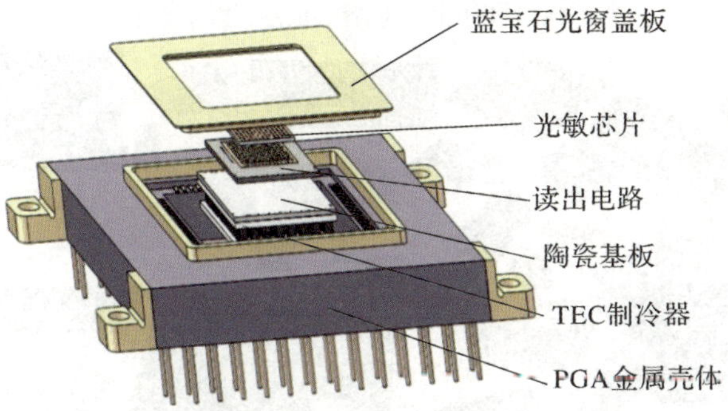

图 1－64　激光焦平面探测器组件结构示意图

光电技术主要包括光电侦察感知技术、光电对抗技术、光电制导与瞄准技术、通信组网技术、光电材料与器件技术等，如图 1－65 所示。

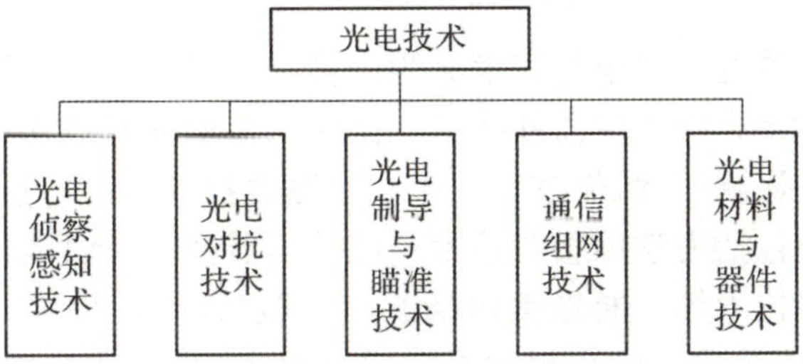

图 1－65　光电主要关键技术

8. 元器组件技术

兵器的元器组件技术主要是指兵器装备信息智能化必需的核心关键元器组件，包括元器件、组件、模块、芯片、片上系统等（图 1－66）。元器件是指具有非线性功能，具有单向导通、控制、变换、放大等作用的独立单元，是电子/光电子系统或整机中最基本的单元。组件是指在电子学和光电子学中，装配、组合和集成了多个元器件、零件、部件、模块，甚至结构件、电连接器、散热器等，成为在电子/光电子系统或整机中具有较多和相对完整的功能件。模块是在电子学和光电子学中，在现场维修时无须再分解的最小（但不一定简单）独立单元，即在现场维修中以整体替换故障独立单元的方式进行维修。芯片是通过集成电路技术将具有完整功能的电路，甚至多个电路系统变为微电路或片上系统，可集成在半导体（例如硅、砷化镓等）晶圆片上成为微芯片或芯片。它能将数以亿计的半导体管集成在一个芯片上，因而具有功能强大、尺寸体积小、质量轻、功耗低等诸多优点，是兵器领域、国防乃至国民经济所必需的战略资源。

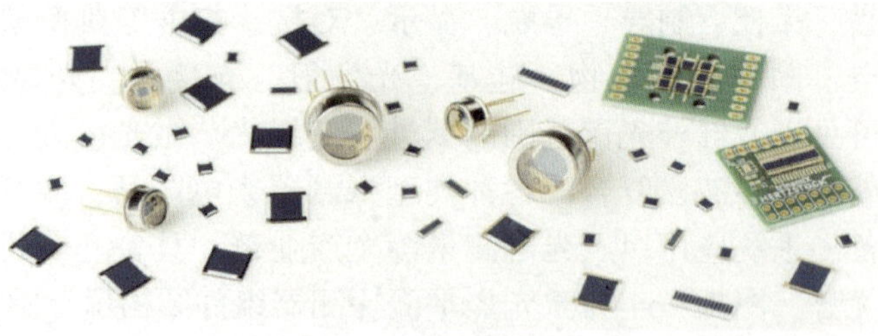

(a) 典型电阻、电容、电感、微型变压器

(b) 典型模块、集成电路芯片、电路组件

图 1－66　典型电子元器组件

按工作原理将兵器的元器组件技术分为图像类、探测类、感知类、通导类和信息类等。图像类包括硅基光电成像器件技术、微光图像增强器技术、紫外成像器件技术等；探测类包括红外探测器/组件技术、激光探测器技术、雷达器件/组件技术、光学元件技术等；感知类包括力学传感器技术、磁传感器技术、温度传感器技术、声传感器技术、化学传感器技术等；通导类包括北斗接收机/终端技术、惯性单元技术、无线电通信器件/组件技术等；信息类包括信息处理电路/芯片技术、声光/声表面波器件技术、信息显示技术、电源技术等，如图 1－67 所示。

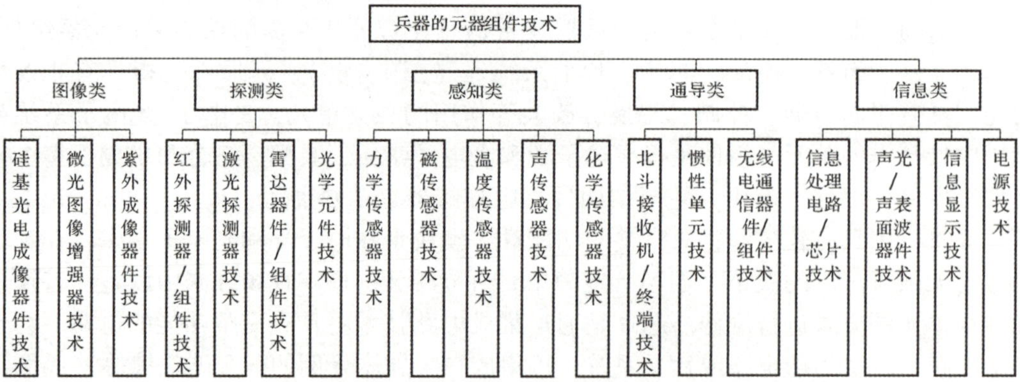

图 1－67　兵器的元器组件技术组成图

9. 火炸药技术

火炸药是一类高能量密度材料。其中，军用火炸药是制造武器装备的关键材料，是陆、海、空武器能源的来源，其性能高低决定着武器动力、火力、威力和安全等关键性能。火炸药一般由含能化合物和特定比例的功能材料等组成，根据其能量释放速度和应用方式的不同，通常将火炸药分为炸药和火药两部分。按照火炸药的功能与应用，火炸药技术分为4个方面：炸药技术、火药技术、战斗部与毁伤技术、毁伤评估技术等，如图1－68所示。

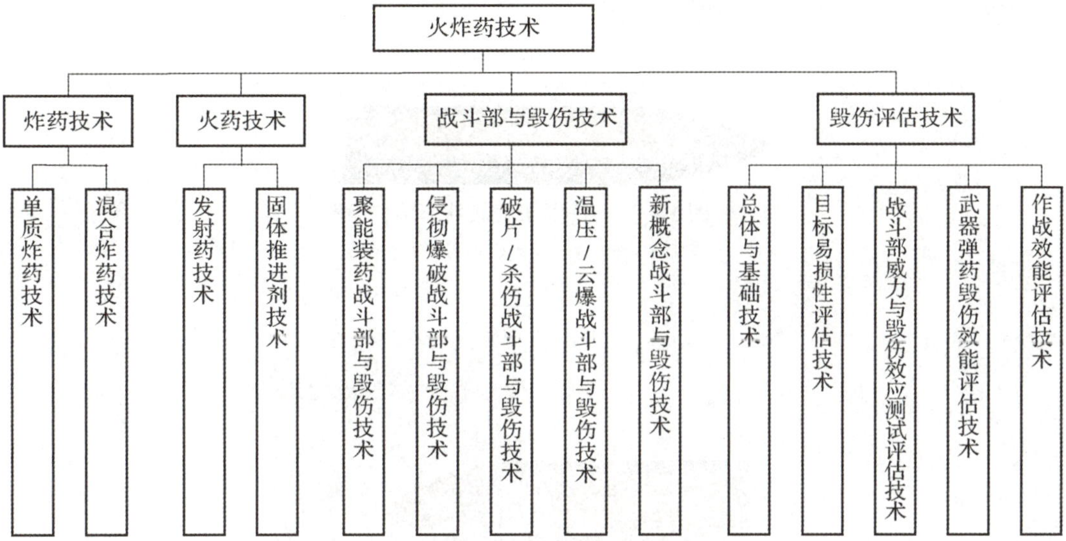

图1－68　火炸药关键技术

1）炸药技术

炸药可分为单质炸药、混合炸药两大类，它们是武器爆炸毁伤目标的威力源。炸药技术是关于含有爆炸性基团或含有氧化剂和可燃物，且能独立地进行化学反应并输出能量的化合物或混合物的相关经验技能的技术科学和工程应用领域，主要技术包括炸药设计、制备、合成技术和炸药装药技术。熔铸炸药药柱样品实物图如图1－69所示。

2）火药技术

发射药和固体推进剂统称为火药，它们是武器推进、发射的动力源。火药技术是关于含有燃烧性基团或含有氧化剂和可燃物，且能独立地进行化学反应并输出能量的化合物的经验技能的技术科学和工程应用领域，主要技术包括：火药设计、制备、合成技术，火药装药技术。颗粒模压发射药样品实物如图1－70所示。

图1－69　熔铸炸药药柱样品实物图

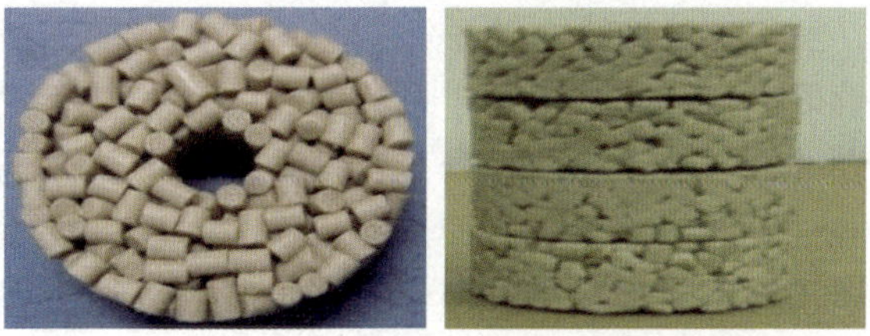

图1－70　颗粒模压发射药样品实物图

3）战斗部与毁伤技术

战斗部与毁伤技术是关于战斗部对目标最终作用的相关经验技能的技术科学和工程应用领域。战斗部是武器系统毁伤目标的主要有效载荷，其对目标的毁伤有三个方面的内涵：一是在最佳费效比条件下得到理想的毁伤效果；二是有针对性地对目标进行毁伤而不伤害其他无辜目标；三是能够有效打击各类高价值重大政治、经济、军事类目标。战斗部与毁伤主要技术包括聚能装药战斗部与毁伤技术、侵彻爆破战斗部与毁伤技术、破片/杀伤战斗部与毁伤技术、温压/云爆战斗部与毁伤技术、新概念战斗部与毁伤技术。侵彻爆破战斗部结构简图如图 1－71 所示，侵彻过程如图 1－72 所示。

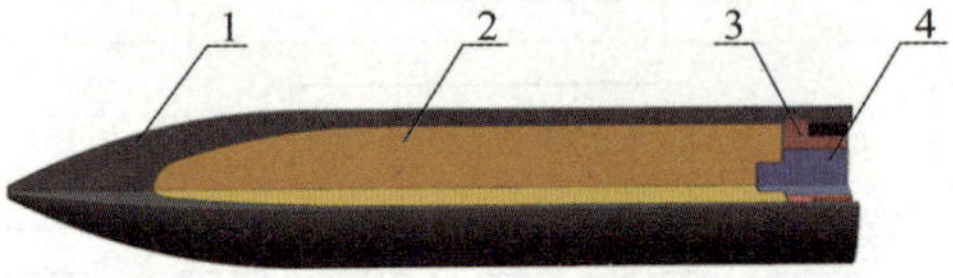

图 1－71 侵彻爆破战斗部结构简图

1—壳体；2—装药；3—引信舱；4—引信。

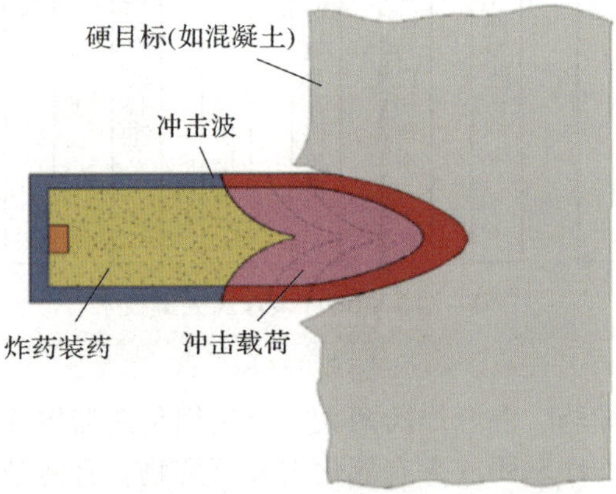

图 1－72 典型战斗部侵彻过程

4）毁伤评估技术

毁伤评估技术是关于综合考虑战役目的、战场环境、毁伤力量等因素，对火力打击效果进行综合分析评定过程的相关经验技能的技术科学和工程应用领域。毁伤评估是多学科、多专业的综合，包括技术研究体系与应用技术体系，其研究成果可应用于武器科研性能试验、定型试验、作战试验、在役考核等方面，是随着时间、技术、作战样式等不断深化、扩展、完善的研究领域。毁伤评估是实施火力协调、调整火力打击重点的主要依据和确保战役火力毁伤任务圆满完成的重要环节。及时、准确地进行目标毁伤效果评估，不仅能够为指挥员正确决策提供依据，而且能最大限度地优化火力、提高作战资源的利用效率。图1－73为美陆军阿伯丁试验场进行的战斗部定点动爆威力测试示意图。毁伤评估的技术体系包括总体与基础技术、目标易损性评估技术、战斗部威力与毁伤效应测试评估技术、武器弹药毁伤效能评估技术、作战效能评估技术五个层面。

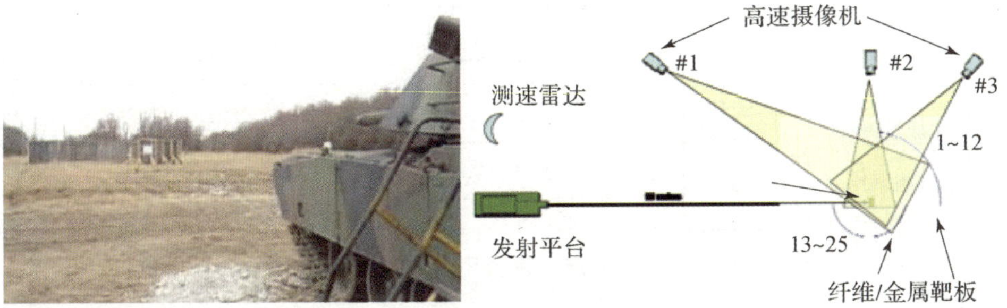

图1－73　战斗部定点动爆威力测试示意图

10. 引信与火工品技术

引信是实现对目标高效毁伤和低附带毁伤的控制装置或系统。它利用目标信息、环境信息、平台信息和网络信息，在确保弹药勤务处理和弹道安全的前提下，针对不同打击目标，按预定策略在最佳起爆位置或时机引爆或引燃战斗部装药。引信的发展始终围绕保障武器弹药使用安全和实现最佳毁伤效果这一核心目标，不断提升引信信息感知、目标探测、信息处理和实战化能力，主要分为古代引信、近代引信、现代引信和未来引信（图1－74）。现代引信的构成如图1－75所示。

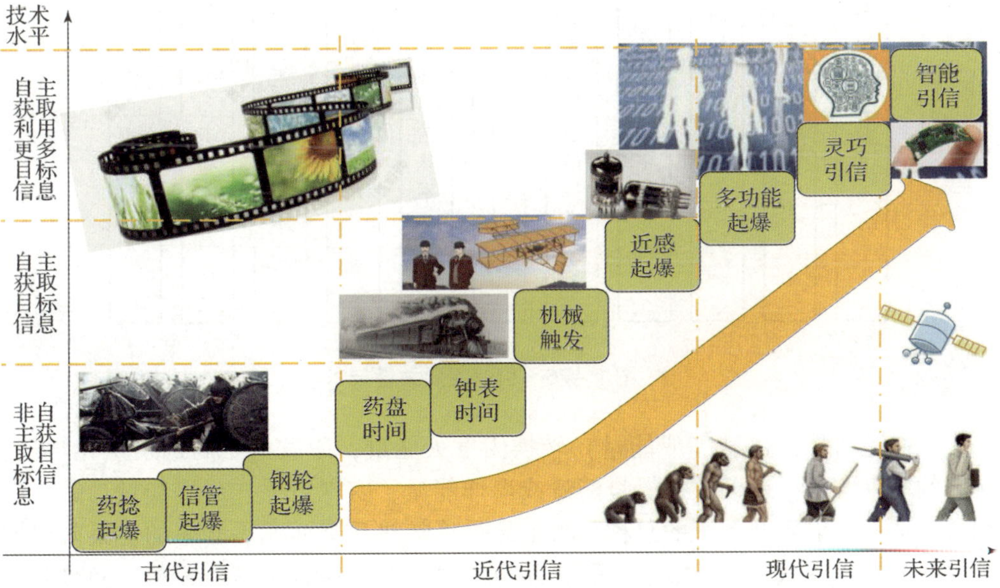

图1－74　引信主要发展阶段

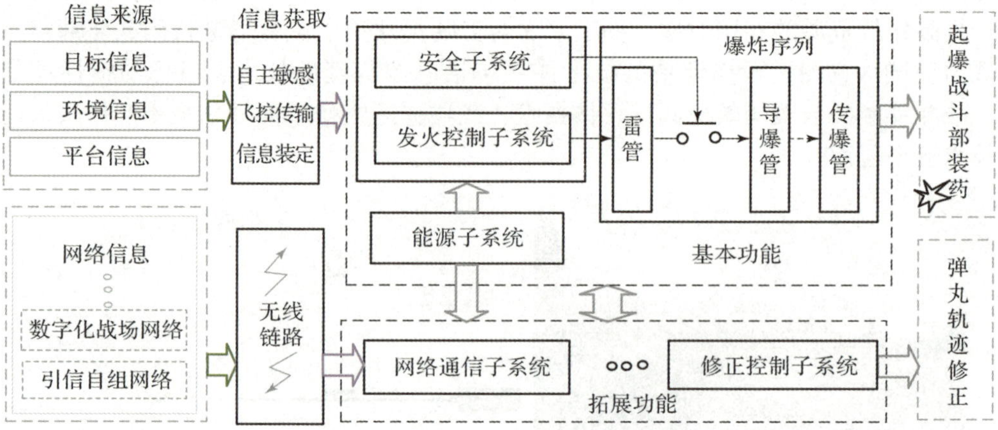

图 1 –75　现代引信的构成框图

引信技术是武器弹药中高效毁伤和精确打击关键技术之一，属国防科技关键基础技术，是武器系统中最为敏感的技术，是弹药高安全性、高可靠性和高效毁伤的重要保障，对弹药性能和功能提升起着重要的支撑作用。引信技术主要包括触发引信技术、侵彻引信技术、时间引信技术、无线电近炸引信技术、激光近炸引信技术、红外近炸引信技术、声近炸引信技术、磁近炸引信技术、复合近炸引信技术、多选择与多功能引信技术、弹道修正引信技术等，见图 1 –76。

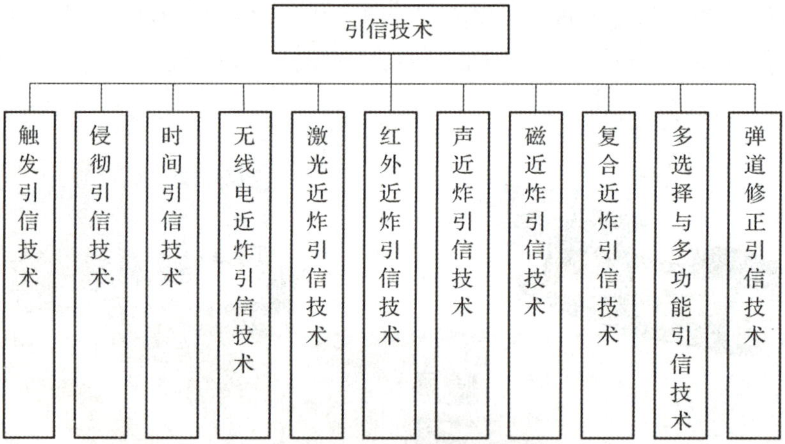

图 1 –76　引信主要关键技术

火工品是将控制信息（或能量）转换为发火能量，激发火工药剂发生化学反应，以特定的序列结构传递、放大燃烧能量或爆炸能量，实现点火、起爆和做功的一次性使用的元器件、装置及系统的总称。火工品是伴随热兵器而发展起来的，不同时期发明的火工品技术受武器装备需求牵引，并与同时代的工业技术密切相关，同时对装备发展也起着关键的推动作用。虽然每类火工品在每个时期所聚焦的问题不同，但总体发展趋势是在保障火工品可靠性的同时提升安全性，在保障性能的同时追求火工药剂的绿色环保，在输出功能和方式上实现可选择（图 1－77）。火工品基本构成要素包括换能元、火工药剂、输出药剂及结构本体。其能量流特征是燃烧或爆炸能量的引发、转换、传递、控制与放大。典型火工品作用原理如图 1－78 所示。

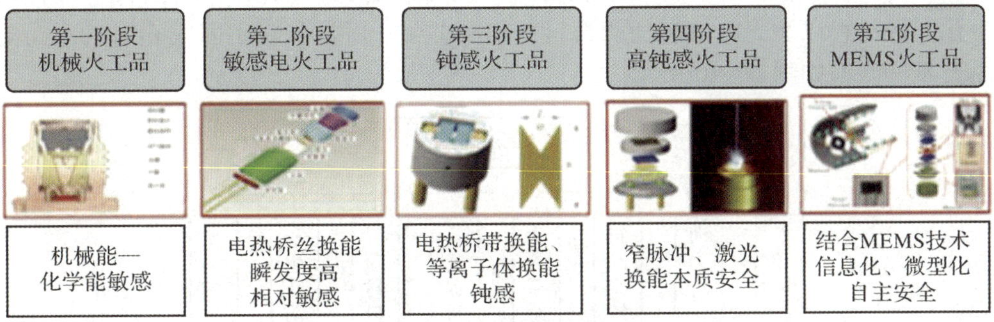

图 1－77　火工品主要发展阶段

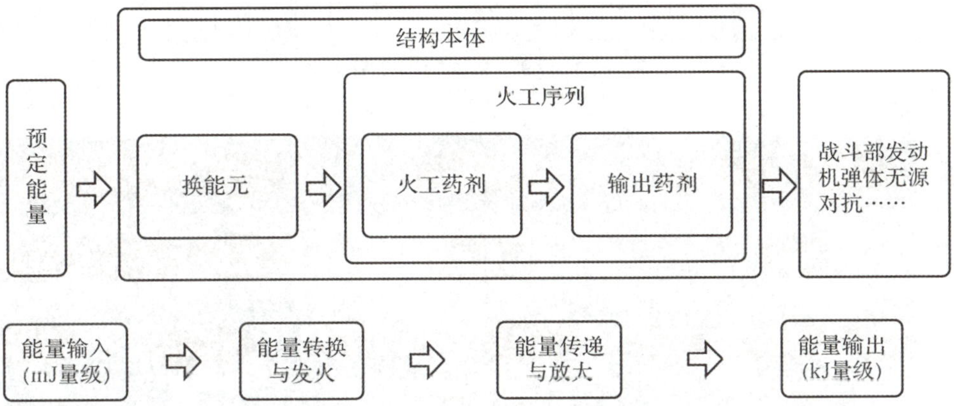

图 1－78　典型火工品作用原理框图

根据《火工品分类和命名原则》(GJB 347A—2019)，火工品类别按功能特征分为 24 大类：燃气发生器、导爆管/传爆管/传爆装置、传火具/传火药盒/传火药包、底火、自毁装置、小型固体姿控发动机、点火管/点火器、火帽、点火具/点火装置、小型发烟装置、雷管、爆炸螺栓/分离螺母、起爆器、抛放弹/弹射装置、延期件、热电池、索类、点火头、切割器/切割装置、电爆阀、电爆管/压力药筒、火工系统、曳光管、作动器/作动装置。火工品技术包括火工药剂技术、火焰和机械火工品技术、电火工品技术、半导体桥火工品技术、爆炸箔火工品技术、激光火工品技术、MEMS 火工品技术、索类火工品技术、爆炸序列技术、火工装置技术、火工系统技术、新概念火工品技术等。

11. 材料技术

兵器材料技术是面向兵器装备发展需求，研究材料的化学成分、组织结构、制备工艺和服役性能以及先进的加工工艺方法、工艺优化和工艺结构性能及其各要素相互关系的技术，是支撑、推动、引领兵器装备发展的一项重要的基础性、关键性、先导性技术。兵器材料是兵器装备制造的重要物质基础，广泛应用于装备作战平台、防护系统、动力与传动系统、行动系统、火力系统等多个领域。兵器装备的强防护、高毁伤、轻量化、长寿命、强生存力、高可靠等性能的每一次大幅度跃升都离不开先进新材料的应用。兵器材料有多种分类方式，按照应用进行分类，主要分为装甲防护系统材料、动力传输系统材料、行动系统材料、火力系统材料、轻武器材料、弹箭材料、核生化防护材料以及光电信息功能材料，如图 1－79 所示。新中国成立以来，兵器材料主要发展阶段如图 1－80 所示。

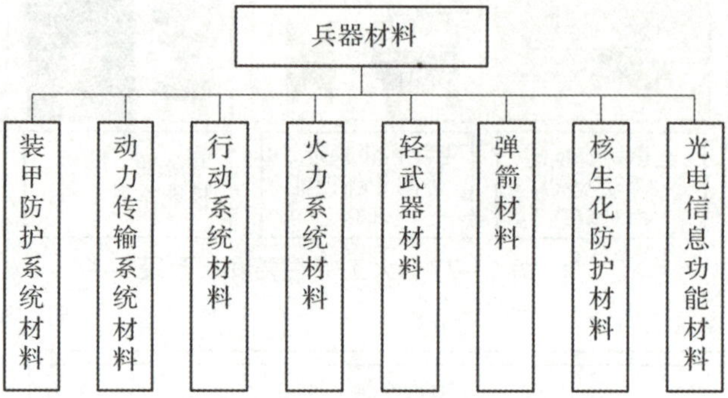

图 1－79　兵器材料主要分类

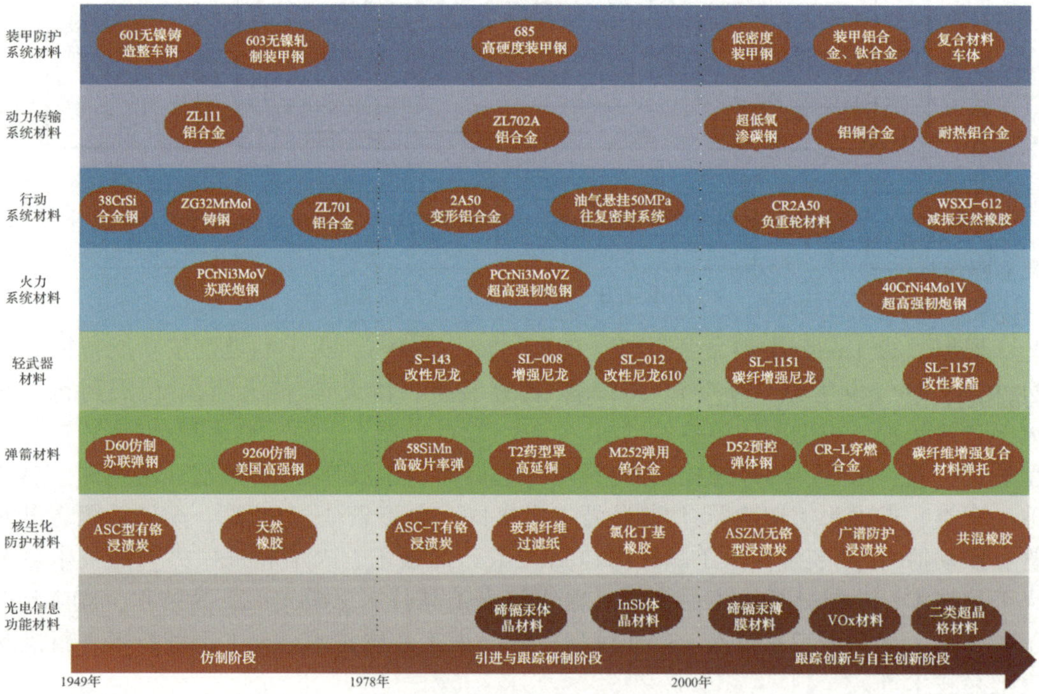

图 1－80　兵器材料主要发展阶段

先进的兵器材料技术是兵器装备发展的物质基础与先导。装备作战能力上的许多根本改变来自新材料的推动。新材料技术的研究开发与应用，支撑、推动、引领了兵器装备的发展，极大地促进了装备战技性能的提升。先进轻质高强材料提高了兵器装备的高机动能力，先进毁伤材料技术发展提升了兵器装备的毁伤能力，新型隐身材料和防护材料技术发展提升了兵器装备的战场生存能力，新型功能材料技术发展提升了兵器装备的可靠性，新型材料技术发展提升了兵器装备的使用寿命。

1.3.4　支撑技术

支撑技术是所有兵器装备在研制、生产过程中都要涉及的专用技术，主要由试验与测试技术、生产制造技术、数智化技术、标准化技术、计量技术、可靠性技术、维修性技术、测试性技术、保障性技术、安全性技术、环境适应性技术、情报技术等构成。

1. 试验与测试技术

试验与测试技术是支撑兵器装备发展的关键环节与重要手段，是覆盖兵器行业各领域的一项基础性技术。兵器试验与测试是指在兵器装备（坦克车辆、弹箭、火炸药、火炮等）科研、生产、交验过程中，通过规范化的组织形式，定量、定性获取武器系统或部件性能参数，对兵器装备战术技术性能、作战效能和保障效能进行验证考核的综合性活动。它是兵器装备研制生产必不可少的重要环节，是发现装备问题缺陷、改进提升装备性能、确保装备实战适用性和有效性的重要手段。随着体系作战能力的需求和科学技术的发展，兵器试验与测试技术逐渐形成多区域、多平台、多环境、天地一体的兵器试验与测试技术体系，主要包括军用特种车辆、防空反导武器、制导武器、空中机载武器、新概念武器等试验与测试技术，还包括复杂电磁环境下武器装备、武器系统环境实用性试验与测试技术，以及信息化靶场建设体系框架和武器系统综合效能评估技术等。

现代兵器试验与测试技术主要聚焦试验技术和测试技术两个方面开展研究。试验技术主要包括外弹道试验技术、毁伤试验与评估技术、弹药安全性试验技术、武器平台试验技术、体系装备与新质装备试验技术、模拟试验技术、仿真与虚拟试验技术、靶标技术、环境试验与构建技术、试验保障技术等内容。测试技术主要包括弹道测试技术、毁伤测试技术、平台测试技术、前沿测试技术、无损检测技术等内容，如图 1 -81 所示。

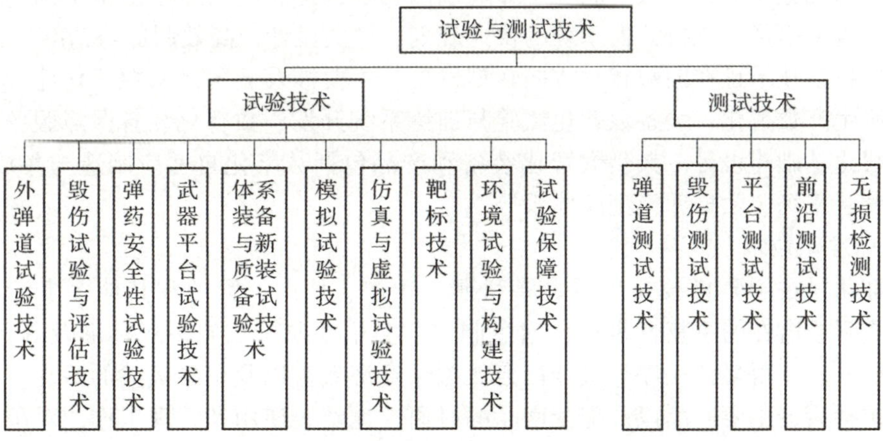

图 1 -81　试验与测试主要关键技术

2. 生产制造技术

生产制造技术主要是指将原材料和其他生产要素转化为人类所需产品而使用的一系列技术的总称。兵器生产制造技术是兵器装备从设计到产品实现的物化手段，是武器装备及国防科技创新发展的基础技术之一。兵器生产制造技术是促进兵器装备轻量化、强防护、高毁伤、高可靠、信息化快速发展的有力支撑，广泛应用于坦克装甲车辆、火炮、智能弹药、光电信息装备等各个领域。未来，兵器生产制造技术以智能制造为主攻方向，通过数字化、信息化、智能化等提高兵器工业生产制造质量，提升本质安全度，提高效率降低成本，实现数字化转型和智能化升级。兵器生产制造技术的发展方向主要有智能制造技术、增材制造技术、精确成形技术、精密与超精密加工技术、先进焊接技术、表面防护与改性技术、微系统制造技术、装配与装药技术等，如图 1－82 所示。

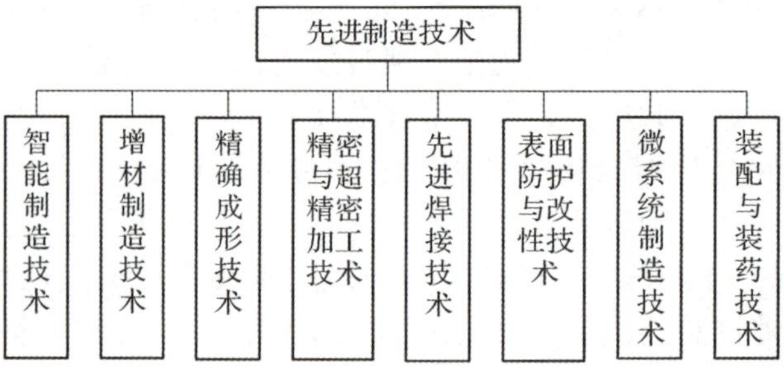

图 1－82　先进制造主要关键技术

3. 数智化技术

数智化技术以数字化方式创建物理实体的高保真虚拟模型，并对该物理实体过去和目前的行为或流程进行动态呈现，从而能够在物理世界和数字世界之间全面建立准实时联系，实现物理系统向网络空间数字化模型的反馈，为物理实体增加或扩展新能力，以及提供更实时、高效和智能的服务。数智化技术面向产品全生命周期过程，发挥连接物理世界和数字虚拟世界的桥梁和纽带作用，为实现从产品设计、生产到运维等各环节的无缝集成，以及产品全生命周期内物理实体空间与数字虚拟空间的交互共融提供了重要途径，支持武器系统的快速规划、敏捷设计、高效制造与精准保障。

兵器科学技术正在向数智化方向转型发展，主要涉及装备体系数智化建设、骨干装备科研生产数智化、装备数智化试验与训练系统开发、数智化装备保障服务体系建设、数智化基础建设等。典型数智化装备和产品包括数字化自适应制造与集成系统、数智化试验靶场、数据库模型库体系等。

4. 标准化技术

标准化是在国防科技及兵器装备科研、生产、使用、管理和其他军事活动领域内，对实际或潜在的重复性事项，通过制定、实施并监督实施军用标准及其他活动，以达到统一并获得最佳秩序和最佳社会效益、经济效益以及军事效益的活动。标准化的范围包括兵器主要产品以及配套产品的科研、生产、使用和管理工作，对象是兵器装备主要产品科研、生产、使用和管理工作领域的重复性问题。标准化技术以科学技术实践经验的综合成果为基础，把已有的成熟经验和最新成果经过总结、升华，制定为标准，建立最佳秩序，取得最佳效益。

5. 计量技术

计量技术是兵器测量实践时，实现单位统一和量值准确可靠的活动的技术总和。目前，兵器计量以光学、化学、火炸药、防化等计量专业为引领，涵盖几何量、热学、力学、电磁学、电子学、时间频率、电离辐射、声学、光学、化学等十个计量专业，构建了动态、原位、极限等特殊环境计量能力的计量技术体系，该体系覆盖了兵器装备科研、生产、使用等全寿命周期。

计量技术主要包括光学计量技术、化学计量技术、火炸药计量技术、防化计量技术、动态计量技术、典型武器平台性能参数计量技术等。

6. 可靠性技术

可靠性是指兵器装备在规定条件下和规定时间内，完成规定功能的能力。可靠性技术一般是指可靠性工程技术，可靠性工程技术是研究装备故障发生、发展及预防的规律，通过设计、分析、试验等手段，防止、控制故障的发生，提高装备的固有可靠性水平的技术总和。可靠性工程以装备的寿命特征作为主要研究对象，既涉及技术问题，也涉及管理问题。可靠性不仅直接影响装备的战斗力，还直接影响装备的寿命周期费用，它是装备固有的设计属性，是影响装备整体性能技术指标发挥和保持的内在根本因素。

可靠性工程技术主要包括可靠性工程设计与分析技术、可靠性工程试验与评价技术。此外，目前广泛应用的可靠性基础技术主要有基于概率论和数理统计的基础技术、基于故障物理的基础技术，正在发展中的可靠性工程技术有基于裕量与不确定性量化的可靠性工程技术、公理可靠性工程技术等。

7. 维修性技术

维修性是指兵器装备在规定条件下和规定时间内，按规定程序和方法进行维修时，保持或恢复到规定状态的能力。维修性技术一般指维修性工程技术，维修性工程技术是指为了达到装备的维修性要求所进行的一系列技术活动的技术总和。维修性工程围绕故障“恢复与预防”过程的机理与规律，从维修功能分析、装备的相关性能分析，以及功能与性能相结合的分析出发，分析研究对象的性能、功能恢复过程中的定性、定量关系，通过设计、分析、试验等手段，使装备易于维修。

维修性工程技术主要包括维修性工程设计与分析技术、维修性工程试验与评价技术。此外，维修性工程设计与装备设计一体化设计技术、维修性工程虚拟现实技术是维修性技术的发展趋势。

8. 测试性技术

测试性是指能及时准确地确定其状态（可工作、不可工作或性能下降）并隔离其内部故障的一种设计特性。测试性技术一般是指测试性工程技术，测试性工程技术是为了达到产品的测试性要求所进行的一系列技术活动的技术总和。研究测试性技术的目标是确保研制、生产或改型的装备达到规定的测试性要求，提高装备的性能监测与故障诊断能力，实现高质量的测试，进而提高装备的战备完好性、任务成功性和安全性，减少维修人力及其他保障资源，降低寿命周期费用，为测试性持续改进提供必要的信息。测试性要求应在尽可能少地增加硬件和软件的基础上，以最少的费用使装备获得所需的测试能力，实现检测诊断简便、迅速、准确，通常包括测试性定性和定量要求。测试性工程围绕故障“发现”机理与规律，将测试性设计、分析与试验、评价等工作结合进行、反复迭代，不断进行测试性的改进和完善。

测试性工程技术主要包括测试性工程设计与分析技术、测试性工程试验与评价技术。此外，测试性工程智能机内自检测（BIT）技术、测试性工程综合诊断技术是测试性技术的发展趋势。

9. 保障性技术

保障性是系统（装备）的设计特性和计划的保障资源能满足平时战备和战时使用要求的能力。保障性技术一般是指保障性工程技术，保障性工程技术是为了达到装备的保障性要求所进行的一系列技术活动的技术总和。保障性工程围绕保障系统对装备进行服务的机理与规律，从保障的功能分析出发，分析研究保障系统的服务特性和装备自身的使用保障特性，通过设计、分析、试验等手段，提高装备的战备完好性，降低装备的使用与维修保障费用。

保障性工程技术主要包括保障性工程设计与分析技术、保障性工程试验与评价技术。此外，装备一体化保障体系技术是保障性技术的发展趋势。

10. 安全性技术

安全性是指兵器装备不导致人员伤亡、不危害人员健康及环境，不造成设备损坏和财产损失的能力。安全性技术一般是指安全性工程技术，安全性工程技术是为了达到装备的安全性要求所进行的一系列技术活动的技术总和。安全性工程围绕装备事故“发生”与“控制”的规律，从功能分析、性能分析以及功能与性能相结合的分析出发，分析研究对象性能、功能变化的定性、定量关系，构建各层次研究对象安全性的定性、定量参数体系与模型体系，通过设计、分析、试验等手段，提高产品的安全性。

安全性工程技术主要包括安全性工程设计与分析技术。此外，面向装备的安全性仿真分析技术、面向流程的安全性仿真分析技术、基于模型的系统安全性技术是安全性技术的发展趋势。

11. 环境适应性技术

环境适应性是指装备在其寿命期预计可能遇到的各种环境作用下能实现其所有预定功能和性能和（或）不被破坏的能力。环境适应性技术一般是指环境适应性工程技术，环境适应性工程技术是为了达到装备的环境适应性要求所进行的一系列技术活动的技术总和。环境适应性工程围绕装备对各类工作环境的适应程度，分析装备在各种环境的作用下能实现其预定功能、性能和（或）不被破坏的能力，运用环境工程管理、环境分析、环境适应性设计和环境试验与评价等基础理论方法，构建环境数据和环境分析、环境适应性设计和预计、环境试验与评价和环境工程管理的技术体系，为环境适应性应用技术的研究奠定基础。

环境适应性工程技术主要包括环境适应性工程设计与分析技术、环境适应性工程试验与评价技术。此外，环境适应性多学科综合设计技术、自动化收集数据技术、虚拟技术、人工智能应用技术是环境适应性技术的发展趋势。

12. 情报技术

情报技术主要用于帮助用户全面、快速、准确地发现蕴含在大量数据、信息中的技术和知识，发现数据、信息之间的各种关联，进而辅助用户更高效地进行大量的技术创新。情报技术主要涉及情报数据采集与处理、信息集成、信息挖掘与分析、信息管理与服务等方面的技术。它主要通过对海量信息的检索、采集、处理和解释，分析特定技术领域的发展现状和未来发展方向，为科技工作者提供咨询参考。

情报技术主要包括数据采集与处理技术、信息集成技术、信息挖掘与分析技术、信息管理与服务技术等，如图 1 – 83 所示。

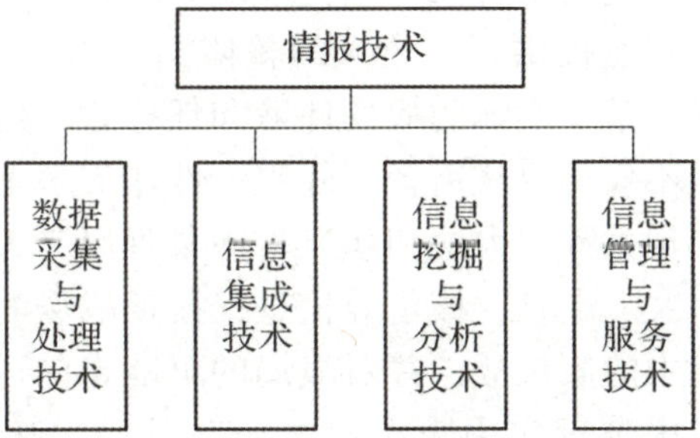

图 1 – 83　情报主要关键技术

1.3.5　前沿技术

前沿技术是指在兵器高技术领域中，具有前瞻性、先导性和探索性的重大技术，是未来高技术更新换代和新兴产业发展的重要基础，是兵器高技术创新能力的综合体现。兵器前沿新兴技术所涉及的范围很广，其概念的内涵和外延也在不断发展，目前主要包括生成式人工智能、军事元宇宙、量子信息、生物交叉、可控核聚变、颠覆性含能材料、超材料、太赫兹等技术，如图 1 – 84 所示。

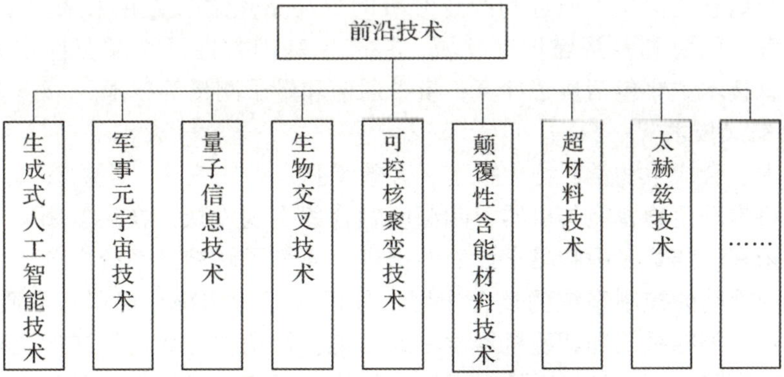

图 1 – 84　前沿技术主要构成

1. 生成式人工智能技术

生成式人工智能是利用机器学习和深度学习算法、模型和规则，通过研究大规模数据学习不同模态数据的特征规律，进而生成各种类型全新数据的计算机技术，从而满足人机智能问答、报告自动生成、文生图等应用场景的需求。生成式人工智能技术是人工智能领域中一项备受关注的重要技术之一，它致力于让计算机系统具备创造性地生成新内容的能力，包括但不限于文本、图像、音频等多种形式的信息。生成式人工智能的核心技术包括预训练、监督微调、奖励函数和强化学习等。

2. 军事元宇宙技术

军事元宇宙是元宇宙在军事领域的表现形态，具有更严格的安全保密标准、更强大的仿真计算能力、更实时的精细交互要求，更突出的战场时统一致性、虚实一体性、边界安全性、决策智能性和效能逼真性。军事元宇宙将士兵训练、教育、实验和社会生活的虚拟环境基础无缝地结合在一起，最终的产品是“将这些丰富的数据在虚拟世界之间无缝地流动，真正提供了对个人的整体洞察力”。在智能化条件下，军事元宇宙利用虚拟现实技术，基于实际的战场环境和任务背景创建具有较强立体感和真实感的虚拟场景。该场景不仅可以从声音、外观、性能等多个维度对武器装备等客观事物进行还原，还可以模拟大雾、大雨和暴风雪等各种恶劣天气，以可视化的形式展现战场的地形、气象、水文、电磁、核化等信息，接近战场的真实状况。根据现实中敌方的特征设定虚拟环境中的假想敌，并对战局的可能走向进行智能模拟仿真，可使官兵在正式开战前就已在虚拟现实中数次“亲历”战争，从而对装备性能、战争节奏、敌我情况都了然于胸，在执行现实任务时将更加游刃有余。通过打造军事元宇宙，呈现精确逼真的数字孪生环境，以及模拟自然环境和作战过程，可以让指挥员和战士在其中施展作战技能。除此之外，军事元宇宙还有其他广泛的军事用途，将对军事教育、征兵工作、战争演习、士兵社交、军属服务等产生重要影响。

3. 量子信息技术

量子信息技术以微观粒子系统为操控对象，借助其中的量子叠加态和量子纠缠效应等独特物理现象进行信息获取、处理和传输，能够在提升运算处理速度、信息安全保障能力、测量精度和灵敏度等方面带来原理性优势和突破经典技术瓶颈。量子信息技术已经成为信息通信技术演进和产业升级的关注重点之一，在未来国家科技发展、新兴产业培育、国防和经济建设等领域，将产生基础共性乃至颠覆性重大影响。目前，量子信息技术主要包括量子计算、量子通信和量子测量等技术。

4. 生物交叉技术

脑机技术、合成生物学、仿生技术、人效增强、生物安全、生物计算等生物交叉技术发展，将推动生物智能与机器智能深度融合并实现飞跃，在兵器领域有着广泛的应用前景。未来，随着多国脑科学计划的推进，通过了解神经系统内分子、细胞变化过程及其在中枢功能控制系统的整合作用，分析大脑认知特点规律与本质，一方面，催生仿脑芯片、类脑系统和新型机器学习的出现，带来智能化的第二次飞跃；另一方面，对于了解大脑结构、神经系统运行特点规律，了解意识的本质及传递方式，开发新型的脑机接口和智能交互系统，实现人机自然交互、人脑认知与机器学习深度融合、复杂系统多人脑脑协同决策、战场多模式快速分类与精准识别、人与机器情感互动和思想交流，带来新的变革性手段、途径和方式。随着生物基因、生命重构、生物医药、生物交叉、纳米材料等技术加速发展，特别是通过合成生物科技设计、改造、重构或是创造生物分子、生物体部件和生命体，开发新型军用生物医药、生物非致命武器、军用新能源、军用材料、生物计算设备等，促进人体机能产生巨大飞跃。同时，生物武器、基因武器、新型病毒和经过基因优化改造后的细菌武器等新型生化武器的大量出现，将成为军事对抗、国际公约和军备控制的新领域新内容。

5. 可控核聚变技术

核聚变是指轻原子核（例如氘和氚）结合成较重原子核，同时放出巨大能量的过程，其原材料资源丰富，且无污染排放，能够提供持久且清洁的能源。因此，人类一直在努力实现人工可控核聚变，以期能够利用这种高效且清洁的能源形式。当前可控核聚变技术路线主要有 4 种，分别为重力场约束核聚变、激光惯性约束核聚变、磁约束核聚变和冷聚变等。

6. 颠覆性含能材料技术

颠覆性含能材料是指能量密度比常规制式含能材料（通常为 1000J/g）至少高一个数量级，能量可达 3～30 倍梯恩梯当量的一类新型高能物质，主要包含金属氢、全氮化合物和高张力键能释放材料三类。金属氢是指具有金属导电性的固态氢原子，能量密度为 2.16×10^5J/g，是迄今已知化学能最高的爆炸物。全氮化合物是由多个氮原子以一定方式排列而成的氮原子簇，分为离子型、共价型和聚合型三类。高张力键能释放材料主要包括一氧化碳固态聚合物（Poly－CO）、CO_2 固体聚合物、纳米金刚石基含能材料、硼基含能材料等。颠覆性含能材料具有极高的能量密度及独特的毁伤机理和作用方式，具有重大的军事应用前景，将改变毁伤模式，推动武器质变，颠覆战争形态。

7. 超材料技术

超材料是一种拥有天然材料并不具备的超常物理性质的人工复合材料。通过在关键物理尺度上对其进行微观结构的有序设计，超材料可突破某些自然规律的限制，表现出负折射率、负磁导率、负介电常数、逆多普勒效应等超常物理性质。超材料结构独特，性质优异，潜在应用价值大，可在某种程度上使人类实现对电磁波和声波传输的控制，是一种具有战略意义的新材料。未来技术发展方向包括光子晶体、电磁超材料、声学超材料、新型超材料等。

8. 太赫兹技术

太赫兹技术是指以太赫兹波段（0.1～10THz）为工作频段，进行信息的传输、识别及物质检测等方面应用的一种新兴技术。太赫兹波的频率很高、波长很短，具有很高的时域频谱信噪比，且在浓烟、沙尘环境中传输损耗很少，可以穿透墙体对房屋内部进行扫描，是复杂战场环境下寻敌成像的理想技术。利用太赫兹波照射路面，还可以远距离探测地下的雷场分布和炸弹情况；太赫兹雷达对隐身目标、高超声速目标等具有较强的探测能力，会在军事上对现有隐身技术产生颠覆性影响；太赫兹波集成了微波通信与光通信的优点，具有传输速率高、容量大、方向性强、安全性高及穿透性好等诸多特性，可以在大风、沙尘以及浓烟等恶劣的战场环境下以极高的带宽进行定向、高保密军事通信，在军事通信应用上的前景诱人。太赫兹技术的应用仍然在不断开发研究中，其广袤的科学前景为世界所公认。太赫兹技术主要包括太赫兹探测技术、太赫兹检测技术、太赫兹通信技术等。

1.4 现代兵器科学技术特点

兵器科学技术是一门历史悠久的传统科学技术，随着科学技术的发展和时代的进步，现代兵器科学技术已经发展成为一门极富时代特色的体系化工程应用型学科，主要有以下特点。

1. 军事性

兵器科学技术的基本功能是军事功能，即为军队研制兵器装备，以满足遏制战争、打赢战争需要，这是兵器科学技术存在与发展的出发点和归宿。现代兵器科学技术主要支撑陆上作战所需要的坦克装甲车辆、火力压制、防空反导、智能化弹药、信息系统、单兵系统等主战装备及保障装备，提供设计与验证、制造与测试、交付与培训、运维与管控和报废与回收等全寿命周期的保障能力，有力地促进了陆军及相关军兵种武器装备的发展。

2. 系统性

作为一个相对独立的科学技术领域，“现代兵器科学技术”是一个具有明确目的功能、涉及多个科学技术领域、层次分明、开放拓展、交叉融合、整体涌现的科学技术集合，是一个动态的复杂大系统。现代兵器科学技术的系统性是指运用系统论的基本原理，进行定性和定量相结合的系统分析，为决策提供科学的依据。主要研究内容包括：兵器装备成体系论证、设计、研究、开发与建设，开展运筹建模、数据处理、效能分析、效能－费用分析、验证评价等。现代兵器科学技术的系统性提高了兵器装备体系化论证、研究与设计水平，对确保形成体系化作战能力起到了巨大促进作用。

3. 基础性

随着时代的发展，现代兵器科学技术在不断地向多领域综合应用发展的同时，始终保留、体现和发挥着国防科技和武器装备建设发展中不可替代的基础领域作用，是国家国防科技工业发展的“压舱石”和“稳定器”。现代兵器科学技术提供火炸药、战斗部、引信火工品、光电器件等战略性、基础性产品，可应用于航空、航天、船舶等各种武器装备上。基础性也体现了兵器行业的基本属性，随着时代发展向不同的军工领域做了一定程度的拓展和外延，为兵器行业跨领域融合发展奠定了基础。

4. 牵引性

现代兵器科学技术和兵器装备在整个军事斗争中，始终处于对抗的最前沿，在满足现代及未来战争需求的同时，该领域的科学研究成果和重大技术进步，都将对武器装备创新和作战样式发展产生持续推动和牵引性影响。科学技术发展的历史证明：科学技术的众多最新成就往往首先应用于军事，引起军事领域的变革；而军事变革的发展，又在不同程度上促进各种科学技术的发展和进步。现代兵器科学技术作为军事技术的重要组成部分，也在不同程度上促进了相关科学技术的发展与进步，是具有牵引性的科学技术体系。

5. 创新性

创新是发展的源泉与动力，现代兵器科学技术具有很强的时代特征。兵器科学技术从简单到复杂，从低水平到高新水平，正在经历从传统以机械化为主要标志向以信息化智能化为主要特征的转型升级。一方面，在军事需求牵引下，大量的创新技术被应用于兵器装备的研发，提高了兵器装备的整体技术水平，促使兵器科学技术随着军事需求的不断提高而向新的技术高峰发展；另一方面，各专业技术领域前沿技术超前于当前的武器装备水平，现代兵器科学技术创新引领着新型兵器装备发展，加速推动了中国特色军事变革和现代战争形态演进。

参考文献

[1] 吴明曦. 智能化战争——AI 军事畅想［M］. 北京：国防工业出版社，2020.

[2] 凌凤贤，文红娟，王京革. 论兵器科学技术学科发展报告［C］// 中国兵工学会情报专业委员会 2013 年学术研讨会论文集，2013：27 – 32.

[3] 孙晓文. 科学技术发展对战争制胜机理影响研究［J］. 军事历史，2017（1）：71 – 74.

[4] 宋开强. 基础科学与军事技术创新关系的历史演变［J］. 黑龙江史志，2014（11）：362，378.

[5] 许毅达. 兵器科学技术的最新进展与时代特征［J］. 四川兵工学报，2003（2）：11 – 13.

[6] 郭三学. 非致命武器技术［M］. 西安：西北工业大学出版社，2015.

[7] 张宏军，韦正现，鞠鸿彬，等. 武器装备体系原理与工程方法［M］. 北京：电子工业出版社，2019.

第2章 兵器科学技术发展历程

兵器科学技术的发展是从冷兵器发端的。随着人类社会科学技术的进步，逐渐出现了热兵器、机械化兵器、信息化兵器和智能化兵器。整个发展历程充分符合恩格斯的论断，“暴力的胜利是以武器的生产为基础的，而武器的生产又是以整个生产为基础”。

2.1 冶炼技术发展了冷兵器

冷兵器从使用特征角度可分为格斗兵器、护体兵器、投射兵器和战车兵器等，从科技发展的角度可分为木石兵器、青铜兵器、钢铁兵器等。

2.1.1 概述

从地球上第一个猿人在狩猎或者与其他猿人冲突时从地上捡起一根木棍、一块石器或者一节骨棒等自然物质，并挥向对手的那一刻起，冷兵器就诞生了。冷兵器，这个几乎伴随着人类进化演变全过程的战斗工具，简单地来定义就是人类为了生存、抗争，以自然物质和自然力量为基础，利用的自然工具和器具。根据《中国军事百科全书》定义，冷兵器是指古代战争中主要依靠人力、畜力和机械力的作用作战的兵器。这里是指木石兵器、青铜兵器、钢铁兵器等。

冷兵器大致可以分为进攻武器和防御武器。进攻武器包括刀剑、长矛等长短类兵器，弓箭、标枪等投射类兵器以及锤、棒等钝型打击兵器；防御武器主要是贴身穿的盔甲、手持的盾牌等。在具体使用时，士兵往往同时装备这二者，例如古文中的“干戈”就分别指士兵装备的盾和短戈。同时，战士的冷兵器配置也必定是长短兼备，主副皆有的，而且随着战术的不断发展产生了极多的搭配，例如明代鸳鸯阵的藤牌手除了藤牌和腰刀，还会携带短标枪作为投射用的武器，由此产生了诸多独特的战法。

纵观历史，冷兵器的发展线路其实是非常清晰的，其本身发展就是自身技术迭代进化（如从木石进化到青铜，从青铜到钢铁，从钝型打击器进化到刀剑戈矛等锐型砍刺类兵器）推动战术的进步，结合外部技术革新（如战车的引入和普及、骑兵高马鞍与马镫组合的出现、热兵器的缘起）倒逼战术与冷兵器的新一轮进化发展，由此形成相互作用的双螺旋式的进化路径。

随着热兵器这种以化学性能为基础的武器不断进化和成熟，冷兵器逐渐从作为主角的主战兵器彻底沦为配角，最后只能以刺刀、工兵铲、钢盔等形式依附于热兵器。

时光荏苒，21 世纪虽然冷兵器已经不再是战场的主要角色了，但它依然在治安方面、在某些特殊的战斗冲突中以及在锻炼人民尚武精神、彪悍体魄和传承民族精神方面发挥着巨大的、不可替代的作用。

2.1.2　冷兵器的起源与早期发展

人类最早的兵器是木石材质的，不管是可以作为棍棒的枯枝还是大腿骨，还是刚好趁手的石块，都不妨碍人类迅速用这类兵器投入战斗。随着进化，从粗糙的旧石器逐步进步到精细的新石器（图 2－1）。

图 2－1　在欧洲定居者到来之前，阿兹特克人使用的金属斧刃

与此同时，投射类兵器也得到稳定的发展，从最早的投石发展到利用离心力原理用投石带甩出石弹丸，从最早的手投标枪发展出投矛器这一独特科技树节点，从早期粗糙的弓箭发展到采用骨质箭簇的复合弓，人类在对武器研发的投入方面一直是不遗余力的。

新石器时代冷兵器杀伤威力的快速提升，促使防御类武器的快速进步，皮质或者皮木复合的甲胄逐步产生，在希腊甚至产生了用野猪牙制作的头盔，当然这类头盔是以仪仗队性质为主的。

随着时代的进步，冶金技术开始迅速应用于军事方面，主要表现是以青铜武器全面换装军队，同时以战车为军队的核心进行编组，并对配置的武器进行了制式化。陕西临潼秦始皇兵马俑博物馆展出的彩绘青铜铜车马模型如图 2－2 所示，该模型根据秦朝文物复制。

根据考证，中国最晚在商朝晚期、周朝早期，也就是公元前 1000—1200 年，战车就初步成为军队的核心编组，根据记载，关键的牧野之战中（图 2－3），周军主力是“戎车三百乘，虎贲三千人，甲士四万五千人”，周军战车部队的出色表现，击败了兵力远强于自己的商军。

图2-2 秦始皇兵马俑博物馆展出的彩绘青铜铜车马模型

图2-3 牧野之战

围绕战车，部队的武器配置和人员配置均已经开始标准化和制式化。根据相关记载，自古以来，我国军队的主战兵器都是长兵器，哪怕最短的戈（图2-4）都有6尺（1尺≈0.333m）以上的长度，剑等短兵器只是作为防身的副武器，同时在标准的战斗队形中，弓箭等投射兵器也已经是标配，凸显了战术配合的多样性。

图2-4 西周时期的青铜戈

青铜的普及也促进了防具的大幅度改进（图2－5），原先的皮甲皮胄迅速转变成金属材质，例如山西太原和江西就出土了大量的整体铸造的青铜胄。

图2－5　西周青铜头盔

在投射武器方面，首先是青铜箭镞迅速成为军队的标准装备（图2－6），其次对弓的制作要求更加精细化和标准化。随着技术的进步，另一种非常重要的武器——弩在不晚于商周的时代出现，并在春秋时期获得了广泛的使用，战国时代是弩的黄金时代，各国均将弩作为作战兵器之一，例如魏国的武卒（精锐士兵）的基本要求之一就是“能开十二石弩”。

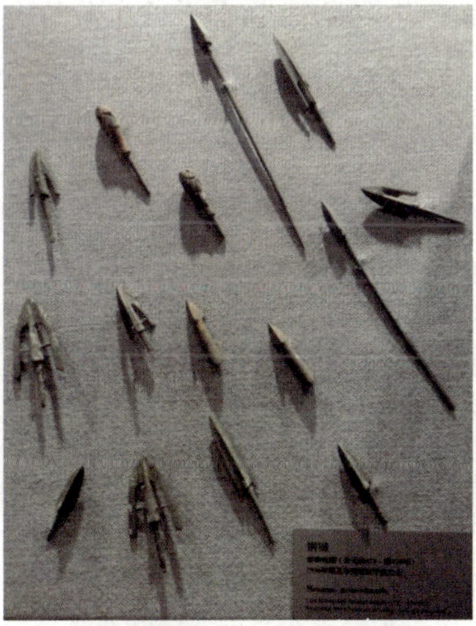

图2－6　1936年河南省辉县市琉璃阁甲墓出土的春秋晚期青铜镞

2.1.3　铁质冷兵器时代

根据出土文物推断，我国原始的炼铁技术应不晚于商代中晚期出现，到春秋时期的公元前5世纪，铁已经在农具中得到广泛应用。由于早期技术和工艺较为落后，通过工艺的不断改良，在战国末期出现了能够极大增加韧性的展性铸铁。随着冶炼技术的不断进步，到汉代出现的百炼钢技术代表了钢铁冶炼技术的一个阶段高峰。之后技术和工艺的发展又逐步催生出了“炒钢”“灌钢”“点钢”“高炉法”等一系列冶炼技术（图2-7），不断推动着冷兵器以及战术、军制等的迭代发展。

图2-7 《天工开物》卷十四“五金·铁”中配的插图：生熟炼铁炉

受冶炼金属技术进步的影响，钢铁也进入了兵器制作中。最典型的例子就是原先受青铜材质性能的限制而只能铸造的较为短小的刀剑，在汉代出现了著名的环首刀（图2-8）。环首刀是我国冷兵器设计、制造水平的又一巅峰，在长达近1000年的历史中，环首刀尽管被不断改良，形成了各个分支（如唐代的横刀、仪刀等），但其基本形制依然保持，直到宋代随着盔甲的发展才逐步被手刀等厚重类兵器淘汰。

图2-8 徐州博物馆收藏的环首刀

与刀剑的发展方向类似，在长兵器方面，汉铁戟迅速成为汉军的主要武器之一（图2-9）。汉代以前的戟是长矛上再联装一个戈，汉戟则是将矛头与戈直接铸成一体，形成“卜字形”。

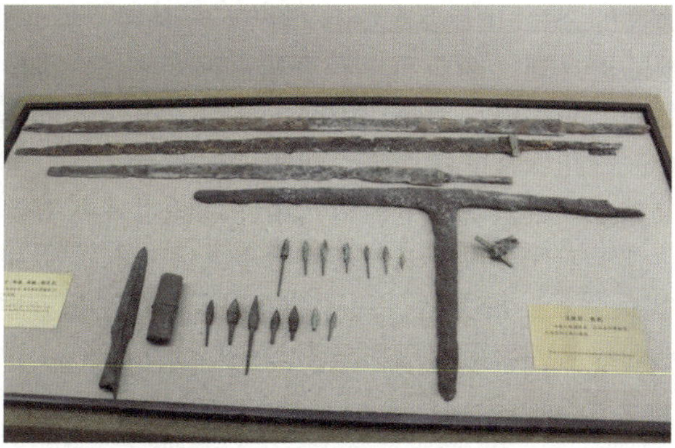

图2-9 汉代的铁戟和铁剑

在防具方面，铁甲逐渐成为边军和中央军的主流盔甲。汉代甲胄的高度发达，有效保护了战士，因此汉军的盾牌与之前相比没有太多的进步，还是以木革复合为主。

在投射类武器方面，汉军的弩取得了重大突破，出现了用腰腹发力的蹶张弩，使弩的射程与威力大增。同时，主要用于城防的重型床弩、联装弩以及连弩等层出不穷，极大丰富了战术使用。

这一时期，良好的刀剑等短兵器、铁戟等长兵器、铁甲等防具以及大黄弩等重型投射兵器的大发展推动了军制和训练以及战术的发展。

随着高桥马鞍和马镫这一关键马具组合的出现，结合铁甲、骑兵专用的马槊（超长骑矛）等相关冷兵器的改进，骑兵的冲击威力得到指数级的提升，在我国出现了“具装甲骑”这类战马（图2-10）和骑兵均披挂铁甲的用于冲击敌阵的超重型骑兵（也称为重装骑兵），并在很长一段时间内统治了战场。围绕这一新兵种的出现，武器、军制、战术也开始不可避免地启动了新一轮的进化革新。

图2-10 “具装甲骑”陶俑

在军制方面，原先的公民/国民兵役制度早已不合时宜，类似罗马人的职业兵制，我国在三国时期出现的世兵制（职业兵户）开始占据主流。

在战术和武器方面，骑兵以重型骑兵为突击核心，组建大量中型或轻型骑兵进行配合作战，形成了令人眼花缭乱的各种骑兵战术。

步兵则全面普及重型铁甲，明光甲、鱼鳞甲、乌锤甲等新型铁甲层出不穷，防护力和质量不断上升，到了宋代，最极端的长矛手步人甲基本质量为58宋斤（1宋斤=1.2市斤）。这种古代最强壮、最勇猛，几乎刀枪不入的精锐超重型步兵，在汉人军队中一直是撒手锏级别的部队，甚至到南明，依然在郑成功的军队中以“铁人军”的形式存在（图2-11）。

图2-11　荷兰人笔下的郑成功“铁人军”

在短兵器方面（指长度一般都不会超过半个身高，可以单手或者双手使用的兵器），由于甲胄的快速发展，原先普遍装备的环首刀等细长类刀剑被淘汰，手刀等厚重型刀剑开始兴起，而铁鞭、骨朵、铁锏等具备极强破甲能力的钝型打击兵器成为战士的必备副武器。

在长兵器方面，除原有的戟被迅速淘汰，部分演变成钩镰枪等专用兵器，长矛稳步发展外，陌刀、重型斩马刀、重型战斧等重型劈砍类兵器大行其道。这些武器组合起来就是重骑兵的噩梦，例如宋金大战中，宋军王德、刘琦、岳飞等各部均有多次重型步兵与长枪手密切配合，以斩马刀、战斧大破金军铁浮屠的战例（图2-12）。

图2-12　宋代斩马刀

在投射兵器方面，随着投射技术的发展，神臂弓、克敌弓等重型复合野战弩的迅速普及使步兵在面对骑兵进攻时有了坚守阵地的底气，辽国的骑兵甚至规定“宋人列阵不战”，而八牛弩、三弓床弩（图2-13）等重型城防弩的配备使围攻城池的军队必须加倍小心，历史上辽军围攻澶州（河南濮阳），宋军以八牛弩射杀辽军主将萧挞凛，最终促成“澶渊之盟”的签订。

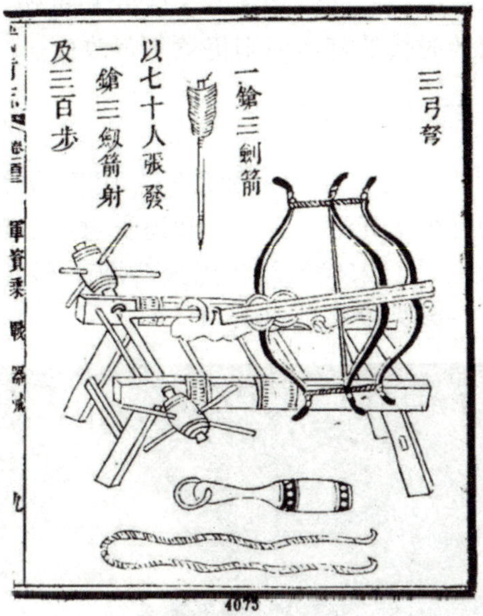

图2-13 三弓床弩（又称八牛弩）

2.1.4 现代冷兵器

在21世纪的今天，在某些特定场合下，由于协议限制双方不得使用枪械等，因此双方的战士均不约而同地选择了棍棒等冷兵器作为主要武器，配合警用盾牌、警用盔甲等作为标准配置。同时，冷兵器在各民族文化中发挥了传承历史、弘扬文化、培养尚武精神、锻炼剽悍体魄的重要作用，例如各地普遍开展的武术教学中的器械练习，各种民间传统武术中的器械教学，如大枪、棍等，这些已经脱离了战场的冷兵器依然在不断发挥着自己的余热。

2.2 火药发明产生了热兵器

在古代，热兵器又称火器，火器是指利用火药燃烧产生的化学能作战的兵器。热兵器以火药的发明为起点。火药发明于隋唐时期的道教炼丹术，在唐朝末年，以抛下火源点燃火药烧伤进攻者的方式最早用于军事城防。随后在战斗中制造成燃烧类和爆炸类的突火枪、霹雳炮、铁火炮等初始热兵器，在宋辽时期开始广泛应用，并逐步形成以硝石、硫磺、木炭为三要素的稳定配方。在元代以突火枪和霹雳炮原理为基础，发明了火铳和火箭等新型热兵器，其射远能力、准确度和杀伤威力远大于传统的冷兵器，从而带来作战方式、军事体制等一系列革命性变化。

2.2.1 概述

在人类战争史上，热兵器时代是一段燃烧着的历史。火药技术的发明和传播，引发了诸多文明古国的起起落落，结束了漫长的中世纪封建时代，促成了大航海时代的到来，带动了冶金、机械和化工技术的发展，并在工业革命的洪流中占据了核心地位。热兵器也驱动了近代军事技术的激烈演变，改变和重塑了陆战和海战的战术，直到现代战争中，许多黑火药时代的基本原则仍然不曾改变。

2.2.2　热兵器的起源与早期发展

最初的火药曾被中国古代医书作为一种丹药，用于治疗人体消化不良和消毒辟邪。为了寻找延年益寿的终极不死配方，方士和道士意外发现了这种黑色粉末还具有致命的燃烧性。学界一致公认，宋代已经将黑火药用于军事（图 2－14），在战争中曾使用了最早的热兵器——突火枪，见图 2－15。

图 2－14　黑火药

图 2－15　使用突火枪进行射击

宋代的突火枪以竹子为身管，以黑火药为能量来源，主要靠喷射火焰，而不是抛射弹丸来震撼和扰乱敌军，并造成一定的附带杀伤效应。这种热兵器虽然不能作为实用意义上的火枪，但由此成为后世所有枪炮的原型：利用火药燃烧产生的高压气体，推动子弹或炮弹从金属身管射出，杀伤远处的敌军人马、摧毁城防堡垒。

13 世纪以后，火药和热兵器技术逐渐从中国通过丝绸之路四处传播，被蒙元骑兵带到了日本、中东和欧洲。莫卧儿、奥斯曼和萨菲王朝，由于大量使用各种重火器征战，并称为三大火药王朝。黑火药出现以后，从一人就能手持发射的前装火枪，到 60 头牛才能拖动的巨炮，热兵器凭借其优势开始大行其道。

这一时期的前装火枪构造仍然十分简陋，主体包括滑膛枪管、枪托以及点火装置三部分，最初的点火装置只是一根点燃的引线。为了改善火绳枪的性能，早期枪匠做了诸多改进尝试，为它增加击发火绳的扳机机构，修改枪托以便稳定握持和瞄准，增加能开合的带盖引火盘，保护点火药不被吹散或意外走火（图 2－16）。英国内战期间的火枪，需要将一根点燃的保险丝放入盛有底火药的火药盘中，然后引爆主火药并发射子弹。

图 2－16　17 世纪火绳枪发射机构的复制品

宋金时期，燃烧性、爆炸性火器已用于实战，并出现了竹筒装填火药发射弹丸的火枪雏形。元代将火铳材质改进为铜或生铁，使火铳的威力大为提升。明代的火铳技术得到广泛推广，明军陆战和水战大量投入各类手铳、碗口铳、二眼铳，以及引进国外技术仿制的鸟铳、佛郎机炮等。随着欧洲出现火绳枪技术，1517 年，明朝也首次接触葡萄牙的新式鸟铳和佛郎机炮，开始仿制生产并配发明军。

鸟铳采用杠杆式引火机构、简易的前后准星照门和可稳定握持的枪托，枪管以熟铁锤锻而成，杀伤威力和射击精度明显得到改善。戚继光在《纪效新书》中盛赞鸟铳能够十发八九中，并能洞穿重甲。明朝万历年间学者赵士帧还通过奥斯曼来华使节，仿制了更为精密准确的鲁密铳（图 2－17），还研发了采用预装式子弹的掣电铳火绳枪。

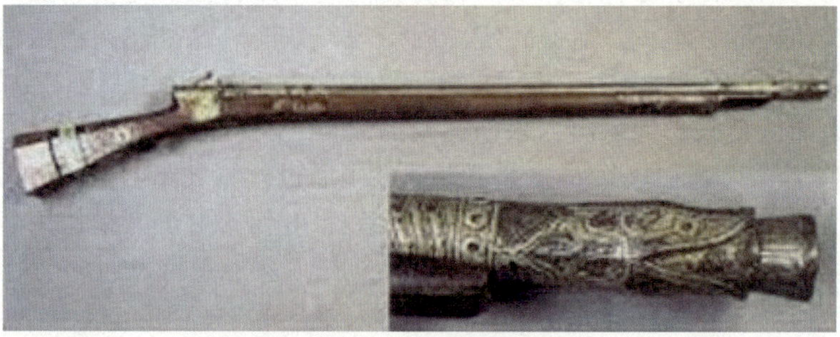

图2－17 鲁密铳

这一时期的火绳枪构造简单却不可靠，点火装置只是一根缓燃的引线，日常使用安全性很差，雨雪天气引火困难，夜间也容易暴露。

到了17世纪，针对火绳枪使用不便、安全性差、夜间暴露的弊端，一种利用燧石和发条机构点火的转轮打火枪开始出现。轮燧枪的昂贵和复杂限制了它的推广，但燧石击发技术被后人简化和改良，最终衍生出成熟的燧发枪，从而成为近代枪械技术中的一项重大创新。"安妮女王"布局的Silex手枪如图2－18所示。

图2－18 "安妮女王"布局的Silex手枪

肯塔基步枪由移民北美洲的德国枪匠加工生产，其性能尤其精良，属于燧发枪中的经典武器（图2－19）。为了迎合拓荒殖民的需求，这种美式长火枪采用八棱形的锻造枪管，配有简单有效的缺口准星瞄准具，引入了原始的来复线。美式长火枪的膛线闭气性好，火药能量利用率高，初速更快。飞行轨迹更稳定，能够准确命中150m外的野牛。燧发枪口径缩小、射击精度改善，也降低了火药、铅弹和燧石的消耗。

图2－19 肯塔基步枪

火枪的流行催生了步兵，使它成为一个独立兵种。火枪手扣动扳机只需要一只手，另一只手端枪瞄准非常轻松，弓箭手则需要双手全力张弓释放箭矢。凭借一支前装火枪，即使是新兵也能击倒最勇敢善战的土著武士。训练有素的火枪手可以在1分钟内发射3发子弹，利用线列方阵和齐射还可进一步提高火力密度。

2.2.3　热兵器与冷兵器混用时代

热兵器并不是顷刻间取代冷兵器的。在热兵器发展之初，存在着诸多不足。例如枪炮笨重、装填周期长，在潮湿天气容易发生性能退化乃至完全失灵。因此，在兵器史上，有很长一段时间是冷、热兵器混合使用的，热兵器是逐步占据主流的。直到今天，冷兵器也尚未完全退出兵器舞台。

热兵器最早用于攻克或者防御要塞城堡，随着兵器技术的飞速进步，野战炮、火绳枪以及后来的燧发枪逐渐统治战场，推动了战术和武器的快速改变。

一个重大改变是冷热兵器迅速混编促使战车的复兴。首先发生改变的是在东欧，宗教起义军在波西米亚（现捷克）为了对抗天主教联盟的镇压军队，将各种早期火器，如火门枪、大型火绳枪、发射霰弹的小型火炮等装备，改装到有防弹木板的大车上，战时则将这些大车围成车寨，等对手攻击车寨时被火器重创后，再由车寨内的步兵和骑兵出击彻底击败对手，这一战术很成功，各国开始迅速模仿。无独有偶，我国军队一直就有使用战车的悠久历史。《资治通鉴·卷第一百一十八》记载了在南北朝刘裕的北府兵以“却月阵”（武纲车围成车寨使用重弩杀伤敌人，见图2-20），以2000名步兵大破北魏3万名精锐骑兵的惊人战例。根据资料介绍，车营主要装备偏厢车（一侧装备防弹板），车上安装有小型火炮和火枪。战术与欧洲的同行们极为类似。

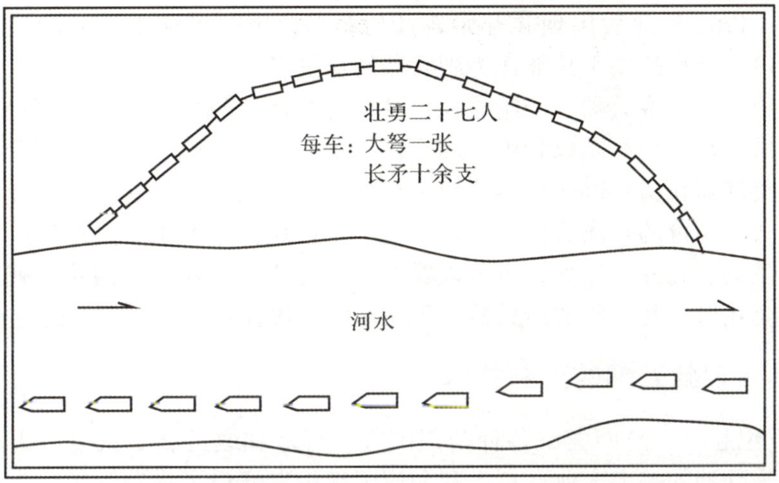

图2-20　刘裕的“却月阵”示意图

15世纪中后期，骑兵的装备发生了巨大的改变，发展出了几个分支：一是以东欧的波兰翼骑兵为代表的冲击骑兵（图2-21），翼骑兵装备着可以抵御冷兵器的龙虾甲，主战武器是长达5m以上的超长空心骑矛（刺中对手后，矛体碎裂，避免伤害骑兵本身），副武器是波兰马刀、破甲剑以及1~2支轮燧骑兵手枪；二是德国雇佣军中的“黑衣骑兵”，这是一种以轮燧骑兵手枪为主战兵器，采用“半旋转战术”的重型骑兵，是哈布斯堡军队的骑兵主要形式；三是以瑞典骑兵为典型的中型骑兵，中型骑兵装备皮甲和铁胸甲，主战武器是马刀或骑兵剑以及轮燧骑兵手枪，这种骑兵代表了热兵器战场上骑兵演化的主要方向。

图2-21　波兰翼骑兵

随着热兵器的不断改进，燧发枪逐步取代了火绳枪，火力密度的提升使冷兵器迅速失去地位，1700年前后出现并开始普及的刺刀，更是迅速将长矛淘汰出战场。从此，单纯的冷兵器在战场上只能作为副武器的身份出现。

在长期战争中，冷兵器也开始寻找自身合适的地位与场景。例如原先的盔甲，步兵不再使用后，在骑兵部队以胸甲等形式存在了数百年，最后变成钢盔重新回到士兵头上。刀剑类武器在骑兵部队依然使用了很长时间，但在步兵这里失去独立地位，但以刺刀的形式作为枪的附属武器依然存在，甚至在现代还产生了多用途刺刀，成为战士手中的好工具。此外，工兵铲也可以看成古代刀剑或者斧钺的演化。就这样，在人类战争史中叱咤风云几千年的冷兵器终于在新的时代找到了适合自己的位置。

2.2.4　从有烟到无烟的火药技术进步

从14世纪起，工匠们尝试各种药剂配方，打造和改进新式火器，火药出现井喷式发展，成为欧洲的一大产业。意大利和德国纽伦堡开设了火药学校，火药被用于开矿、在中东开凿运河、在北美修筑铁路。英国是当之无愧的欧洲火药帝国。14世纪英国就在伦敦造火药，英国历史上大部分关键性的战役，如克雷西、英国革命、滑铁卢到特拉法尔加，无不与火药有关。15世纪奥斯曼帝国用乌尔班巨型大炮攻陷了君士坦丁堡（图2-22），不仅终结了罗马帝国，也宣告城堡防御时代的没落。

早期的火药工艺只是将硝石、硫磺和木炭3类原料粗糙混合。粗火药不仅燃烧不充分，储运和作战也不是很稳定，由于运输颠簸原料分层，装炮之前需要翻倒混合，否则火药可能打不响。原始的黑火药在雨季常常受潮，倒出来晾晒又容易失火。

1450年左右，一种湿式火药炮制方法在纽伦堡出现，通过淋湿原料结团，用过筛的方式造粒，来改善和稳定火药的性能。燃烧效率高、膛压低的颗粒状黑火药开始成

图2-22　乌尔班巨型大炮攻击君士坦丁堡

为火枪和火炮的新式发射药，其威力超过粉末火药爆炸能力的30%左右，有时甚至是旧式黑火药的2倍。

19世纪后期，火药生产达到非常精确完善的地步，采用何种方式碾磨、颗粒的大小、时间长短、成分配方以及燃烧速度都可调整。火药工场设立实验室，测量燃烧压力、枪弹初速，用定量的数据代替臆测。

这些现代意义上的黑火药燃烧温度超过2000℃，在枪管中的燃烧时间只有10ms。在火炮上，火药能产生每平方英寸42吨（约445MPa）的压力，200磅（约90.8kg）火药能将500磅（约226.8kg）的炮弹发射到远处。

火药工艺的改良，促成了火炮向尺寸更大、射程更远、威力更强的方向发展。不管城堡的石壁有多么高大厚实，大炮都会在几天内把它的塔楼逐个摧毁。火炮以其致命的火力改变了海战，使风帆战舰能从远距离摧毁目标，并潜移默化催生了战列舰。

随着冶金和机械技术的发展，各国开始生产强度高、寿命长、质量轻的炮管，配用于便于机动运输的轮式野战炮。拿破仑是最早一批认识到野战火炮潜力的军事统帅之一，他非常善于集中使用炮兵分队，并推行了榴霰弹等几项重大技术革新，将法国炮兵打造为欧洲最致命的野战炮队。但是，在拿破仑最后一战——滑铁卢会战（图2-23）中，法军炮兵由于陷于泥泞，造成火炮射速缓慢而遭到重挫。

图2-23　蒙米拉尔战役中的拿破仑和近卫军炮兵

19 世纪中期是黑火药和前装炮鼎盛时期，英国阿姆斯特朗工场生产出总质量 100 吨、有膛线的巨型黑火药大炮（图 2－24），用吊车吊装 700kg 的炮弹，用液压机构控制俯仰和指向，发炮是用电火花击发的。这种大炮能打穿 400mm 厚的铁甲舰装甲，可以看作后来“衣阿华”级等巨舰大炮的前身。

图 2－24　英国阿姆斯特朗工场生产出总质量 100 吨、有膛线的巨型黑火药大炮

经过 500 多年的发展，黑火药技术也逐步进入瓶颈。它依旧危险而易燃，而且燃烧后产生大量硫化物固体颗粒，形成浓重的白烟遮挡射手观察，残留在枪膛或炮膛内造成武器腐蚀损坏。黑火药的发射初速低，新工艺也很难再提高其威力。

19 世纪中后期，化学家们不约而同地将视线转向硝化棉和硝化甘油，尝试驯服这两种极不稳定的新型爆炸物，用它们替代黑火药。例如，1870 年杜邦公司用黑火药和硝化棉混合，试制出一种“半无烟火药”。奥匈帝国则改进黑火药配方，研发出硝铵火药用于火炮发射药。无烟火药如图 2－25 所示。

图 2－25　无烟火药

1884 年，法国工程师率先生产出第一种实用型无烟火药——“B 火药”（图 2－26），这是一种用溶剂处理过的硝化棉压片切碎而来的发射药，能量相当于同等体积黑火药的 3 倍。此后几年间，诺贝尔、马克沁等纷纷推出类似“B 火药”的新型发射药技

术。第一次世界大战（以下简称一战）爆发前，英国、沙俄、普鲁士、奥匈帝国等列强的一线部队均已换装采用无烟火药的新型栓动步枪，老式的黑火药枪械自此退出陆战战场。

图2－26 Poudre 无烟火药“B 火药”

2.2.5 工业革命带来热兵器大发展

19 世纪工业革命带来的兵器技术进步，极大促进和完善了枪械等火器的性能。工程人员在提高射击精度、降低武器的体积、改善机动性、加快装填速度等方面作出大量革新，这些工艺和结构带来的影响，至今仍然发挥着至关重要的效能。

前装燧发枪采用膛线之初，子弹仍然沿用便于装填的球形铅弹。法军少尉米涅设计了一种底部凹陷的尖头子弹（图2－27），在火药燃烧作用下，铅弹的凹底会膨胀，从而更有效地闭气，配合膛线赋予的稳定旋转，弹头的准确性明显提高。米涅子弹细长的尖弹头阻力小，更符合空气动力学，因此也大大增加了子弹的有效射程。

图2－27 米涅子弹

底火技术也在19世纪初开始普及。底火是在雷酸盐发现后不久发明的，这种敏感的火工品受到猛烈撞击时会发火，从而可以取代燧发枪的打火燧石。将装填了雷汞的黄铜底火扣在前装火枪的引火孔上，当扣动扳机击锤敲击底火，即可像燧发枪一样直接点燃枪膛里的火药。

底火技术的改进带来的效益显著，燧发枪的火盘和引火火药暴露在外，不仅可靠性堪忧、装填程序烦琐，而且发射时火盘向上喷火，灼热的火焰呛人。底火击发不仅更安全、不受风雨天气干扰，射速也得到了明显提高。

法国人弗洛贝尔和霍利尔分别于1845年及1847年提出了各自的金属弹壳子弹设计，其原理基本就是将1个底火与1发铅弹结合起来，弹壳里不装填火药，只凭借雷汞的能量发射弹丸。金属弹壳如图2－28所示。

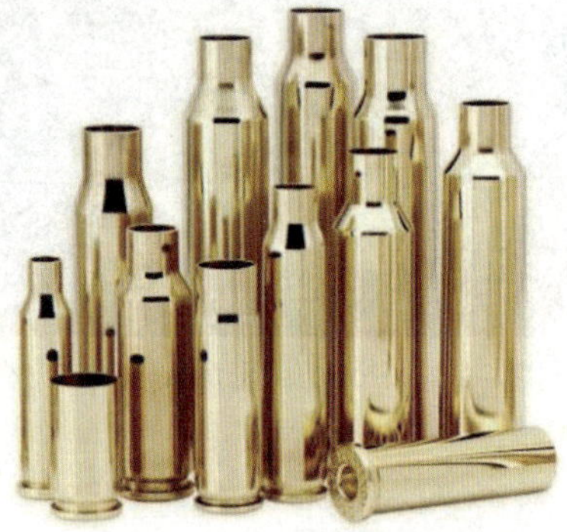

图2－28　金属弹壳

金属弹壳这项发明，给枪械设计带来了无限的新潜力。之前需要分开装填的火药和弹头，简化为一步整体装填的部件，单发射速得到显著提高。密封的金属壳防风防水，可确保内部的火药和底火不会撒漏或受潮。弹壳还能有效和可靠地密封火药燃烧产生的高压气体，完全杜绝了火焰后喷伤及射手的风险。

金属弹壳使枪炮技术得到加速式飞跃发展。由于弹壳、弹头和发射药简化为一个整体组件，通过机械循环就可以快速上膛和退壳，由此涌现出一大批杠杆原理、泵动原理、栓动原理的新式枪械。管式弹仓、盒型弹匣和弹链供弹等新原理、新方法，则为连发及自动武器提供了可能。

全金属被甲弹头也是这一阶段的一项重要革新。由于火药和子弹性能提高，高速铅弹射击时会被枪管膛线“挂铅”，这些残留在膛线上的软铅碎屑会导致持续射击时命中精度降低。1882年瑞士联邦弹药厂的鲁宾上校提出了一种新设计，用铜皮或铜合金作为材质较软的铅弹的“外套”，在避免子弹破碎的同时有效保护膛线。这种全金属被甲弹头的穿透力也较铅弹更强。全金属被甲弹头如图2－29所示。

这一时期还出现了狙击作战的雏形，光学瞄准镜也开始进入实战。尽管伽利略在1608年就发明了望远镜，但早期前装枪的有效射程和射击精度不足，配用高倍率瞄准镜也很难发挥效能。步枪光学瞄准镜直到19世纪40年代才开始真正投入使用。

图 2 -29 全金属被甲弹头（右为剖视图）

早期的手工生产枪械，每一支的尺寸都不同，需要枪匠凭经验进行逐个修挫调试才能装配出整枪。法国枪匠勒布朗最早提出枪械通用结构概念，使步枪、手枪采用相同的构造、统一尺寸的零部件，以便进行拆换维修。美国发明家惠特尼（图 2 -30）将零件标准化工艺进一步完善，并为白宫进行了一次概念演示，即将 10 支不同的燧发枪拆成零件混在一起，再任意组装成能正常击发的整枪，这种技术在战时的效益非常明显。

图 2 -30 美国发明家惠特尼

世界工业革命的这些重大成果，在 19 世纪的军火行业得到显著体现，零件产品的标准化和可互换性，推动了枪炮的大批量生产。机器加工一步步代替了手工修挫，令普通工人借助机器也能像专业老枪匠那样加工火枪，质量稳定但价格更廉。各国的国防采办也逐渐开始用数字型号而非枪匠的名字来称呼枪械，大批量生产降低了成本，促进了步兵武器制式化。19 世纪的卡宾枪生产流程如图 2 -31 所示。

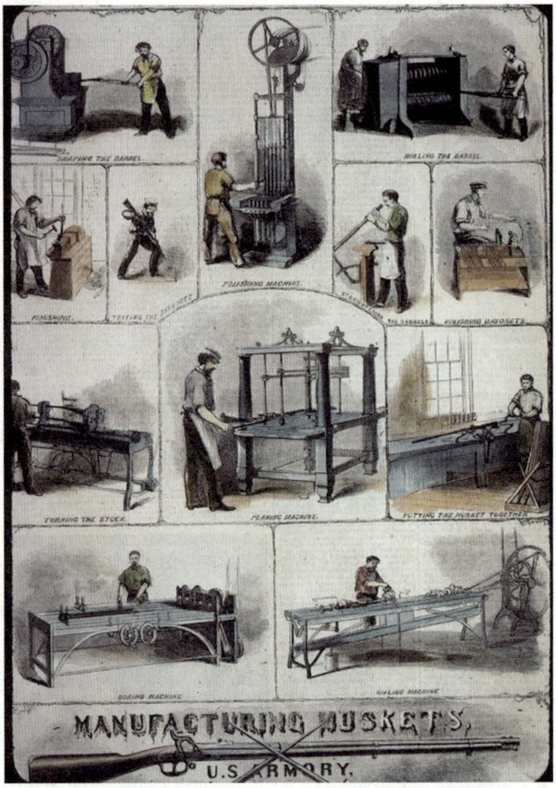

图 2－31　19 世纪反映卡宾枪制造流程插画

2.2.6　连发火器成为主流

19 世纪中后期，随着弹药技术和机械工艺的迅速进步，柯尔特转轮手枪、加特林机枪、马克沁机枪等新式速射武器纷纷涌现。火器技术在短短几十年发生了重大变革，战争史逐渐进入一个连发武器时代。

1836 年，水手出身的塞缪尔·柯尔特通过研究帆船上的绞盘运转，设想了一款采用可旋转弹巢的多管连发枪支原型。经过逐步改进完善，柯尔特的最终设计改为配有 1 支固定枪管和 6 发旋转弹巢的经典结构，弹巢通过转轴与枪管对准成一线。每射击 1 发子弹后，只需要压下击锤，即可让弹巢自动旋转 60°，使下一发子弹对准枪管，不用再装填就能连续射完 6 发子弹。由于 1846 年美国与墨西哥战争爆发，美国政府意识到转轮手枪的速射优势，订购了第一批 1000 支柯尔特手枪。柯尔特从此成为影响一时的大军火商，他引入了惠特尼的零件可互换理念，安排工人按工序加工零件，从而大幅度提高了产能，高峰时期该公司每天生产 150 支手枪。柯尔特 1851 海军左轮手枪如图 2－32 所示。

在 1861—1865 年美国内战期间，又一类型的新式连发步枪诞生了。其中的代表作主要有斯宾塞连发枪、亨利连发枪（图 2－33），二者都采用杠杆式枪机，均使用固定的管状弹仓，但斯宾塞连发枪的弹仓位于枪托中，亨利步枪则将弹仓置于枪管下方。

图 2-32 塞缪尔·柯尔特手持自己研制的柯尔特 1851 海军左轮手枪

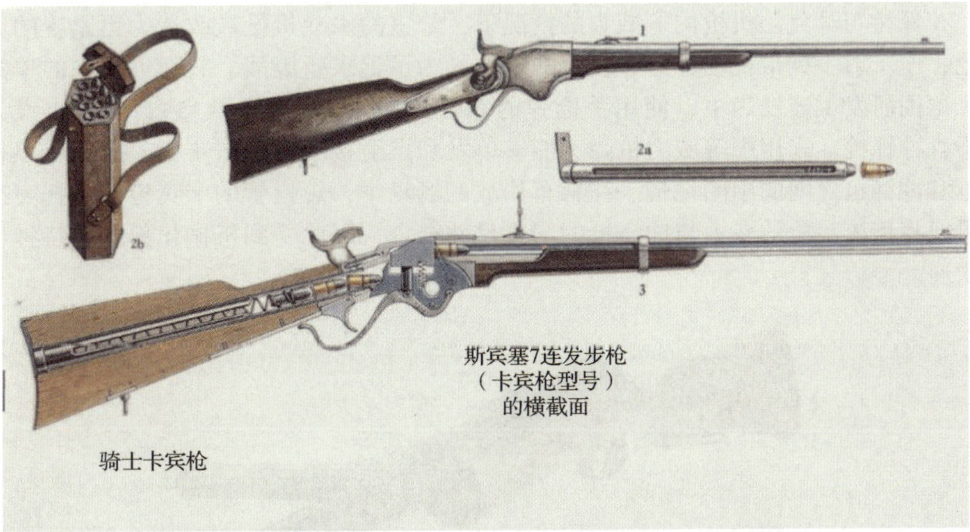

图 2-33 斯宾塞 7 连发步枪的卡宾枪型（下为剖视图）

1—1865.52 型斯宾塞卡宾枪；2a—弹簧加载器；2b—布莱克斯利盒。

紧随柯尔特转轮手枪之后，1862 年理查德·J·加特林也发明了一款多管连发武器（图 2-34）。加特林机枪的原始设计是一种多管手动连发武器，只需要不停摇动曲柄、更换弹匣，就能持续装弹、射击、退壳，战斗射速可以超过 200 发/分钟。1 个加特林机枪组只需要 4 名射手就能提供 100 个步枪兵的火力。

加特林机枪于美国南北战争中崭露头角，在美西战争中发挥了重要作用，士兵回忆录称每次只要听到己方加特林机枪鼓点一般密集的枪声就士气大作。一些文献记载，1876 年左宗棠西征战事中也引进了加特林机枪，清军凭借技术兵器的优势有力地维护了边疆安定。

图2－34　加特林机枪

20 世纪以后，以枪械为代表的现代热兵器呈现一种螺旋上升的方式发展，呈现类似于 13 世纪火枪时代的模式——精简尺寸、改善精度、提高射速。

在保持与马克沁机枪同等威力的情况下，笨重的水冷机枪被改造为更紧凑的通用机枪，便于射手携带机动，穿过复杂的地形；为了追求堑壕战、巷战近战中的单兵火力，德国研发了连发为主、使用手枪弹的 MP18i 冲锋枪（图 2－35），美国也设计了汤姆森冲锋枪。采用中等威力枪弹、能够单发和点射接战的突击步枪，进一步填补了机枪和冲锋枪之间的中间地带。在乘车作战的场景中，短枪管的卡宾枪、无托突击步枪可以将传统步枪的威力与冲锋枪的紧凑尺寸结合，因此受到机械化部队和特种部队的欢迎。

图2－35　德国 MP18 冲锋枪（MP18i 冲锋枪是其改进型）

自动武器小型化的设计潮流演进，实际上与黑火药时代的规律类似：将前装火炮逐步改进为适合单兵操作的手炮。国外的比利时 FN P90、德国 HK MP7 等个人防御武器，可以视为针对冲锋枪打击护甲能力不足的一种增强设计；而以 FN SCAR－H 为代表的各类发射大威力步枪弹的战斗步枪（图 2－36），则可看作对突击步枪威力不足的升级。

图2-36 比利时 FN SCAR-H 自动步枪

2.3 蒸汽机技术创造了机械化兵器

近代以来，随着科技的发展与进步，武器装备的内涵与范围从传统的陆战兵器拓展为面向三军的武器装备，在陆军、海军、空军等军兵种中，大量配发机械化装备，包含各类主战装备、支援保障装备，军事行动涉及陆地、海洋、空中和太空，其中与兵器科学技术关联的机械化兵器，成为机械化装备的重要组成部分。

2.3.1 概述

机械化兵器是指工业化时代以热力原动机或电力原动机为主要驱动力，主要应对机械化战争要求的兵器装备。机械化兵器的概念，是伴随着机械化战争而出现的。世界上第一个提出机械化战争的，是英国军人约翰·弗雷德里克·查尔斯·富勒（图2-37）。一战期间，内燃机动力的机械登上了战争舞台，先是装甲汽车，然后是拖曳重炮的拖拉机。

图2-37 富勒

然而，具有决定性意义的事情发生在1916年9月15日清晨，这一天，在索姆河畔的费莱尔·库尔杰莱提，英国投入多辆全新研制的“机枪破坏器”，也就是坦克（图2-38），富勒闻讯早早赶到现场，观察了坦克的表现。他敏锐地察觉到了一个新时代即将到来。他大量撰写论文，分析坦克在战争中使用的利弊，研究坦克运用的方法。因此，英军组建坦克部队时，选择了富勒担任副参谋长。

图2-38　一战中英国士兵搭乘坦克机动

1917年11月的康布雷战役中，富勒集中381辆坦克突然袭击，实现了重大突破，消灭了大量德军，仅俘虏就达4000人。战争结束后的1920年，富勒出版了《大战中的坦克》，书中指出，机械化战争的特点是，具有高速机动能力的飞机、坦克、军舰成为作战的主要装备。

这个观点得到了人们的广泛接受。而“高速机动”这个要求，依靠蒸汽机是无法做到的。从一战到现在，真正支撑机械化兵器发展的动力包括内燃机、汽轮机、柴油机等。随着高新技术的发展，锂电池、燃料电池已经在兵器动力中崭露头角，为机械化提供了全新的视角。

2.3.2　机械化兵器的起源与早期发展

机械化兵器的发展主要受到原动机发展的驱动。热力和电力原动机的发展，很快就会对兵器的发展乃至更新换代起到决定性的作用。而兵器本身的需求发展，也成为牵引原动机发展和突破的重要力量。这二者相辅相成，共同推动了机械化兵器的演进。

虽然机械化兵器的出现主要是由内燃机推动的，但蒸汽机动力的机械化兵器也延续了一个不短的周期。军用内燃机主要有汽油机和柴油机两种。汽油机的发明比较早，两次世界大战时期的坦克、各类其他装甲车辆基本都用汽油机驱动。当然，苏联和日本在第二次世界大战（以下简称二战）期间率先来用柴油机作为坦克动力。二战结束后，柴油机作为坦克等地面机械化兵器动力，其优越性得到了军事界的公认。苏联、美国、德国、法国、英国、意大利、日本等国积极研发不同等级的军用柴油机，大大促进了机械化兵器的发展。

汽油机和柴油机在空中和海上也得到应用。在空中，汽油机一直独霸飞机动力，直到二战末期才被涡轮发动机打破。但汽油机并未退出历史舞台，至今还是一大批无人机的动力选择，其中包括中国研制的彩虹一、二、三、四系列。德国辛斯海姆科技博物馆的迈巴赫 HL230 汽油发动机如图 2－39 所示。

图 2－39　德国迈巴赫 HL230 汽油发动机

在海上，柴油机因为结构紧凑、扭矩大、不易起火，在中小型舰艇上得到了广泛应用。一战时期具有代表性的英国浅水重炮舰和德国潜艇，就是在柴油机驱动下，发挥了战略价值。德国 MAN 六缸双作用二冲程 12000 马力船用柴油发动机如图 2－40 所示。

图 2－40　建造中的德国 MAN 六缸双作用二冲程 12000 马力船用柴油发动机

2.3.3　第一次世界大战中的机械化兵器崛起

一战发生在欧洲普遍工业革命之后，在这场战争一开始就具有了相当程度的机械化要素。参战的各个国家，包括英国、法国、德国、奥地利等都依靠机械驱动的火车、轮船、战舰来调动兵力，完成部署。

正如前文所说，一战是机械化战争的真正开端。在陆地、海洋和空中，各自发生了一些决定性事件。英国坦克在康布雷战役中大放异彩，引起了其他军事强国的追捧，法国、德国纷纷研制了自己的坦克。

法国在机械化兵器上的起步并不晚，早在1915年，法国陆军参谋长约瑟夫就在下属建议之下，要求研制一种携带火炮、机枪和步兵的装甲车辆。1916年，法国成功研制施耐德突击坦克，1917年成功研制圣沙蒙突击坦克（图2－41）。虽然这些坦克在战场上发挥了一定作用，但战果比不上英国坦克，而且遭受了严重的损失。

图2－41　法国圣沙蒙突击坦克

一战中的法国在机械化兵器上最大的贡献，是研制成功了雷诺FT－17轻型坦克（图2－42）。这个型号基本上指明了后世坦克兵器的设计方向，也就是发动机后置、只有一个360°旋转的炮塔，驾驶员在车体内部前方，车长和炮长在炮塔内。直到一战快要结束时，雷诺FT－17坦克才大量装备，发挥的作用有限，但是不少国家引进了FT－17。其中，美国进行了仿制生产，波兰用FT－17组建了坦克师，苏联、意大利都进行了研究。中国奉系军阀张作霖引进了大约14辆FT－17，在北洋军阀统治时期的直奉战争中投入使用。

图2－42　法国雷诺FT－17轻型坦克

德国在康布雷战争中遭到坦克打击后，也开始研究自己的坦克型号。但是因为起步晚，到战争结束，只有一个型号投入使用，就是 A7V 坦克，总制造数量只有 22 辆。这个型号算不上成功，也未发挥太大作用。如今全世界只有一辆 A7V 留存下来，保存在澳大利亚。

当然，一战的机械化并不充分，在战争期间还大量使用各种马匹来提供部队的机动能力。据统计，在整个战争期间，欧洲共动用了 1000 万匹战马，其中有些是骑兵的坐骑、有些是炮兵的坐骑，炮兵的坐骑皆是为了拖曳炮车和弹药。英国电影《战马》就描述了这样一个故事，这场战争同样也证明骡马化已经不再适应工业时代的军队了，机械化是必由之路。

2.3.4 第二次世界大战中的机械化兵器达到巅峰

二战是机械化战争和机械化兵器的巅峰时代。这场战争以机械化开始，同样以机械化结束。

在这场战争中主要的参战国家，美国、苏联、英国、法国、德国、日本、意大利都开发出了非常具有特色的机械化兵器装备体系，而相当多的参战者，比如中国也初步接触到了机械化战争。

二战的爆发是以德国进攻波兰作为起点的。1939 年 9 月 1 日，德军以机械化集群为先导，入侵波兰。但是德国为了这场战争在机械化兵器方面做的准备，却很早就开始了。1933 年，德国军械局用“拖拉机”的名义，开始重新研制坦克。1934 年，希特勒视察了正在研制的多个型号坦克装甲兵器，欣喜若狂，决定把机械化作为陆军建设的重点。到 1939 年开战时，德军已经拥有了一号、二号、三号坦克。在后续战争中，德国先后研制了四号、虎式、豹式、虎王等多个坦克型号（图 2－43），研制了配套的半履带式运输车、轮式装甲车。德国还在上述底盘基础上，开发出了多个型号的突击炮、自行火炮、自行高炮、指挥车，组建了多个全机械化部队。但是，德国陆军在绝大多数机械化兵器上使用汽油机作为动力，导致部队油耗巨大。其中的因素非常复杂，例如柴油机要使用铝合金作为气缸材料，但德国的铝材要优先供应空军装备，用于制造 ME109 轻型战斗机、FW190 重型战斗机、“斯图卡”俯冲轰炸机等型号。德国海军装备了大量柴油机动力的潜艇，因此柴油必须优先供应海军装备。

图 2－43 二战中的德国虎式坦克

苏联从建立之初就非常重视坦克等机械化兵器的发展，制订了庞大的发展计划。苏联机械化兵器和机械化部队，曾在1939年5月的诺门坎战役中初试锋芒，沉重打击了日本军队。在二战中，苏联先后研制了多种著名的机械化兵器，包括T34/85中型坦克，斯大林2重型坦克，伊尔2强击机，拉9、拉11歼击机。

二战时期的美国，在陆军机械化方面表现并不突出，但是在空军、海军装备的机械化方面，实现了世界领先。美国陆军航空队建立了庞大的重型轰炸机集群，通过战略轰炸摧毁了德国、日本的工业能力，让这两个轴心国的机械化兵器生产无以为继。美国海军建立了强大的航空母舰兵力，搭载各类汽油机驱动的舰载机，在潜艇、战列舰、巡洋舰、驱逐舰等机械化舰艇的配合下，先后实施了珊瑚海海战、瓜达尔卡纳尔岛海战、中途岛海战等海上战役，消灭了日本联合舰队主力。

二战时期的中国，虽然没有自己的机械化兵器生产能力，但是通过进口，在二战前就建立了规模有限的机械化部队。1927年，国民党政府开展对德国的军事技术合作，成建制地引进了3个轻步兵师的装备体系，其中包括了一部分Sd. kfz 222轮式装甲车（图2-44）。国民党政府还曾经少量引进英国卡登·洛伊德MkVI超轻型坦克、维克斯轻型坦克，在上海淞沪抗战中发挥了作用。

图2-44　1944年中国军队装备的德制Sd. kfz 222和221装甲车在云南参加阅兵式

抗战爆发后的1938年1月正式成立的第200师，装备了从苏联引进的装甲汽车、T-26轻型坦克、BT-5快速坦克，从意大利引进的菲亚特CV-33轻型坦克等型号。第200师是中国历史上第一支机械化部队。但该师在昆仑关、缅甸遭受重大损失。第200师被迫撤往印度后，经过整训，换装了美制M3A3“斯图亚特”轻型坦克（图2-45）和M4A1“谢尔曼”中型坦克，在反攻缅甸的过程中，给予日军重大杀伤。

到了二战中期和后期，一批电子化装备开始出现在战场上，比如雷达系统、主动红外夜视仪。这些装备用机械化平台搭载，开始逐步改变战争的形态。例如，当时的美军战舰普遍装备雷达，在瓜达尔卡纳尔岛海战、莱特湾海战、硫磺岛战役等过程中，形成了对日本海军的显著优势，特别是能在夜晚有效发现日军主力舰队，予以歼灭。雷达的装备，还让美军能有效对付日军航空兵的突袭。二战初期，德军就开始尝试在主战坦克、装甲车上安装主动红外夜视仪，提高夜战能力。德军在失去西线战场制空权后，更加重视靠红外夜视仪打夜战，提高了机械化兵器的战斗力。

图2－45 中国军队装备的美制 M3A3 轻型坦克

二战后期最具有历史意义的事件是核武器的出现，美国用 B29 轰炸机在日本广岛、长崎投掷了核武器（图 2－46），给日本造成了沉重的打击。加之苏联装甲部队进入中国东北，日本帝国主义认识到这场战争，再也没有办法打下去了。

图2－46 美国 B－29 轰炸机在广岛投下原子弹

2.3.5 冷战期间的机械化兵器发展

冷战是迄今为止人类最大规模的军事对峙，北大西洋公约组织（简称北约）和华沙条约组织（简称华约）不仅研制和装备了大量核武器，还随时准备着打一场全面机械化战争。为此，双方研制了 3 个代次的主战坦克，4 个代次的战斗机，多个代次的海军主力舰艇。冷战期间发生的一些局部战争，也大量出现了机械化兵器的身影。

苏联与联邦德国是陆军机械化程度最高、机械化兵种最完备的。两国基本上实现了兵器的完全机械化，建立了以坦克、自行火炮、自行火箭炮、步兵战车、自行高炮、自行防空导弹为主体的机械化陆军装备体系，并且配套研制了坦克抢修车、坦克架桥车、装甲布雷车、装甲扫雷车、机械化舟桥、装甲防化车等复杂的型号。联邦德国 M48 主战坦克如图 2－47 所示。

图 2－47　联邦德国 M48 主战坦克

冷战是导弹技术不断走向成熟的过程，而陆、海、空三军大规模列装的导弹武器，都要依靠机械化平台来承载。苏联在导弹化与机械化结合方面，走在了世界前列。苏联研制了多种优秀的通用履带式底盘，例如著名的 MT－LB 机械化底盘（图 2－48），用来承载反坦克导弹、地空导弹等武器系统。美国用 M113 履带式步兵战车，承载了“陶”式反坦克导弹，形成 M901 坦克歼击车；承载“响尾蛇”空空导弹的地空版，形成了“小檞树”机动式防空系统。欧洲也先后研制了“罗兰”机动式防空导弹等型号。

图 2－48　苏制 MT－LB 装甲车

随着轮式装甲底盘的日益成熟，机械化与导弹化的结合呈现新的态势。“斯特赖克”等轮式底盘成为新的防空或者反坦克导弹承载平台（图 2－49），美国全新研制的野战防空系统，在“斯特赖克”战车上集成了“毒刺”防空导弹和“海尔法”反坦克导弹，成为全新概念的陆军机械化战斗兵器。

图2-49 美国陆军第二骑兵团装备的“斯特赖克”装甲输送车

在整个冷战期间，主要军事强国的陆军实现了全兵种机械化，各种火炮、火箭炮、防空导弹、对地导弹、雷达、通信、指挥、电子对抗、防化、医疗设备，甚至炊事设备，都搬上了机械化平台，其中既有履带式底盘，也有轮式底盘。因为型号繁多，催生了对通用化、系列化、组合化的要求，并且一直影响到今天的陆军装备科研开发。

2.3.6 现代战争中的机械化

进入21世纪，信息化成为兵器研发的主要话题，而机械化是信息化的基础。和导弹武器一样，各种信息化的软硬件都需要安装在机械化平台上，依靠机械化平台提供电力、防护、机动能力等基本运行条件。而信息化的最终体现，也就是高精度的火力投射，同样要依靠机械化平台来实现，发射各种枪弹、炮弹、导弹乃至激光和其他电磁波能量。

其中，最典型的是机械化平台坦克，其发展伴随着信息化的进程不断发展，有坦克自身的信息化，也有地面突击力量体系的信息化。中国99A主战坦克如图2-50所示。

图2-50 中国99A主战坦克

在坦克平台上，如今有大量信息化传感器，包括热像仪、可见光观瞄器材、发动机运行监控传感器、气象传感器、车体和炮塔姿态传感器、身管弯曲度传感器、激光测距机、激光告警接收机等。安装了主动防护系统的坦克，还有小型相控阵雷达。这些敏感器的数据输入车载计算机，处理后流向成员的显控设备或者各种自动响应设备，协助车长、炮长、驾驶员执行任务，或者自动施放烟雾弹、拦截弹，甚至发射激光反击。

在车外，坦克通过数字化电台接入战场通信网络，上报自己的情况，接受上级或者友军共享的情报、领受任务。

机械化平台承载着信息化战场的节点，是信息化体系发挥战斗力的重要手段。同样，信息化也促进了机械化的进一步优化提升，在陆地、天空、海洋，甚至在广袤的宇宙里，信息化和机械化彼此促进，逐步融合成为一支强大军队战斗力的物质基础。

2.4　计算机技术催生了信息化兵器

采用计算机及网络信息技术的信息化武器装备，广泛分布在陆、海、空、天、电磁、网络等领域，促进了联合作战和全域作战的形成。其中，兵器行业的信息化兵器，一方面是信息化陆战场的主要支撑，另一方面也是其他军兵种的重要基础。武器装备的信息化程度和信息化水平，已经成为现代战争的主要标志之一。

2.4.1　概述

信息化兵器是指采用先进信息技术，具有共享信息能力，能适应信息化战争要求的兵器装备。信息化兵器利用网络信息技术和计算机技术，使兵器装备在预警探测、情报侦察、精确制导、火力打击、指挥控制、通信联络、战场管理等方面实现信息采集、融合、处理、传输、显示的网络化、自动化和实时化。信息化兵器主要分为以下几类。

(1) 综合电子信息系统（C^4ISR 系统）。该系统在功能上可分成信息获取、信息处理、信息传输和指挥控制 4 个分系统。

(2) 信息化弹药。它主要指各种制导弹药，包括战术导弹、制导炮弹、制导炸弹等，其命中精度比传统弹药大为提高。

(3) 信息化陆上作战平台。该平台是指装有大量电子信息设备的高度信息化的陆上作战平台、信息化弹药的载体，比如信息化的坦克装甲车辆等。

(4) 信息战装备。它主要包括网络攻防和电子对抗装备两大类。

2.4.2　信息化兵器的起源与早期发展

信息化兵器的出现自然离不开信息技术的发展。人类文明史经历过三次科技革命：第一次科技革命发生在 18 世纪 60 年代到 19 世纪 40 年代，标志是蒸汽机的发明和广泛使用；第二次科技革命发生在 19 世纪 60 年代后期，标志是电力的发明和广泛应用；第三次科技革命发生在 20 世纪四五十年代，标志是原子能和电子计算机等技术的发明。我们通常认为，信息技术是第三次科技革命的成果，而真正意义上的信息化兵器也是在第三次科技革命中产生的。但实际上，部分信息技术和部分信息化兵器的出现要比大多数人想象得要早。

早在19世纪早期，许多欧洲和美国的发明家利用电缆和电池组来实现原始的有线电报，世界第一条商用有线电报在1844年由莫尔斯首次发出（图2－51），这是第一次科技革命的时代。由梅乌奇、贝尔和爱迪生等发明的有线电话，是在第二次科技革命时期诞生的。无线电报是由特斯拉、马可尼（图2－52）等发明家在第二次科技革命后期发明的。在第三次科技革命之前，早期的无线电台、雷达、声呐等装备都已经出现，信息化兵器已经拥有了雏形。

图2－51　原始的莫尔斯电报接收器

图2－52　无线电通信之父马可尼

2.4.3　第一次世界大战前后的信息化兵器萌芽

一战前后，有线电话、有线电报和无线电报都已经普及（图2－53），但是可以传送语音的无线电台还未出现，也没有雷达，更没有任何可自动制导的弹药。

图 2-53　一战期间美国士兵在操作无线电

一战爆发后，参战各国陆军也都装备了有线电话和无线电报设备。在一些影视作品中我们都能看到通信兵冒着战火布设电话线的镜头。部分参战国家忽视了无线电报的密码攻防战，只有奥匈帝国、法国和俄国对这一领域十分感兴趣。俄国的密码破解小组成绩一般，但法国的密码破解小组收获颇丰。法国军事密码委员会在法德边境上的要塞（莫伯日、凡尔登、图勒、埃皮纳勒、贝尔福）和特殊监听点（里尔、兰斯和贝桑松）等地的无线电监听站不断地截获着德国密电，并且以极高的速度进行了破解。这为法国打败德国提供了丰富的情报资源。因此，一战已经标志着现代信息战的初级形式出现了。

2.4.4　第二次世界大战中的信息化兵器发展

二战的爆发催生了许多单一信息化兵器的发展。其中，比较典型的信息化装备有四类。

1. 可以传输语音的无线电台

在一战结束之后的十几年里，世界列强都发现了将无线电用于通信的巨大潜力，因此都对无线电技术加大了研究的力度，一系列能够放大无线电信号，以及将语音调制到载波上并从载波上解调出来的电子元器件和电路被发明出来，其中最重要的就是真空三极管（图 2-54）。在这些基础技术的推动下，能够传输语音的无线电台被各军事强国的军队普遍装备。

二战中，美军装备了著名的 SCR-300 军用无线电台（图 2-55），该装备是摩托罗拉公司（当时称作加尔文制造公司）研制的。其是一款由电池供电且能够由单兵背负，使用调频（FM）技术的无线电台。二战期间，总共生产了 50000 多部 SCR-300。美军的营级和连级指挥官终于有了一个可靠的便携式无线电台，能够进行即时战术通信。前线观察员能够迅速召集美国陆军的大量火炮轰击，并迅速作出修正，对敌军的步兵和装甲车辆造成毁灭性的打击。这款电台也成为摩托罗拉公司在二战中最成功的产品，被誉为“改变了二战进程”的装备。

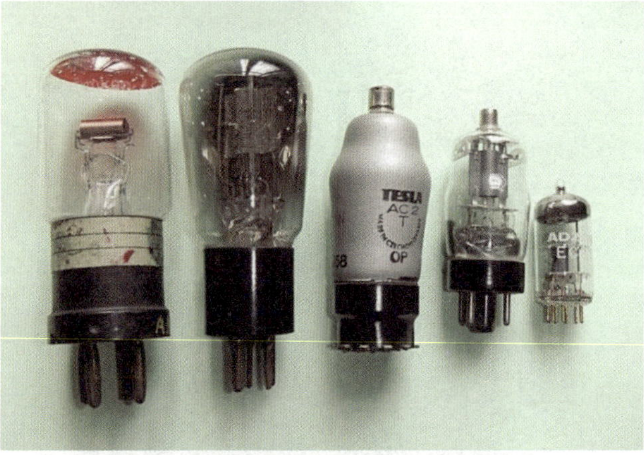

图2－54　各种三极真空管：RE16（1918年7月）、REN1004、AC2、6F5M、EC81（从左至右按其开发出来的时间顺序排列）

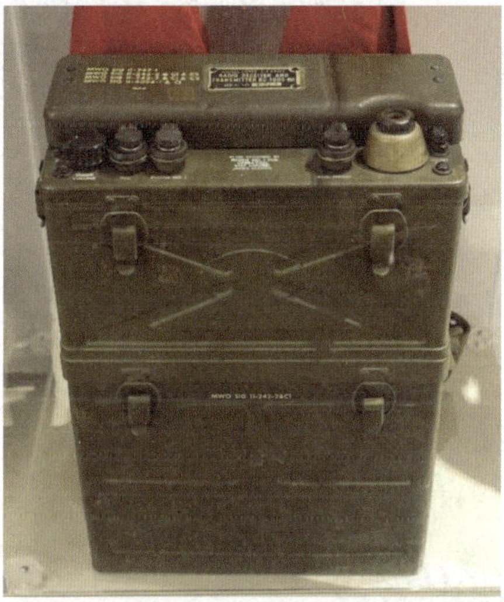

图2－55　摩托罗拉公司研制的SCR－300军用无线电台

2. 雷达的发明和普及

一战中，飞机被广泛用于轰炸敌方地面目标，各国都意识到需要一种能够远程发现来袭飞机的装备。各国都把目光投向了无线电技术。雷达的英文名Radar，即“无线电探测和测距”的缩写。世界第一台实用的雷达由英国人罗伯特·沃特森·瓦特（图2－56）在1935年制造，并于次年1月在英国索夫克海岸架起了第一个雷达站（图2－57）。由此开始，二战中雷达被世界各国广泛应用。1941年，苏联最早在飞机上装备了预警雷达。

图2－56　罗伯特·沃特森·瓦特

图2-57 英国预警雷达

3. 电子对抗装备的发展：测向、干扰、破译

（1）主要军事强国对无线电测向技术的研究起步于20世纪初，英国处于领先地位，随着各项技术的逐渐成熟，在20世纪30年代末形成了“哈夫-达夫”测向站的雏形。二战爆发后，英军建立了数个本土岸基测向站，并且在数个海外国家也建设了测向站。改进型“哈夫-达夫”测向设备还被安装在英军的护航舰艇上(图2-58)。这些测向站能够对德军U型潜艇的无线电通信信号迅速测向，然后英军的猎潜艇和飞机就会前去搜索，并用雷达和声呐进一步确定潜艇的位置。

图2-58 英国海军“贝尔法斯特”号巡洋舰的FH4“哈夫-达夫”测向器

(2) 1944 年，美国海军启动了在所有大型战舰上安装 TDY 大功率干扰机的计划。1944 年 9 月，这些干扰机在美军攻占帕劳时对附近日军的防空雷达进行了电子压制，成功掩护了对这些岛屿的轰炸任务。

(3) 英国工程师曾为破译德军罗伦兹型号电传打字机发出的电报而创造出了世界上第一台可编程的代码破解计算机："巨人"（Colossus）计算机（图 2－59）。1943—1945 年，英国密码破译人员在 Tommy Flowers 的带领下制造出了 10 台巨人计算机，成果斐然。

图 2－59　"巨人" Mark 2 计算机

4. 制导武器的出现

二战后期，世界上最早的一批制导武器出现。但受军事技术的限制，这些武器并不能称为精确制导武器，命中精度很低。其中，最具代表性的就是德国研制的一批武器，包括 V－1 飞航式导弹、V－2 弹道导弹，这两款导弹都是用机械式陀螺仪制导，命中精度差到几千米之远，但是由于威力巨大并且数量众多，也给英国本土造成了重大损失，还有"龙胆草"地对空导弹、"莱茵女儿"地对空导弹、X－7 反坦克导弹、X－4 空对空导弹等。这些武器基本上是由电线或者无线电遥控，由控制人员目视操纵，可靠性很低，基本没有大量投入使用。

在二战后期，人类已经拥有了现代信息化兵器的雏形。虽然由于基础技术和电子元器件的不成熟而效率不高，但是它们已经具备了现代信息化兵器的基本原理。只不过在信息的传递、汇总、分析和指挥控制方面，仍然纯粹依靠人力来完成。

2.4.5　冷战时期的信息化兵器成形

二战结束后，人类电子技术和半导体技术开始呈爆发式发展，第三次科技革命开始。这些技术一方面极大地方便了人类的生活，促进了生产力的提升，另一方面也直接催生了真正意义上的信息化兵器。

1. 通信技术全面数字化，军用数据链出现

二战期间的通信设备全是模拟设备。直到现代半导体技术发展到一定程度，数字化通信技术才得以实现。20 世纪 50 年代，战术协同需求催生了数据链的诞生。美国

Link 1 战术数据链诞生，使用 S 序列电文，通过专用电话线在北约各控制中心之间交换信息。由于 Link 1 的研制时间早，传输的数据不具有保密性。在此后的数十年里，美军陆续开发了 Link 4、Link 11、Link 16（图 2 - 60）和 Link 22 等通用数据链，向着保密、抗干扰、宽带的方向发展。

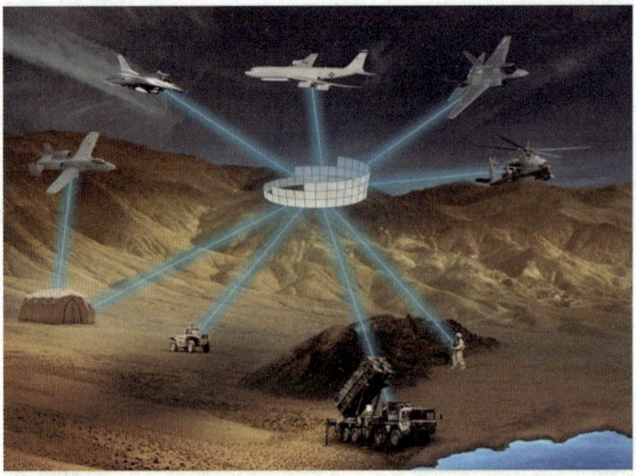

图 2 - 60　Link 16 是战场上的实时态势感知助手

2. 雷达技术得到了迅猛发展

20 世纪 40 年代后期出现了动目标显示技术，这有利于在地杂波和云雨等杂波背景中发现目标。高性能的动目标显示雷达必须发射相干信号，于是研制了功率管、前向波管等器件。20 世纪 50 年代出现了高速喷气式飞机，20 世纪 60 年代又出现了低空突防飞机和中、远程导弹以及军用卫星，促进了雷达性能的迅速提高。20 世纪 60—70 年代，电子计算机和大规模数字集成电路等被应用到雷达上，使雷达性能大大提高，同时减小了体积和质量，提高了可靠性。同时，在雷达新体制、新技术方面，20 世纪 50 年代已较广泛地采用了动目标显示，20 世纪 60 年代出现了单脉冲测角和跟踪以及脉冲压缩技术等。20 世纪 70 年代固态相控阵雷达和脉冲多普勒雷达问世，美国 AN/APG - 68 火控雷达如图 2 - 61 所示。

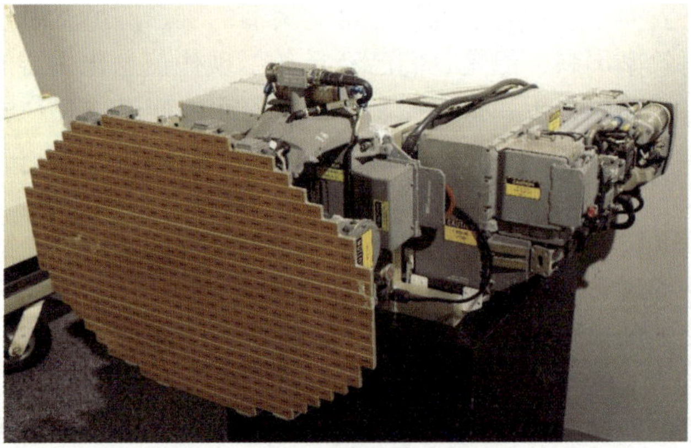

图 2 - 61　美国 AN/APG - 68 火控雷达

3. 新型传感器的出现让信息搜集更为全面

新型传感器包括覆盖紫外线到红外线的全光谱成像技术、各种环境测量传感器、水下的声呐换能器等，让信息化兵器的“眼睛更亮”“耳朵更灵”。

4. 军用卫星为信息化兵器应用打开了新的领域

随着美苏太空竞赛，人类首次将侦察卫星部署到了太空，这些侦察卫星覆盖了多光谱成像、合成孔径雷达（SAR）成像、信号情报（SIGINT）收集等多种任务。美国在1958年发射了“斯科尔”号卫星（图2－62），是世界上第一颗通信卫星。美苏早在20世纪70年就开始研究卫星导航技术，到20世纪80年代末，美国开始部署全球定位系统（GPS）卫星，为现代战场带来了革命性的变化。

图2－62 美国“斯科尔”号卫星

5. 现代电子战出现

1982年6月9日爆发的第五次中东战争，以色列军队在贝卡谷地出动无人侦察机，模拟战机雷达信号，诱使叙利亚军队的防空导弹制导雷达开机并发射导弹。以军战机捕获信号后，随即协同陆基电子设备对叙军雷达进行干扰，同时投掷干扰箔条，开辟空中安全通道。在以军强电子压制下，叙军的警戒雷达、引导雷达、无线电指挥通信系统相继失灵。接着以军出动战机与地面部队协同，仅6min就彻底摧毁了叙利亚在贝卡谷地苦心经营10年、耗资20亿美元的19个萨姆－6地空导弹连阵地（图2－63）。次日，再次摧毁叙军增援的7个萨姆－6地空导弹连。随后两天，叙军仓促出动多架米格－21PF、米格－23BM飞机迎战，受以军电子干扰，起飞后与地面失去联络；叙军防空导弹发射后也失去控制，损失惨重，以军飞机创造了82：0的空战纪录。贝卡谷地之战被誉为电子战制胜的经典之作，是“明天的战争”。

6. 精确制导武器在越南战争时期首次使用

从20世纪60年代初期到20世纪70年代中期，在战争需求和科技进步的带动下，制导系统开始采用无线电制导、红外制导、激光制导和惯性制导，巡航导弹采用惯性－地形匹配制导和电视制导等末制导技术，命中率显著提高。

1960年激光器诞生后，激光制导技术迅速发展，出现了多种高精度的激光制导炸弹。1972年，美军在越南战争中开始大量使用激光制导炸弹，作战效能比非制导炸弹

图2－63　叙利亚军队的萨姆－6防空导弹发射车

提高了百倍。1973年第四次中东战争中，埃及使用苏联雷达制导的SA－6低空导弹，以色列使用美国电视制导的“小牛”空地导弹（图2－64），都显示了巨大的威力。从1974年开始，西方军事界将这些导弹和制导炸弹统称为精确制导武器或精确制导弹药。

图2－64　美国空军战机挂载的AGM－65“小牛”空地导弹

7. 美军第一代指挥控制系统

冷战时期，美军第一代指挥控制系统开始建设。全球军事指挥控制系统（WWWMCCS）研制于1962年古巴导弹危机之后，关注的重点是战略层次，战略、战役和战术级部队无法实现作战协同。美军的各大军种独立建设自己的战役战术级指挥控制系统，没有整体设计，不能互联、互通、互操作。

2.4.6　冷战后现代信息化兵器爆炸式发展

1991年的第一次海湾战争是人类首次大规模信息化战争，信息化兵器被大规模使用，被誉为“硅对钢”的胜利。从那时起到现在，随着半导体、传感器、宽带网络、无人机、人工智能等技术的突飞猛进，人类信息化兵器的发展进入了新的阶段。

1. 美军指挥控制系统进化到了第二代

1992 年提出建设第二代全球指挥控制系统（GCCS），在 1996 年投入使用。在信息化兵器体系建设中，美军完善了 C^4ISR 的概念，即指挥、通信、控制、计算机与情报、监视、侦察系统。美国国防部在 2001 年提出了 C^4KISR 系统的概念，其中 K 是指杀伤。其功能包括使用者进行决策、搜索并发现目标、跟踪与监视目标、识别目标、持续识别、打击目标、战斗损伤评估等，这些功能形成一条强有力的“杀伤链”，全面提升美军的作战能力。

接着，美军在 2004 年开始研制第三代指挥控制系统，即网络赋能指挥能力（NECC）计划，并于 2011 年完成。

2. 军用无人机大放异彩

2020 年爆发的阿塞拜疆与亚美尼亚之间的纳戈尔诺－卡拉巴赫冲突，被誉为“无人机打赢的战争”。阿塞拜疆凭借从土耳其和以色列购买的无人机与巡飞弹药，取得了战争的绝对优势，彻底改变了战争的形态和结局。其中，以色列哈比自杀无人机（图 2－65）和土耳其 TB2 察打一体无人机（图 2－66）大量用于冲突中，对阿塞拜疆取得战争胜利起到了决定性的作用。

图 2－65 以色列哈比自杀无人机

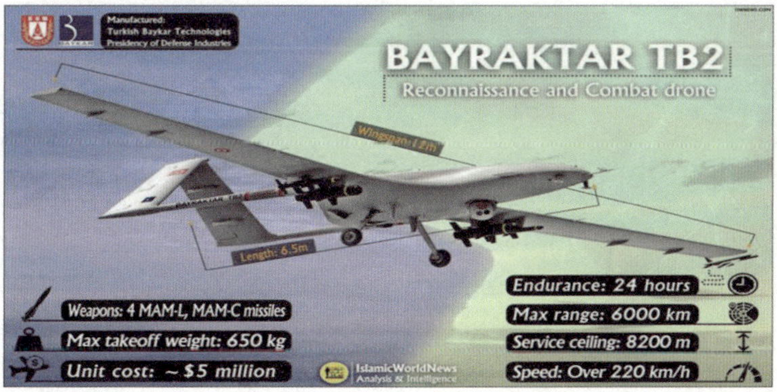

图 2－66 土耳其 TB2 察打一体无人机

信息化兵器发展至今，已经进入全盛时期，正在加速向智能化兵器迈进。未来的战场上必然由连接所有人员和装备、弹药的军用数字化网络组成，无人机、无人战车、无人舰船和无人潜艇与载人装备共同作战，成为作战力量倍增器，各种武器装备都是信息搜集、传输和应用的节点，人工智能将促进兵器装备自动识别、自主决策、自主行动，极大地提升作战效率与能力。

参考文献

[1] 鲁雷．普通高等学校军事课教程［M］．西安：西安电子科技大学出版社，2019.
[2] 郭得河．中国军事百科全书（古代兵器）［M］．2 版．北京：中国大百科全书出版社，2006.

第3章

兵器行业发展与建设

兵器行业是利用科学技术研究制造兵器装备的产业门类，是国防科技工业的重要组成部分。中国共产党领导的兵器行业诞生于红军时期，在全面抗战和解放战争中经历了血与火的考验。新中国成立后，兵器行业经历了引进仿制大规模建设，改革开放军民结合战略调整，跨世纪和新时代的跨越发展，逐步建立起了科研、试验、生产、保障专业体系完整、配套协作完善的工业体系，为抗美援朝、历次边境自卫反击作战、国防和军队建设提供了坚强的装备和技术保障。

3.1 人民兵工的创建（1931—1937年）

1927年8月1日南昌起义后，中国共产党先后领导了秋收、广州以及海陆丰等近百次起义，创立了井冈山、湘鄂西、鄂豫皖、湘鄂赣等革命根据地和苏区。在这些根据地和苏区出现了修械所和小型兵工厂。这些修械所和小型兵工厂生产规模很小，设备极其简陋，只能制作大刀、长矛、土枪、土炮。随着革命根据地的巩固与发展，修械所和小型兵工厂逐渐扩大，开始生产地雷、手榴弹、修理枪械、复装子弹。据统计，至1934年各根据地先后建立的兵工厂（所）约有80个，兵工工人累计达1万余人，是支持红军作战、协同红军作战的一支重要力量。

1931年9月，红军粉碎了国民党的第三次“围剿”，缴获了大批枪支。为适应工农武装斗争的蓬勃发展，中央革命军事委员会决定，在江西省兴国县莲塘区官田村建立一个规模较大的兵工厂（图3－1）。10月，中央红军官田兵工厂成立，厂长吴汉杰，政治委员张健，生产管理机构开始设枪炮、弹药两科。后来在两科的基础上发展为3个厂，即枪炮厂、弹药厂和杂械厂。枪炮厂下设修理股、机器股、机枪股；弹药厂下设子弹股、炸弹股；杂械厂下设红铁股、刺刀股、木壳股、牛皮股。官田兵工厂从1931年10月成立到1933年上半年的两年多时间里，共计修配步枪4万余支、迫击炮100多门、山炮2门、机关枪2000多挺，翻造子弹40余万发，制造地雷5000多个、手榴弹6万余枚，为装备红军狠狠打击敌人作出了贡献。中央红军官田兵工厂鼎盛时达到300余人。中央红军官田兵工厂的创建，标志着中国共产党领导的综合性大型兵工厂的形成和兵器工业的发端，被誉为“人民兵工的源头”和“国防工业的摇篮”。

图 3-1 官田兵工厂部分旧址

第二次国内革命战争期间，人民兵工除修复大量从敌人手中缴获的武器装备外，还制造了大量的复装枪弹、手榴弹和炮弹等，在历次反“围剿”战争中发挥了重要作用。

周恩来同志赞扬说：“这支兵工队伍，创立了有史以来的空前成绩。”1934 年 10 月，第五次反“围剿”失败，根据地大量丢失，官田兵工厂部分人员随红军开始了举世闻名的二万五千里长征。在长征途中，广大兵工战士经历了无数艰难险阻，边生产，边打仗，不少人献出了宝贵的生命。

红军长征到达陕北后，1935 年 12 月，中央军委总供给部成立，下设军事工业局（简称军工局）。军工局将陕甘宁根据地的杨砭兵工厂与贺家湾兵工厂合并，加上长征过来的一些兵工人员，重建了中央红军兵工厂——中央军委总供给部兵工厂，后发展为陕甘宁边区机器厂。陕甘宁边区机器厂（中央军委军工局一厂，亦名陕甘宁边区工艺实习厂）是隶属中央军委军工局的一个规模较大的兵工厂。它是一座既制造机器，又生产手榴弹、掷弹筒弹和火炸药的综合性兵工厂，是陕甘宁边区第一家兵工厂。1936 年 7 月，美国记者埃德加·斯诺来到吴起镇，参观了陕甘宁边区机器厂，称赞道，“不论他们生活多么原始简单，但至少是一种健康的生活，自由、尊严、希望，一切都有充分发展的余地”“他们是在为自己和中国工作”。抗战时期，陕甘宁边区机器厂积极组织生产，在厂歌中唱道：“同志们，凭着比钢铁还强壮的臂膀，建立起重工业的基础，充实我们的国防，争取抗战的胜利，争取我们自己的解放。”

3.2 全面抗战中的人民兵工（1937—1945 年）

1938 年 1 月 1 日，毛泽东同志在延安工人制造品展览会上发表讲话：“过去抗战部分失败，我们的国防工业不如敌人，也是一个原因，将来要最后战胜敌人，一定要发展国防工业。”3 月，中央军委军工局成立。1939 年 6 月，八路军总部成立了军事工业部。1941 年 2 月，新四军成立了军工部。1941 年，中央军委连续发出指示，提出“兵工建设应以弹药为主、枪械为辅”的方针。

在中国共产党抗日救国思想的感召下，一批又一批的爱国知识分子、青年学生、专业技术人员，奔赴各抗日根据地，其中不少加入了人民兵工革命队伍的行列，绝大部分都担任了行政和技术的领导工作，大大提高了各兵工厂的队伍素质和技术水平，使人民兵工有了进一步发展，从以修配武器为主进入到修配和制造相结合的新阶段。

各抗日根据地纷纷在敌后因地制宜，从修械所开始，建立起不同规模的兵工生产组织。陕甘宁、晋绥、太行、晋察冀、晋冀鲁豫、华东、鄂豫皖等抗日根据地兴办了一批小型兵工厂，如黄崖洞兵工厂、茶坊兵工厂、柳沟铁厂、山西省五台县跑泉村修械所等，除修复步枪、冲锋枪，还复装了子弹、迫击炮弹和制造地雷、手榴弹、炸药等弹药，并且设计制造了小型迫击炮，有力地支援了抗日战争。八路军军工部兵工厂生产手榴弹的场景如图 3－2 所示。

图 3－2　八路军军工部兵工厂在生产手榴弹

据不完全统计，1945 年初，各抗日根据地拥有兵工厂 130 个，职工近 2 万人。在抗战过程中，各地兵工厂除完成大量修械任务外，生产的手榴弹近 450 万枚，地雷 20 万个，子弹 780 万发，长短枪 1.1 万支，枪榴弹发射筒、掷弹筒 6300 具，各种口径迫击炮近 1000 门，为八路军、新四军坚持敌后抗日游击战争，建立巩固的革命根据地，为夺取抗日战争的最后胜利作出了重要贡献。

3.3　解放战争中的人民兵工（1945—1949 年）

解放战争时期，中共中央先后在陕西延安和河北西柏坡召开兵工会议。特别是河北西柏坡的华北兵工会议，是一次对全国各解放区的兵工生产和新中国兵器工业的发展都具有重要指导意义的会议。刘少奇、朱德等中央领导同志到会作了重要指示，要求兵工厂继续坚持自力更生的方针，发扬革命加拼命的精神，不但要努力生产，满足当前的需要，还要为全国解放后的兵工发展做好长远打算。

1945 年 9 月，长江以南的兵工厂及新四军其他兵工厂遵照中共中央“向北发展，向南防御”的战略部署，集中在苏北成立了华中军区军工部，从主要为战争服务转向着重为根据地经济建设和人民生活需要服务。

同时华北、东北组建了一批新的兵工生产基地，以防事态突变。1947 年夏、秋之交，中国人民解放军从战略防御转入战略反攻。在决战前夕，中共中央工作委员会于 1947 年召开兵工会议，制定兵工建设方针，部署兵工生产任务，为大决战作物质准备。各地兵工部门高举“把一切献给党”“一切为了前线”“后方多流汗，前方少流血”的战斗口号，开展了多种形式的生产竞赛，使军工产品的品种、数量、质量都有了提高。

随着解放战争的不断胜利，人民兵工不仅能生产单兵武器，而且已具备了批量制造大中口径迫击炮、山炮等攻坚性武器弹药的能力，为战略反攻阶段的辽沈、淮海、平津三大战役提供了数量充足、质量优良的武器装备。

解放战争中，兵工部门共生产各种枪弹 6640 万发，炮弹 1260 万发，手榴弹 2330 万枚，无烟药 135 万斤，炸药 805 万斤，有力地支援了解放战争。刘少奇同志称赞说：“你们生产的军火对打败蒋介石是起决定作用的，是胜利的决定条件之一。”朱德同志赞扬说：“兵工工业是工人阶级贡献革命的伟大事业。”

3.4 创建独立完整初具规模的兵器工业（1949—1978 年）

1949 年，大规模战争即将结束，各地兵工部门遵照中央军委的指示，对兵工企业进行全面调整。中华人民共和国成立前夕，各解放区的 160 个企业调整为 33 个，职工由 10 万人压缩到 6.7 万人，并从山区和边远地区陆续向城市转移，与接管的国民党政府兵工厂重新组合，准备组建新的兵器工业。1949 年 10 月各解放区兵工厂分类统计情况如表 3－1 所列。

表 3－1　1949 年各解放区兵工厂分类统计表

类别	华北	东北	华东	西北	中原	合计
迫击炮弹厂	11	21	11	7		50
山野榴弹厂	3	7				10
炮弹配件厂	10	1	1			12
炸药火药厂	7	4	7	1		19
甘油酒精厂	5					5
手榴弹厂	6	1	5		2	14
子弹雷管厂	1	4	4	1		10
机步枪厂	3	1	1			5
小炮厂	1		1			2
野炮厂	1					1

续表

类别	华北	东北	华东	西北	中原	合计
修械厂		3	1	2	2	8
炼铁厂	1				1	2
机器厂	2	4	5			11
磁窑厂	1					1
发电厂	2					2
炼钢厂		2				2
皮革靴具厂		1		1		2
火柴电木粉石油厂			1	2		3
汽车修理厂					1	1
总计	54	49	37	14	6	160

注：此表内容源于真实历史资料（原件质量不够清晰），经整理绘制而成。

1949 年 10 月 1 日，中华人民共和国成立。1950 年 5 月 3 日，中央人民政府重工业部设立了兵工办公室（图 3－3），负责兵工生产管理和新中国成立后的兵器工业组建工作。抗日战争和解放战争期间建立的兵工厂以及接收的国民党兵工厂，在党的领导下，成为新中国成立初期的兵器工业的基础。

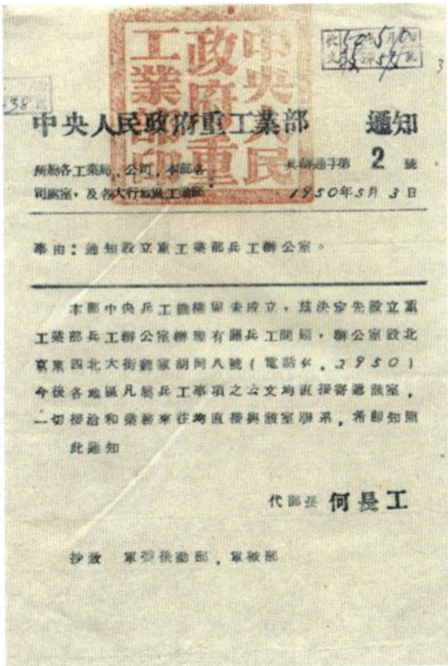

中央人民政府重工業部 通知

1950年5月3日

事由：通知設立重工業部兵工辦公室。

本部中央兵工總局尚未成立，茲決定先設立重工業部兵工辦公室辦理有關兵工問題，該公室設北京東四北大街錢家胡同八號（電話4．2950）今後各地區凡屬兵工事項之公文均直接寄送該室，一切接洽和業務來往均直接與該室聯系，希即知照

此通知

代部長 何長工

抄致 軍委後勤部，軍械部

图 3－3　1950 年政务院批准重工业部设立兵工办公室

新中国成立后，特别是抗美援朝战争胜利后，兵器工业由战时状态转入和平时期的国防建设。在党中央、国务院、中央军委的正确领导下，兵器工业坚持“自力更生为主、

争取外援为辅”的方针，对原有的炮厂及其弹药厂加速进行技术改造。1953 年，我国开始实行第一个五年计划，进入大规模建设时期。兵器工业建设是第一个五年计划的主要内容，围绕建设比较完备的常规武器制造体系，一批新建的骨干企业拔地而起，到 1955 年末，这些重点企业的建设填补了兵器工业大口径高射武器、坦克装甲车辆、特种武器装备制造的空白，为兵器工业的发展奠定了坚实的基础。在新中国成立初期国家工业的建设中，兵器工业占据了一定的份额，为国民经济的快速发展奠定了基础。

1954 年 10 月 25 日，54 式 76mm 加农炮、54 式 122mm 榴弹炮试制成功。毛泽东主席分别向兵器 127 厂和 247 厂发出嘉勉信。

1959 年 10 月 1 日，在国庆 10 周年阅兵式中，人民兵工自己生产的坦克、装甲车、大口径火炮等武器，雄赳赳、气昂昂地通过了天安门广场（图 3 –4），结束了中国共产党领导下的人民军队使用“万国牌”武器的历史，兵器工业接受了党和人民的检阅，壮了国威，振了军威。

图 3 –4　国庆 10 周年受阅高射炮方队

20 世纪 60 年代初，随着国际形势的变化，党中央发出了“三线”建设的指示，兵器工业大力弘扬“自力更生、艰苦奋斗、开拓进取、无私奉献”的优良传统和“把一切献给党”的兵工精神，主要依靠自己的力量，成功地形成了一个专业配套、门类齐全、独立完整的“三线”兵器工业体系；自行设计、研制了一批又一批新的武器装备，胜利完成了艰巨的兵器工业第一次创业任务。“三线”建设艰苦的劳动场景见图 3 –5。

图 3 –5　“三线”建设艰苦的劳动场景

从 1964 年我国第一颗原子弹爆炸成功到 1969 年，为提高坦克部队建设在核条件下的防护和作战能力，兵器工业研究所先后 9 次参加了核效应试验。有关厂为原子弹研制的配套项目也获得了国家金奖。

党的十一届三中全会以后，随着全党工作重心的转移，遵照邓小平同志关于兵器工业至少要拿出一半的力量发展民品的指示，兵器工业认真贯彻执行党的“一个中心”“两个基本点”的路线、方针、政策，以“军民结合、平战结合、军品优先、以民养军”的方针，坚持面向国防建设和国民经济建设两个主战场，积极调整结构，全面深化改革，扩大对外开放，以保军转民为中心进行第二次创业，在保证国防建设需要的同时，更加有力地支援了国民经济建设。

3.5 改革开放中前进的兵器工业（1978—1999 年）

1978—1999 年，中国兵器工业在改革开放和中国特色社会主义现代化建设中进行了艰难探索。这一时期，兵器工业领导机构多次调整，由第五机械工业部改为兵器工业部、机械工业委员会、机械电子部、中国北方工业集团公司和中国兵器工业总公司。这一时期，人民军队进入机械化与信息化复合发展的重大变革时期。兵器工业保障了对越自卫反击战的装备供给需求，积极服从服务国家改革开放整体发展大局。从邓小平同志关于“中国也要做军火商”的指示开始，兵器工业逐步探索出一条军贸与国际化发展的成功道路，在国际军贸市场竞争中为国家创收大量外汇。通过引进消化吸收再创新，大量吸收国际先进经验，取得一系列科技成果，在武器装备研制、军民结合、军贸、国际经济技术合作与交流等方面都取得了空前成就。

1984 年 10 月 1 日，国庆 35 周年阅兵式展示了改革开放以来我国武器装备研制的新成就。在阅兵式上的 42 个方队中，有 37 个方队使用了兵器工业生产的武器，其中 24 个机械化方队中，有 19 个方队使用了兵器工业研制生产的现代化武器（图 3 - 6 ~ 图 3 - 9）。

图 3 - 6　国庆 35 周年阅兵反坦克导弹方队

在 1999 年国庆 50 周年阅兵式上，体现兵器工业自主知识产权的阅兵装备全部顺利通过了天安门广场（图 3 - 10 ~ 图 3 - 13 为部分兵器阅兵装备），壮我军威，振我国威。

图 3－7　国庆 35 周年阅兵火箭炮方队

图 3－8　国庆 35 周年阅兵 79 式主战坦克方队

图 3－9　国庆 35 周年阅兵大口径自行加农榴炮方队

图 3－10　国庆 50 周年阅兵主战坦克方队

图 3－11 国庆 50 周年阅兵防空高炮方队

图 3－12 国庆 50 周年阅兵轮式自行火箭炮方队

图 3－13 国庆 50 周年阅兵新型双管 35mm 高炮方队

从 1984 年国庆 35 周年到 1999 年国庆 50 周年，兵器工业参加历次阅兵的武器装备，集中体现了在引进消化吸收再创新基础上的发展进步和巨大成就，展示了我军机械化与信息化复合发展和武器装备现代化建设的新成果。

3.6 跨越新世纪的中国兵器（1999—2012年）

1999年7月1日，国防科技工业新组建的十大集团公司在北京联合召开了成立大会，中国兵器工业集团公司（简称兵器工业集团）和中国兵器装备集团公司（简称兵器装备集团）在北京正式挂牌。在重新设计中国的国防科技工业、对军工企业进行大规模调整重组的历史洪流中，兵器工业集团和兵器装备集团的筹备和成立，实现了兵器工业从政府管理向行业管理继而向企业经营的重大转变，是兵器工业抓住国有经济战略性重组、探索新发展目标和发展路径的重要转折和机遇。

兵器工业集团与兵器装备集团作为国家兵器行业的两家特大型中央企业，各自以两个不同的经济实体和市场主体独立开展经营；同时，按照“分工协作，发挥优势，各有侧重，有序竞争”的原则团结合作、共同发展，处理相互关系。

根据20世纪末世界新军事变革和我军加快武器装备现代化建设的新要求，兵器两大集团组建初期保军工作的一项重要任务就是结合“九五”“十五”重点装备研制项目的实施，向陆军、海军、空军和二炮部队推出一批高新技术装备。为此，兵器两大集团以高度的政治责任感和使命感，坚持科技引领，开展科技合作，全力推动重点装备和重大工程落地实施。

1999年以后，兵器两大集团一大批签约执行的重大技术引进项目进入项目合同收尾阶段，快速成为新的经济增长点，同时着眼于高新技术领域的技术引进项目开发不断加强，形成了既利用技术引进快速填补国内武器装备和技术空白点，又紧盯国际军事技术发展趋势着手引进行业带动性强的高新技术项目，极大地改善了研制、生产的条件，提高了自主研制开发的能力。兵器两大集团的军品以陆军武器装备为主，同时面向海军、空军、二炮等军兵种和公安武警等武装力量，产品涵盖坦克装甲车辆、火炮、弹箭、制导兵器、火炸药、引信与火工品、防化器材、光学电子、信息控制、警用武器等十几个领域，部分产品性能达到国际先进水平。

武器装备是“国之重器”，到2011年，兵器两大集团在武器装备领域取得了卓越成就，第三代主战坦克改进型、两栖装甲突击车系列、远程多管火箭炮等一大批高新技术武器系统的成功交付，使中国陆军初步形成了以武装直升机、装甲突击车辆、防空和压制武器为骨干的装备体系，2009年国庆60周年阅兵保障工作更完美彰显了中国兵器支撑三军、推动国防现代化建设的发展成果和坚定决心。在国庆60周年阅兵30个地面装备方队中，兵器两大集团承担了新型坦克、两栖战车、多管火箭等14种总装装备和3种底盘配套装备的保障任务，占地面装备方队的半数以上（图3-14~图3-18），并为多个空中方队提供配套保障。参阅的各类高精尖武器装备，完全实现自主研发，在质量可靠性和信息化程度等方面达到或接近世界先进水平。

图 3－14　国庆 60 周年阅兵主战坦克方队

图 3－15　国庆 60 周年阅兵远程多管火箭炮方队

图 3－16　国庆 60 周年阅兵反坦克导弹方队

图 3－17　国庆 60 周年阅兵两栖步兵战车方队

图 3-18 国庆 60 周年阅兵两栖装甲突击车方队

3.7 走进新时代的中国兵器（2012—2023 年）

2012 年，面对错综复杂的国际国内形势，党的十八大对加快推进国防和军队现代化建设做出重要部署，提出必须坚持以国家核心安全需求为导向，统筹经济建设和国防建设，按照国防和军队现代化建设“三步走”战略构想，加紧完成机械化和信息化建设双重历史任务，以推动国防和军队建设科学发展为主题，以加快转变战斗力生成模式为主线，全面加强军队革命化现代化正规化建设。党的十九大提出了中国发展新的历史方位——中国特色社会主义进入了新时代，明确指出国防和军队建设 3 个阶段性发展目标，树立科技是核心战斗力的思想推进重大技术创新、自主创新，加快军事智能化发展，提高基于网络信息体系的联合作战能力、全域作战能力。党的二十大提出要实现建军一百年奋斗目标，开创国防和军队现代化新局面，坚持机械化信息化智能化融合发展，打造强大战略威慑力量体系，增加新域新质作战力量比重，加快无人智能作战力量发展，统筹网络信息体系建设运用，实施国防科技和武器装备重大工程，加速科技向战斗力转化。

随着科学技术的突飞猛进，以网络信息、智能科技为核心的世界新军事革命，引发了包括武器装备、体制编制、作战理论等方面的重大变革。现代战争信息化程度不断提高，智能化特征日益显现，不再是单一领域、单一武器平台之间的对抗，而是基于网络信息体系的联合作战、全域作战，是作战体系之间的对抗。因此，军队要求着力转变武器装备单平台、单系统发展的传统模式，更加注重装备发展的体系设计、体系建设、体系评估，瞄准体系作战能力需求构建装备体系，以体系贡献率为评价标准发展各种类型的装备，推动装备发展模式由“先装备后体系”向“先体系后装备”转变，兵器工业迎来了全面创新发展的机遇期和转型升级的攻坚阶段。

中国兵器以习近平新时代中国特色社会主义思想为指引，深入落实党的十八大、十九大、二十大精神，面向“两个一百年”奋斗目标和国防和军队现代化建设“三步走”战略目标，着眼履行好强军首责、推动高质量发展，优化科研组织架构，强化战略引领、顶层设计、资源统筹和内外协作，构建以中国兵器科学研究院为兵器装备体系总体研发单位、总体研究院所和相关专业院所为研发中心、企业科技力量以及社会创新资源为有力支撑的三个层次装备研发体系，搭建体系级、装备级、分系统级、保障级四级研发子体系，形成聚焦主业、集约高效的整体装备研发能力，引领和支撑兵器工业做强做优做大。通过“体系建、建体系”的装备发展新模式，提升了统筹资源和协同创新能力，高效完成了一大批国家专项工程、装备体系和武器系统的论证实施，成为国家战略科技力量的重要组成部分。

（1）履行使命担当，落实国家和军队战略需求。国家北斗地基增强系统，联合国家六部委，全面完成两个阶段研制建设任务，建成全球规模最大的北斗地基增强系统和综合数据处理中心，与阿里巴巴集团合作成立千寻位置网络有限公司，共同打造军民共用、自主可控的高精度时空基础设施。构建军事“北斗+”应用体系，通过在线开放的军用时空服务平台，面向全军用户提供服务。联合中国移动、华为等龙头企业，建设北斗三号系统民用短报文应用服务平台，为我国及亚太地区实时提供短报文通信、位置报告、应急搜救等特色服务。与中国铁建联合承担北斗铁路行业综合应用示范工程，成体系开展国家战略行业北斗应用。充分发挥军贸、国际化经营和海外资源优势，成功实施阿尔及利亚国家地基增强网等一批海外合作项目。策划论证十余个装备体系得到军队认可启动实施，兵器工业成为多个典型作战部队装备体系试点建设技术总师单位。

（2）强化产学研用结合，论证实施“十四五”国家和军队专项工程。某突击装备专项工程，根据该项目自主创新引领性突出，起点高、概念新、跨度大等特点，联合中国电子科技集团有限公司、中国航天科工集团有限公司、清华大学、北京航空航天大学、陆军研究院、装甲兵学院等产学研用优势单位，以机械化信息化智能化融合发展为指引，以作战概念创新为牵引，构建开放式系统架构，通过能力层层映射，形成包括系统、平台、分系统等各层级技术方案的论证报告，经国家批准立项实施。某毁伤专项，强化基础研究和成果推广应用，联合中国科学院、浙江大学、上海交通大学、第三军医大学、国防科技大学、北京理工大学、南京理工大学、中国工程物理研究院（以下简称“中物院”）等40多家行业外单位开展协同创新，技术水平与军事强国的差距由“代际差”缩小到“代内差”，部分研究成果已在军兵种大量应用。某引信专项工程，联合航空、航天、船舶、中物院等科研院所以及北京理工大学、南京理工大学、军队院校等，对接各军种装备论证部门，经过多轮论证，形成项目方案设计，构建形成科研院所以项目方案设计研发与前期性能试验验证为主、企业以工艺设计与产品装配及试验考核为主的“所-企”联合研发模式，经国家批准立项实施。

（3）立足国家科技基础，加快前沿探索。与高等院校、中国科学院系统以及地方政府签署多项战略合作协议，加强技术合作和人才联合培养等多种方式的合作，加快前沿领域的合作步伐。通过研究编制兵器工业《2035年前军事智能化发展战略研究报告》，对2035年前军事智能化的发展方向、研究重点、技术路径、实施步骤、资源配置等进行顶层设计，为兵器军事智能化中长期发展提供前瞻性战略指引。论证启动军事智能试验场和研究院建设，为兵器工业加快前沿新兴领域发展奠定良好基础。开展智能化体系、未来城市作战、海外利益维护、多域作战、模拟训练仿真对抗、高超声速、电磁脉冲武器等前沿新兴领域技术研究，加强空白和瓶颈技术的合作引进，部分项目与相关研究机构建立全面战略合作关系，互派研究人员，共同组成项目研究团队，形成深入融合、共同发展、战斗力快速生成的一体化协作环境。

通过战略规划引领，承担多项国家和军队专项工程、装备体系建设和前沿创新重点项目研究任务，兵器工业科技自主创新能力得到大幅提升。高超声速武器技术进入国家第一梯队，红外器件部分关键指标达到国际先进水平，中波和长波红外探测器组件支撑战略武器核心元器件自主可控，车载战术激光武器、电磁轨道炮、地面无人平台、人形机器人、新型无人机等前沿技术和新概念武器研制取得重要突破，推动新质战斗力生成。

2019 年 10 月 1 日，庆祝中华人民共和国成立 70 周年大阅兵在北京天安门广场隆重举行。参阅装备方队编为陆上作战、海上作战、防空反导、信息作战、无人作战、后装保障、战略打击 7 个模块 32 个方队。此次参阅装备全部为国产装备和现役装备，首次公开的新装备占 40%，反映了武器装备创新发展的最新成果，诸军兵种联合一体化、机械化与信息化复合发展的现代化武器装备体系给人留下了深刻印象。在这些装备中，兵器工业集团研制生产的主战坦克、车载加榴炮、箱式火箭炮、空降战车等装备，兵器装备集团研制生产的全地形车、单兵综合系统、轻武器等装备在天安门前接受祖国和人民检阅（部分参阅装备见图 3 – 19 ~ 图 3 – 24），集中体现了兵器装备现代化建设的最新成果。

图 3 – 19　国庆 70 周年阅兵新型轻型坦克

图 3 – 20　国庆 70 周年阅兵新型 155mm 车载加榴炮

图 3-21 国庆 70 周年阅兵箱式火箭炮

图 3-22 国庆 70 周年阅兵空降战车

图 3-23 国庆 70 周年阅兵 6×6 全地形车

图 3-24 国庆 70 周年阅兵单兵综合系统

参考文献

[1] 中国人民兵工史编委会. 中国人民兵工史（上册、中册、下册）[M]. 北京：兵器工业出版社，2012.

[2] 中国兵器工业档案馆. 人民兵工　姓党为军 [M]. 北京：兵器工业出版社，2022.

第4章

兵器科学技术与现代战争

兵器科学技术的军事属性决定了它是现代战争陆上作战手段的主要技术支撑，是全军毁伤与光电信息的核心能力。一方面，兵器科学技术的进步与发展推动战争形态、作战样式不断演进与改变；另一方面，战争形态与军事变革的发展，也牵引兵器科学技术不断创新与跨越。

4.1　现代战争的特点

4.1.1　战场空间多维一体

战争是人类社会的一项特殊社会实践活动，它所涉及的战场空间范围与人类社会其他活动空间息息相关。可以认为，凡是人类社会所能涉足的空间，大多数都已经成为战场空间。战场空间通常可分为陆地、海洋、空中、太空等。随着科学技术的发展，战场空间进一步向电磁空间、网信空间等新空间、新领域拓展。

(1) 陆地空间是指地球表面未被海水浸没的部分。其总面积约 14900 万平方千米，它大约只占地球表面总面积的 29%。陆地是人类社会生存和发展的基本空间，也是战争中最早期、最经常、最直接、最根本的对抗空间。在战争中，交战双方即使存在对海洋、空域、太空的争夺，这些争夺也是需要以陆地为依托，同时其最终目的往往仍是要回归到对陆地空间的控制上。

(2) 海洋空间是地球上生命的起源之地，是连接各大洲陆地的必要通道。海洋是指地球表面大陆的连续水域，其面积约占地球表面的 71%，通常包括由海水水体及其溶解或悬浮于其中的物质及生活于其中的生物、邻近海面的大气、海岸和海底地貌等。西方国家很早就认识到重视海洋的意义。2000 多年前的古罗马哲学家西塞罗就说过："谁控制了海洋，谁就控制了世界。"随着人们对海洋的认识不断深化，人类越来越意识到海洋对一个国家生存与发展的重要性，马汉的《海权论》对世界各国海军战略产生了重要的影响。控制海洋逐渐成为历代各国军事战略的重要内容之一，因制海权的争夺所产生的作战也随之成为人类战争的重要组成部分。

(3) 空域是指航空兵器（主要指各种飞机、直升机）所能到达并实施作战活动的空间范围，目前主要是指大气层以内距地面30000米以内的空间范围。因受人类科学技术发展的限制，它作为战场空间的时间仅有很短的历史。1783年，约瑟夫·迈克尔·蒙哥尔费研制热气球取得成功，使人类的探索领域真正地走向了空中。自1903年12月17日莱特兄弟设计制造的“飞行者Ⅰ号”试飞成功以后，经过不断努力探索，飞机的性能得到了迅速提高。它凭借自身所具有的速度快、视野广、所受威胁少、可执行多种任务等优点，开始走上了战争的舞台并扮演着越来越重要的角色。它让人们认识到了除陆地及海洋战场空间之外的另一个崭新的战场空间，感受到了传统的二维战场向三维战场进行革命性转化的信号。意大利军事理论家朱利奥·杜黑的《制空权》对人们认识空军的重要意义起到了巨大促进作用。制空权的争夺已成为现代战争中控制陆地、海洋不可缺少的必要条件。

（4）太空域通常是指大气层以外，太阳系以内的空间范围。它成为战场空间的时间仅为半个多世纪，但其地位却日益突出。1957年10月4日，苏联成功地发射了人类历史上第一颗人造地球卫星——“伴侣”1号，开创了航天时代的新纪元。同其他科学技术一样，航天技术从其诞生之日起就被迅速而又广泛地运用于军事领域。从近期几场局部战争中它所起的作用来看，太空是继陆、海、空之外的第四个战场空间，是联系陆地、海洋、空中战场的纽带，它对现代战争特别是高技术战争的影响是重大的。例如，在俄乌冲突中，乌克兰不但利用“星链”为断网地区的政府和民众提供通信支持，并大量使用星链网络作为重要的战术通信手段构建观察－判断－决策－行动（observe－orient－decide－act，OODA）环路，包括将目标数据传输给火炮阵地或反坦克手，控制无人机对俄罗斯坦克和阵地进行攻击等，见图4－1。同时，乌克兰利用欧美商业公司卫星获得天基侦察支持，近乎实时掌握俄军动态，进行战场态势研判，见图4－2。

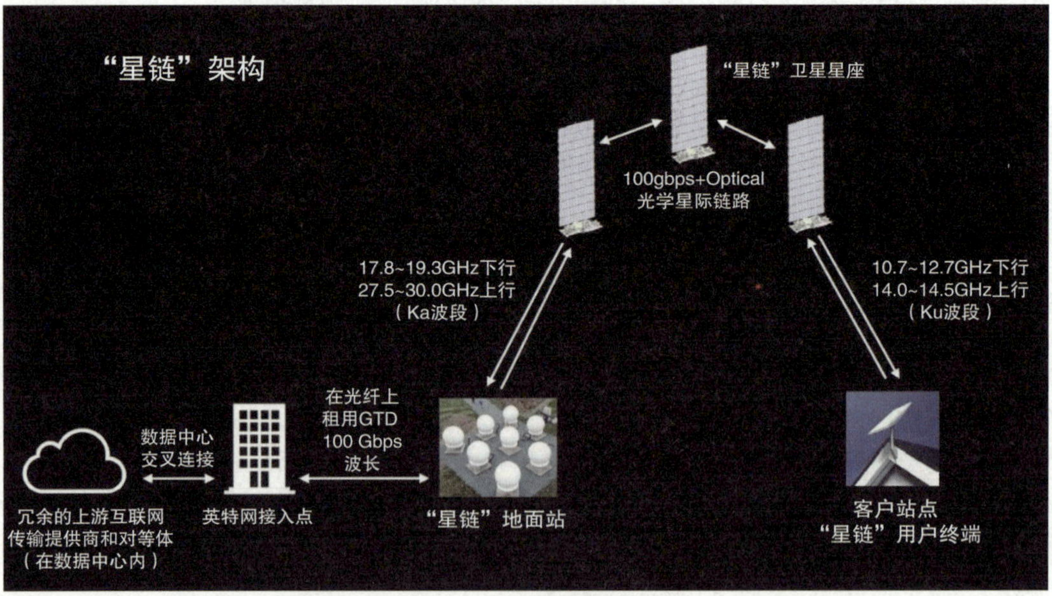

图4－1　“星链”架构示意图（作战流程）

图4-2 MAXAR 卫星监视俄军在乌克兰附近的军事行动

整体上讲，陆地战场空间是对抗双方争夺的主要空间，海洋、空中以及太空空间的争夺逐渐成为控制陆地空间的必要条件。但从人类战争发展历程来看，战场空间具有从一维向多维发展的历史，同时也正在演绎着从传统多维独立交战向多维一体方向的演变。这一趋势的出现一方面与人类科学技术的发展及其在战争领域的广泛运用有关，另一方面也与作战思想的演变有关。前者体现的是战争对兵器科学技术发展的牵引，而后者更多体现的是兵器科学技术对战争的促进。从武器装备体系构成聚能与释能来看，战争双方都力争将自己不同维度战场空间中的力量有机组合、整合乃至融合起来，以形成“1+1>2”的系统涌现效果，也正是在这一思想指导之下，现代战争中战场空间多维一体已经成为其显著特征之一，如图4-3所示。

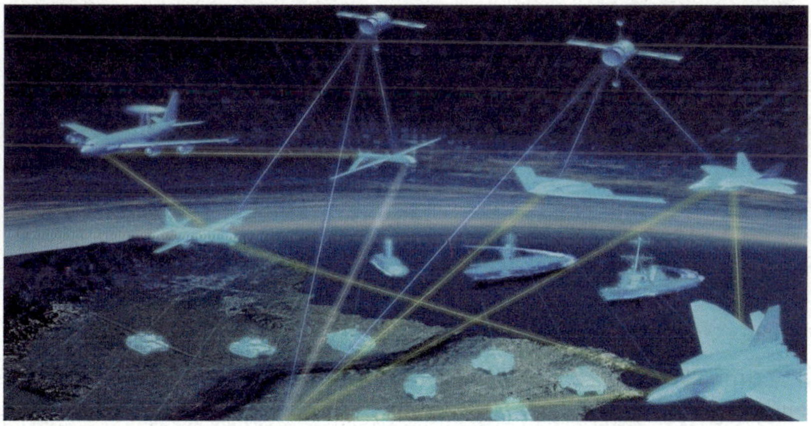

图4-3 现代战争中的多维一体战示意图

为此，现代意义上的空军，不再仅争夺制空权，而是在此基础之上提高了对地、对海打击能力和控制能力，这不但使轰炸机、歼击轰炸机、强击机、多用途战斗机的武器装备需求增加，还对空军的编制产生了影响，如有的国家编制有空降兵这一直接参与陆地作战的兵种；海军不但要具有争夺制海权的能力，还要根据需要具备对空作战能力与对地作战能力，因此，在武器装备层面催生出了航空母舰、舰载机，以及以防空反导为主要作战任务的舰艇（如“宙斯盾”舰）等需求；在军种编制上也产生了海军航空兵和海军陆战队等新的海军兵种。陆军更是如此，为了同样能利用空域作战以及限制对方利用空域对己方的打击，在武器装备层面增加了对野战防空武器（防空导弹、高射炮）、无人机的需求，在编制上也产生了陆军航空兵的新兵种。例如，在2020年的亚美尼亚与阿塞拜疆的纳戈尔诺－卡拉巴赫（简称纳卡）冲突（图4－4）、2022年俄罗斯在乌克兰进行的特别军事行动中，交战方陆军一方面注重大量使用防空导弹限制对方空中作战力量，另一方面均注重使用陆军航空兵、无人机对对方实施打击。

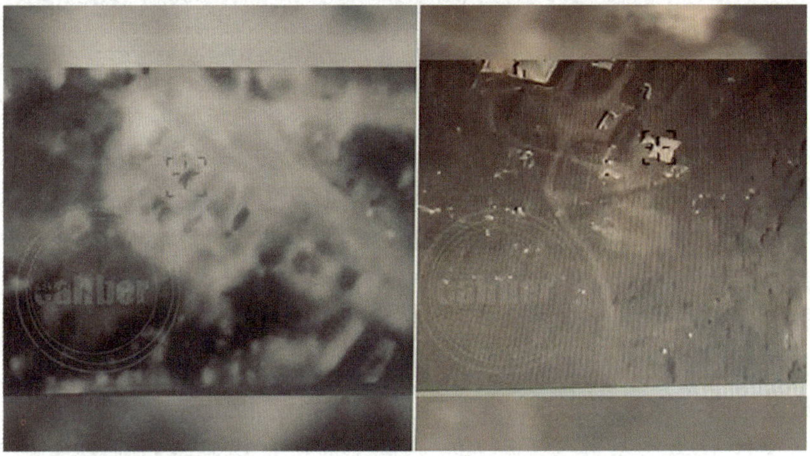

图4－4　纳卡冲突“哈洛普”无人机打击S－300阵地

此外，随着人们对影响战争结局“变量”的进一步认识，除一般意义上的物理空间外，电磁、信息、智能、认知等领域，均以不同的形式影响着作战过程中双方力量、能力的此消彼长，进而不断拓展人们对“战场空间”的内涵。所有这些都足以说明：作战域也将由单一物理域向“物理域、信息域、认知域、社会域、生物域”拓展融合；制权争夺的重心随之由“陆权、海权、空权”向“天权、信息权、智权”转移，形成“耦合紧密、互联互动”的一体化全域多维战场。

4.1.2　作战力量多样融合

随着科学技术的不断发展和战争的需求牵引，新型武器装备不断涌现，武装力量不断出现新质作战力量。目前，随着现代高新技术大量、优先应用于军事领域，各国武装力量不断发展出更多的新质作战力量。它们是以新需求为牵引、以新技术为支撑、以新能力为标志的作战力量。新质作战力量融入了先进技术和最新的军事思想，在现代战争中，特别是在信息化条件下，肩负新型作战使命、遂行新型作战行动、完成新型作战任务。主要包括战略预警、军事航天、防空反导、信息攻防、战略投送、远海防卫等方面的力量。新质作战力量的技术含量高，作战机理特殊，作战效能独特，作战方式崭新，因此建设呈现专业化、多样化，作战理念更趋向于精细的“集约式”，作战手段更加复杂集中，作战效果更加显著。

针对武器装备的高技术化和联合作战形式的变化，现代联合作战的作战力量、战场空间、作战形式等也呈现多元化、多维化、多样化的特征，如图4－5所示。在作战力量上，由陆、海、空、火箭诸军种构成的联合作战力量，具有信息、火力、机动、防护、控制等多种作战能力，可以实现歼灭、瘫痪、破坏、驱逐、抗击等多种作战目标。值得注意的是，现代海军、空军、火箭军以及其他新质作战力量所占的比例日益增大，综合作战能力空前提高，地位作用明显上升，可在维护海洋、孤立岛屿分裂势力的联合封锁作战中成为主要作战力量，在联合火力突击作战、联合反空袭作战中担负主要作战任务，或在主要作战任务中起到关键作用。

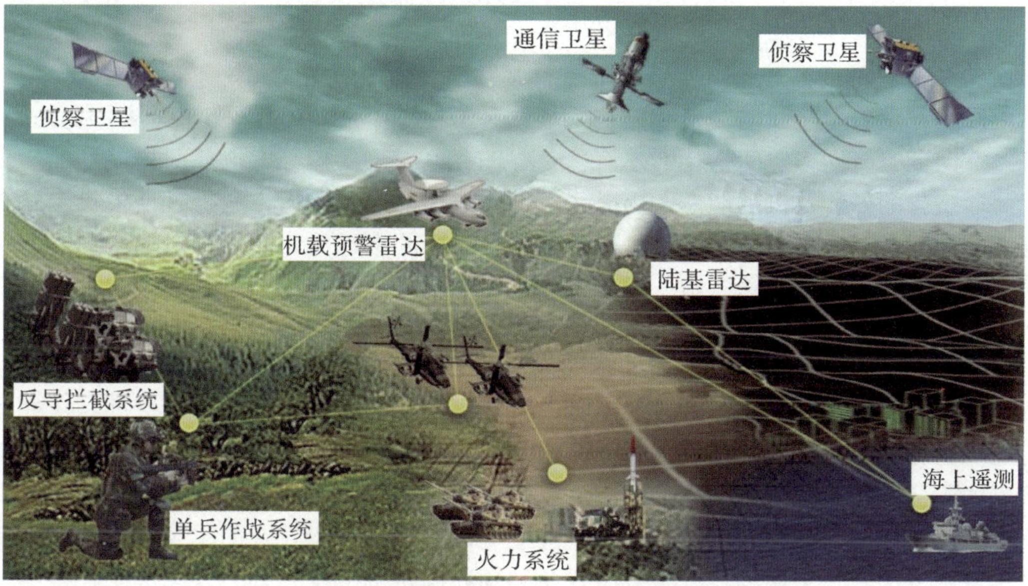

图4－5　网络信息支撑下多种作战力量融合示意图

面向现代战争需求，传统武器装备信息力、杀伤力、机动力、防护力等不断增强，网电攻防装备、无人装备、定向能武器等新式装备不断涌现。同时，分散在战场各个空间各种作战力量、各类作战单元在信息网络支撑下日益融合成为一个有机整体，实现军兵种融合、要素融合、力量融合，形成体系作战能力，进而不断提高综合作战效能。

4.1.3　战略战术界限模糊

现代战争中，在多维一体的战争空间内，各种高度融合的作战力量在快速高效的指挥决策与协调控制中进行着一体化的联合作战，催生了现代战争的种种变革，传统战役战术分层控制、条块分割的战争模式也随之变化。

战争在规模和层次上，可划分为战略、战役和战术，在以往的战争中，三者之间的区别十分明显。从三者相互关系上，战略决定战役，战役决定战术，而且战术反作用于战役，战役又反作用于战略，这是战争本身存在的内在规律。随着信息技术的发展，现代信息化战争虽然未从根本上改变战略、战役、战术这种作用与反作用的辩证关系，却使战略、战役、战术行动规模日益模糊。

（1）有限的战争目的制约了兵力的使用规模。自二战以后，随着“和平与发展”逐渐成为人类社会的主题以及终极武器（核武器）所带来的威慑，以占领对方国家领土、掠夺其资源、奴役其人民的传统殖民战争目的受到了种种制约。因此，在战争初期，敌对双方为了迅速达成既定的战略目标，通常不会像传统战争那样进行全面动员，而是注重最大限度地投入先进的技术兵器和精锐部队，特别是各种精确制导武器、弹道导弹防御系统、侦察监视系统、隐身武器、C^4ISR 系统等信息化装备的广泛运用和快速反应部队、特种部队、战略预备队等频繁投入战场，使战役战斗与战略目的没有明显的区分，作战规模也没有明确的战役战斗的区别。

（2）先进的武器装备可使小部队控制大战场，小行动完成大任务。进入信息化战争阶段后，随着军队武器装备和结构的发展变化，现代战争的作战空间从传统的陆、海、空向太空、网络空间，特别是信息、心理、电磁、认知等虚拟空间拓展，加之现代武器装备的射程及机动能力大幅提高，未来战场的前方和后方变得日渐模糊，除在固态的地理空间上有前后之分外，在动态的行动空间上已无先后之别。战斗既可能从前方打响，也可能从纵深开始。特别是数字化部队的建立，使军队选择作战行动的方式具备了更大的自由度和灵活性。

（3）战争胜负标准与以往有所不同。如战争一旦达到有限的政治目的，即认为是取得了战争的胜利，不再过分追求彻底消灭敌国军队、占领敌方国土全境等，这样既可避免己方投入过大，又可控制国际影响。如海湾战争结束时，多国部队已经深入伊拉克国土，占领了萨马瓦南部及纳西里亚等地区，并且完全有能力继续向包括伊拉克首都巴格达在内的任何方向发展进攻，甚至可以彻底摧毁伊拉克的军事能力，但由于美国等西方国家在中东的战略利益需要及其预先确定的战争目标，多国部队在控制科威特战区及其以西的重要的交通枢纽，把伊军赶出科威特，包围、分割和歼灭伊军大部分共和国卫队之后，便结束了这场战争。

（4）以信息流精确主导下的物质流、能量流作战方式，进一步模糊了战略、战役与战术之间的空间。随着信息技术在军事领域内的广泛运用，军队内部各作战单元越来越形成一个有机联系的整体，任何一个作战单元，甚至是单兵的战斗行动，都能得到强大的信息和火力支援。在它们的作用下，战术打击可以直接达到战略目的，战略指挥可以随时介入战术层次已不再是梦想。如在俄乌冲突中，在多重外界力量的介入之下，双方每一次战术行动的得失，都会引发以北约为主的西方军事力量的广泛关注，进而不同程度地加强对乌克兰一方的支援，如美国援助乌克兰“海玛斯”加强对俄罗斯一方的打击（图 4 – 6），乌克兰利用西方援助的无人机袭击克里姆林宫（图4 –7）等，从而在战争层面产生了巨大的影响。

图4－6 “海玛斯”

图4－7 克里姆林宫遭无人机袭击

4.1.4 技术推动作用突出

战争是敌对双方作战体系在一定时空环境中所进行的对抗。这种对抗的胜负，一方面取决于使用一定数量与技术含量的武器装备，另一方面取决于为使这些武器装备体系发挥最佳的效能而选择的战法，即技术与战法共同构成了实施战争的基本手段。其中，先进的技术手段为更加灵活地选择战法提供了物质基础，而合适的战法又能使先进的技术手段充分发挥其作用。

（1）材料技术推动着对抗模式不断变革。以新型含能材料、超材料等为代表的材料技术的创新发展，不断推动常规兵器更新换代，同时也助推战术战法创新升级。例如：以金属氢等为代表的新一代超高能含能材料（图4－8），能量达到30～50倍TNT当量，能够大幅提高弹药射程和威力，对现有打击策略、防护手段将产生颠覆性影响；以“超材料”为代表的新型人工复合结构或复合材料，具有负群速度、负折射效应、逆多普勒效应、逆切仑科夫辐射、理想成像等异常物理性质，将对雷达探测、高精度红外探测、隐身、电子防护等传统兵器功能性能、装备形态和战法运法产生本质性改变。

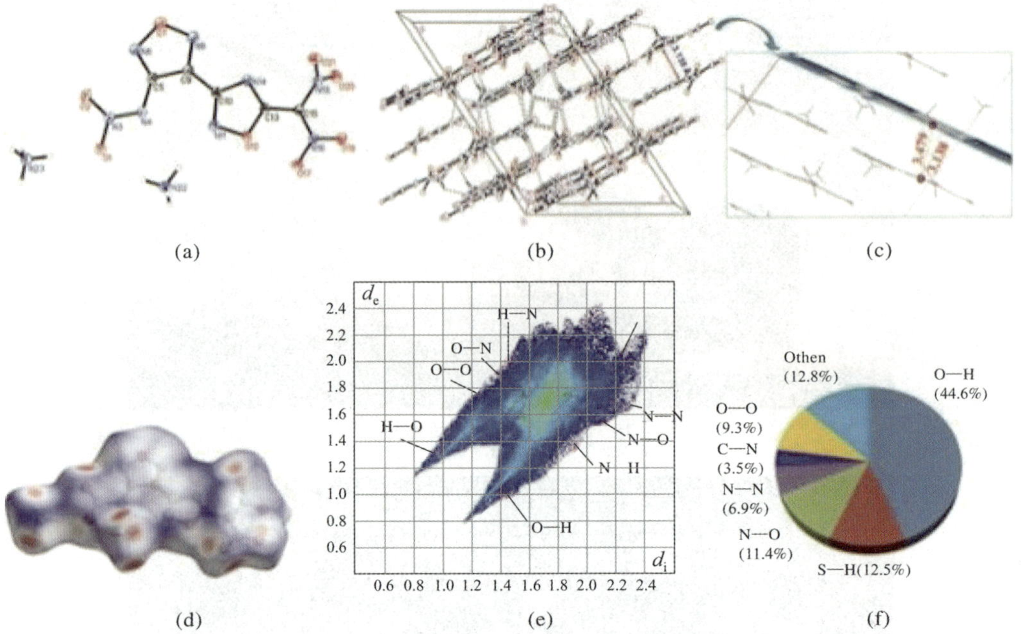

图4－8　超高能含能材料示意图

（2）动力技术推动着战争节奏不断提升。以高超声速、新能源等为代表的动力技术的快速涌现，推动着兵器装备机动速度、覆盖范围、突防能力、反应时间等战术性能不断跃升，成为打破攻守平衡的关键。例如，随着超燃冲压发动机等动力技术的突破，飞行速度达到马赫数5以上各类高超声速导弹（图4－9）已快速实战化，预警时间更短、打击范围更广、突防能力更强，现有防空预警和反导系统面临严重挑战；以高密度、模块化、多能源高效转换为特征的新能源技术，将会实现对传统动力、传动、底盘操控，甚至是武器发射等技术的弯道超车，目前以比亚迪为代表的民用新能源汽车正在全面超越传统燃油动力汽车，美国、德国、比利时的电动装甲车也已进入样机阶段。可以预见，未来新能源技术将进一步加快陆海空天有人/无人作战平台实战化步伐，将大幅提升高速突防、战场机动、多效毁伤、对空防护、持续作战等能力。

图4－9　高超声速武器示意图

（3）光电技术推动着攻防手段不断拓展。随着高能激光、高功率微波源等光电器件/部件的不断突破，以激光武器、高功率微波武器、声波武器、粒子束武器等为代表的新型定向能武器（图4－10）层出不穷，将极大拓展传统武器装备攻防方式，实现传统武器装备不能或很难实现的作战目标。例如，美国高能激光武器已进入实战化步伐，将有效提升应对小型快艇、无人机、火箭弹、炮弹等威胁目标的防卫能力。同时，以超短脉冲激光技术为核心的激光能量引导武器，能够具备类似“人造闪电”致僵或硬杀伤效果；高功率微波武器通过压制或直接摧毁敌方侦察感知、指挥通信、定位导航等系统，将极大地改变网络电磁作战模式。

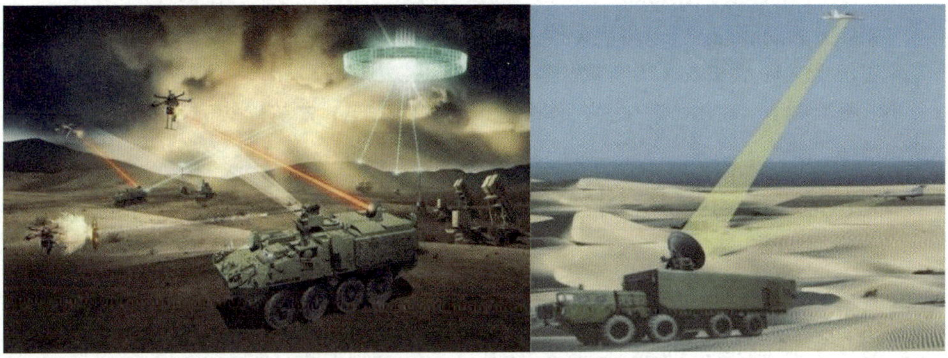

图4－10　定向能武器示意图

（4）信息技术推动着制胜机理重新定义。二战后，以计算机为核心的自动控制、通信网络、软件等信息技术不断升级换代，实现了把战场各作战单元集成为一个相互作用的整体，作战概念从平台中心战升级为网络中心战，联合作战已成为现代战争的基本特征。例如，无线通信技术的发展，尤其是以“星链”为代表的卫星通信手段的出现，作战单元互联、互通、互操作能力不断提升，覆盖全域的战场前后方的“万物互联”已初步形成；随着移动终端、云计算、大数据的出现，信息处理能力得到质的提升，计算机与混沌、熵等理论相结合，催生出了“OODA”决策环理论，“OODA”环路速度不断提升，构建了体系化战争全新的制胜机理。

（5）人工智能使战争模式产生了重大颠覆。在信息技术飞速发展的基础上，云计算、大数据、人工智能、星链、5G等新技术层出不穷，智能化战争已初现端倪。俄乌冲突中，乌方利用人工智能实现卫星、无人机、移动终端等侦察图像、视频的自动识别，以及目标的自动分配，实现了与滴滴打车、Uber软件类似的“派单式”作战（图4－11），作战前线“OODA”闭环时间从20分钟以上降低到了1～2分钟，最快达到30秒，“云＋人工智能”正在成为颠覆传统作战的战争基本模式。随着以ChatGPT为代表的新一代人工智能技术的不断涌现，通用化人工智能正在到来，无人自主作战正在成为现实，未来战争模式呈现“AI主导、机器主战、以虚促实、涌现智胜”新的制胜机理。

除上述技术以外，量子、生物、增材制造等众多新兴技术同样正在影响着现代战争的作战理论、战术战法、装备技术的跨越发展。技术与战术交融互动、军用与民用技术一体融合已成为现代战争的基本特征。

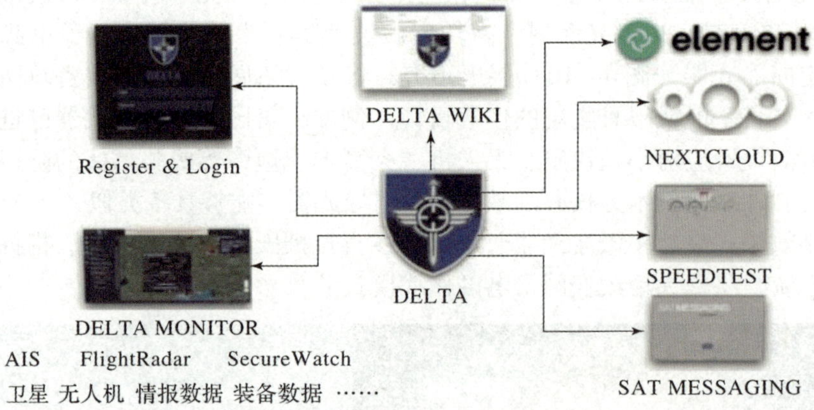

图 4-11 乌方“派单式”作战德尔塔（DELTA）态势感知信息系统示意图

4.2 现代战争与兵器科学技术的关系

恩格斯指出，“一旦技术上的进步可以用于军事目的并且已经作用于军事目的，他们便立刻几乎强制地，而且往往违反指挥官的意志而引起作战方式的改变甚至变革”。兵器科学技术发展必然改变作战武器，武器的改变不可避免地影响着作战方式的改变，从而进一步促使战争形态的改变。战争形态的不断演进，反过来又牵引和带动兵器科学技术的进步与发展。

4.2.1 兵器科学技术是战争形态演进的关键因素

（1）兵器科学技术与新兴技术的融合发展推动武器装备的变革。兵器科学技术作为人类社会科学技术的一项重要组成部分，伴随着人类科技的不断进步而发展，并呈现出与其他军事技术融合发展的趋势。在冷兵器时代，由于社会生产水平极端低下，人们最早的武器是石块和木棒，之后，人类掌握了冶炼、锻造等技术，金属兵器，尤其是铁质兵器不断在战争中得以运用；随着火药和冶炼技术的融合与完善，杀伤力更强、威力更大的枪械、火炮被制造出来，并且不断地应用到战争中，热兵器逐渐取代冷兵器。到了近代，经过两次工业革命的洗礼，从蒸汽机到内燃机、从金属冶炼与加工技术的进步到流水线的大批量标准化生产、从空气动力学到流体力学、从有线电到无线电通信技术等科技的发展，使陆战场上的坦克、步兵战车、自行火炮，海战场上的航空母舰、潜艇，空战场上的各型战斗机、轰炸机、侦察机等类型不断拓展、性能不断提升、规模不断扩大，使机械化战争走上历史舞台。20 世纪中期特别是 20 世纪 70 年代以来，微电子、光电子、电子计算机、网络通信、卫星导航等技术的发展，产生了大量以新型侦察探测、网络信息系统、智能弹药等为代表的高技术武器装备，加快了信息化战争进程。而随着以人工智能、生物交叉、无人系统、集群系统等为代表的新兴技术领域的飞速发展，进一步促使武器装备从信息化向智能化转变（图 4-12），推动着战争形态从信息化向智能化方向演进。

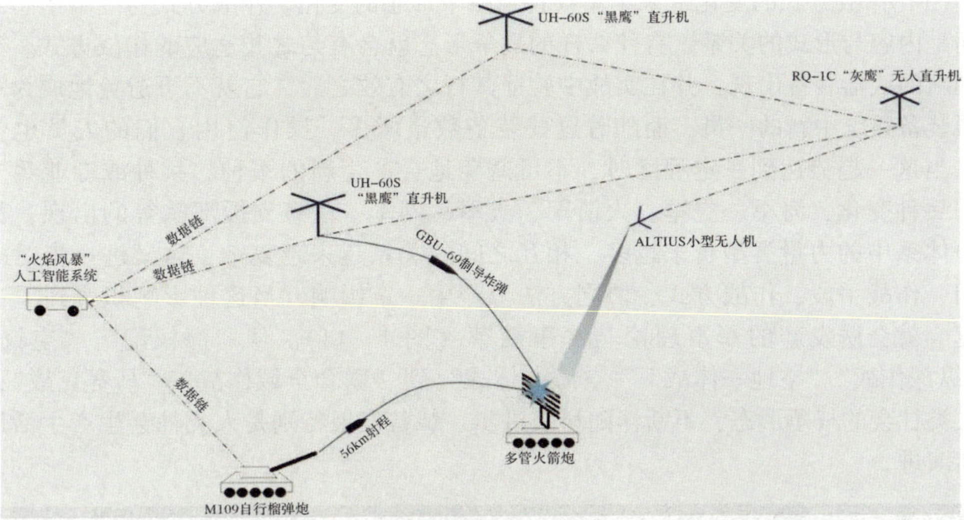

图 4-12 美军“火焰风暴”目标智能分配示意图

（2）武器装备的变革促进了作战方式的不断变化。武器装备作为一种物质，每当一种新型武器出现在战场后，随之就会有与之相适应的作战方式出现。早在我国的春秋战国时期，战车弥补了步兵的冲击力小、杀伤力弱的缺陷，在战场上杀伤力更强，成为当时战场上主要的作战力量。在枪械与火炮技术得以成熟发展后，尤其是以马克沁机枪为代表的自动武器的出现，大大提高了战场上热兵器的火力输出速度，不但导致传统骑兵的地位与作用大大降低，还直接导致一战期间阵地战形态大行其道。而随着以坦克、自行火炮、轰炸机、战斗机为代表的机械化武器装备的出现，战争形态呈现立体化机动战、火力战。从二战时期德军的闪击战，苏联的大纵深作战，到战后美国陆军的空地一体战，无不体现这一特点。进入 21 世纪以后，世界各国军队高技术武器装备、信息化武器装备、智能化武器装备不断列装（图 4-13），新的作战概念不断提出，网络中心战、分布式杀伤、无人化作战、马赛克战等信息化、智能化作战方式广泛被各国军队接受，并用以指导部队作战与军队建设。

图 4-13 俄罗斯“木船”系列地面无人系统

（3）作战方式的变化带来了军兵种与战争形态的变化。作战方式与战争形态二者之间是内容与形式的关系。有什么样的战争形态就会有与之相适应的作战方式。每当一种新的武器装备出现，并在实战中验证其行之有效之后，它就不可避免地成为军队武器装备系统中新的一员，而随着这些装备数量增多，操作使用它们的人员也会增加，当这一趋势达到一定程度时，不可避免地会产生新的军种、兵种或专业兵。陆军的兵种变化，海军、空军、火箭军、天军、网军、信息支援部队等的出现，都使战争体系中的力量类型越来越多，相互之间的关系越来越复杂，这又进一步对战场空间、作战手段、作战方式、协同方法等产生一定影响，当这种影响积累到了一定程度，就会诱发新的军事理论与军事变革（图 4－14）。从“海权论”“空权论”“大纵深作战”“空地一体战”“空海一体战”到“联合全域作战”“马赛克战”，表明人类社会的战争形态，不断伴随科技进步、装备发展特别是人类社会生产生活形态向前演进。

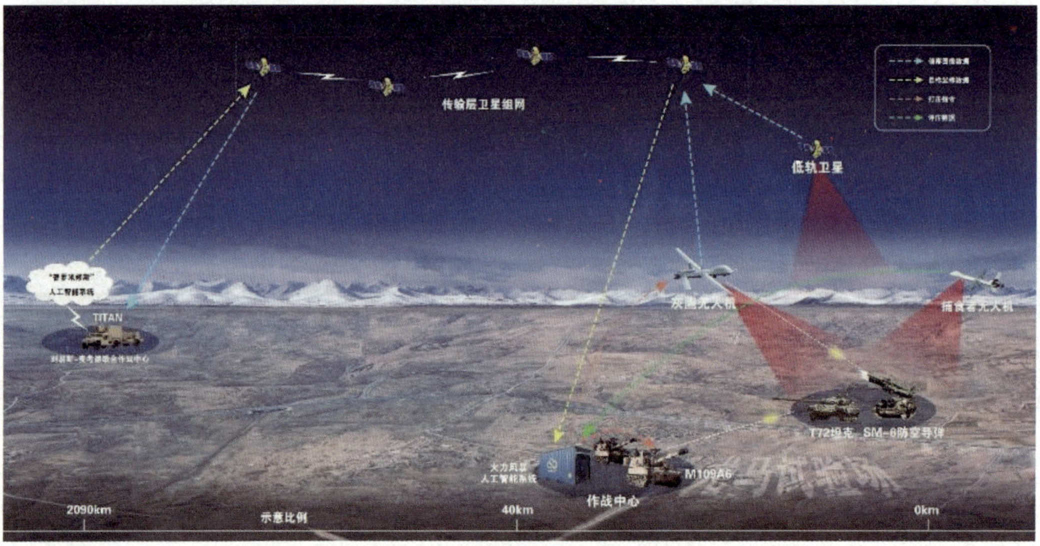

图 4－14　利用人工智能技术实现联合跨域陆战“OODA”快速闭环示意图

4.2.2　现代战争推动兵器科学技术发展

兵器科学技术的进步以及与其他军事技术的融合发展，反映出人们认识战争规律和改变作战方式的过程。但反过来，新的战争形态对兵器科学技术发展有着新的牵引与要求。

（1）现代战争推动以机械化为代表的传统兵器科学技术持续完善。现代战争在战场对于物理空间的不断拓展，作战节奏的不断加快，对以机械化为代表的传统兵器科学技术提出了新的更高的要求。各类兵器装备战术技术性能不断得到提高，作战半径不断增大，机动力、防护力成倍增强，包括侦察感知范围、精度，火力打击的射程、威力，机动突击的速度、灵活性等，越来越接近物理极限。图 4－15 为配备“战利品”主动防护系统的“艾布拉姆斯”主战坦克。

图 4-15 配备“战利品”主动防护系统的“艾布拉姆斯”主战坦克

（2）现代战争推动以光电信息为代表的新兴兵器科学技术高速发展。信息化战争出现后，智能化战争正在加速到来，推动侦察探测、遥感遥测、新一代计算机、认知通信网络和人工智能等新兴技术不断涌现，信息化智能化装备成为发展重点。同时，信息化智能化技术与传统兵器科学技术结合，一方面使各类兵器装备自动化、网络化、智能化程度不断提升，并催生出无人作战平台、电磁脉冲武器等一大批新型作战武器，呈现“硬摧毁”“软杀伤”结合并行发展的态势；另一方面使各种兵器装备相互协同、相互联合得更为紧密，为其形成一个有效的作战体系提供强大技术支撑，见图 4-16。

图 4-16 美国“托尔”战术高功率微波作战响应器（THOR）

（3）现代战争推动兵器科学技术外延不断拓展。随着多域战、联合全域作战、马赛克战、无人化作战、智能化战争等新兴作战概念的发展，不断加快定向能武器、高超声速弹药、地面无人系统、中低空无人机等新兴技术装备不断从实验室走向战场，致使兵器科学技术的外延与内涵也在不断地发生变化。

4.3 兵器科学技术对作战能力的影响

兵器科学技术的内涵与外延，一方面随着科技的发展而不断延伸和拓展，另一方面与航空、航天、舰船、电子信息以及新兴领域不断交叉融合，形成相互协作、相互支撑的耦合关系，共同对作战能力产生直接或间接的重大影响。

4.3.1 对指挥控制的影响

从系统论角度来看，现代战争是双方作战体系相互之间的对抗。军事指挥控制领域的对抗，成为双方体系对抗的核心。因此，不断研发新的指挥控制手段，对作战单位和战场的控制能力就能够不断提升。

指挥控制的功能主要是接收、处理并发送各种信息，依照其功能分类，主要包括信息传递（包括对信息的接收、发送两个方面的功能）手段和信息处理（包括对信息的整理、分类、检索、存储、鉴别、分析、归纳、计算、显示、决策等功能）手段。

在古代，作战信息的传递主要是通过传令兵和听觉、视觉工具来完成的，这些手段基本属于现代军事通信中的简易信号通信。其中，听觉信号主要使用口令及金、鼓、锣、号等方式进行传递，视觉信号主要通过旌旗、烟火等传递。

到了近代，从19世纪30年代末开始，电报、电话以及各种程式的无线电台陆续发明并得到了广泛的运用。二战期间，无线电通信已经普及到战术级的作战体系之中，它不仅完全取代了有线电报，而且在远距离和高度机动部队作战指挥中取代了有线电话。

1946年电子计算机诞生以后，很快就被用于作战指挥控制。20世纪70年代初至80年代中期，大规模集成电路的出现与迅猛发展，使计算机向微型化发展，在作战指挥中的运用越来越广泛。美国、英国、法国和苏联等充分利用信息技术的成果，在完善战略级自动化指挥系统的同时，研制了大量的、各军兵种自成体系的自动化指挥系统，并相继装备部队。1977年，美国国防部将指挥、控制、通信和情报结合起来，正式提出“C^3I”一词；20世纪80年代初，又将计算机加入其中，以C^4I代替C^3I，更加强调计算机的作用，使计算机从辅助工具的从属地位上升为关键设施的核心地位。20世纪80年代至21世纪初，自动化指挥系统在一系列高技术局部战争实践中的应用，对其兼容互通性能提出了更高的要求，也取得了宝贵的经验教训，促进了兼容互通的一体化自动化指挥系统的成熟。为提高指挥自动化系统的作战决策辅助功能，美国陆军从21世纪初先后开展了“实时作战智能决策制定”（RAID）计划，目标是为战术指挥员提供行动方案指导；“战术推理生成器计划”（TIGER），基于非监督型机器学习技术，以实现分析战场情况并将其进行分类；“深绿计划”（Deep Green Project），强调通过多模草图和语音识别技术，帮助指挥官迅速制定行动方案；“指挥官虚拟参谋”（CVS），通过认知计算技术，帮助指挥官应对大数据和复杂信息情报。2018年，美国陆军设立了人工智能任务组（AI－Task Force），由美国陆军未来司令部直接领导，目标是支持美国陆军人工智能技术领域的长远发展，其中就包括在多域指挥控制领域应用人工智能技术。

以美军为代表的军事强国指挥自动化系统的研制与发展，其主要思路是基于OODA模型方法，提高战场态势的自主研判及预测运用、情报侦察智能分析、作战筹划智能决策、作战过程精确描述、敏捷响应等能力。1997年美军提出的网络中心战，2017年提出的马赛克战，2019年提出的决策中心战等作战概念，均是强调通过日益发展的信息技术与人工智能技术将分布于不同空间的作战要素融合，从而实现指挥控制从信息化向智能化方向发展，见图4－17。

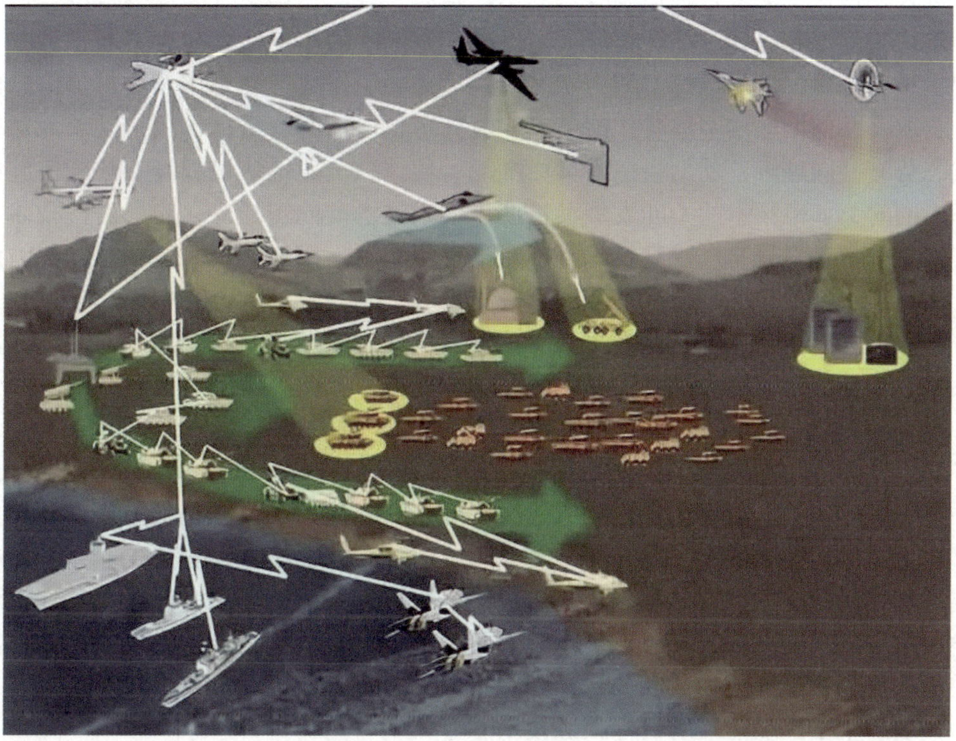

图4－17　未来战场指挥信息系统链接所有作战单元示意图

4.3.2　对战场感知的影响

如同人类社会的生产实践一样，一切实践活动都离不开对信息的掌握与利用，离不开利用信息去控制物质与能量。指挥员对作战力量和战场的综合控制，主要是通过战场上所感知到敌方相关目标信息的处理、传递与识别才得以完成的。

在军事领域，战场态势是指战场中敌对双方兵力部署和行动所形成的状态、形势以及发展变化的趋势。按范围，可分为战略态势、战役态势和战斗态势；按时间，可分为战前态势、战中态势和战后态势。战场感知则指对战场态势信息实时掌握的过程，包括对战场态势要素的察觉、理解和预测，是将信息优势转化为认知优势和决策优势的基础。而兵器科学技术对战场感知的影响，主要体现在通过红外、微光、EMCCD器件、MEMS器件、惯导器件、战术雷达等光电器件与信息处理技术的进步，不断提高战场态势感知的实时性、精准性、透明性与多样性上。

从人类战争史上看，在作战过程中有关信息的获取与反获取的斗争自古以来就没有中止过，并且，随着作战过程中信息对物质、能量的控制作用越来越重要，有关信息领域的对抗也越来越激烈。从保密到窃密、从加密到解密、从使用间谍到反间谍、从侦察到反侦察、从技术措施到战术措施等方面已经展开了各种各样的对抗。同时，作战过程中信息领域的对抗与其他方面的对抗一样，攻防双方都是在不断地彼此斗争中互相促进、互相制约的。

进入近现代，随着各种侦察技术的不断发展，各类侦察系统的覆盖范围、识别精度、定位精度不断提升，部队全域、全天候、全天时的情报侦察能力不断增强，地形地貌、军事工事、重要目标、兵力状态、兵力部署、作战行动、作战效果等信息能够实时获取，并借助通信网络各作战节点实时共享，保证所有指挥作战行动单元对联合作战态势有共同理解，辅助指挥人员更准确、便捷、全面地认识战场态势，实施战场指挥。同时，侦察技术的不断发展又迫使反侦察技术的同步提升，光电对抗技术、加密与解密技术、隐身与反隐身技术等不断出现于军事运用，在提升战场感知能力的同时，又拓展了新的对抗领域。

随着信息技术、人工智能技术的飞速发展，战场感知技术与能力主要通过战场信息侦察、战场信息理解、战场信息预测三个方向提高。

（1）在战场信息侦察方面，主要通过目标检测识别和跟踪等技术提高侦察设施装备对多源、异构和多维的战场信息进行提取的能力。其中：目标检测识别技术是在背景环境中定位目标位置，给出边界框和所属类别或型号，代表性算法包括循环卷积神经网络（R－CNN）、直接线性变换（DLT）、YOLO 和单激发多框探测（SSD）等；目标跟踪技术是在目标检测识别的基础上，对机动目标进行持续性定位，侧重相关滤波和深度学习跟踪两个方向，以多源点迹跟踪为例，主要包括以循环矩阵结构（CSK）和核相关滤波（KCF）算法为代表的目标跟踪技术，以及以全卷积孪生网络（SiamFC）算法为代表的基于深度学习的目标跟踪技术。

（2）在战场信息理解方面，主要通过多源异构数据融合、目标身份意图识别和目标威胁评估等技术，根据战场信息侦察结果进一步理解并融合目标信息，评估目标身份、意图和威胁，结合地理信息系统构建战场整体态势图。其中：多源异构数据融合主要包括目标知识抽取、关系关联和关系推理、异构数据的统一表征和融合建模等技术；目标身份意图识别包括贝叶斯网络（BN）、模糊集合理论、深度置信网络（DNN）、堆栈自编码器和循环神经网络（RNN）等技术；目标威胁评估主要包括基于目标自身属性进行排序并评估目标威胁程度等技术。

（3）战场信息预测是指根据战场信息侦察和战场信息理解的结果，快速准确地判断编队作战体系并估计作战行动效果，为指挥员制定应对策略提供保障。战场信息预测主要通过多源信息的相互印证技术，关联参数分析技术等实现。自 2017 年起，美军陆续开展的知识导向型人工智能推理模式（KAIROS）、盖亚（GAIA）、空域快速战术执行全面感知（ASTARTE）（图 4－18）和可解释人工智能（XAI）等项目正是该领域的基础技术研究项目，一旦取得突破可直接转化到作战领域。

图4－18　空域快速战术执行全面感知（ASTARTE）示意图

4.3.3　对火力打击的影响

如果说指挥控制系统是军队的大脑，侦察监视系统是军队的耳目，那么火力打击系统则是军队的拳头，如图4－19所示。人类战争史证明，为满足武装力量对火力打击的追求，兵器科学技术主要是解决武器装备在射程、精度和反应速度上的需求。

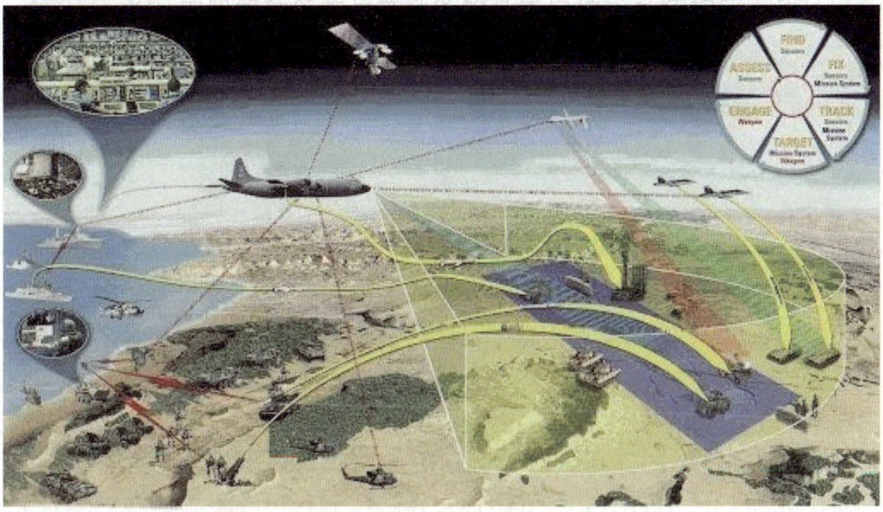

图4－19　火力打击示意图

一是"打得远"。从单兵武器、反坦克导弹、火炮、火箭炮及空地导弹等火力打击武器来看，随着兵器科学技术的进步与发展，打得越来越"远"，作用距离从几十千米到数百千米甚至上千千米，一些领域已快接近物理极限。

二是"打得准"。早期的火力系统命中精度较差，弹丸散布面较大。随着激光、红外、电视、毫米波、微波、地形景况匹配等精确制导技术的出现与不断发展，精确制导武器应运而生，其命中精确度越来越高。例如，在二战期间，要摧毁一个钢筋混凝土的飞机隐蔽部，需用约9000枚炸弹，而现在用1枚机载激光制导炸弹就可以完成任务。精确制导武器不但大大提升了武器打击的效益，最大限度避免了附带毁伤，同时还开创了制导与反制导之间新的对抗领域。

三是“打得狠”。以新型含能材料为代表的火炸药技术的发展，能够大幅提高火力打击系统的射程和战斗部的威力，对现有打击策略、防护手段将产生颠覆性影响，不断推动常规毁伤能力更新换代，同时也助推战术战法创新升级。

四是“打得快”。随着信息化智能化武器控制技术的发展，通过大量开发“发现目标、锁定目标、发射弹药一体化设计”的智能化武器装备，现有火力打击武器的反应速度将大大提高，实现“发现即摧毁”打击目标。同时，随着超声速导弹、激光武器、微波武器、电磁轨道炮等新型武器的出现，新型火力打击武器“打得快”能力又将跃升到一个新水平，甚至实现“光速”打击与毁伤能力。

4.3.4 对机动作战的影响

作战体系要达成作战目标，必须在恰当的时机、适当的地点上集中足够的作战力量。受到武器装备作用距离的限制，在战场上要想形成对敌方足够的“合力”，主要是依靠兵器及火力在战场上实施机动来完成，见图 4 – 20。

图 4 –20 跨域机动示意图

在兵器机动上，主要依赖于机动作战平台的发展。军队最早主要是依靠徒步进行机动与作战，为提高军队在各种战场空间内的机动速度，人类先后采用了依靠畜类(主要是马匹)、地面车辆、舰船、飞机、直升机等运载工具，使军队的机动速度呈现几何级快速增长的趋势。尤其是高超声速武器平台与弹药，其机动打击速度超过马赫数 5。作战平台机动速度的提高，为军队在更加广阔的作战空间内实施快速机动提供了条件，使作战模式已由过去传统的平面、线式、静态作战发展为更为注重“非线式、非对称、非接触”的多维一体联合作战。在战争层面上，同样可实现兵力的全域作战、跨域机动、快速部署。作战机动能力的提升，均离不开各种作战平台的动力、悬挂、材料乃至定位导航等技术的不断发展。全球定位导航技术的出现，又以提高机动效率的方式，大大提高了战场多军兵种的机动与协同能力。

4.3.5 对作战毁伤的影响

战争的目的是使用暴力迫使敌方服从于自己的意志，这种暴力手段主要通过战场上敌对双方武装力量在作战过程中对对方各类目标的毁伤达成。兵器科学技术对作战毁伤的影响，主要体现在研发能够有效毁伤各类目标的武器、弹药和火炸药，见图 4 – 21。作战毁伤可以分为两种类型：一是在物理上消灭敌方的兵力，摧毁敌方的装备、设备、设施等；二是在功能上使对方上述目标失去功能。除前面所述提升兵器火炸药的毁伤威力外，随着先进科学技术在军事领域的广泛运用，作战毁伤概念不断增添新的内涵：一方面，通过能量聚合机理打造了新的能量武器，如激光武器、微波武器、动能武器等；另一方面，通过信息聚能机理打造新概念信息武器。信息聚能机理是利用信息化的平台和高科技手段，使信息不仅可以辅助作战，提高指挥决策水平和武器装备作战性能，甚至可以作为“弹药”直接对敌方实施打击。新概念信息武器主要包括网络智能攻防武器、新型心理干预武器、纳米间谍卫星以及大数据支撑下的舆论战、宣传战、法律战等战略欺骗与认知对抗。

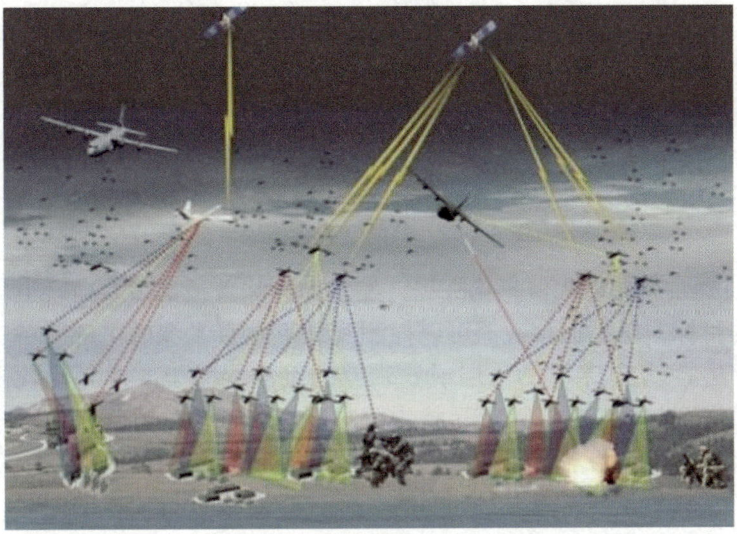

图4－21　无人蜂群作战示意图

新概念武器毁伤效能通常具备以下特点：一是作战精确程度极高，如激光、粒子束、高功率微波武器所发射的“光子弹”，能够在瞬间射向目标并将其摧毁；二是攻击方向多元，新概念武器大部分属于无惯性武器，射击时武器不会产生后坐力，操作使用省时省力，十分灵便，可以快速、灵活地变换射击方向，一件武器可以同时攻击多个目标，而且转换射击方向时，并不会降低攻击速度和射击精度；三是可达成连续进攻，常规武器需要利用大量的弹药来摧毁目标，弹药供应一旦中断，攻击行动就无法继续，而大部分新概念武器是依靠射束能量来杀伤破坏目标的，只要在战前用科学的方法把大量能量贮存起来，就能够实施连续持久的攻击，不受“弹药”供应的限制；四是特定的弹药能够有效应对特定目标，2020 年亚美尼亚与阿塞拜疆的纳卡冲突以及 2022 年俄乌冲突战场上广泛使用的巡飞弹、无人机等无人装备，引起各国军队的普遍关注，也使针对这些武器装备的反制弹药研制与列装迫在眉睫；五是新概念武器附带毁伤小，可满足不同条件下精确毁伤的需求。

4.3.6　对战场防御的影响

进攻和防御是战争矛盾的统一体，有进攻必然有防御。防御的目的除保卫重要目标、消耗敌人、保存自己以外，还更多地强调为辅助进攻，结合进攻或转入进攻做好准备。

随着兵器科学技术的发展，武器装备信息化程度、智能化水平越来越高，作战力量打击手段呈现从平面到立体、从有形到无形的全维领域扩展趋势，在不断提升作战力量进攻能力的同时，也对战场防御提出了更严峻的挑战，见图4－22。

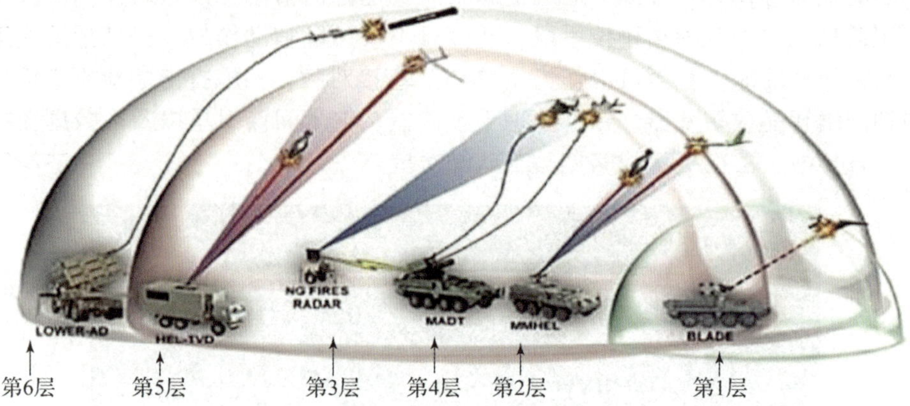

图4－22　美防空反导作战示意图

（1）防侦察监视。现代信息化战场，发现即意味着被摧毁。侦察卫星可以发现地下几十米深的目标，电子侦察武器可以探测到地下几百米深的电磁装备，激光制导钻地炸弹能够穿透超过30米厚的土层或6米厚的钢筋混凝土实施自动攻击。传统的凭险据守、屯兵深藏、伪装欺骗、零星抗击，难以应对进攻一方强大的电子打击和非接触、非对称火力突击，要求兵器防御领域发展新型伪装技术，将“隐真”与“示假”有机结合起来，减小关键作战力量的暴露征候，在对敌进行侦察的同时，最大限度地增加敌方的战场“迷雾”，以使战场向单向透明方向发展。

（2）防综合打击。现代战争，信息攻击和火力打击是制胜的主要手段，进攻方通常把打击要害、瘫痪对方防御体系作为首要目的。因此在防御作战中，能否有效防敌综合打击，是保存有生力量、稳定防御体系的重要环节。通过兵器新型光电信息与新型防空反导技术的发展研究，一是防信息攻击，二是防火力打击。面对作战对手强有力的信息攻击手段，大力发展防电子、防红外屏蔽器和多功能伪装网，重点防护指挥所和网络节点；运用无线电通信模拟、无源电子诱饵和电子干扰器材等对敌方电子侦听实施干扰欺骗；综合采用频率跳变、通信扩频等技术抗敌方电子干扰。发展早期预警防御技术，充分发挥联合侦察预警体系作用，及时发现敌方火力打击征候，争取更长的预警时间；在防御区域和重点目标附近，采用施放干扰器、电子诱饵等手段干扰敌方精确制导雷达，使用红外干扰器、热诱饵等干扰敌方红外制导武器；综合运用有人与无人化远程火力对敌指挥系统、雷达阵地等实施打击，使其丧失作战能力。

（3）攻防结合。现代战场上，高技术强敌往往首先大量使用隐身飞机、巡航导弹、武装直升机、无人机等飞行器实施空中突击，防御一方为有效应对进攻一方的多维侦察和立体火力打击，仅依靠被动防护远远不够，还必须注重发挥己方信息火力一体的突击作用，充分发挥联战火力的主战作用、主体作用，灵活运用远程火力突击、空中机动截击、对空火力打击相结合的手段，以远程立体精确火力突击敌方作战体系内的机场、导弹发射阵地、指挥控制系统、信息网络中心、电子战系统、重要后勤保障系统等“源头”要害目标，远程破击敌方进攻和防御体系，将战场推向敌方，实现“攻防一体化”。

4.3.7 对单兵作战的影响

单兵作战，又称单元作战，是指由某件武器装备（系统）及其操作使用的作战人员一起构成的基本作战有机集合体的作战。如一名士兵使用一支步枪、若干手榴弹构成一个基本步兵单元的作战，一辆坦克与其若干名乘员构成一个基本坦克单元的作战等。

现代作战体系是由各种各类的单兵作战单元自下而上聚合成的有机整体。现代武装力量体系越来越复杂，其作战能力越来越强，这一方面要求每个单兵作战单元自身功能必须不断提高，同时也必须密切相互之间的联系，这也就对不同作战单元的兼容性、关联性、耦合性提出了更高的要求。

大力发展单兵感知、防护、通信、计算机及先进武器等系统，通过集成各类功能模块装备增强士兵的杀伤能力、机动能力、指控能力、支撑能力和生存能力，并使其作为一个基本的作战单元能与整个作战体系有机融合，确保其在有效发挥自身能力的同时，也能与其他武器装备系统一起相互协作、相互支撑，使单兵作战系统涌现出更全的功能与更大的能力。美军“大地勇士”单兵作战系统如图 4－23 所示。

图 4－23 美军“大地勇士”单兵作战系统示意图

4.3.8 对综合保障的影响

现代战争的战场空间已发展为陆、海、空、天、电、信息等多维立体空间，参战力量也发展为诸军（兵）种联合构成的作战体系，战争爆发突然、战场空间广阔、作战节奏加快、战法转换频繁、战场损毁严重，因此，也对战场上的综合保障产生了至关重要的影响。

战争中的综合保障，主要包括作战保障、后勤保障与装备保障。其中：作战保障是指为满足军队作战需要而组织实施的直接服务于作战行动的保障，包括侦察情报、警戒、通信、机要、信息防护、目标、工程、交通、伪装、核生化防护、测绘导航、气象水文、战场管制、电磁频谱管理、航海、声呐、防险救生、领航等方面的保障；后勤保障是指为满足军队作战需要而组织实施的经费、物资、卫生、交通运输、能源、餐饮、宿营、工程建筑等保障工作；装备保障是指为满足军队作战需要而组织实施的装备与弹药紧急筹措、调整与补充，装备的技术准备与抢救抢修，以及战场装备管理等保障。总体上看，未来作战综合保障主要具有以下特点。

（1）综合保障与作战行动呈现一体化趋势。在传统的机械化战争形态中，综合保障与作战行动是两个明确区分的行动过程，前者以后者为核心并为之提供辅助和保障作用，二者在组织方式、力量编成、使用时机等方面相互交叉而又不尽相同，需要分别组织实施。在信息化战争形态下，二者的内涵和行动方式日益融合，区分界限日益模糊，呈现一体化融合发展态势。

（2）综合保障模式趋于向联合化方向发展。基于网络信息系统的联合体系作战是未来主要的作战形式，它所对应的综合保障也必然向联合化保障模式发展，主要包括军地联合、军兵种联合、作战保障与后勤保障、装备保障联合等。

（3）保障力量趋于分布式、集约化、小型化、模块化、网络化。传统综合保障能力常以保障力量的数量规模来衡量。在信息化战争形态下，随着敌方侦察预警能力和精确打击能力的提升，为避免保障力量在空间上的过度集中而遭敌方打击，其力量编成必然出现分布式、集约化、小型化、模块化和网络化发展趋势。只有如此，指挥员和指挥机关根据作战进程和战场态势的实时变化，在对保障力量进行模块化编组的基础上，依据“需求感知—智能匹配—贴近保障—实时评估—动态调整”流程，引导保障力量及时聚散分合，以达成作战保障行动的协调、有序、稳定。

（4）综合保障能力向全维直达拓展。进入信息化战争时代以来，作战样式实现了向非线式多维立体作战的飞跃，战场空间的拓展对作战保障能力提出了更高要求，采用传统的平面保障模式将远远不能满足作战行动需求，客观上要求保障向多维直达式模式转变。指挥员和指挥机关可以依托网络信息体系，全维实时感知战场作战保障需求，充分发挥网络四通八达和现代武器装备立体机动能力优势，以陆、海、空、天、电相结合的机动保障方式，达到战场的全维直达式综合保障。

（5）精确化保障方式引领发展潮流。精确化打击是现代战争的一个显著特点，对作战保障的精确化程度提出了现实需求。战场态势的实时感知能力、共享能力以及大数据分析能力的提升，为实现精确化作战保障提供了技术基础。以美国为首的军事强国都在积极研发更为先进的指挥控制系统，通过充分发挥信息技术优势，实现保障机制由“条块分割”向“体系融合”转变，保障力量由“独立分散”向“综合集成”转变，保障效果由“粗放高耗”向“精确高效”转变，从而达成对保障时机、保障空间和保障数量的精确控制。

现代作战中综合保障的上述特点，对综合保障体系建设提出了全新的要求，也对通过兵器科学技术的进步与创新不断提升保障装备的能力提出了现实需求。主要体现在：一是利用兵器行业整体科技优势和资源，统筹规划主战装备体系与保障装备体系建设，统一需求分析、统一信息接口、统一数据标准、统一数智底座，共享体系需求与保障能力分析、体系设计、体系红蓝对抗仿真、体系评估、体系集成、体系建设与运用等方面的基础资源；二是充分利用兵器装备平台建设多年的经验与成果，加强作战装备与保障装备一体化研制，以求达成二者之间在信息互联、机动能力等方面保持一致，特别是通过“通用基础平台 + 不同载荷”的方式，开展地面与中低空作战及保障装备平台建设，提升装备建设的效益；三是通过诸如枪族化、车族化、弹族化设计等技术，进一步提高武器装备与弹药相互之间的通用性，进而提高战场供应保障和抢救抢修效率；四是加强主战装备与保障装备自身的防护能力建设，提高野战条件下的生存能力与水平；五是通过军民融合方式，加快地面无人化保障装备、中低空无人机运输投送装备建设，拓展油料供应、人员搜救、卫勤保障、物资储供、工程与防化等领域的保障装备研发与生产能力，提升综合保障水平。图 4－24 为俄乌冲突中俄罗斯的保障车队被袭击。

图 4－24 俄罗斯的保障车队被袭击

4.4 兵器科学技术在典型作战样式中的运用与需求

科学技术是核心战斗力。兵器科学技术也是重要的核心战斗力。特别是在高技术、信息化以及智能化条件下，现代兵器科学技术成了武器装备发展中最积极、最活跃的因素之一，对提高军队在典型作战样式中的战斗力起着强大的推动作用。同时，诸多典型作战样式也牵引兵器科学技术不断创新与发展。

4.4.1 特种作战

一般认为，特种作战是指军队为了直接达到国家的军事、政治、经济目的或实现战略、战役作战的特殊目标，使用特种作战部队或临时编组的特种作战力量，对敌方实施的非常规的军事行动。美军击毙哈姆扎·本·拉登的特种作战示意图如图4-25所示。特种作战有三个方面的显著特点。

(1) 从作战力量上看，特种作战部队是为了完成特种作战任务而专门组建的。其编制、装备及人员训练都是根据完成特种作战任务需要进行的，即使在某些情况下，单靠特种作战部队建制内的力量不足以完成任务，需要临时抽调常规部队或其他一些特殊行业的技术骨干进行特混编组行动，但仍然要以特种作战部队为主体。

(2) 从作战目标上看，在特种作战部队可以遂行的多种任务中，只有那些为直接达到国家的军事、政治、经济目的的作战，或为实现战略、战役特殊目标的作战，才可称为特种作战，并非特种作战部队的所有作战都称为特种作战。即特种作战部队主要担负常规部队不宜或难以完成的急、难、险任务。

(3) 从行动方式上看，特种作战部队只有以非常规行动实施的作战才是特种作战。特种作战目的的独特性和力量的有限性，本身就决定了其行动的非常规性。如果它采用常规作战行动，也就不可能实现特定的作战目标。

特种作战对作战力量、作战目标以及行动方式的特殊性要求，以及具有兵力编组小、行动相对独立、投送方式多样、具体任务多重、活动区域广、联合对象多、企图隐蔽性强、远离后方、缺乏各类保障等特点，对其所使用的武器装备均相应地提出了特殊需求。兵器科学技术在特种作战装备领域有优势，但新形势新任务也对兵器科学技术提出了三个方面的新要求。

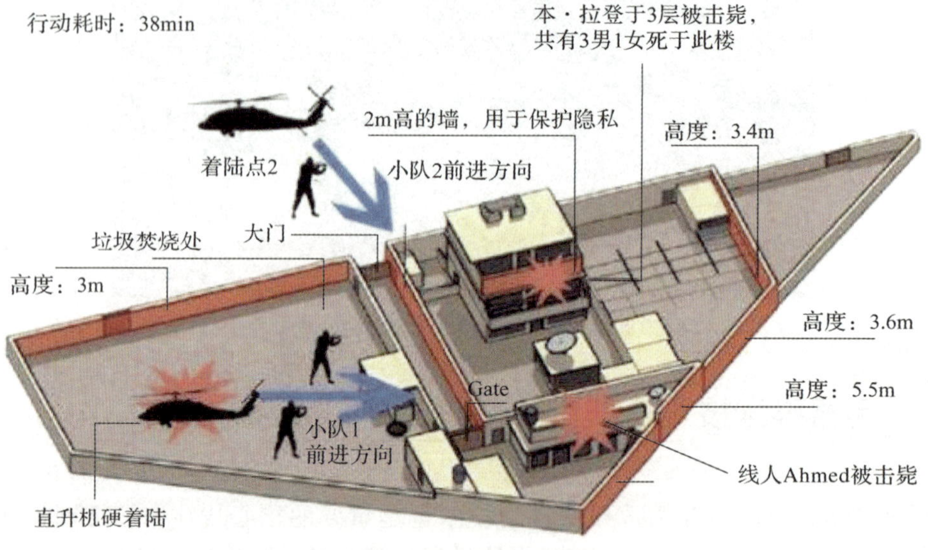

图4-25 美军击毙哈姆扎·本·拉登的特种作战示意图

(1) 在特种作战指挥信息系统需求上，能够支持特种力量完成特种作战指挥控制、情报处理、通信联络和综合保障。随着信息技术的发展，特别是在一体化联合作战条件下，特种作战指挥信息系统对辅助特种部队在复杂战场环境下实施特种侦察、特种破袭、特工行动、战场搜索与营救、反恐怖作战以及心理战等典型特种作战任务中所发挥的作用越来越重要。因此，对指控装备提出了尽可能做到体积小、质量轻、兼容性好、联通距离远、续航时间长等要求。例如，美军就注重不断引入新技术，发展“特种”指控系统。早在美军《特种作战部队2020年构想》中指出，利用诸如机动、传感与识别、安全通信、隐身和机器人等领域的前沿技术，提高人员和平台的效能。为此，美军特种作战部队有关研究机构利用机器人技术、辅助遥控驾驶技术、自动导航技术，开发出拥有人工操作能力的机器人指控系统；利用隐身技术对特战指控装备外形设计、材料选择和工艺处理进行改进，最大限度地减少特战指控系统的声、热、电磁辐射症候，提高生存和抗干扰能力。美国“奈特勇士”（Nett Warrior）系统见图4－26，美国“黑蜂”无人机见图4－27。

图4－26　美国“奈特勇士”系统

图4－27　美国“黑蜂”无人机

（2）在侦察装备上，特种作战所遂行的不同条件下的特种侦察任务，对白光、夜视、窃听、电磁等侦察装备均有着不同于普通部队的同类装备需求，有的甚至是特种力量专属装备。如美军为满足特种侦察需要，先后研发了“龙眼”、RQ－170“哨兵”“微星”等无人侦察机，Packbot小型无人侦察车（图4－28），iRobot系列特种侦察机器人，“仑巴斯”系列传侦察设备，可穿透墙壁的三维成像雷达，“Ears”狙击手探测系统，AN/TAS－4“陶Ⅱ”热像仪，AN/PVS－7微型夜视镜等单兵侦察装备，手持式声呐等两栖侦察装备。

图 4－28　美国 Packbot 小型无人侦察车

在侦察感知方面，美军还利用纳米技术制造只有 $1mm^3$ 大小的传感器，这些超微型传感器具有无线电发送和 GPS 定位能力，可携带光电、电磁、震动、生物、化学传感装置，如同“尘埃”一样弥漫分布在作战空间，它们可以轻松躲过敌方的侦察探测，在特种作战部队无法正常进入的空间，执行 24 小时不间断监视，极大地延伸了特战指控系统的“视野”。

（3）鉴于特种作战的作战环境、打击目标、行动方式等具备多样性的特点，特种作战对火力打击武器也有着不同的需求。例如，适合在狭小空间内近战使用的特战冲锋枪（如美军 MP5 冲锋枪），能够在不暴露单兵情况下实现观察、瞄准与射击的转角枪，带有优良性能的消音器、夜视瞄准镜，性能卓越的远距离大口径反器材狙击步枪（如美军巴雷特 M821A1 大口径狙击步枪），以及致盲闪光弹、震荡弹等非杀伤性武器。

除此之外，还有特种部队所需要的防护装具、特种车辆（如美军“未来骑兵”侦察车）与舟艇（如美军的无人驾驶微型潜艇，“MK Ⅷ”蛙人作战艇）、特战直升机（如美军的 MH6J“小鸟”特种直升机）以及特战飞机（AC130H“幽灵”攻击运输机）等。美国“MK Ⅷ”蛙人作战艇见图 4－29，“美国 MH6J“小鸟”特种直升机见图 4－30。

图 4－29　美国“MK Ⅷ”蛙人作战艇

图4-30 美国MH6J“小鸟”特种直升机

4.4.2 城市作战

城市作战是指在城市市区及其外围地区进行的作战，分为城市进攻作战和城市防御作战。21世纪以来，随着人类社会的城市化进程不断加快，现代城市尤其是大城市日益成为国家、区域的政治、经济、科技和文化中心，也是一个国家生存与发展的重要战略支撑，它具有发达的工业、商业、交通、能源等基础设施，聚集着众多的人力、物力和财力等战略资源，也往往成为战争中交战双方军队的必争必保之地，因此现代战争已经无法离开城市环境。与传统野战条件下的攻防作战相比，城市作战具有以下特点。

（1）突出体系对抗，注重一体攻防。“信息主导、体系支撑、精兵作战、联合制胜”体现了信息化战争的普遍规律，揭示了新的战争制胜机理，这也是现代城市作战的基本遵循。城市作战，通过信息获取并准确掌握对方所在区域的基础建筑、通信、防护等情报，对有效使用兵力、火力瘫痪敌方关键节点起到至关重要的作用。

（2）战场立体多维，战术战法多样。从城市本身发展来看，地上、地面和地下的建筑设施已经使城市变成立体攻防的战场。2002年版的美军《联合城市作战条令》中认为，美军未来的“城市化地区的一切战役行动都将是空中、地面、海上、太空和特种作战力量以及盟国、美国政府机构和国际组织的联合统一行动”。就城市作战而言，也有许多独具特色的战术战法。城市作战环境复杂，城市街区、建筑物、街垒工事、各种障碍、地下人防工程、地铁、大型建筑的地下层，以及地上建筑物的多层空间和顶部等地形地物，注定在突然和隐蔽的伏击、袭击、狙击以及反伏击、反袭击、反狙击的“三击”与“三反”战法中被广泛使用。

（3）外围争夺激烈，攻坚任务繁重。城市外围作为市区进出的必经之地，既是城区作战的依托，也是攻防行动自由的关键。因此，这就使对城市外围的争夺更加激烈，围绕外围的攻防任务更加繁重。

（4）战场环境复杂，指挥协同困难。城区空间切割严重，军事目标与平民设施交错混杂，作战区域独立狭小、视野受限、电磁环境复杂等特征制约着大规模兵力统一展开，通常只适于实施小规模独立作战。虽然各区域具有一定的联系，但不同区域的作战行动相互支援困难，指挥难度陡增，对作战指挥的及时性、稳定性、全面性都提出了更高的挑战。城市作战示意如图 4－31 所示。

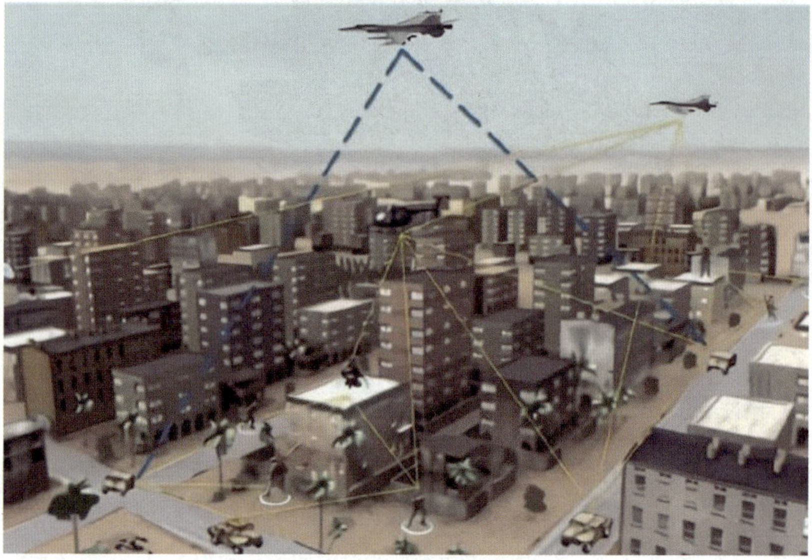

图 4－31　城市作战示意图

从城市作战特点来看，兵器科学技术在城市作战装备领域具有优势，但同时也有新需求，主要体现在以下几点。

（1）在侦察装备上，在以钢筋混凝土为主的建筑群中精准感知、识别、定位目标信息存在需求，解决“发现难”的问题。例如，使用无线电探测技术研发穿墙雷达探测有生力量，使用声学技术研发探测装备精准定位狙击手位置，使用人工智能技术研发无人地面装备、无人空中装备进入建筑及各种管道设施对其内部空间内的目标实施侦察等。美国 Xaver 800 穿墙雷达见图 4－32，美国“安德罗斯” HD－2 无人车见图 4－33。

图 4－32　美国 Xaver 800 穿墙雷达

图4－33　美国“安德罗斯”HD－2无人车

（2）精确化、高能化、可控化的弹药需求，以解决“打击难”的问题。一方面，主要体现在对强大的定向、可控爆破技术需求上，需要能够针对封闭、半封闭建筑物、地下管道、废墟等利于兵力隐蔽之处，以及不利于直瞄武器直接打击的环境进行有效爆破，以便能够直接或间接杀伤敌方人员及毁伤武器装备，打开突击通道等；另一方面，现代城市作战，尤其是当城市居民尚未完全转移时的作战，通常进攻一方会本着人道主义的精神，尽可能避免造成大量无辜平民伤亡，因此更加注重对有敌方把守的目标进行精准且可控的打击。

（3）在指控通联装备需求上，具备克服城区高层建筑阻隔和电磁干扰影响的能力，以解决“指控难”的问题。通常要具备中继通信、网络通信以及多通道通信能力，以确保作战指控的及时、连贯与稳定。

（4）具备全维防护能力，以解决“防护难”问题。城市作战在地面、地下、各楼层和楼顶平台上同时展开。进攻一方既要抵御来自街道两侧建筑物交叉火力和无人机群打击，又要抵御来自高层建筑的火力袭击和地下工事内守军的突然袭击与反击，有时还要面对不规则的游击性攻击。这就要求进攻部队要具备有效应对守军软硬结合、全方位攻击的全维防护能力和反无人机攻击能力。通常以加装外挂装甲、防雷套件，提高作战平台的被动防护能力；通过加装主动拦截系统、爆炸反应装甲等措施，提高作战平台的主动防护能力；通过采用屏蔽、接地、滤波等技术措施，提高作战平台的电磁防护能力；通过加装光电干扰系统等措施，提高作战平台的光电防护和隐身能力；通过设计配置与城市背景相适应的迷彩涂料，提高作战平台的色彩防护和隐身能力等。特别是需要开发系列化电磁枪、小型速射武器、激光武器、高功率微波武器、电磁脉冲弹等，反击城市环境下各种来袭无人机和巡飞弹。美国M1A2坦克TUSK“城市巷战包”见图4－34。

（5）改进典型传统武器。由于城市作战地位作用日益凸显，世界各国注重对某些适用于野战条件下作战的典型武器装备进行有针对性的改进，以使其能够更加适应城市作战需要。例如，德国陆军对“豹”2A7坦克的改进就是较为典型的一例。为使其

图 4-34　美国 M1A2 坦克 TUSK “城市巷战包”

能更好地适用于城市作战，德军在对其进行针对性改进的过程中，采用顶置 FLW200 遥控武器站（图 4-35），武器站上配装 12.7mm 机枪和 76mm 榴弹发射器，使其具备了大仰角，对高层建筑上及建筑后目标的打击能力；为所有乘员配装增强热像仪，提高城区复杂背景下发现、识别战场目标的感知能力；在车体后部安装步兵电话机，为提高步兵与坦克协同能力提供有效通联手段；车体前部可安装推土铲，以具备自主清理常见障碍的能力；车体后部安装 1 部电视摄像机，其监视器可使驾驶员更安全地倒车，并使用了基于陀螺技术和有 GPS 支持的混合式导航系统，使坦克在任何作战环境中都能导航；采用了最新一代复合装甲，并大幅强化侧面及顶部防御，以应对城市作战来自上方、顶部的打击威胁等。为应对城市街区、建筑物内等作战场景，美国、以色列等国家研制了拐弯射击武器系统，通过对现有枪械快速加装，能够有效提升隐蔽自身打击敌人能力，以色列拐弯射击武器系统见图 4-36。

图 4-35　德国 FLW 200 遥控武器站

图4－36　以色列拐弯射击武器系统

4.4.3　登陆作战

登陆作战亦称两栖作战，是指对据守岛屿、海岸之敌进行的渡海上陆进攻作战。目的是突破敌方海岸或岛屿的防御，夺占登陆场，为而后作战创造有利条件。通常包括登陆集结、装载上船、海域运输、泛水编波、突击上陆、抢占登陆场、岛上进攻等阶段。

登陆作战主要具有以下特点：一是联合性强，指挥控制难；二是登陆行动对海军、空军、火箭军行动依赖性强；三是作战行动受海区自然环境影响大；四是背水攻坚，夺控登陆场任务艰巨；五是攻防行动紧密交织，转换频繁；六是综合保障任务繁重，武器装备、弹药及物资消耗量大。上述特点对兵器科学技术运用的需求主要体现在相关装备上，尤其是提高登陆作战舰艇、两栖车辆以及滩头破障装备等能力上。二战期间盟军诺曼底登陆作战示意如图4－37所示。

图4－37　二战期间盟军诺曼底登陆作战示意图

（1）登陆作战舰艇，亦称两栖作战舰艇。专门用以输送登陆兵、登陆工具、战斗车辆、武器装备和物资，实施由岸到岸或由舰到岸登陆作战的舰艇，包括登陆舰艇、船坞登陆舰、两栖船坞运输舰、两栖攻击舰、两栖火力支援舰、通用两栖攻击舰和两栖指挥舰等。

登陆作战舰艇在登陆作战中的主要任务包括：一是担负登陆作战的前方指挥，尤其是担负立体投送、空中火力支援等兵力（包括直升机、气垫艇）的指挥引导和本舰的自防御；二是担负将登陆兵力、武器装备、军用物资等输送到登陆地段；三是担负抢滩登陆阶段对登陆兵力提供强大火力支援，以及通信、导航、水文、气象等相关保障装备；四是为自身提供必要的防护手段。因此，各国两栖舰载武器装备均是围绕上述任务展开建设的，不过有的侧重其中一点，有的则是多方面甚至全方面均有所兼顾。

从世界各国海军发展现状来看，欧洲、美国、日本、韩国等国家和地区各种类型两栖舰的作战系统及其装备虽然各异，但其发展有较多共同之处。美国海军目前保持着一支世界上规模最大、种类最全、性能最先进的两栖舰部队，现役两栖舰主要有“美国”级、“黄蜂”级和“塔拉瓦”级两栖攻击舰（图4－38），以及“蓝岭”级指挥舰、“圣·安东尼奥”级船坞运输舰、“惠德贝岛”级船坞登陆舰、LCAC气垫登陆艇（图4－39）。欧洲国家海军现役典型两栖舰主要是法国的“西北风”级两栖攻击舰、英国的“海洋”号直升机母舰和“阿尔比恩”级船坞运输舰、西班牙的“胡安·卡洛斯一世”号两栖攻击舰等。此外，还有日本海上自卫队的“大隅”级船坞运输舰和韩国海军的“独岛”级两栖攻击舰等。

图4－38　美国“黄蜂”级两栖攻击舰

图4－39　美国LCAC气垫登陆艇

(2) 两栖车辆，尤其是两栖装甲车辆，通常为海军陆战队、部分陆军的主战装备。在登陆作战中，主要由两栖运输舰运载至泛水编波区，在上级火力支援下，以其自身水上机动能力进行编队，以泛水突击的方式打击敌方滩头防御工事及主要目标，遂行抢滩登陆，占领、巩固及扩大登陆场的战斗任务。美国 AAV7 两栖突击车如图 4－40 所示。

图 4－40 美国 AAV7 两栖突击车

两栖装甲车辆作战环境涉及由海上向陆上的转换（有时是反向转换），其战斗任务与其他诸军兵种密切相关，具有极强的联合性特征，使两栖车辆在兵器科学技术的运用上具有自身的特点，主要表现在以下几点：一是因其要依靠自身浮力漂浮于海面，所以为确保其具有足够的浮力，在其装甲防护、火炮口径与浮力之间需要寻求一个平衡，而要达到这种平衡，就对其装甲材料有较高的要求，同时又因需要确保其密闭性，对其密闭性处理也具有很高要求；二是为确保两栖装甲车辆无论是在陆地还是在水中都具有较高的速度，则需要安装两套推进系统，目前大多采用喷水推进技术取代早期的履带划水方式，并采用滑水型车身设计、车轮收放驱动设计等，以解决这一问题，而这一点又进一步加大了其自重与浮力之间的矛盾；三是为确保其具备强大的火力，能在泛水突击过程中对实时发现的岸滩各种目标具有足够的毁伤能力，又对其武器种类、弹种选用以及火控系统都提出了更高的要求。

(3) 鉴于防登陆一方，为加强防御能力、延伸前沿空间，通常会在滩头水际内布设水雷阵、轨条砦，在滩头结合铁丝网、三角锥、阻绝壕、防坦克壕等障碍，登陆作战对前沿破障等装备的研制与使用也提出了更高的要求。与传统陆军破障装备相比，这些装备不但能有效排除陆上的典型障碍，还必须能够排除近岸水中、滩头的障碍，同时其两栖机动性也必然成为其区别于陆上破障装备的重要特点之一。

4.4.4 空降作战

空降作战通常是指空降兵或其他部队搭乘空中输送工具（运输机、直升机等）降落到预定地区进行的作战。空降作战是诸军种、兵种联合作战的重要组成部分，是现代战争中的一种重要的作战样式。实施空降作战能充分发挥其快速机动、超越地理障碍的有利条件，出其不意地打乱敌方作战部署，改变敌我态势，加快作战的进程。

空降作战方式是随着航空技术的发展而产生的。自从1903年12月7日美国莱特兄弟发明了飞机以后，这项技术很快被运用到了军事领域，除最初用于实施空中侦察、空战之外，也使采用军用运输机将人员运输到敌后进行作战这一方式成为可能。到了20世纪10年代初，降落伞普遍装备到飞行员以及轰炸机空勤人员后，更促使这一作战方式的实践。1916年10月，德军使用轰炸机空降2人到敌方战线后方破坏铁路，而后又用飞机接回。一战后，随着运输机、滑翔机、降落伞的出现和装备军队，空降进入实用阶段，在战场上得到日益广泛的运用。二战期间，交战双方有40余万人次通过空降投入作战，进行大小规模不同的空降作战150余次。二战后，特别是20世纪60年代后，由于直升机大量装备陆军，为空降作战增添了新的手段，自此以后的历次局部战争中，基本都出现了空降作战的身影。

当前，空降作战日益朝着大规模、远距离、多样化的方向发展，其战略作用日益突出。空降作战不仅是战役指挥员用以扩大进攻规模、提高进攻速度的重要手段，而且是实施战略突袭，迅速赢得战争胜利的重要工具。和平时期，空降部队可作为一支全球性的反应力量，用以对遥远地区出现的军事、政治危机迅速进行干预。在全面大战中，可迅速利用突击效果，深入对方国土纵深，进行长时间的独立作战，夺占重要的战略目标。美军认为，没有一个战略目标是无法由空中进入的，空降兵能在这方面起重大作用，是一个具有战略意义的进行全球作战的兵种。俄军的观点是，现代空降兵的主要任务不是在敌方背后占领一些居民地，也不是突破江河障碍，而是要独立完成带有战略性的任务。

不论哪种类型的空降作战，都具有其自身的优势与不足。空降作战的优点主要体现在：空降作战能够在远离战场的地区进行组织、准备，以空降方式从空中进入战场，在敌方纵深地区实施战斗，如此，其行动企图的隐蔽性容易达成，利用在敌方意想不到的时间点，从敌方意想不到的方向进入敌方意想不到的地点对敌方实施突然打击，进而达成作战目标。劣势主要体现在：由于在作战准备阶段，空降兵力不能直接对战场进行现地勘察，因而对战场情况难于翔实、全面了解，增加了组织、准备工作的难度；在空中机动及着陆阶段，易遭到敌方火力袭击，造成未进入战斗就严重减员，同时行动受天气、地形等自然条件制约，着陆时人员分散，建制混乱，难于按计划进行战斗；在地面作战过程中，由于空降兵力多为敌方歼灭对象，受敌方威胁较大，且远离后方，难以得到足够的支援与保障，持续战斗能力较弱。

针对空降作战特点，世界各军事强国除通过有效组合编制通用武器装备，提高空降兵各项作战能力外，还在兵器科学技术上从以下几个方面为其提供特殊支撑。

（1）提高空降兵的信息获取能力。空降兵通常执行的是远程作战任务，距己方主要兵力在空间跨度上很大。同时，它所执行的往往关乎到战略、战役企图达成的关键任务，这就要求它必须具有良好的信息能力。在情报的获取上，存在上级提供为主、自我战场侦察为辅的特点，要求具有良好的远程通信能力和快速的战场侦察能力。良好的远程通信能力主要确保空降部队与上级之间的有效联系，适时分享上级情报信息，接受上级命令。快速的战场侦察能力能够快速、全面、准确掌握空降兵任务及相关范围内的敌情、我情、地形、友邻等细节情报，以利于指挥决策。在作战指挥上，存在兵力高度合成，分散范围广、集结困难，作战样式转换频繁的特点，要求指挥控制系统必须做到兼容性强、时效性高、可靠性好、操作使用便捷。

为此，各军事强国主要通过研制适合空降兵特点的指挥控制系统加以解决。其基本要求：一是可快速开设、组网，安全、稳定，操作便捷；二是可快速、准确、清晰显示所有作战层次、单位、单元的位置、状态等信息；三是能实施远距离通信，便于与高级指挥机构之间建立良好越级指挥网络；四是具备决策辅助功能，并支持分布作业。例如，美军第82空降师则编有1个通信营，下辖营部与营部连、指挥所通信连、前方通信连。全师装备各型无线电台3349部，无线电控制台783部，各型电话机4945部，人工电话接转台99部，保密通话机2988部，密码通话设备55部。能够提供1个联接师基本指挥所、师战术指挥所、战斗航空旅、师支援司令部、师属炮兵部队、3个空降旅、3个前方地域通信中心、军事情报营以及1个指定的友邻分队的由视距和多路战术卫星通信终端组成的多路通信系统，并在上述单位开设单波道高频保密无线电传打字机终端。可设置5个调频保密中继站，还可在师基本指挥所和战术指挥所设置3个联接军/联合特遣部队的调频通信网。其主要侦察力量是建制内的军事情报营和空中侦察中队。主要侦察装备是18架OH－58侦察直升机、12架攻击直升机、8架UH－60多用途直升机和20辆高机动多用途轮式车辆。38架攻击与侦察直升机能够独立地执行纵深侦察任务，可在约9000km^2的地域内进行快速的空中侦察。其军事情报营下属的情报与监视连可为师提供反情报、地面监视和远距离传感器监听支援，作战中可派出12个AN/PPS系列的地面监视雷达小队和5个远距离传感器侦察小队。该师编制专用电子战直升机3架（EH－60），可为师提供通信监听、测向和干扰支援，能够为师提供甚高频拦截和干扰能力，可在师的整个作战纵深实施攻击干扰。师属其他侦察直升机也具备侦察、测向、定位、干扰一体化的电子战能力。该师还具备很强的目标探测技术与精确制导技术相结合的实体摧毁能力。

（2）提高空降兵力的地面机动力。空降兵战略机动能力强，而战术机动能力弱，这是由此兵种的“先天性不足”造成的。空降兵一旦降落到地面，由于缺乏机动平台，在很多情况下都主要依赖徒步机动，加之自身所要携带的武器装备、物资器材多，作战环境生疏，又是在战场敌情不太明确的情况下行动的，因此其战场机动能力很慢。在侦察手段多样、通信技术发达、部队反应迅速的现代战场上，空降作战的突然性优势会随着时间的流逝而逐渐消失，而避免这种情况出现的主要方法就是设法提高空降部队的地面机动能力。

为此，世界各军事强国主要通过发展针对性的兵器科学技术，研制、装备性能良好的空降兵专用车辆加以解决。其基本要求：一是质量较轻，能使用主力运输机空投，最好连同人员一起空投；二是地形适应力强，能在各种地形条件下高速行驶；三是载重量大，具备较好的装载、乘坐空间。该类装备的典型代表是俄罗斯空降兵部队所装备的 BMD 系列伞兵战车。该车目前已发展至第四代（BMD－4 型，见图 4－41），采用了与 BMD－3 相同的车体和悬挂系统，重新设计了车体前部、悬挂等一些子系统，安装了俄罗斯仪器仪表设计局研制的“瓜园”－U 通用战斗舱。战车全质量 13.5 吨，乘员 3 人，可搭载下车作战的空降兵 5 人，可用伊尔－76 运输机，其利用PBS－950U 多顶伞降着陆系统将人员与车辆同时伞降。该车主要武器为 1 门 2A70 型 100mm 火炮（可发射反坦克导弹）和 1 门 2A42 型 30mm 机关炮。辅助武器为 1 具 AGS－17 型 30mm 榴弹发射器和 1 挺 PKT 型 7.62mm 机枪。该车装备有现代化的火控系统、嵌入式昼夜炮长瞄准镜、全景式车长显示器和数字式计算机等。炮塔旋转采用电传动装置（手动控制），炮塔方向射界 360°，高低射界 －6°～60°，有利于城市作战和打击低空飞机和直升机。

图 4－41　俄罗斯 BMD－4M 伞兵战车

（3）研制多用途武器装备，以提高空降兵武器装备的轻便性与适用性。其中，轻便性主要为了解决利于空中平台运载的问题，适应性强则主要为了解决空降作战战场环境多样性问题。该类装备的典型代表是美军第 82 空降师装备的 M119 式 105mm 轻型榴弹炮（图 4－42）。该炮主要用于实施近距离直接火力支援任务，具有威力大、射程远（火箭增程弹最大射程 19.5km）、质量轻（1.186 吨）、机动性强（空投地面后小型吉普车即可牵引）等特点，适于空运部署，可通过运输机运输或直升机吊运；同时能发射多种炮弹（榴弹、碎甲弹、火箭增程弹、发烟弹、照明弹等），且能以高射角（高低射界 －5.5°～70°）打击目标，适于在浓密丛林、山地和城区等不同环境下使用。

图 4－42 美国 M119 式 105mm 轻型榴弹炮

此外，无人化的中低空侦察、警戒、打击、通信中继、空地一体化的进攻与防御，以及地面有人/无人结合、人机混合班组系统，正在改变传统空降装备体系构成，形成立体化、智能化、多样化的作战能力。

4.4.5 非战争军事行动

非战争军事行动是指武装力量为维护国家安全和发展利益而进行的不直接构成战争的军事行动，包括反恐维稳、抢险救灾、维护权益、安保警戒、国际维和、国际救援等行动。其中，反恐维稳行动是武装力量依法打击各类恐怖组织与处置恐怖袭击事件和在社会发生骚乱、动乱、暴乱时依法维护正常秩序的非战争军事行动；抢险救灾行动是武装力量参加中央或地方政府组织的对重大自然灾害及事故进行救援的非战争军事行动；维护权益行动是武装力量在和平时期维护国家主权和利益的非战争军事行动，如维护国家海洋权益行动、保障国家海外利益行动等；安保警戒行动是武装力量在国家重大活动中遂行安全保卫和警戒任务的非战争军事行动；国际维和行动是军队参与的由联合国组织指挥、以非武力行动方式在世界冲突地区恢复和平与稳定的非战争军事行动；国际救援行动是军队参与的对国外发生的重大自然灾害及事故等进行人道主义救助的非战争军事行动。

世界上已有许多国家把“非战争军事行动”作为军队建设的重要内容。美军早在20世纪90年代初就提出了“非战争军事行动”的概念，并在1995年制定了《非战争军事行动纲要》，把非战争军事行动列为美军担负的重要任务之一，并对其性质、目标、作用、范围、类型、原则与计划等作了详细论证。《美军士兵非战争军事行动手册》明确指出，美军必须完成包括灾难救援在内的非战争军事行动训练。

非战争军事行动虽然以军事行动为基础，但在行动方式、行动指控、行动环境、作用对象以及主要武器装备的使用上等诸多方面都有着自身的特点，深刻认识、理解和正确把握这些特点，在加强兵器科学技术运用与需求研究，为部队在遂行该类行动任务提供强大的武器装备支撑方面具有重要意义。

非战争军事行动具有以下主要特点：一是具有高度敏感的政治性，从军事与政治的关系来看，无疑一切军事行动都是为政治服务的，虽然非战争军事行动与军队的主要职责（应对战争）有所区别，但其同样也是为政治服务的，具有很强的政治属性；二是行动范围的广域性，非战争军事行动既包括国内的抢险救灾、反恐维稳等，又包括国外的国际维和、国际救援等，其范围远超可能遂行的战争行动；三是力量组成的多元性，在非战争军事行动中，参与力量除军事力量以外，还有相当比重的民事力量，甚至可能涉及其他国家军事力量、当地居民、所在国家政府人员以及世界各类非政府组织机构等；四是行动时机具有突然性，无论是自然灾害还是危害国家安全和利益的各种危机事件，虽然都可能有预兆，但何时发生或暴发在事前都无法确定，进而导致非战争军事行动具有很强的突然性。

兵器科学技术对非战争军事行动的影响主要体现在相关武器装备研发的特殊需求上，其中以非致命武器为典型代表。在非战争军事行动中，往往难以分清敌人（武装人员）和平民，加之从人道主义角度出发，很多情况下摧毁对方的抵抗意志、剥夺对方的反抗能力、驱散对方的集结，以及消除、降低对方行动效果等目标远比从生理和物理上杀伤/毁伤对方的人员与装备更为重要。为此，非致命武器从武器的大家族衍生形成了一个独立的分支。

通俗地说，非致命武器是指为达到使人员或装备丧失某些功能而非彻底在生理上杀伤或在物理上毁伤的目的所研制的武器或武器系统。因此，以其作用的对象为标准，可总体上划分为以人员为对象的非致命武器和以装备为对象的失能性武器两大类。

1. 针对人员的非致命武器

针对人员的非致命武器主要着眼于在不伤害人员生命前提下使其失去部分自主行为的能力，其主要机理有以下几个方面。

（1）利用化学方法致人失能。主要针对人员的神经、嗅觉起作用。前者主要为麻醉剂类药品。如 2002 年 10 月末，俄罗斯处理莫斯科文化宫内人质危机时，先使用化学气体麻醉了建筑内包括人质和恐怖分子所有的人，再以兵力突击的方式歼灭车臣绑匪 39 人，并解救人质。后者包括各类催泪弹，其主要功能是用于驱散特定地点的聚集人群。催泪弹的原理是让人员无法忍受其对呼吸道、眼睛、皮肤的刺激，不得不逃离其作用范围。该类武器造成的中毒症状较轻，一般在脱离接触一段时间后症状会自动消失。虽然长时间、大剂量吸入同样会造成器官伤害甚至导致死亡，但相对来说是比较安全的。当然，包括最普通的辣椒水（粉、气雾剂等）也属于此类武器。比利时 FN 303 非致命性弹药发射器如图 4－43 所示。

图 4－43　比利时 FN 303 非致命性弹药发射器

（2）利用电击方法致人失能。这类武器主要原理是通过释放高压电流作用于人员使其短暂失能，包括各种型号的电击枪、电击警棍等。该类武器的优点在于其作用相对安全，既可致人瘫痪失去反抗能力，其电压、电流的大小又能够控制在对人员没有致命威胁的程度。但其缺点是作用距离近，大多要贴身近距离使用（如美国警用的“泰瑟”TASER X26C电击枪，最大作用距离为7m，见图4-44），因此其使用场合会受到一定的限制。

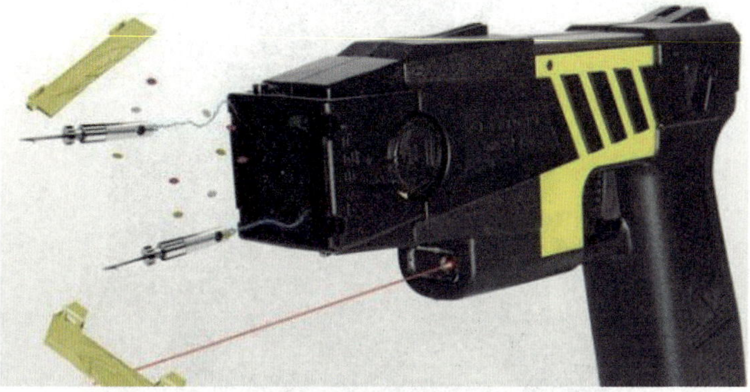

图4-44　美国“泰瑟”TASER X26C电击枪

（3）利用动能打击致人失能。该类武器主要是橡皮子弹，其弹头由具有一定硬度的橡胶制成，在一定距离发射时，只对人员目标的表皮产生伤害，使人疼痛难忍，但不会穿入、穿透目标身体。这种武器的优点在于作用距离远，并且精准度较高。不过，由于这种子弹的阈值是取自命中一般部位，在它命中要害部位（如眼睛、太阳穴等）时，也可能造成人员的重度伤害甚至死亡，并且实战中也曾有过多次人员致死的记录，因此对其作用还是保持着一种争议的态度。

（4）利用声波方法致人失能。声波武器包括次声波武器、强声波武器、超声波武器以及噪声波武器、集束声波武器等。主要作用原理是利用一定频率、强度的声波，夹杂着有关信息，定向作用人群，使其产生各种不适症状，迫使其不得不采取逃离、回避等方式进而产生驱离、驱散告示作用。这类武器中，次声波武器主要采用与人类神经或内脏器官固有频率相近的声波频率，可使人产生神经错乱、内脏受损等症状；强声波武器则利用发出足以威慑来犯者或使来犯者失去行动能力的强声波，使他们丧失行动能力；超声波武器则会造成强大的空气压力，使人产生视觉模糊、恶心等生理反应，从而使人员战斗力减弱或完全丧失作战能力甚至死亡；噪声波武器则主要造成人员听觉和中枢神经麻痹等，如爆震弹（也有的称为闪光弹）就是利用其瞬间超强的声波、光波使人在短时间内致于无意识之中，警方则可利用短暂的时间制服暴乱者。

（5）利用声光形式致人失能。这类武器包括各种声光弹、强光电筒、激光电筒、绿色激光致盲武器等，其中典型代表为爆震弹，即利用弹体内装有的炸药在爆炸时产生的强光、巨响致使人员产生短暂失明、失聪、失觉，从而分散人员注意力，借以达到控制目标的目的。美国疼痛射线发射器如图 4－45 所示，中国 BBQ－905 型激光眩目武器如图 4－46 所示。

图 4－45　美国疼痛射线发射器

图 4－46　中国 BBQ－905 型激光眩目武器

当然，针对人员还有一些其他类型的武器，如并非以致人功能丧失，而是用以标记人员或控制人员行动自由的武器。前者如以特殊颜料标识人员，这些颜料经发射后散落依附于人员的衣服、皮肤之上很难洗掉，为警力后续抓捕创造条件；后者如利用超级黏性泡沫使人片刻无法自由行动，类似于用蛛网即时黏住人员；另外，还有一些利用网绳之类束缚人员行动自由的武器。

2. 针对装备的失能性武器

（1）利用机械原理使对方武器装备失能，主要方法是利用刺扎轮胎，致使车辆无法正常行驶，如各种人工控制的道钉。

（2）利用化学原理使对方武器装备失能。如利用一些超级腐蚀、超级润滑剂等，使对方平台难以正常机动、起飞以及使其他功能难以发挥作用等；或将对方武器系统中的一些金属、高分子、光学等材料迅速分解，从而致使其观察、瞄准、机动等功能失效。

（3）利用电磁原理使对方武器装备失能。广义上讲，这类武器包括一切黑客、网络、电子对抗类的武器，用于平暴、制暴的武器，主要包括那些可以切断无线通信、有线通信、网络通信类的武器。如最为简单与常见的手机干扰器，它能在一定范围内屏蔽敌方的电磁信号，控制对方手机无法正常使用等。

总之，与致命武器相比，非致命性武器的技术途径、作用原理大多与传统武器有所区别，运用的场景主要是防暴与制暴行动，偶尔也可以用作军事特种作战行动。

4.5　兵器科学技术与战争形态演进的相互促进

兵器科学技术是国防科学技术的重要组成部分，一方面在提升联合作战能力、全域作战能力、智能化作战能力等方面，起着部分重要的促进作用；另一方面，信息化和智能化战争形态的演进，又不断牵引着兵器科学技术的发展，形成相互促进和相互牵引的辩证关系。

4.5.1　联合作战能力的牵引与提升

联合作战是指两个以上军兵种或两支以上军队的作战力量，在联合指挥机构统一指挥下共同实施的作战。所谓一体化联合作战是指，“依托网络化信息系统，使用信息化武器装备及相应作战方法，在陆、海、空、天、网络和电磁等空间及认知领域进行整体联动的作战，是与信息化战争相适应的基本作战形式”。联合作战主要包括以下特点。

（1）参战军种多元化。联合作战根据作战任务的不同，搭配相应的作战力量，通过发挥不同军种作战功能的特长，使各种作战力量、各种作战行动成为一个有机整体，扬长避短，在多维战场空间形成综合优势。

（2）作战原则统一。联合作战参战力量多元，不同军种作战功能各异，在不同战场空间遂行不同作战任务，要使各种作战力量、各种作战行动成为一个有机整体，就必然要求所有参战力量遵循共同作战原则，在共同的原则指导下筹划组织作战和指挥控制部队行动。

（3）作战体系完整。联合作战要通过信息网络把各个作战单元、不同的功能系统连接成一个相互支持、相互联动的统一整体，一个使不同层面的作战要素之间联系更加紧密，能够实施全方位攻击和全维防护的立体、高效、功能要素齐全的整体，以提高体系整体作战效能。

兵器科学技术与联合作战的相互促进和相互牵引，主要体现在以下几个方面。

（1）提升联合侦察预警能力。通过不断发展光学侦察技术、电子侦察技术、水声侦察技术、传感侦察技术等，为单兵、地面、水下、空中、太空侦察平台或察打一体平台提供功能强大的侦察终端设备，全面满足战略侦察、战役侦察以及战术侦察的需要，进而实现实时、全面地获取、传递、处理、分享、利用战场信息，为指挥员精准掌握战场态势、定下决心，为武器打击提供目标数据，为部队作战行动提供充分的情报支持。

(2) 提升联合指挥控制能力。联合指挥控制能力是联合作战能力的核心能力，在装备建设上主要体现于信息化指挥系统的研制上。其基本要求是依据联合作战需要，能够将陆、海、空、天等战场空间内的各种作战力量、各个武器装备有效地纳入指挥控制网络之内，打通各链路，规范技术体制与标准，构建出联合指挥控制系统和全军共用信息基础设施，提高军兵种指挥信息系统的连通性。

(3) 提升信息作战能力。信息作战能力包括信息侦察、信息进攻、信息防御等能力，以有效削弱敌方信息优势，降低其武器装备体系效能，保障己方联合作战行动顺利实施。尤其是以攻为主的信息对抗装备，可以进一步增强全频覆盖、软硬结合的电子战能力和网络战能力，以保障未来联合作战中，在主要方向、关键时节能有效地削弱敌方信息优势。

(4) 提升空间作战能力。在未来信息化战争中，围绕制天权而展开的空间对抗将愈演愈烈。加强空间对抗敌情的研究，找准敌方要害和弱点，以攻为主、攻防兼备，进一步具备联合作战中所需的空间探测、跟踪、识别能力和实际对抗能力，增强新的威慑手段。

(5) 提升立体投送能力，包括在陆地、海洋和空中输送和投送兵力的能力。在联合作战中，立体快速投送能力，已经成为决定作战胜负的重要因素之一。强化在指定的时间内将所有参战的陆、海、空军和其他力量精确投送到战区的能力；强化维护海洋权益、保护海上战略通道安全时的海上快速投送能力；强化边境发生战事时，在指定的时间内将参战力量快速投送到边境冲突地区的能力。

(6) 提升精确打击能力，主要是指陆、海、空基各种近中远程精确制导武器，对敌方各类战略、战役、战术目标实施精确毁伤的能力，是联合作战体系功能发挥的重要体现和保证。进一步提高近中远程制导武器的打击精度和突防能力，加强航空兵防区外精确打击能力，提高海军舰艇远程对陆攻击能力，提高中远程目标侦察定位、目标指示及协同制导、毁伤效果评估能力等。

(7) 提升全维防护能力，即在陆、海、空、天、电等多维空间，实施联合抗击软杀伤和硬摧毁的能力。主要包括信息防护能力、隐真示假能力和抗硬打击能力。随着远程精确打击和信息攻击手段的快速发展，防护的难度越来越大，对全维防护能力的要求也越来越高。充分挖掘现有防护资源，对防护力量进行整合，加快开发和研制配套的新型防护装备和系统，以构建手段齐全、性能先进、反应灵敏、高效集成的联合全维防护体系。

(8) 提升联合保障能力。联合作战保障空间范围广、对象多、环境复杂，面临的困难威胁严重，任务非常艰苦。重点加强保障设施建设，形成通用与专用相结合、固定与机动相配套、具有较高一体化水平的新型综合保障体系，提高综合化保障能力、机动保障能力和伴随机动保障能力。

4.5.2 联合全域作战能力的牵引与提升

联合全域作战是美军的一个作战概念，是联合作战的升级版，这一概念提出的背景是美军为应对中俄等强大国际竞争对手持续增长的反介入/区域拒止（A2/AD）能力而提出的。

（1）从联合全域作战概念的发展脉络来看，它是在多域战斗的基础上发展起来的。2016年，美国陆军率先提出多域战斗概念，而后得到各个军种的积极响应和参与，美军高层已将“在多域战场作战并取得胜利”视为发展重点，希望通过多域战斗概念来打造高度融合的联合作战新模式，让新技术赋能传统作战力量，保持其战力优势和行动自由。2018年底，美国陆军把多域战斗概念升级为多域作战概念，体现出美军通过发展先进军事思想来牵引战斗力的生成和作战模式的转变。美军认为，以“战斗”定义该概念限制了各军种之间的相互配合与支撑，必须通过开展整体“作战”才能实现。2019年9月30日，美国原陆军参谋长马克·米利走马上任参联会主席，而他的老搭档、原陆军部部长马克·埃斯珀在2个月前就任国防部部长。在这两人的推动下，多域作战概念成为美军各层级的共识，同空军的多域指挥与控制概念进行了有效的整合，形成了“联合全域作战”概念。

（2）从联合全域作战概念的内涵及特征来看，它是美军战争设计的顶层概念、体系概念和融合概念，具有统领性与整合性。联合全域作战概念以联合全域指挥与控制为核心，旨在将太空、网络、威慑、运输、电磁频谱行动、导弹防御等能力结合在一起，与全球性竞争对手在各种烈度的冲突中竞争。联合全域作战概念描述了未来作战中所需的能力及其属性，包括陆地、海洋、空中、太空、网络、频谱以及未来联合作战所需的一切，特别强调增加太空和网络空间。

（3）从联合全域作战概念的地位来看，这一概念并非由各军种提出，而是由国防部和参联会提出，其提出机构层级高，可统领各军种发展，牵引全军装备、技术、机制和编制等一系列建设。进一步讲，它不是解决某一领域、某一方面或某一方向的作战，而是整合各个作战体系、各个维度资源，是实现深度联合、体系作战的概念。美军作战概念设计中不仅注重宏观的战略思维，更注重具体的作战行动样式对战争的影响和作用，作战行动总体设计的效能将影响战争的全局。2020年以来，针对空中、陆地、海洋、太空、网络、频谱等各个领域的蓬勃发展，美军强调军事力量之间快速组合，将各作战领域、作战层次、地理范围和组织层次的作战能力，尤其是将新质作战能力和传统作战能力组合形成顺畅的一体化力量，以有效实施更高水平的联合作战。

（4）从联合全域作战概念的发展现状来看，作为美军作战概念的融合与突破，体现了美军作战思想认识上的深化，目前联合全域作战仍是一个正在发展的概念，仍需进一步论证、实践与定型。美军作战概念的生成流程，通常按照“提出概念—需求牵引—技术支撑—作战实验—体系演习—深化概念—进入条令”等步骤展开，要经过体系化的设计和工程化的推动，通常是一系列演习、试验、技术验证和专家研讨，形成普遍性共识后，再向训练、条令、编制、装备等方面推进，最终打造联合全域作战的部队。

联合全域作战虽是美军的作战概念，但对我军战争理论与战争设计具有一定的参考作用。总体来看，联合全域作战能力主要包括远程机动能力、情报获取能力、指挥控制能力、态势感知能力、火力打击能力以及综合保障能力等，是否具备这些能力，是一支军队能否走得远、走得快、上得去、打得赢的重要基础和前提。

从兵器科学技术与战争形态的相互促进作用来看，联合全域作战对武器装备发展产生了极大的牵引作用，同时也对兵器科学技术提出了方向性要求。主要表现在：一是要注重分布于地面、水面、空中以及太空中的各种传感器的整合，这相当于在很大程度上整合了联合作战的各种侦察力量，进一步提高了战场态势感知能力；二是汇集与储存传感器数据的数据云，形成基于云计算的作战信息数据集成、数据分析、数据整合、数据分配、数据预警的技术平台，提高战场数据的获取、流动、存储、分发、挖掘与利用效能；三是依照数据机密性进行管理的处理机制，确保军事数据的安全，通过数据同态加密、数据保护、数据隔离、数据迁移等技术，提高军事信息的安全性；四是打通有人装备与无人装备、无人装备与无人装备、有人装备与有人装备之间的数据链接，为无人智能装备的大量研发、运用提供基础；五是通过突破各种关键算法，提高各类作战系统的评估能力、决策能力、辅助决策能力、分布作业能力等，进一步提高数据分析、处理与决策能力；六是通过在作战体系内部以网络信息关联各类、各层作战系统，进一步密切各层级、各类型作战力量之间乃至各种软、硬杀伤武器之间的联系，实现各军种、兵种、武器平台、作战终端等要素的有机融合。

4.5.3 智能化作战能力的牵引与提升

当前，加快军事智能化发展正成为世界强国的共识。人工智能技术加速向军事领域渗透，已成为军事变革的重要推手，必将催生新的作战样式，改变战争的力量结构与制胜机理。兵器科学技术既面临机械化信息化能力的提升，也面临加快向智能化转型的紧迫需要，应紧紧抓住军事智能化这个提升军队战斗力的新质增长点，有机融合智能化军事理论、智能科学技术成果和军事应用潜力，智能升级传统作战领域、创新作战概念，使“智能因子”由兵器智能化装备体系、智能化武器平台、智能弹药、智能光电信息、智能引信与火工品、智能火炸药配方等，辐射至军队建设各个方面，在军事理论体系、指挥信息系统、无人作战系统、综合保障体系、新型作战力量等重点领域聚力突破，推动作战体系向智能化方向重塑再造和转型升级。同时，应重点关注智能化战争形态演进对兵器科学技术的重大牵引，主要有以下 5 个方面。

1. 智能化战争为作战理论提供新的发展空间

当新的军事技术、作战理念和组织编成相互作用显著提升军事作战能力时，将促进新的军事变革。人工智能在军事领域越来越广泛地应用，正成为军事变革的重要推手，由此催生出新的作战样式，改变战争制胜的内在机理。

智能领域新的颠覆性技术，为军事理论创新开辟了新的空间。基于模型与算法的 AI 系统是核心作战能力，将贯穿到作战体系各个方面、各个环节，平台有 AI 控制，集群有 AI 引导，体系有 AI 决策，传统以人为主的战法逐步被 AI 替代，算法战将在战争中起决定性作用，制智权成为核心制权；智能化要素渗透于战争的整个流程，运用智能感知、智能决策、智能控制、无人平台，创新作战流程；智能化技术与信息主导理论相结合，凭借己方的信息优势和决策优势，在去中心化的战场网络中切断和迟滞对手的信息与决策回路，成为智能化战争制胜的关键。伴随着智能技术的发展成熟以及无人自主作战平台的规模列装，无人作战将成为一种颠覆性的新型作战样式主导未来战场。协同运用无人系统与有人系统，集群、规划运用无人作战平台，丰富作战样式，拓展作战力量。智能系统与无人作战平台的广泛应用，将进一步丰富新型作战力量的内涵，各类“混搭式”新型作战力量将走向战场应用。

2. 智能化力量为作战体系提供了新质要素

无人化作战系统和各类“+AI”“AI+”系统，是智能化作战力量发展的主体与重点。其核心在于瞄准未来战争“零伤亡”“全覆盖”“快响应”等要求，充分运用新理论、新材料、新工艺、新能源、新技术发展成果，结合各类数据、模型与算法，在人机协同和自主行动两个方面不断取得突破，实现无人作战系统的体系化、规模化协同作战。

（1）在人机协同方面，依托天地一体信息网络、自组网和协同交互技术，打通人机交互链路，建立“人为主导、机器协助、混合编组、联合行动”的有人－无人协作体系，面向复杂作战任务、全域战场环境，加强安全可靠的信息传输、精准高效的行为控制、高度协同的人机混编等机制和技术研究，实现高契合度的人机协同作战。

（2）在自主行动方面，协同任务规划、分布计算和智能组网技术，研究发展反应速度快、适应能力强、可靠程度高、编组计划灵活、行动规划合理的无人作战系统及集群编队技术，充分应对地形、天气、灾害、毁伤等各种变化，智能动态调整运动姿态、行进路线、火力运用、能源分配和自愈自毁等策略，实现智能机器替换人类，拓展作战空间，避免人员伤亡。

3. 智能化决策对指挥控制系统提出新的需求

指挥控制信息系统的智能化是作战指挥手段实现跃升、形成决策优势的关键。未来战争，战场空间空前扩展、战争要素极大丰富、对抗节奏明显加快、作战体系动态变化，迫切需要智能技术在战场感知、指挥决策和人机交互等方面深度运用。

（1）在战场感知方面，采用智能传感与组网技术，广泛快速部署各类智能感知节点，面向任务主动协同探测，构建透明可见的数字化作战环境；依托数据挖掘、知识图谱等技术，开展多源情报融合、战场情况研判等方面的智能化处理，拨开战争迷雾，透析敌方作战意图，预测战局发展。

（2）在指挥决策方面，通过构建作战模型规则，以精算、细算、深算和专家推理方式，辅助指挥员在战略、战役、战术等多级筹划规划和临机处置中实现快速决策；运用机器学习、神经网络等技术打造“指挥大脑”，从谋局布势、方略筹划、战局掌控等方面学习运用战争规律和指挥艺术，以机器智能拓展指挥员智慧。

（3）在人机交互方面，综合利用特征识别、语义理解、虚拟增强现实、全息触摸、脑机接口等智能交互技术，归纳分析指挥人员行为特征，构建全息投影数字沙盘、沉浸式战场感知指挥、穿戴式智能设备等新型人机交互环境，为指挥员感知战场、掌控战局提供智能化手段支撑。

4. 智能化作战对政工保障训练提出了新的课题

“养兵千日，用兵一时”。政治工作、后装保障、作战训练等，是影响智能化作战能力和部队战斗力生成的重要因素，必须围绕军事智能化变革需求，加紧做好各方面准备。

（1）在政治工作方面，充分运用社会网络、人员画像、舆情监控、情感分析、行为预测等技术，构建覆盖战场管控、舆论法理斗争、社情监控、人员关系分析、人员思想动态、人力资源管理等业务的智能政工体系，为探索思想政治工作的新途径、新载体、新模式提供支撑。

（2）在后装保障方面，通过运用物联网、无人机、智能车、远程手术、3D 打印等技术，升级打造涵盖智能仓储、智能投送、智能维修、智能医疗等智能后装保障体系，实现战场后装物资自动快速精准补给、装备故障快速诊断与维修、战场人员及时救护，变被动保障为主动服务，提升后装整体保障效率和效益。

（3）在作战训练方面，加强大模型军事应用研究，利用大模型等优势与潜力，通过综合运用云计算、虚拟现实、仿真对抗、裁决评估等技术，打造“导、控、裁、评、管”一体化演训平台、智能化虚拟蓝军、沉浸式训练环境，支撑智能战法谋略研练、智能装备技能训练、智能联合对抗演练。

5. 军事智能化为一体化发展提供新的契机

军事智能化建设是一个庞大复杂的系统工程，加快推进军事智能化发展需要以先进的理论作为支撑，以体制机制建设作为保障，以技术突破作为抓手，以人才队伍建设作为动力源泉。

（1）建立一体化协同创新机制。智能技术的快速发展，已经成为军事智能化的加速器。新时代军用技术和民用技术的界限越来越模糊，可转换性越来越强。积极建立军民融合协同创新机制，不断强化军用核心技术原动力，构建全社会开放的产学研协同创新体系，对人工智能等核心前沿技术前瞻布局、扶持投资，充分发挥整个社会的创新力量，促进军事智能化快速可持续发展。

（2）加快推进重点领域技术突破。要聚焦相关重点技术领域，突破制约军事智能化发展的技术瓶颈。一方面，加强军事智能化基础支撑领域的研究，如军用大数据、军用物联网等；另一方面，从战场需求出发，加强各个作战要素方面的智能化应用技术研究，尤其是智能化指挥决策、智能化武器平台、智能化战场感知等方面的研究。

（3）大力建设高素质人才队伍。军事智能化对人的素质提出了更高要求，只有高素质人员和智能化武器有效结合，才能最大限度地发挥作战效能。加快军事智能化发展，应抓紧探索相关人才的培养规律，充分利用军地教育资源，加大相关人才培养力度，为推进军事智能化建设提供坚实的智力支持和人才保障。

参考文献

[1] 军事科学院. 中国人民解放军军语（全本）[M]. 北京：军事科学出版社，2011.

[2] 蓝新波. 作战系统论 [M]. 北京：国防工业出版社，2009.

［3］军事科学院硕士研究生教材编审委员会. 世界军事的演变与发展［M］. 北京：军事科学出版社，2000.
［4］军事科学院外国军事研究部. 把握战争——军事历史与作战理论［M］. 北京：军事科学出版社，1993.
［5］罗伯特·维纳. 控制论［M］. 郝季仁，译. 北京：新华出版社，1997.
［6］吴明曦. 智能化战争——AI军事畅想［M］. 北京：国防工业出版社，2020.

第5章

兵器装备建设与技术管理

将众多科技成果转化为性能先进、质量优良、成本合理的兵器装备，并形成体系化作战与保障能力，是兵器科学技术发展的直接目的和使命任务。因此，对兵器装备实施科学高效的体系化建设、全寿命管理，是走投入小、效益高发展道路的必然选择，也是兵器科学技术和兵器行业建设的必由之路。

5.1 兵器装备体系化全寿命管理

现代战争是作战双方体系与体系的对抗，兵器装备科研、生产与服务保障，既要遵循全系统全寿命管理的要求，也要按照“体系建、建体系”的要求，根据作战需求实施体系化管理。因此，兵器装备体系化全寿命管理是适应一体化联合作战的需要，是新时期装备建设特点规律的遵循，是系统工程的基本理论在兵器装备建设与管理中的应用。开展兵器装备体系化全寿命管理要从顶层体系设计入手，针对兵器装备全寿命周期各阶段，以及所有环节、因素，有目标、有计划、有步骤地统筹管理、协同推进、系统改善，实现整体的改善提升。

兵器装备全寿命管理理论，是20世纪60年代初，由美国国防部首先倡导的系统工程管理理论在现代武器装备管理领域的应用成果，逐步发展完善为科学的武器装备管理理论，并被世界各国普遍运用。2020年，美国国防部发布新版采办程序文件及六种采办程序，包括紧急能力采办、中间层采办、重大能力采办、软件采办、国防业务系统采办、服务采办。其中，紧急能力采办程序包括研制前、研制、生产与部署、使用与维护四个阶段；重大能力采办程序包括装备方案分析、技术成熟与风险降低、工程与制造研发、生产与部署、使用与维护五个阶段。

在我国国防现代化建设以及兵器科学技术发展过程中，通过不断总结武器装备管理与实践，借鉴并消化美国武器装备管理的先进经验和方法，逐步形成兵器装备体系化全寿命管理的理念和方法，反映了兵器装备机械化、信息化、智能化融合发展内在规律的管理技术和方法。通过把握军事需求与体系效能，关注装备作战使用与保障，促进管理流程优化与创新，降低兵器装备全寿命费用，提高兵器装备体系建设效益。兵器装备体系化全寿命管理的目标是促进兵器装备管理体系整体架构的完整性和合理性，确保兵器装备体系、系统、分系统的战术技术性能、研制列装进度、成本费用与综合保障能力之间的匹配最优化。

5.1.1　内容与特点

兵器装备体系化全寿命管理，就是运用系统工程的管理技术、方法，整合兵器装备公共管理要素，建立体系化的管理架构并对兵器装备全寿命周期活动进行一体化管理（图 5-1），其主要特点与内容有 3 个方面。

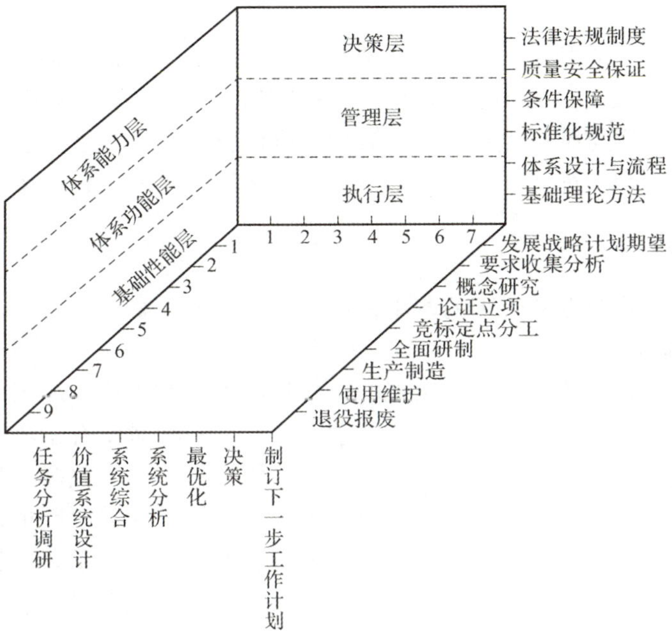

图 5-1　兵器装备体系化全寿命周期管理架构

1. 多元性

兵器装备体系化全寿命管理主要由层、面、梁、柱及环节等多元要素构成。层（架构层）主要分为三层（表 5-1），即顶层、中间层、底层。按照兵器装备管理体系分为决策层、管理层、执行层；按照兵器装备产品体系分为体系能力层、体系功能层、基础性能层。产品体系架构由能力架构、物理架构、运维架构等组成。面（基本面）是体系面对并发生关系的对象，是管理体系、产品体系运行并发挥能力作用面对的上下级、周边的各种关系。梁（沟通梁）是体系内部相互链接的部分，通常包括渗透到体系的各个关键节点与环节组织、制度、信息、指标、标准、软件体系等。柱（支撑柱）是构建体系的主要组成部分和功能分系统，是体系运行发挥作用的主要支撑系统。环节是全寿命周期管理与产品的许多相互连接、作用的环状结构。

表 5-1　体系层分类

层级	层位置	产品体系	管理体系
一层	顶层	体系能力层	决策层
二层	中间层	体系功能层	管理层
三层	底层	基础性能层	执行层

2. 一体化

体系化全寿命管理综合应用社会科学、自然科学、管理科学、工程技术、并行工程管理、目标管理、技术分析和全寿命费用分析等方式和方法，在采办过程中尤其是项目初期，一体化考虑各个阶段的问题。例如，设计时就同步考虑工艺和生产制造问题，考虑使用维护和保障问题，科学合理确定兵器装备各阶段费用、性能、可保障性和进度等目标。

3. 全流程

在物理寿命、功能寿命、理论寿命和经济寿命等的全寿命周期，为发挥装备体系的作战效能，提升装备体系对抗能力，实现装备的作战价值，对产品策划、设计研发、生产制造、使用与维护等管理的全流程、全价值链，实行多维度的体系架构的策划和一体化的组织和管理。

5.1.2 基本任务

兵器装备体系化全寿命管理的基本任务有以下 7 个方面。

1. 系统工程方法

系统工程是一种使系统能成功实现的跨学科的方法和手段，是组织管理系统的规划、研究、设计、制造、试验和使用的科学方法，是一种对所有系统都具有普遍意义的方法。面对兵器装备管理的跨学科、整体性、周期长、高度关联的配套与供给等系统性问题，需要统筹全寿命周期各个阶段的主要工作及其相互之间的协调与衔接，以及工程进度、试验计划、生产制造、服务保障等，做出全局、系统的安排，并实施全过程的管理和协调工作。全寿命周期主要包括概念方案、工程设计、样机开发、生产制造、使用与保障、退役报废阶段，全寿命周期系统工程“V”模型如图 5－2 所示。

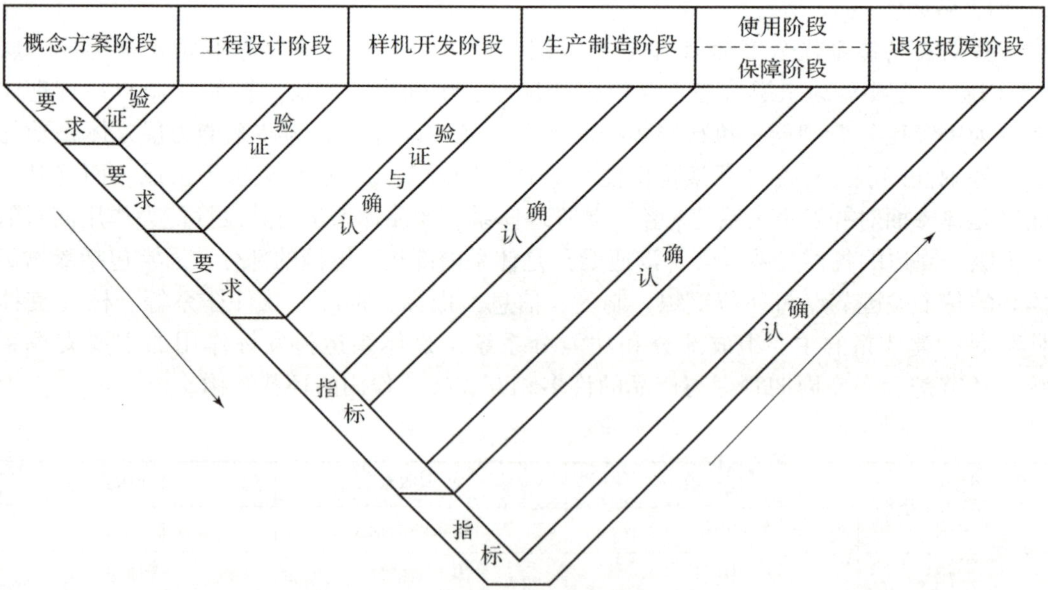

图 5－2 全寿命周期系统工程“V”模型

2. 体系化技术管理

充分运用系统科学、系统思维、系统方法，加强顶层设计，基于联合作战和全域作战能力为核心的装备体系，突出兵器特色，梳理体系技术、系统技术、核心技术、支撑技术及相应的前沿技术，构建体系层、系统层、技术层、基础层技术群，持续优化完善兵器装备和技术体系、标准体系；构建兵器装备先进的研发设计体系，以系统工程为指导，规范兵器装备各阶段、各环节的各项工作，优化研制流程，把握装备全寿命周期研发设计、生产制造与服务保障过程。

技术管理的主要工作包括：需求收集分析验证与应用，方案论证与设计，标准化工作，系统架构设计与综合验证，功能架构与验证，产品架构与分子系统、组件与验证，产品与分子系统、组件测试验证；物理开发与数字开发对应的流程；总体到分系统再到部件零件的详细设计，试制、试验验证等技术状态；生产工艺的验证和确认，全寿命费用的估算，系统可靠性分配与试验，技术基础与条件，兵器装备服务保障方案和维修性、保障性等通用质量特性要求与设计，兵器装备试验与评价；等等。技术管理需要进行全局统筹，综合权衡，实施需求管理、项目管理、流程的设计与优化管理、风险分析、过程控制、技术状态管理等，高效完成兵器装备的技术开发与研制工作。

3. 体系化服务保障

兵器装备服务保障是指装备生产交付后保持、恢复规定的技术状态或改善装备性能而对装备进行维护和修理的活动。实施体系化的服务保障，为保证装备完好、练兵备战提供强有力的技术支持和服务保障，并闭环反馈兵器装备的论证、研发设计、生产交付、质量管理各个环节，持续支撑设计能力、质量体系的改进提升。服务保障工作主要包括：开展兵器装备服务保障方案和维修性、保障性等通用质量特性设计，服务保障体系策划、建设、运行与管理，服务保障的计划与任务管理、技术支持、信息收集与处理、故障问题处理、退役报废产品处置等活动。

4. 全寿命费用管理

全寿命费用管理是贯穿兵器装备全寿命周期的重要管理活动。实施兵器装备全寿命费用管理主要包括：兵器装备全寿命费用的分解结构，全寿命费用敏感因素分析，建立全寿命费用的模型并认证，全寿命费用、备用方案的全寿命费用估算及准确性评估，确定费用设计的目标值，进行费用设计，费用数据的采集、分析和反馈等。

5. 风险管理

兵器装备的风险，可以分为高风险、低风险和中等风险三个等级；依据管理目标，可以分为技术风险、保障性风险、计划风险、费用风险、进度风险五类。兵器装备的风险管理包括风险评估、风险分析、风险处理等内容。风险评估包括风险辨识、风险量化、风险事件排序与综合；风险分析包括风险分析的任务、输出结果、分析方法；风险处理包括风险回避、风险控制、风险承担、风险转移等。

6. 组织管理和制度建设

在兵器装备科研生产管理机构的基础上，按照体系化全寿命管理要求，进一步完善科研、生产、服务保障组织管理体系，实施集中统一管理，统筹装备科研、生产、使用和维护等工作。同时制定、完善管理制度和流程，实现兵器装备体系化全寿命管理的标准化、规范化。根据实际需要，不断完善现行制度体系、管理制度和流程；完善监督机制，维护规章制度的严肃性，确保兵器装备体系化全寿命管理的实施。

7. 体系化全寿命管理的运行机制

兵器装备体系化全寿命管理的运行机制，可以概括为：制定兵器装备体系化的全寿命管理政策法规、管理制度和流程，中长期发展战略与规划、年度计划和年度预算计划；设立相应的组织管理机构；对兵器装备概念方案、工程设计、样机开发、生产制造、使用与保障、退役报废全寿命期的全价值链实施动态的连续跟踪、监控管理。按照论证、研制阶段的评审和决策点划分，组织相关评审，依据评审结果实施决策，通过评审的项目进入下一个采办阶段，评审不通过，可以报请延期并限期完成该阶段的目标，或撤销（终止）该项目，未通过上一阶段决策评审的项目，不允许开始下一阶段的研制工作。

5.2 兵器装备科研与管理

兵器装备科研与管理是指兵器行业相关单位承担的以武器装备建设和国防科技发展为需求，以提供军工产品为目的所开展的研究、设计、试制、试验、测试等一系列活动。科研与管理主要目的是通过规划计划、组织领导、协调控制完成兵器装备科研任务，实现缩短科研周期、降低科研风险、控制科研经费、提高兵器装备的科研质量与核心竞争力。兵器装备科研与管理的主要工作内容包括：发展战略、需求与项目招投标、计划与合同、流程设计与优化、科研项目全过程管理、型号项目管理、创新激励、质量控制、安全管理、经费与成本管控、科研布局与外协外购、技术基础与保障条件等。图 5 – 3 为大数据科研与管理的四个层次。

兵器装备科研与管理的对象是来源于军方有关部门及研究机构，国家有关部门及研究机构，相关企事业单位、高等院校等的科研项目，主要包括基础研究、专用技术、前沿创新、共用技术、体系研究、预研、型号、改进改型、军贸等。既有一般性、配套的科研项目，又有基础、先导、前沿创新的基础类科研项目，还有预研、应用创新、演示验证、型号等应用研究类科研项目，更有火炸药、推进剂、弹箭、引信、火工品等涉火类安全风险高的科研项目，以及高度政治敏感性、系统构成复杂、科研过程复杂、涉及领域宽泛的科研项目。兵器装备科研管理需要着眼于产品全寿命周期，围绕提高产品可靠性和科研生产敏捷性，优化产品研发体系，提升科技创新能力，实行企业职能管理与科研项目管理相结合的矩阵管理模式。

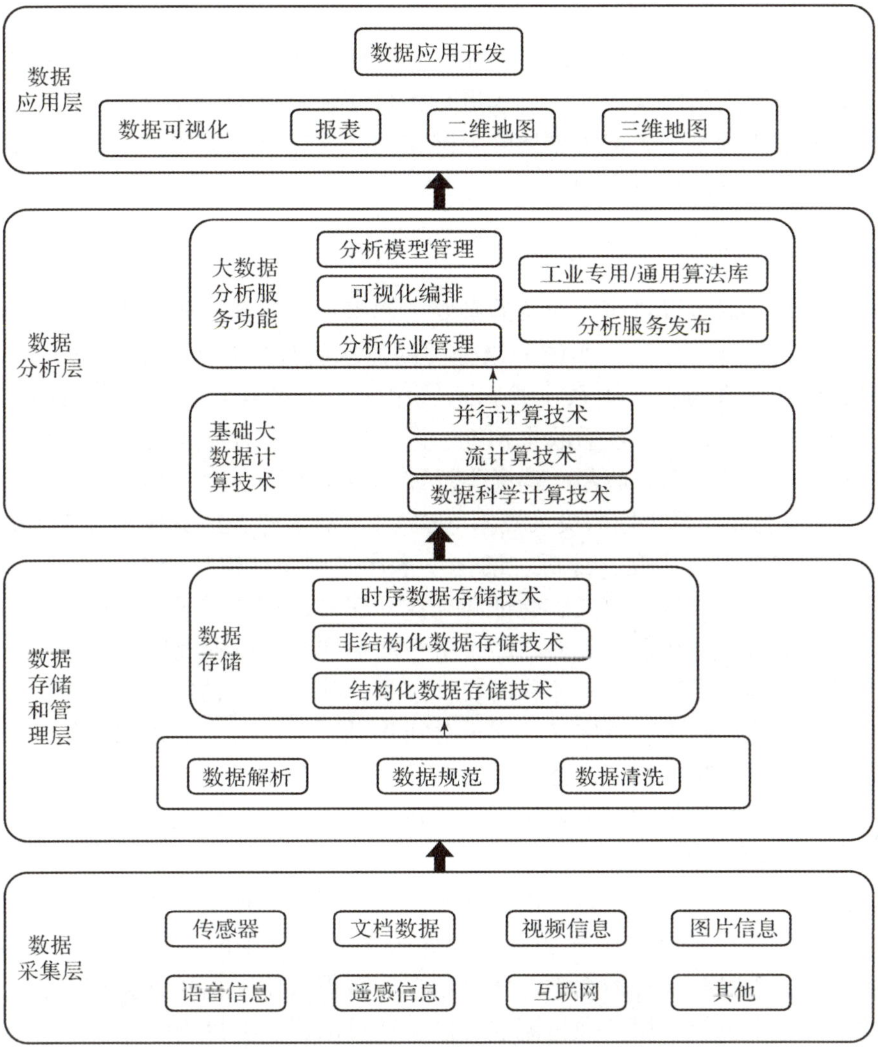

图5-3 大数据科研与管理的四个层次

5.2.1 发展战略

兵器装备科研中长期发展战略是源自武器装备与国防科技中长期发展总体要求并结合兵器自身发展需要，通过研究分析、总体策划、制定目标、确定战略重点、编制汇总、发布与宣贯等步骤形成的。

在发展战略研究的基础上，围绕体系化全寿命周期管理和全价值链要素，从顶层设计入手，高度重视战略前沿与催生新产品的专业技术发展，聚焦运载、发射、控制、防护、毁伤、网络信息、智能等行业核心关键技术与基础领域，突出创新性与颠覆性，厘清企业的技术优势与不足、研发体系与能力布局，应用先进的工具和方法，自上而下与自下而上相结合，集思广益、反复迭代，形成兵器装备体系、装备系统、核心技术、支撑技术发展规划及技术发展路线图，持续优化完善兵器装备专业技术体系与产品研发体系。

把握规划输入的准确性，规划输出的可行性，保障措施的有效性，从需要不需要、成熟不成熟、通用不通用、能干不能干、路线通不通、何时适合干等维度，对科技发展规划及技术发展路线图实施过程进行评价与闭环反馈，及时修正偏差、调整方向、调整资源投入程度等，使之更加贴合国家的战略需求，更加符合行业与企业的发展定位，发展路线更加可行合理。

5.2.2 需求与科研项目招投标

需求管理是兵器装备科研所涉及的必要工作事项，兵器装备科研坚持军事需求牵引与技术推动相结合的原则，实施分级分类的需求管理。聚焦实战形态、作战样式、作战场景，树立体系对抗、体系作战思想，建立面向兵器装备全寿命周期的需求架构。在已知需求的基础上，注重收集预期、附加的需求，伴随论证、竞标、装备与技术研发过程，动态开展需求收集、沟通与反馈。应用卡诺模型（用户需求分类和优先排序）、质量功能展开系统性的决策技术（QFD）、需求树、仿真技术等有关方法和工具，对收集的需求进行研究、分析、细化、量化，与设计进行映射，确立需求基线、需求架构，对用户需求进行定义、验证和确认。建立以用户需求为导向的产品技术性能和目标成本综合管理机制，开展产品经济性评估和目标成本规划。

在产品研发体系管理、研发流程的设计过程，建立完整精细并可追溯的分级分类需求管理机制。按照需求生成定义、需求分析评估、需求分发、需求监控、需求验证五个阶段进行需求管理。按照总体、系统、分系统、部组件等及用户、供应商、售后服务单位进行分级分类管理，清晰识别不同用户、不同层级的反馈信息，形成需求管理的闭环并构建数据库。

根据国家、军队相关装备与技术发展规划及市场竞争形势，依法依规进行科研项目招投标工作的统一部署、统筹协调，确保公平有序、良性竞争。进行项目需求分析，技术、商务等投标文件的编制与评审把关，根据技术、商务评分细则，进行招标文件、竞争对手等分析，以及项目需求对接、项目论证、项目争取等竞标工作。

5.2.3 科研计划与合同

兵器装备科研计划与合同管理是根据用户下达的装备科研计划、科研合同或协议、自立科研研制计划等，制订科研年度计划，进行计划与合同分类管理，并对实行过程进行闭环管理。

兵器装备科研年度计划，是根据科研年度目标对科研任务、项目所进行的各项活动做出周密安排。主要包括：准备做什么，什么时候做，由谁去做和如何做的年度行动方案，确定年度任务在时间、资源、单位、人员等方面的安排，保证在执行过程中的效率和效益。经常使用的工具和技术有系统工程、价值工程及价值分析、成本效益分析、工作分解结构、网络图、网络信息系统等。

兵器装备科研合同管理是保证科研任务项目按照合同约定的条款和相关法律法规及要求进行的管理活动。结合兵器装备科研实际情况，实施合同的分类管理，严格合同起草、审核、批准、签署、执行、保管、保密和维护管理程序；明确合同执行过程中各级责任；进行合同完成情况信息反馈与沟通，及时进行协调、督促检查、过程评估、计划调整和考核；在合同管理各个阶段明确风险管理计划，有效规避“降指标、涨经费、拖进度”风险。

5.2.4 研发流程设计与优化

研发流程是指一系列的、连续的、有规律的研发活动。研发流程设计是指由凝聚科学问题、产生新概念、研究设计、研发、同步验证及测试等环节组成的完整的正向设计产品开发过程。优化是对现有流程运行的有效性、合理性、完整性进行分析改善的过程。研发流程设计与优化管理是对上述活动的控制，是持续优化产品研发体系、提升研发效率的重要组成部分。系统工程在研发过程应用的核心技术流程包括：需求收集与定义流程、需求定义及分析流程、系统架构定义与设计开发流程、实现与综合流程以及相应的验证确认流程等。系统工程在项目中技术流程示意图如图5－4所示。

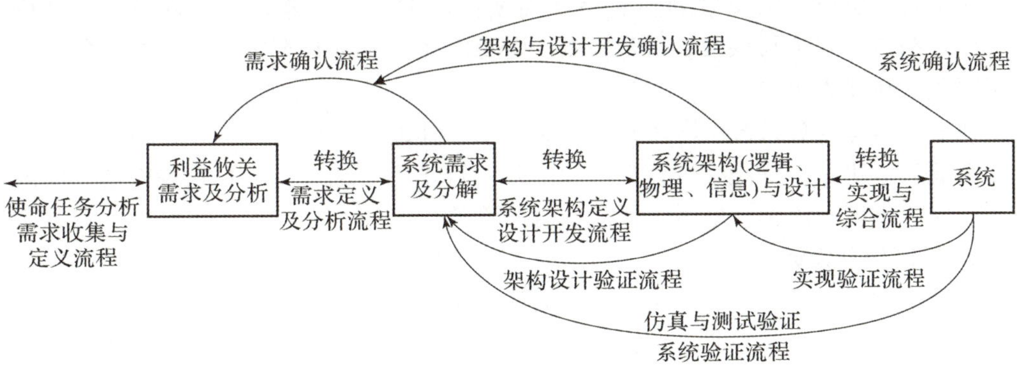

图5－4 系统工程在项目中技术流程示意图

完整研发流程包括输入、工作任务流转关系、输出、工具和方法，研发流程管理是对现有研发流程的定义、评估、分析、设计、改进和控制的一体化过程的管理，通过不断的流程梳理、完善和改进优化，实现项目研发的正向设计，提升项目科研效率。

结合现有质量管理体系和研发体系，基于核心研发业务，建立以产品、技术研发流程为中心，覆盖研发相关业务（包括论证、竞标、设计、试制、试验、外协、采购、成本、数据管理等）的产品研发一体化流程架构，结合实际运行逐步优化，形成规范化、标准化、可操作的研发流程，规范技术与产品的规划、设计、开发、试制、试验等全过程研发工作。

按照分类、分层、协同、集成的原则，充分考虑基础研究、专用技术、背景、前沿创新、共用技术、体系策划、预研、型号、改进改型、军贸等科研活动的特点，统筹通用质量特性设计、数字化仿真、现代设计方法运用等要素，优化研发流程体系。建立研发流程变更、反馈机制，实现对流程的动态、有序管理，

在流程优化中，流程标准化是基础。流程优化主要包括：场景（作战概念）—需求—系统架构—功能架构—逻辑架构—产品架构—分子系统、组件，对应需求验证—功能验证—系统综合与验证—产品与分子系统、组件测试验证的实施流程；物理开发与数字开发对应的开发流程；总体到分系统，再到部件零件的详细设计流程；从零件

到部件再到总体的工艺加工试制与装配流程、试验流程的优化、整合、衔接及标准化。优化固化后的流程，通过制度、程序文件等形式形成知识积累。

5.2.5 科研项目全过程管理

兵器装备科研项目全过程管理是在有限资源约束下，运用系统工程理念、方法，优化研制流程，对科研项目涉及的论证立项、组织实施等所有工作的全过程进行有效的管理。其主要内容包括：以产品实现的策划为依据、以计划管理为核心、以过程管理为重点，面向产品结构进行工作任务分解（WBS），合理分配工作任务，实施量化、可视化、表单化、规范化项目管理，实现项目竞标、计划、技术性能、成本、安全、质量、风险的综合管控。含能化合物研发简要流程如图5－5所示。

1. 科研项目策划

围绕武器装备现代化需求，分析装备技术发展态势，分析产品在装备体系中的作用，明确自身定位，系统策划、统筹规划项目方案、项目竞标、工程设计、样机开发、生产制造、列装与保障、风险预测、资源配置、标准化要求等，使技术创新活动真正服务于战斗力生成。

建立集总体与分系统配套、设计与制造于一体的项目管理架构，构建项目运行监控与敏捷管理机制，围绕综合管理基线，采用科学的方法评定项目管理效能，实现对技术性能、进度、成本、质量、风险的有效管控。

2. 科研项目设计开发

开展以战斗力为标准、注重成本、关注质量的产品设计与工艺设计，推行模块化设计、标准化设计、系列化设计，提高产品设计（竞标）的成功率。需要重点关注以下3个方面。

（1）进行数字研发平台与模型、工具应用、公共基础资源等开发。利用基于模型的技术、数字实践和计算基础设施，构建协同设计、仿真优化、试验验证、测试评估、知识工程和项目管理的数字化研发平台。统一管理模型及设计过程中产生的数据，建立物理分布、逻辑统一的数据资源库，通过零/组件完整的定义信息（包括设计数据、分析数据、工艺数据、工装数据等数据包）实现产品技术状态管理、数据管理。制定模型及产品数据信息管理协议和标准，协调信息交互，进行接口管理。规范数字化签审流程，实现技术文档及模型的设计（编制）、审核、工程分析、工艺检查、标准化检查、质量会签、审定、审批等业务流程数字化。整合设计过程中的工具系统，通过技术集成手段，对产品研发中数据流、信息流、工作流、模型等进行集成和统一，提高系统应用效率。

（2）建立协同设计机制。在项目研制过程中，策划项目各类各级协同设计同步点、提前量、同步点交接状态和条件、工作标准与流程，建立跨单位、跨学科、跨专业的协同设计机制，项目协同工作机制。以项目为牵引，总体、分系统、部件等开展协同设计，设计单位和试制单位开展设计制造协同工作。构建单位内部协同设计机制，设计同步考虑工艺、质量、供方选择、采购、成本控制、维修保障、材料等因素的协同设计机制和流程，使生产、工艺、售后服务等相关部门同步参与相关设计研究工作，构建集设计、开发、工艺、仿真、测试、试验、采购、生产、材料于一体的产品协同开发体系。开展设计试验协同，实现从验证性试验向研究性试验转变，从串行试验向以“V 模式”为基础的设计仿真试验迭代转变，从节点试验向贯穿整个设计周期的全寿命周期转变，从实物验证试验向虚拟试验、半实物仿真试验与实物试验相结合转变。

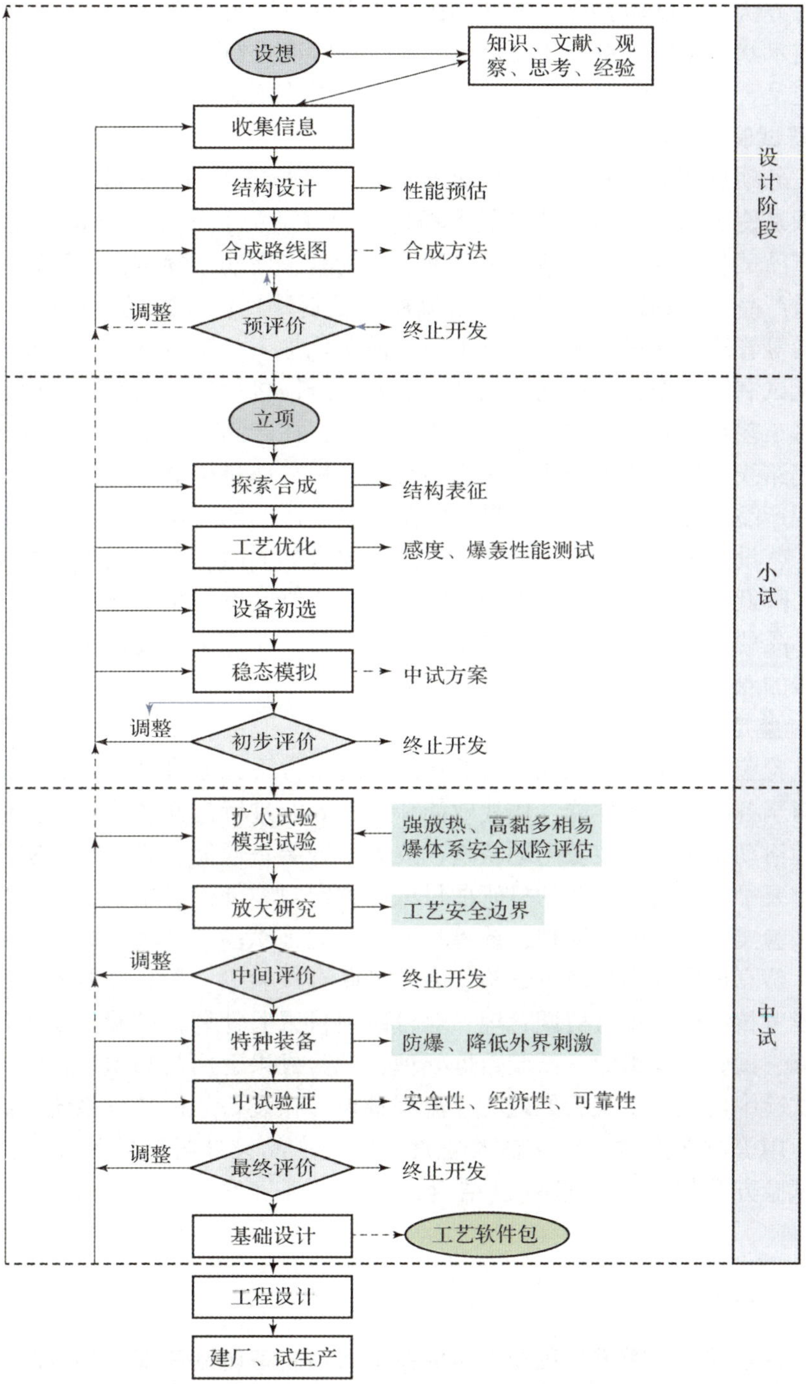

图 5-5　含能化合物研发简要流程图

（3）强化技术状态管理。技术状态管理是指应用技术和行政管理对产品技术状态进行标识、控制、审核和记录的活动。主要工作有：进行技术状态标识，形成项目的物理和功能特性及接口等文件，并分配标识特征或编码等活动；严格控制技术状态，经试验考核验证并经技术评审确定的技术状态，不得随意更改，确需更改的，按“论证充分，各方认可，试验验证，审批完备，落实到位”五条要求执行；进行技术状态纪实，对技术状态文件、更改状况及更改的执行状况进行记录和报告；进行技术状态审核，确定是否满足技术要求、产品协议书或研制总要求。

3. 科研试制

科研任务项目大多需要实物样机进行原理方案验证、功能性能试验（实验），科研试制管理是使实物样机满足科研任务项目设计（研究）要求的活动。主要工作有：建立科研产品试制管理体系，结合多品种、小批量、周期不确定、设计输入变化频繁等科研阶段产品试制的特点，强化试制流程、试制计划、目标成本核算、资源配置、配套与采购等管理。通过开展编程可重组、模块化加工、制造资源柔性配置、仿真制造、功能化试制等工作，实现敏捷试制，缩短科研样机的试制周期。开展工艺并行同步工程，将工艺约束条件提前引入产品研发过程，在产品研发不同阶段逐步细化工艺方案与工艺路线，用工艺保证所要达到的技术指标、质量标准、生产效率及目标成本要求，实现产品设计与工艺方案的最佳匹配，提高产品的可实现性，与产品设计成果同步形成工艺设计成果，在保证科研样机加工需求的同时，开展批生产技术、生产条件等准备，降低生产风险与生产准备周期，促进研制开发与生产制造的无缝连接。同时，根据产品的设计需求，先期、同步开展新工艺、新方法研究，实现产品研发与工艺技术进步的双促进。

4. 试验鉴定

装备试验鉴定是指在模拟或真实的作战环境条件下，通过规范化的组织形式和试验活动，对装备战术技术性能、作战效能和保障效能进行全面考核并独立作出评价结论的综合性活动，是发现装备问题缺陷、改进提升装备性能、确保装备实战适用性和有效性的重要手段。兵器装备的科研项目试验鉴定对零部件、单机、分系统试验与全系统大型试验实行分级分类管理，统筹科研摸底验证试验、环境试验、性能试验、可靠性试验、仿真试验与虚拟对抗试验、内外场联合试验等；配合性能鉴定试验、作战试验、在役考核试验，进行协调管理。对科研项目试验计划、试验方案优化、试验资源统筹协调、试验过程组织、试验数据处理、试验成果运用与知识积累等，进行试验前准备、试验中监控、试验后处理的全流程管理。在装备总体与分系统、试验方法组合与综合运用等方面推进一体化试验管理。实施产品设计与试验验证的协同并行管理，并将试验方案与用户需求有机结合，实现由基于任务试验向基于需求试验的转变。

5.2.6 型号项目管理

型号项目管理是指军方、用户下达的新型武器装备研制和现役装备改型等型号研制的管理工作。武器装备型号项目管理的主要工作是按照合同要求，对性能、研制进度、全寿命费用和服务保障等，进行动态跟踪、监控，并按照里程碑节点进行有效管理。型号项目依据装备研制条例及研制总要求或任务书，一般按照论证立项、工程研制、列装定型三个阶段进行型号研制工作管理。

论证立项阶段：主要是对总体和相关单位根据军方、用户要求，进行战术技术要求和技术经济可行性论证、科研周期测算、科研风险辨识评估、多种方案拟制等立项综合论证。

工程研制阶段：方案设计、样机研制、性能试验和状态鉴定；进行任务分析和通用质量特性分析，多方案比较和优化设计，强化型谱（货架）产品选用，实现自主可控；推行基于系统工程的数字化正向设计，设计正确，测试覆盖全面，试验验证充分，解决暴露出的技术问题，提升产品数字化研发水平；技术状态固化，工艺稳定，产品数据包完善，技术培训及技术交底到位；按照研制程序及合同要求进行转阶段评审、研制合同节点考核和专项评审及放行。

列装定型阶段：以用户确定的型号项目装备试验总案、性能试验大纲、作战试验大纲和在役考核大纲等为依据，结合型号项目研制工作，进行性能试验、作战试验和在役考核，并完成状态鉴定、列装定型和改进升级工作。

5.2.7 创新激励

创新既包括科学发现、技术发明、产业化市场化成功，还包括基础理论的突破，关键技术的突破，新材料、新能源、新器件的突破，颠覆性创新，集成创新等。兵器装备科研创新遵循统筹规划、分类实施、开放合作、有效激励的原则，运用系统工程、集成产品开发（IPD）、EOCP 协同设计等理论、方法，落实国家有关鼓励与激励创新的政策措施，打造高等院校、研究院所、企业等优势力量组成联合创新平台，集聚一批核心关键领域及行业科技领军队伍，构建先进高效的研发创新体系。以战略需求为牵引、以体系及重大专项协同创新为核心的协同创新机制，推进“赛马”“揭榜挂帅”等创新模式，提升创新的自觉性与积极性。

针对体系技术、系统技术、核心技术、支撑技术、前沿技术等特点，合理利用创新工具和手段，配置创新资源及条件，加强原始创新，梳理凝练基础科学问题，形成“从 0 到 1”的原创性成果，提升“从 1 到 10 再到 N”的能力。制定系统配套的激励政策措施，对创新项目产生的技术成果及时进行登记、评价与认可，并制定保护及推广措施，推进创新成果及时转化。加强对技术创新成果的后续开发和应用，形成具有自主知识产权的技术优势产品，加强技术创新成果与型号工程化应用的技术衔接，持续提升兵器装备自主创新能力，支撑核心竞争力提升。

5.2.8 质量控制

质量控制是为提升和改进科研产品质量，将质量管理技术与项目科研相结合而开展的系统性活动。需要持续改进质量管理体系，重视内部审核和管理评审，针对薄弱环节落实预防、纠正措施，对体系运行中存在的问题和不合格项限期整改，确保质量管理体系持续有效运行。

“军工产品质量第一”。设计是产品质量控制的源头，科研产品的质量是设计、试制、管理出来的。科研质量的核心是设计环节的管控，是形成科研项目质量的起点，是固有质量水平的决定阶段。重点对设计策划、设计输入、设计输出、设计评审、设计验证与确认等过程严格控制，保证设计策划有效、设计输入准确、设计输出正确、设计评审把关、设计验证与确认完整。

建立质量问题处理长效机制，健全完善质量问题处置办法，完善各管理层级的质量问题拉条挂账销号制度、质量问题归零工作督办制度。把坚持问题导向、坚持系统观念作为开展归零工作的根本指导，按照质量问题“双五条”归零要求开展归零工作。建立和完善质量信息共享机制，落实质量问题处理及举一反三措施。建立“质量问题台账”和“整改措施落实台账”及时上报质量问题和归零信息，涉及举一反三的单位和科研项目应落实举一反三措施。

健全质量监督制度，制定质量监督管理办法，明确质量监督的要素、频次、检查准则，提升质量监督的系统性、规范性。完善质量监督运行机制，建立健全独立、有效的质量监督管理制度体系，将质量监督纳入型号、产品研制流程。实行质量责任终身追究制，分为责任调查认定与责任追究实施两个阶段开展。明确责任单位和责任人，对质量问题负有责任的人员，终身追究其质量责任。

5.2.9 安全管理

安全是兵器装备发展的前提和基石。安全性是现代武器装备研制的根本性要求，特别是火炸药、推进剂、弹箭、引信、火工品等涉火类安全风险高的科研项目。在研制、试验等过程建立各级、各类人员安全责任制，建立安全工作的节点通报机制，进行项目各环节各阶段安全分析，降低或消除各类安全风险。

在设计阶段把安全性设计到产品中，以保证产品在后续的试制、试验等都是安全的。采取能量控制、固有安全性设计、隔离、闭锁及锁定和连锁、降额设计和损伤容限设计、监控、故障—安全设计、告警和标识、防护、逃逸与救生营救等安全性设计方法，落实产品设计定性安全要求和定量安全要求；应用故障模式及影响与危害性分析、故障危险分析、故障树分析、事件树分析、潜在通路分析、区域安全性分析及仿真分析等方法和手段，进行产品安全性与工艺设计安全性的初步危险分析、分系统危险分析、系统危险分析、使用和保障危险分析、职业健康危险分析等分析和验证。

在产品科研过程中必须进行安全性验证与评价，鉴别设计中的安全性薄弱环节，评价系统的安全性特征、危险有害预防措施和残留的风险水平，研究（测试评估）、辨识出科研的系统、分系统、零部件、原材料在试制、试验过程不同形态的安全阈值及危险有害因素，分析环境及条件影响因素（如场地、设备设施的影响因素），形成量化的安全阈值及危险有害因素指标体系。安全性验证的对象是系统中的安全性关键产品（硬件、软件和规程），如指挥与控制单元、引信、保险装置等。验证采用定性与定量相结合的方法，如分析、检查、演示及试验。

落实设计、试制、试验等全过程技术安全措施，实现试制、试验过程的安全管控，严格确保科研建设项目的安全设施同时设计、同时施工、同时投入生产和使用。完善科研隐患排查与治理机制，建立健全安全生产应急管理体系，做好全员安全教育和培训，保证科研全过程安全受控。做到不安全不科研、不安全不试制、不安全不测试、不安全不试验。

5.2.10 科研经费与成本管控

科研投入是支持开展科研创新活动所投入的成本与费用。科研经费是项目科研过程中发生的支出费用，主要包括材料、人员、论证设计、燃料动力、加工制造、设备仪器等费用。科研项目成本是指直接发生在具体研发项目上的费用和用于改善科研活动各种支撑条件的费用。

企业的创新发展离不开科研投入与支持，发展战略规划、年度计划是科研投入的约束性指标和总体目标的输入，进行相关渠道来源的科研投入总体目标分解，并根据相关规定和年度科研投入预算，细化落实科研经费投入的具体目标。科研渠道需要积极地开拓，多渠道地吸引、争取科研投入，更多地用于基础研究与技术创新。按照任务来源渠道对科研项目经费进行分类管理，严格按照国家军队科研经费管理办法和合同（任务书）经费列支计划，遵循科研经费管理有关制度，做好科研预算支出计划，将科研经费管理纳入财务管理体系，采取统一政策、分级管理、预算控制、过程监督的管理模式，按项目进行单独核算，确保资金使用依法合规。

根据技术与经济相统一的原则，按照产品构成、科研流程全覆盖的要求，进行项目技术经济可行性立项综合论证，将目标价格和经费预算作为论证方案的重点关注指标。实行研发成本、目标成本管理和限价设计，实施技术、质量、进度与经济的一体化管理，进行价值工程可行性分析，构建以基础数据和规范标准为支撑的技术经济性管理体系。

科研项目实行项目预算、分级核算、节点结算、验收决算制度。经费预算与项目研制计划相协调，按合同（协议）约定的节点和进度支付经费，项目完成后及时进行结算与决算。

5.2.11 科研布局与外协外购

兵器装备的科研布局需要依据发展战略，统筹科研资源，进行科技力量的部署，以适应未来发展对科技力量需求。依据兵器装备中长期发展战略规划，突出战略性、前瞻性，如网络信息技术、无人化技术、智能化技术、量子技术、仿生技术等，合理进行技术领域与方向、地域分布、工作性质等科研布局，对基础研究、体系策划、系统、分（子）系统和部（组）件技术与产品研发的科研布局进行动态管理与优化调整。

科研外协外购管理涉及计划、货物价格、采购方式、合同管理、质量控制、保密安全、档案等关键环节的工作流程和管理要求，采购产品或服务时，遵循公开、公正、公平的市场竞争原则，控制外协外购质量风险，使所采购产品或服务的性价比最优。完善科研外协外购管理制度和管理流程，制订相应计划，实行科研外协外购关键环节的控制、追溯与跟踪管理；对外协外购事项采取招标、比质比价和单一来源谈判等方式确定；进行科研外协外购价格审定；实施科研外协外购合格供应商名录管理，协同批生产合格供应商管理，并根据科研外协外购供应商年度考评结果及相关方评价动态调整，同时实行科研外协外购供应商红黄牌管理制度；建立健全供应商准入、评价、退出制度，根据科研外协外购合格供应商名录按程序进行动态调整；实施科研外协外购运营及管理信息化，推动科研外协外购管理规范化、集中化和透明化。

5.2.12 技术基础与保障条件

技术基础是指以标准、质量特性、测试、计量等为核心要素的技术能力，体现对兵器装备科研的基础性和支撑性作用。保障条件是指为兵器装备科研工作开展所需的场地设施、仪器设备、信息化、数字化、保密保卫等资源条件。

标准化管理主要包括：建立健全科研管理与研制生产标准体系，科研过程中标准的选用（制修订）、实施、监督与评价，制定采标目标、明确采标要求、规范采标过程，积极采用先进适用的国外和国际标准，提高研制与管理标准化水平。重视标准立项研究和制修订工作，总结提炼基础、预研、型号等项目研究的经验，形成标准规范。

统筹通用质量特性研究、分析、检测、试验中心等技术支撑研究工作，进行可靠性、维修性、安全性、测试性、保障性、环境适应性等设计与分析、试验与验证工作，发挥基础保障和技术支持作用。

测试主要包括：结合项目研究研制的需要，构建集试验场地、试验环境、靶标、试验方法、测试手段及试验标准研究与运用于一体的完整先进的试验体系。推进虚拟试验、仿真试验方法研究与运用，同步构建半实物仿真、虚拟试验和测试试验能力。加强极限环境和边界条件等试验测试条件研究，以及大范围、多批次、允差范围、参数组合等研究型性能测试分析。对编制的各类试验大纲进行优化设计，科学合理地设置试验科目、样本量。运用先进的试验方法和测试手段，提高试验效率与试验成功率。

计量是保证单位统一、量值准确可靠的活动。计量管理是对涉及的所有测量手段和方法及获得、表示和测量结果的条件进行的管理，主要工作包括：计量传递体系完善，制定计量发展规划，监视和测量装置的控制管理，并进行检定和校验，加强计量技术、测试手段、计量数据处理、计量制度、计量标准等的管理，确保在用的测试设备、仪器仪表和量具量值传递的准确性和一致性。

科技成果鉴定的目的是为评价科技成果质量和水平，促进科技成果完善和科技水平提高，加速科技成果推广应用。主要工作包括：科研项目的科技成果申报及鉴定流程设计，梳理项目关键技术及科技成果树，分析科技成果类型，统筹鉴定方式、方法，进行科技成果的鉴定、登记等工作。

知识产权工作涉及提升科研生产全过程的知识产权质量和创造能力，主要有：知识产权工作总体策划，完善管理流程与制度，明确科研知识产权工作管理程序和内容，规范知识产权创造、运用、保护和管理；围绕科技创新难点攻关和技术研发路径研判，进行相关领域专利技术分析；结合项目关键技术及科技成果树，明确技术创新点，进行知识产权策划布局，确定申请知识产权（专利、软件著作权、军用软件著作权、商标等）的类型、主题、数量和时间，将知识产权工作纳入科研全过程。

科技情报工作的目标是将科技情报的收集、加工、传递工作纳入兵器装备科研开发的全过程，建立科技情报信息共享机制和各专业领域知识库。主要工作包括：重视装备科技报告、国防科技工业科技报告等编制与报送工作，并将科技报告的使用融入科研项目管理全过程。科研项目档案实行集中统一管理，将档案工作纳入研发流程，组织档案审查验收，建立共享共用机制，确保档案完整留存、安全保管、充分利用。

科研生产保障条件及信息化建设是完成科研生产任务，促进专业技术发展的必要活动。在科研项目研究与立项工作中，融合单位的发展战略，把握投资规模、投资方向、投资结构，进行实施过程的监督管理、考核和验收。型号项目保障条件与科研项目研制同步规划、同步论证、同步实施。建立覆盖兵器装备科研项目的管理信息系统，制定系统运行管理要求，分级分类对项目全过程、全方位进行管控，及时、准确、完整上报项目信息，建立健全全装备研制全流程、全要素的质量信息与产品数据信息，提升产品评审、验收、复查的科学性和有效性。

5.3 兵器装备生产与管理

兵器装备是由具备相应武器装备承制资格、科研生产许可资质等的科研生产单位制造，通过零部件（元器件）、分系统产品、配套产品的生产，总装装配调试形成，为总装单位和配套承制单位包括其他行业的配套承制单位等共同完成。装备型号鉴定定型（状态鉴定、列装定型）后的批量生产是兵器装备列装形成作战能力的显著特征和重要环节。坦克装甲车辆、火炮、轻武器、弹箭、光电、引信、火炸药、火工品等数百到千万计的量产过程中，既有规模化流程性的生产模式，又有多品种、变批量的生产模式，生产模式对应的产品特征、工艺特征、工艺装备特征不同，其技术经济的主要指标如设备投资、生产效率、生产成本等差异较大，生产组织管理形式也有很大区别。如装甲车辆、火炮等生产过程包括原材料器件采购、毛坯制备、机械加工、热（表面）处理、零部件装配、分系统装配调试、总装调试、检验试验、用户代表验收、储运至装备交付；火炸药、发射药、推进剂等生产过程的工艺如硝化工艺、精制工艺，醋酐法、综合法工艺，连续法工艺，熔铸工艺、黏接制备工艺，溶剂法工艺、无溶剂法工艺、球形药及小粒药制造工艺，挤压成型工艺，浇铸成型工艺等，其工艺、设备及设施不同于一般机电产品的生产工艺、设备、设施等，差异明显。图5－6为兵器装备生产与管理的理论模型，图5－7为车间数字孪生模型构建方案。

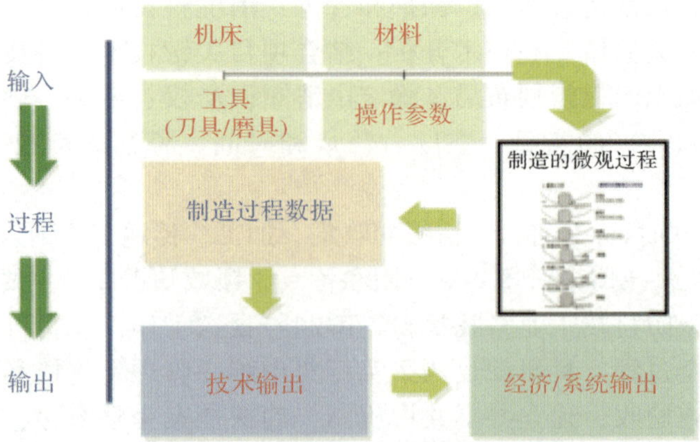

图 5－6　兵器装备生产与管理的理论模型

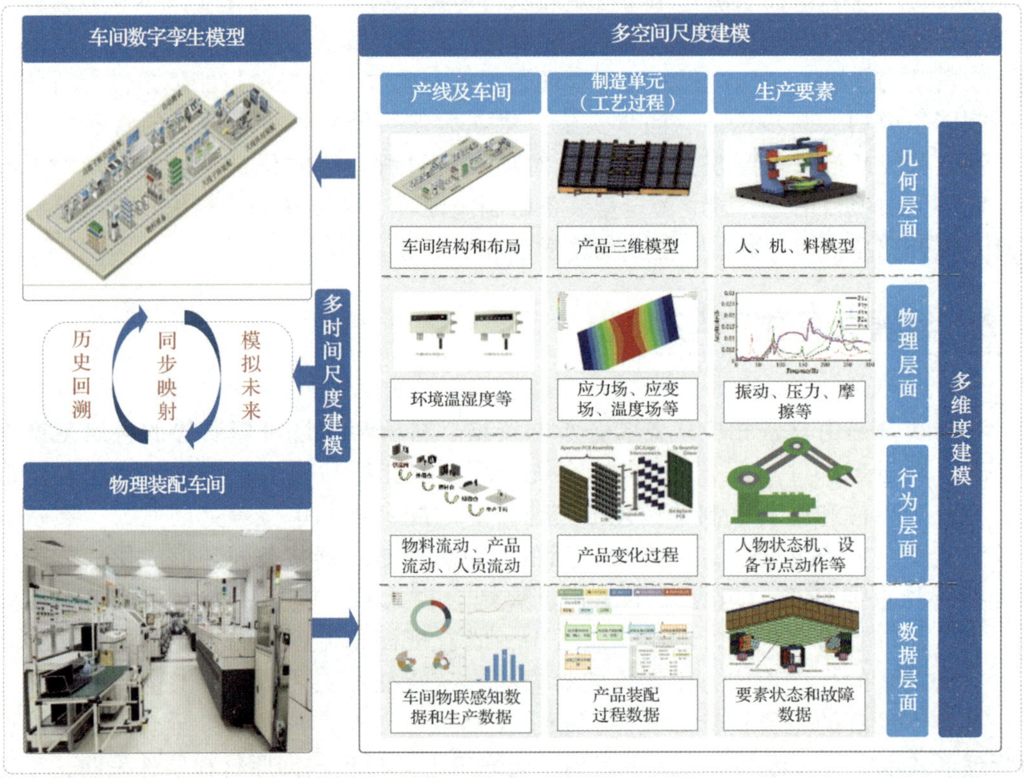

图 5－7　车间数字孪生模型构建方案

兵器装备的生产与管理是一项系统工程，必须运用科学的方法和工具，根据兵器装备生产的客观实际，结合行业发展需要的各种要素，将生产过程全流程标准化、规范化、程序化，持续开展流程管理、精细化管理、质量提升工作。装备生产主要分为首件或小量首批生产的试生产和批量生产两个阶段，质量、安全、环保、保密等管理贯穿整个过程。通过试生产阶段的管理促进量产初期或技术状态变更的产品生产尽快进入质量稳定期，并达到生产纲领的批生产阶段。兵器装备生产与管理遵循以下基本原则。

（1）安全第一。生产全过程应把安全放在首要位置，突出安全第一，特别是弹箭、火炸药、引信、火工品等涉火产品的生产。全面梳理试制和生产中各环节影响安全的各个因素，认真分析研究，提出解决所有安全因素的预防措施并纳入工艺规程和操作规程等工艺文件中，纳入生产组织管理的全过程中。

（2）技术创新与管理创新。重视技术创新和技术革新，推广应用与验证新技术、新工艺，推进数字化制造、精益制造、柔性制造、敏捷制造、绿色制造、智能制造等制造技术的发展，统一组织和统筹安排标准化、科技信息、计量等综合技术基础工作。积极应用先进的生产管理理念、方法、工具，以任务目标为拉动，通过流程管理、管理精细化，持续优化劳动产出率、产品交验合格率、库存周转率等生产指标。

（3）程序规范。兵器装备生产过程需符合国家的法律法规，以及国家、行业、企业标准等。其工艺规程和操作规程应全面、规范和细致，并严格执行，避免执行过程中的自由裁量现象。

（4）质量提升。装备生产以保证质量为根本，以提高产品的一致性、稳定性、可靠性、合理性、生产性和可检性为目标，紧贴兵器装备对质量的需求，针对质量问题和短板，集中攻坚，强化研究和验证，以高质量产品推动高质量发展。

（5）经济性。通过设计、工艺、路线、生产组织等的优化、改善，不断提高生产效率，缩短生产周期，控制、降低批量生产成本、产品成本。

5.3.1 生产技术管理

兵器装备生产技术管理是指兵器装备及配套装备在完成鉴定/定型审查之后，为满足订货要求进行生产技术准备、生产过程技术管理，以及处理试生产、生产中出现的质量问题等工作。

生产技术管理分为首件或小量首批试生产的技术管理和批量生产的技术管理两个阶段。科研各阶段的样机、样品等是单件或小批量试制生产的，用于原理技术方案验证、战术技术指标摸底、环境考核、性能/可靠性/效能鉴定等。通常，兵器装备科研阶段的正样机、样品和状态鉴定阶段的样机、样品的试制过程，需要进行相应的试生产技术准备和试生产技术管理。试生产阶段技术管理的目的是考核并验证工艺流程与工艺装置的正确性、完整性、统一性和安全性，考核生产人员和检验人员的技能，考核设计适应批生产的能力，保证制造出符合设计要求、质量稳定的产品。生产阶段技术管理是在已确定的工艺方案下保证产品生产的质量及其稳定性，并不断优化工艺，提高其安全、质量和经济性。试生产阶段技术管理的依据是经批准的状态鉴定设计文件及资料，生产阶段技术管理的依据是经批准的列装定型设计文件及相关资料。

1. 试生产阶段技术准备

试生产前，生产单位依据生产纲领、订货计划、生产技术、工艺进步的发展思路和规划，编制、实施新产品试生产工作方案。其主要工作内容为生产技术准备、工艺准备、配套与采购外协准备、生产条件准备、设计研制和生产单位沟通协调对接、技术经济指标预测分析。

生产技术准备包括已通过状态鉴定的产品图样资料和有关标准整理、完善以及工艺准备。主要有产品结构组成、主要性能、工作原理，产品关重特性分析（尤其涉及安全性、功能实现的特性）及重点控制要求，产品技术接口分析及控制要求，产品涉及的技术标准（国家标准、国家军用标准、行业标准、企业标准）、管理标准、工作标准情况，产品技术状态变更落实情况，产品技术归零情况汇总分析，产品装调特殊要求汇总，软件产品使用与管理要求，产品包装、防护、储运及使用特定要求，产品借用件使用风险分析及对策，产品试验考核条件与实际使用条件差异性风险分析及对策，边界参数考核验证情况，产品生产过程禁忌及注意事项；科研试验情况主要包括试验文件以及实际试验条件、环境条件、产品状态、试验结果等；产品检验验收情况主要包括检验验收项目、验收依据及验收结果等；产品检验试验仪器设备、标准、方法及人员需求和建议，产品检验试验过程重点控制要求及异常现象处置情况和要求，产品检验试验过程禁忌及注意事项，科研与批量生产零部件、分系统、总装调试公差与配合、参数匹配差异分析，科研过程样机的质量、安全问题处置情况汇总。

工艺准备主要有：科研工艺与流程及批生产工艺与流程的差异分析，研究、整理和完善工艺文件和质量控制文件，产品科研及生产工艺方案设计思路及关键工艺技术，产品科研工艺过程重要参数汇总，科研关重工序和特殊过程确定、汇总及控制要求，工艺装备配备情况、检定要求及生产配备建议，产品试制过程工艺技术质量和安全问题汇总及落实情况，设计工艺性审查意见汇总，传统工艺方法沿用适宜性分析、成熟工艺方法变更风险分析及对策，产品试制工艺风险分析及建议（含工艺控制与流程薄弱环节、工艺能力短板及新技术、新工艺、新材料和新设备应用等），设计制造批量生产专用刀、夹、量具，模具等工装与非标装置。

配套与采购外协准备有：完善配套产品验收技术文件，梳理完善配套产品装配技术文件，整理完善原材料、元器件等采购重要约定事项及控制要求、验收要求；完善产品外协、外包过程（尤其是关键过程、重要过程、特殊过程）主要控制要求、验收要求。

生产条件准备包括生产流程分析，配置检测、交验条件，落实和确认配套件的质量状态和保障能力；调整和配置生产线，确保生产线与工艺路线合理匹配；配置并确认必需的仪器设备、计量器具、台架和安全、环境保护及卫生设施等生产条件设施满足相关要求；补充、建立必要的规章制度；建立或完善生产组织，进行人员配置和培训（包含产品交付、售后服务保障等）；开展安全风险识别与隐患排查；其他如工艺窄口、新产品试验等与试生产相关的准备工作。

设计研制与批量生产单位的沟通协调对接的方式主要包括梳理分析、会议交流、协调文件资料传递、培训指导、生产现场服务等，目的是使生产单位的技术、工艺、生产、质量、检验、试验等有关人员，充分理解、消化并准确掌握上述生产技术准备等相关内容。

技术经济指标预测分析，主要是预测原材料、动力、设备、工具、工时、物耗等方面的消耗指标和产量、质量、劳动生产率、实现利润等方面的成果指标。

2. 试生产阶段技术管理

试生产是根据订货合同、产品类型及生产条件，确定组批情况并按首件生产的条件开展批量生产，验证批量生产产品质量的稳定性，生产条件的可达性。试生产中应做好工序质量统计、批次管理和其他各项记录，对生产过程的变更应进行控制，当发生较大的设计、生产过程及工艺方法更改时，应再次开展首件生产，以验证生产条件能够持续生产出符合设计要求、达到生产纲领的产品。试生产产品应按产品图样资料规定进行生产，验收合格后，办理交付手续。

试生产阶段的技术管理工作主要有：首件生产是试生产中按确定的产品图样等技术状态文件组织的，考核并调试生产线设备和工艺工装，验证工艺规程的正确性、完整性、统一性和安全性，调整、修改和完善首件生产的工艺通关要求。首件产品按产品规范和产品图样规定进行制造和验收，有些首件或小量首批产品会依据程序或用户要求进行质量评审、鉴定等相关工作。

未经过列装定型的装备生产，在小批试生产产品通过鉴定或一定数量试生产后，应对试生产工艺进行确认以固化制造工艺，确保后续批次产品的质量一致性。

需进行列装定型的装备，对批量生产工艺和生产条件进行自评和改进。对产品中涉及火炸药、火工品等涉火产品的试生产，应充分识别安全风险点，进行安全风险隐患排查，落实防控措施，必要时按要求进行安全专项评审。

3. 批生产阶段技术管理

已列装定型产品的批量生产依据定型批准的产品图样资料、工艺资料和质量管理文件进行；未经列装定型的产品，按订货合同明确的图样资料组织生产，或经特殊批准组织生产。

批生产阶段的技术管理工作主要有：保持批量生产中产品图样资料、工艺资料和各类标准（技术标准、管理标准、工作标准）正确、完整、协调、规范。开展批量生产日常技术管理，对生产过程进行跟踪、监视和技术测定、技术革新、技术改造。应用大批量生产技术，区分关键、专用件和通用化专业生产件，程式化和典型化的零部件生产及装配操作技术，优化产品生产工序、工艺、布局，开展专业化协作。应用多品种、小批量生产组织方法，合理工艺作业排序，推进生产专业化和协作，促进生产系统柔性化，以降低劳动和物料消耗、缩短生产周期，提高产品质量、生产效率。批量生产过程、生产条件、产品等各类数据信息收集、整理、分析评估、应用、归档，技术经济指标统计、核算、控制。

4. 安全技术管理

安全技术管理覆盖产品设计、工艺设计、科研试制、转产接产等全流程、全要素。重点包括产品生产工艺的安全机理研究，建立完善在制品生产工艺过程、设备或装置、作业环境、周转过程、手工操作等危险有害因素的指标体系，如涉火工艺各工序的在制品的热、机械、冲击、静电等感度指标，工艺过程各工序岗位的噪声、粉尘、腐蚀、辐射指标等，依据相关制度、标准、操作规程等及危险有害因素指标体系，采用安全风险辨识卡等方法，持续进行在制品试生产和生产过程中的安全风险识别与隐患排查，识别生产场所、储存场所重大危险源，制定、完善各工序岗位、工艺操作过程的防控措施和应急处置措施。进行分级分类的安全专项评审，在试生产等各阶段开展安全专项审查，包括火炸药新产品配方鉴定，弹药、火炸药等涉火新工艺应用，直接接触危险品的工艺等。试生产过程进行安全技术交底，确定安全技术交底的事项和内容，进行安全技术交底审查或评审、实施及信息反馈。

涉火产品按照涉火生产线安全生产流程化管理工作要求，实施安全生产流程化管理工作，作为组织试生产和批生产的前提条件。

5. 生产技术协调与质量提升

兵器装备的批生产很大程度由总装单位和配套承制单位包括其他行业的配套承制单位等共同完成。企事业单位自身难以处理、解决的质量问题，经识别判断，需要相关单位或提请上级或使用部门协调处理、解决。

生产技术协调主要工作有：针对发生的质量问题，制定排查方案。应充分了解、厘清问题的现象，开展现场取证，收集数据和证据，收集残留物证进行整理、确认、分析，对涉及的操作使用人员及指挥、保障等进行现场调查和初步问题定位，并确定技术归零的责任单位。使用故障树（FTA）、鱼骨图等分析方法，直到最低一级故障产品或接口，进行问题定位。梳理问题发生的时间逻辑、空间逻辑、作用逻辑关系，利用理论分析、模拟方法、仿真方法、实物验证等，开展机理分析。按照技术、管理双“五归零”及其分解细项的要求和检查表实施排查分析。技术上“五归零”按定位准确、机理清楚、问题复现、措施有效、举一反三的要求，逐项落实并形成技术归零报告；管理上“五归零”按过程清楚、责任明确、措施落实、严肃处理、完善规章的要求，逐项落实并形成管理归零报告。履行归零评审等有关程序规定，完成质量问题处置。

兵器装备质量提升是以提高产品的一致性、稳定性、可靠性、合理性、生产性和可检性为目标，通过批量生产过程数据的不断积累，使用过程数据、状态的不断反馈，发现质量管理体系薄弱环节。针对质量问题和短板弱项，集中攻坚，强化研究和验证，从设计源头、工艺流程上，进一步吃透产品的技术原理、技术规律、技术状态，不断改善设计、试验验证，不断优化工艺、工序，细化完善工艺过程，优化生产组织管理，持续提升兵器装备质量。

5.3.2 生产组织与管理

在装备生产过程中，所有的承制单位都是责任主体。各级装备生产总装单位对完成装备生产任务承担总体责任，负责建立以产品为纽带的装备生产体系，各级装备生产配套单位服从总装单位的计划、调度和协调。对于应急作战准备等的应急生产任务，超过生产纲领等超常采购订货，排定生产计划、强化的调度指挥协调管理也是兵器装备批量生产的特点。

在兵器装备生产组织中，积极应用先进的管理理念、方法、工具，如准时生产、全员参与改善、生产管理系统（MES）、企业资源计划（ERP）、全面生产设备管理（TPM）等，以任务目标为拉动，积极开展工艺布局、生产工序、生产工艺与流程优化，质量效益提升、生产瓶颈改善攻关等活动，持续优化劳动产出率、产品交验合格率、库存周转率等生产指标。通过生产连续化、自动化、柔性化、智能化等措施，不断推动生产管控精细化、交付准时化、过程均衡化，促进生产组织持续优化提升。

生产组织与管理主要包括生产计划、生产准备、配套与采购外协、生产批次管理、生产调度、生产现场管理。

1. 生产计划

生产计划一般是指对生产活动的计划、组织及控制工作，包括订货生产计划、滚动生产计划、年度生产计划、批次生产计划等，可分为集团公司级、子集团直管单位（院、所）级，试生产、生产阶段计划等。产品生产计划根据订货合同、客户需要，统筹考虑产品上下游配套生产和单位内外部资源整合，如原材料、设备、资金、物流等，在科研样机、样品试制计划的基础上，研究确定试生产和生产阶段的产品总装、分系统、零部件等生产的周期与用户需求节拍时间的匹配性。制订计划调整、变更的控制流程和措施，包括变更的原因，调整、变更的提出、批准，分析变更对上下游配套和单位内部生产造成的影响、补救措施及避免类似变更的措施等，确保各项装备生产按期完成。

2. 生产准备

生产准备是以生产计划为依据，根据单位的生产能力、工艺技术、周转资金、人力资源、质量安全、物资配套、能源保障等情况，开展生产前准备状态全面检查，主要有：原材料等采购准备、物资投入、人员配备、生产技术准备、能源准备、分系统及零部件周转准备、外协加工及社会化资源准备，装配与调试准备、试验验收仪器、台架装置准备，与使用方沟通协调的验收交付、储运准备等，并协调相关配套生产单位开展生产准备工作。

3. 配套与采购外协

装备承制单位对配套单位进行生产计划、生产准备等调度协调，建立产品厂际质量保证等体系，强化生产信息的沟通、传递与共享，完善配套产品技术状态要求、工艺保证要求、质量控制要求、产品验收技术文件，进行配套产品的入厂验收，检查配套产品的功能、性能、接口、软件、数据包、质量证明文件等是否满足要求，开展配套产品的批次管理，检查强制检验点、目录外材料和目录外工艺、禁限用工艺的控制措施落实情况，确认各种记录完整、有效、可追溯。对配套单位的产品交付进度、质量水平及服务水平进行定期评价，指导和帮助配套单位提高供应保障能力。

在科研阶段采购控制文件及合格供应商的基础上，完善采购的技术要求、质量保证要求等控制文件，对采购价格、合同计划、过程执行、验收验证等实施综合管理。建立批生产阶段的合格供应商体系，对外购物资（包括原料及主要材料、辅助材料、元器件、标准件、通用件、配套产品、备品、备件等）、外购服务（包括检验、试验、运输、仓储、劳务等）实行供应商准入、考核评价、退出管理，并进行公开采购。按照“一张网、一个平台”的原则，具备条件的（含招投标），全部通过采购电子商务平台实行上网采购。依据采购控制文件和相关标准，开展采购产品的批次管理，进行验收验证工作，主要有原材料、标准件、紧固件等的入厂复验，元器件的检验和筛选，采购产品下厂监制，等等。

4. 生产批次管理

兵器装备生产批次管理是在确定的生产周期内，一定的生产条件下，按照定型（批准）的技术状态完成规定数量、质量稳定产品连续生产过程的管理工作。批次管理主要工作内容有：采购外协物资器材管理、加工批次管理、装配批次管理、检验批次管理、保管批次管理、交验批次管理，包装、运输、储存的批次管理及批次凭证管理等。

承制单位的生产批次管理主要包括：对高价值、保质期物料投入的存货核算，涉火产品安全生产保障，生产时序与工艺的要求，质量追溯的物料与零部件等；统筹生产任务、生产能力、管理费用等因素，达到经济合理；按批组织生产，分批投料，分批加工，分批周转，分批装配，分批交验，分批包装、运输、储存，分批出厂，保持批生产过程人员、设备、工艺的稳定性，保证批次凭证记录、传递的完整、准确，做到批次清、数量清、质量清、责任清、生产动态清。

5. 生产调度

生产调度具有组织、指挥、控制、协调等综合职能。军工集团、子集团直管单位（院、所）一般分层级实施生产调度。依据生产计划、批次计划、分解计划、作业计划等，通过对生产经营动态的了解、掌握、预防处理，协调配合完成生产调度。

生产调度主要包括：跟踪检查、现场检查各生产环节运行状况，采购外协情况，零部件、分系统、总装产品技术状态、进度，车间、班组的周、日作业计划执行，人力、物资、能源、设备使用情况，生产环节的质量、安全、环境保护情况，突发、紧急情况处置；检查、协调各级装备生产总装单位、配套单位、外协单位生产计划执行情况、生产运行状况；召开生产调度会议包括班前会、生产碰头会、调度会、生产平衡会、问题分析会、专业会，研究解决采购外协、技术状态、生产瓶颈、生产过程出现各种问题等相关事项，协调落实生产计划；下达各类调度指令，调动资源、加班加点，调度、协调各级配套、外协单位，以及零部件、分系统的生产车间等，发现并协调解决问题，保证装备生产按计划高效率有序推进。

6. 生产现场管理

生产现场管理是指用制度、标准和方法对各生产要素，包括人、机、料、法、环、信息等进行合理有效的计划、组织、协调、控制和检测，使其处于良好的结合状态，达到优质、高效、低耗、均衡、安全、文明生产的目的。

生产现场管理包括：生产流程优化，现场工艺和质量管理，执行自检、互检、专检制度，保证产品质量；搞好班组建设和民主管理，充分调动员工的积极性创造性；现场安全管理，严格执行各项安全操作规程，杜绝违章指挥、违章操作、违反劳动纪律现象；现场设备与能源管理，坚持日清扫、周维护、月保养等设备维护检查制度；全员、全过程、全方位进行成本控制，车间、班组能源消耗进行统计核算、定额，杜绝跑冒滴漏实行；工具管理、计量管理、现场文明生产；等等。

5.3.3 战时及复产转产

在战时与应急状态时，一般都会采取特殊措施保障战时与应急状态时供给。例如，俄乌冲突中，俄罗斯军工生产实施了战时与应急状态生产，据报道，尽管广泛的制裁限制了进口，但俄罗斯军工企业加大了马力生产，新型号产品紧急投产，生产线全速运转，产能大幅度提升。2023 年俄罗斯军队的无人机数量是 2022 年的 16 倍，导弹和火炮武器数量是 2022 年的 5 倍，装甲武器数量是 2022 年的 3 倍多。根据满足战时与应急状态需求，实施兵器装备动员生产，主要是按照预定的方案，实施应急扩大生产、转移生产和新产品紧急投产。

根据订货需要，一些兵器装备及其零部件可能停产，封存生产线和技术资料，亦可能由设计研制单位、原生产单位转产至另一家单位生产。停产一定年限恢复生产或转产时，需按要求进行恢复生产或转厂生产能力鉴定、评估，包括复产、转厂条件，技术资料，研制与生产协调，安全技术交底，现场评估，等等。

需要对关重件、关键技术解决途径和办法及落实情况，工艺窄口梳理与解决情况，关键配套件、元器件质量的保障情况和渠道落实情况，调试验收及检测手段是否具备，人员能力及培训情况，安全生产基本条件和相关产品的生产情况，工艺工装、非标设备、检验设备及测试设备的现状，试验测试能力情况，外协、外购渠道及物资供应情况，生产场地、动力供给能力等进行检查、评估、鉴定。

还要对产品设计图纸、制造规范，工艺文件目录、工艺文件资料、技术性文件、管理类文件、评审资料、定型资料，过程控制文件、作业指导书、关键（特殊）过程确认记录、控制卡片、危险作业管理卡片、数控或检测程序验证确认文件，工艺装备与设备实施检验、检定证明，各级标准应用，进行检查确认。

进行安全技术交底，主要包括：交底事项的原理及危险特性；可能存在的安全风险；可能导致风险演变成事故的诱导因素和边界条件，如导致弹药、火炸药、推进剂、引信、火工品、挥发性气体、粉尘等产品或物质引燃引爆的因素、作用方式和安全阈值；相关行业和企业标准的差异；各类指标、参数和要求；针对风险的预防和控制措施、应急处置措施，包括早期险情征兆、初期现场应急措施和紧急逃生方式等其他相关内容。

现场评估是对上述工作内容进行现场调研、检查、评价、上报的过程，以提出是否具备恢复生产或转厂生产的鉴定意见或评估结论。

5.3.4 生产过程数字化

随着信息化、数字化技术发展，兵器装备生产管理需要进行数字化转型，用数字思维、系统工程方法，建立生产管理架构、生产管理网络、生产管理平台。生产过程数字化的主要目标是建立数据互联、流程贯通、模型传递的兵器装备设计开发、生产协同，推进科研生产制造自动化、连续化、数字化、精益化、网络化、智能化、无人化，构建数字化管理、平台化设计、智能化制造、虚拟化试验、精准化保障的“数智一体”装备建设新形态。

生产过程数字化的主要工作内容包括：构建覆盖科研开发、生产制造、采购外协、物流、保障、安全、财务等一体化科研生产、运营管理信息平台，实现科研管理、生产制造、质量保障、物资采购、外协配套等关键环节信息共享，工作流程的贯通和业务协同运行，支撑装备研制生产管理数字化转型和现代化管理体系构建。聚焦虚实互动和迭代优化的装备建设新范式，围绕数字研发和智能制造两个方面，重点推进基于模型的系统工程（MBSE）方法，完善论证、设计、生产、试验、保障等业务环节的基础设施；基于相关网络、管理、信息、协同平台，重点打造、完善模型/数据全寿命周期管理平台与数字样机交付、验证平台，以数字技术促进高质量、安全、低成本、规模化装备研发与生产制造，增强兵器装备研制生产与保供能力。

5.4 兵器装备服务保障

兵器装备服务保障是指装备保持、恢复规定的技术状态或改善装备性能而对装备进行维护和修理等系列活动。服务保障不仅对装备的功能性能具有重要影响，并且直接影响战斗力的持续生成。最近几场局部战争表明，作战的强度高、节奏快、距离远、环境严酷、消耗巨大，对装备保障的时效性及有效性带来了严峻的挑战。科学技术发展和战争形态变化，促使传统服务保障模式向适应智能化、信息化战场要求的新型服务保障模式转变。兵器装备服务保障工作坚持战斗力标准，牢固树立保障装备“顶用、管用、好用”的服务理念，以保证装备完好为目标，靠前保障部队高强度实战化演训，为部队战备训练提供强有力的技术支持和服务保障。

兵器装备服务保障按照任务类型、管理层级分类分级体系化进行，对象是内装、军贸、维和等装备的服务保障。工作内容包括服务保障体系策划、建设、运行与管理并持续优化完善，技术支持与服务保障，培训管理，信息收集与处理，新型服务保障技术应用，故障问题处理，退役报废产品处置等。设立相应的装备服务保障工作机构，建立稳定精干高效的专业化服务保障队伍，制定、完善规章制度和管理体系，建立健全常态化运行机制和工作流程，配备确保任务需要的保障资源和条件。

5.4.1 装备服务保障体系

装备服务保障体系由组织、制度、业务等子体系组成，包括集团级、总装单位级、产品单位级三级组织管理体系，管理制度与业务规范的制度体系，技术培训、现场技术服务、备件供给、信息收集与处理、返厂维修、问题处理、技术支持与资料提供等业务体系。兵器装备服务保障体系架构如图 5-8 所示。

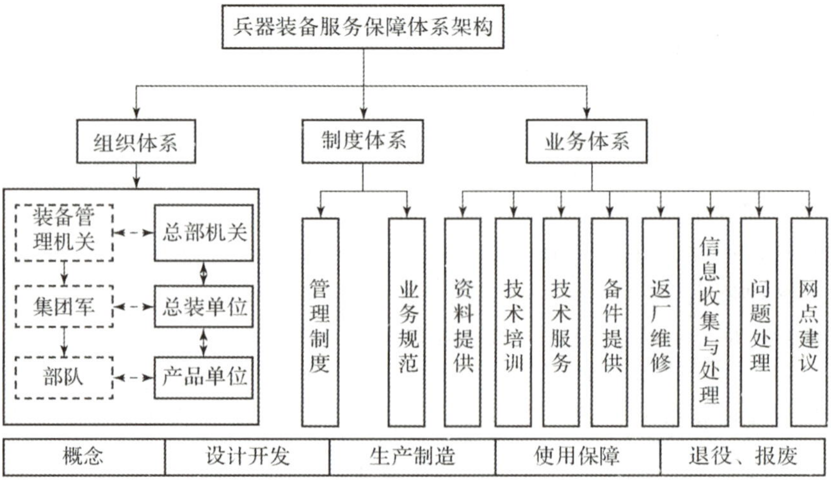

图 5-8 兵器装备服务保障体系架构

装备服务保障体系的主要工作内容包括：强化组织管理、完善制度体系、共建融合机制，加强培训资源建设、试点配套建设、备件资源建设、技术支持资源建设、信息收集与处置资源建设。以“装备+服务”为需求牵引，提升规范化、专业化、精确化、一体化的服务保障能力；统筹融合内装军贸服务保障需求，实行联合联保、快速反映，基地维修、资源共建，军地协同、军民融合、联合办公机制；深入走访、无缝对接了解部队需求，系统检查、掌握状态，多方筹措、保障供给，规范服务、高效保障。

5.4.2　装备服务保障计划

装备服务保障计划主要包括合同（协议）规定的计划、年度计划、专项及临时性计划等内容。在型号研制、装备订货及其他合同中另有约定的，按约定的事项执行。研究分析装备性能，使用要求、特点，分级分类进行服务保障需求收集，需求分析。结合各型装备、任务部队的上年度装备技术评估及保障需求分析情况，编制年度服务保障工作计划，以及装备及任务部队服务保障工作计划，并制定装备服务保障管理实施方案。重大和专项任务及与用户商定的临时性服务保障工作，按照重大和专项及用户明确的装备维修保障技术服务相关要求制订计划。

5.4.3　装备服务保障任务

（1）服务保障准备。通过走访、检查和查阅历史资料等多种形式的主动服务，确定用户服务保障详细需求，掌握任务情况，对装备进行系统检查，了解和掌握装备的技术状态并形成档案、数据库管理；进行相关准备工作，针对不同形式、不同阶段的技术保障工作，准备相应的使用维护技术等资料、装备技术状态检查和评估办法、日常保养标准规范、装备问题及故障处置标准规范；制定日常检查维护、问题及故障处置工作流程，过程质量控制措施；准备对装备技术状态检查/保障所需的相关设备、工具、工装、检查仪器等；生产和储存必要的备件器材，保障维修排故急用和用户需求；进行风险辨识，制定装备可能发生故障的应急处置预案。

（2）服务保障现场。实施基于维修基地、前进基地、野战驻训等不同服务保障环境及装备技术状态的维护维修保障。一般情况下，依据装备技术状态检查和评估办法进行现场检查，确定预防性、修复性等保障事项与计划，进行维修工作。在战场环境下，由于时间紧迫、环境恶劣，平时的维修变为战场抢修，需要采取灵活性、多样性的方法恢复基本功能，满足作战要求。

装备服务保障过程严格按照标准、程序实施，逐项记录、逐项指导，不断改进完善、持续提升技术服务水平。实施装备保障维护可视化管理，将复杂的技术标准、操作程序、管理要求表单化，并配置实景图，把检查标准、工作计划、工作要求张贴在保障工作现场，保证备件、工具、工装设备、仪器定置管理、识别标记、放置规范、使用有序。每项维修工作事前进行培训，事中进行监督，事后进行验证，并及时进行总结评价。

（3）故障诊断。装备故障诊断主要是确认装备问题发生时机、状态、类别、损害程度等现象，收集使用、维护信息和数据，综合应用各种检查手段和方法、检查仪器设备，视情对问题部位、系统、装备进行检查检验，对问题进行全方位分析诊断，确定故障发生的原因、机理。通过对装备现象判断、数据分析、深层检查，及时及早发现故障隐患，为装备使用、部件更换、维修提供预先性诊断。

（4）后方技术支援。主要工作是实现服务保障现场与后方技术支援的直通互联与实时互动。在技术保障力量的运用方面，注重前后方相互协同，组织后方科研、生产、物资供应等各方资源力量，形成全方位保障网络，加强预警预判，掌握保障主动权，结合运用用户的保障力量，开展装备的技术状态分析、评估工作，指导制定技术保障方案。

（5）军地一体化保障。通过深化军地融合，积极帮助部队形成建制保障能力，及时解决备件直供、后方支援、技术攻关等难题，充分发动部队自身保障力量，培训指导使用维护人员正确使用、检查维修、排除故障等，减少误操作，提高部队自我保障能力。

5.4.4 技术服务与保障支持

技术服务与保障支持主要包括汇总装备使用和故障等信息，进行系统分析和数据挖掘，形成技术服务与保障支持的知识库。重视首次列装的装备，主动进行技术服务，采取多种培训形式，指导用户安装调试和正确使用维护装备，参与装备的定期检查工作，保持现场技术服务与保障支持的经常性，保证远程技术服务与保障支持渠道畅通，解决用户的问题与困难，支撑使用单位装备使用操作、维护保养、故障排除和储存保管等能力形成。对于非首次列装的装备，按照使用单位需求，协商确定技术服务与保障支持事宜，协助解决保管贮存、使用维护过程的问题。依据用户执行重大或专项保障任务需求，组织相关配套单位成立技术服务队，按照上级部门装备维修保障相关要求，实施现场联合保障。

5.4.5 装备服务保障培训

兵器装备的服务保障培训一般在企业或用户现场等进行，培训种类分为跟研跟产培训、接装培训、操作使用培训、维护修理培训、临时培训、专项培训等。培训形式分为专业科目讲授示范、研讨答疑，部件及装备分解复装、故障判排、实操模拟等。培训内容分为装备的综合运用、体系联合、基本性能、结构原理、使用操作、检查维护、故障诊断与排除、应急处置和储存保管等。

对用户的培训需求进行收集、分析，整合培训资源，构建多方位、多维度、体系化的兵器装备培训体系；制定年度培训计划和实施方案；准备使用、维修手册和说明书，编制专业培训教材、课件等技术资料，围绕作战使用、检查维护、工作流程、管理要求等，制订系列培训计划，采取多种培训形式，向用户实施培训；针对使用维护的相关问题、任务需求开展临时或专项培训；开展培训后效的跟踪评价及持续改进。

建立服务内装、军贸的装备培训基地，培养师资队伍，建设和开发培训设备设施、模拟训练系统、演训教具等教学资源，为服务保障人员、内装和军贸用户培训需求提供标准、规范、系统、专业的培训，打造一支专业化的师资队伍、形成一套标准化的教材库。

对用户通过服务保障的相关人员进行岗位培训和任务前培训，强化考核把关、持证上岗；推进服务保障人员一专多能、技术娴熟、动态优化和综合提升。

5.4.6 信息收集与处理

收集装备全部历史数据资料，包括履历信息、使用维护、发生故障、部件更换等信息，进行统计、整理。按照故障发生时机、故障所属类别、故障严重程度等不同角度对装备进行全方位分析，找出故障发生的规律。预测装备零部件寿命，开展装备技术状态评估，提出的装备性能、质量、技术服务的建议和意见，及时反馈用户。

装备服务保障实行信息报送和统计报告制度。建立完善的信息收集反馈渠道与处理机制。通过采取用户反馈、用户调查、走访交流、装备巡检、现场服务等方式，收集汇总装备使用及故障信息、服务保障信息、用户意见建议等装备信息。对重大或专项装备服务保障任务，按规定报送，并提前编制服务保障工作方案和应急预案。

5.4.7 新型服务保障技术应用

注重新型服务保障技术、理论和方式的研究，瞄准新一代装备体系和装备，在故障诊断学、状态监控技术、修理工艺学、保管保养技术、维修工程技术等方面，探索研究装备服务保障工作的新理论、新技术、新方法、新模式，创新服务保障的技术手段和管理手段，提高服务保障的水平和效率。

推进3D打印技术在装备维修方面的应用，远程技术诊断等新技术研究与应用，虚拟维修技术研究与应用，电子交互式技术手册（IETM）应用，并利用IETM、VR等现代多媒体信息技术开展培训教学工作；开展视频培训、在线培训等管理工作。

有机融合大数据、云计算、人工智能、区块链等技术优势，开展新型快速诊断、修复技术研究与应用，一体化装备野战维修和改装技术、工具设备的研究与应用，智能人机交互使用维修技术研究与应用，精确化、低成本装备维修技术研究与应用，新型装备服务保障网络构建与管控技术研究与应用，智能化、无人化服务保障技术研究与应用等工作。

5.4.8 在役兵器装备质量问题处置

在役装备质量问题是指在装备使用过程中，对装备的使用性能有影响或造成损失的事件。如2021—2022年，美军的两栖轮式装甲车在航渡训练时发生了两辆侧翻、一辆沉没三次事故。在役兵器装备质量问题处置管理是对质量问题中技术问题、管理问题等处理过程的管理活动。处置程序包括初步判断、信息报送、调查核实、问题归零、措施落实、资料归档等。

发生问题后，第一时间对问题性质、等级和危害损失等进行初步判断，核实了解装备型号、状态、批次等基本信息。依据问题处置需求进行现场调查，组建调查组，并根据需要邀请同行业及相关领域的技术专家、装备管理人员和承制单位人员参加。

现场调查组根据调查情况，进一步判定问题的性质和等级，初步分析问题原因和影响范围，研究后续处置工作，提出装备使用建议，形成现场调查报告。

对装备出现的设计、制造的技术质量问题及保管贮存和使用维护等问题，制订装备修复或更换计划，签订服务合同，给予修复或更换。对进行返厂修理的故障装备或部件，按合同要求或约定，在规定时间内完成修竣、验收，并交付用户。

5.4.9 退役报废装备处置

列装的兵器装备达到一定使用（存储）年限、使用频次或被新型装备替代等，通常进行退役报废处置。

退役涉火产品采取拆解回收、拆解销毁等方法进行处置。按照国家、军队退役涉火产品（含退役、国储等产生的弹药、引信、火工品等）安排，对退役涉火产品进行计划管理、合同管理、调度管理、监督与考核管理。由专业处置机构按照计划、实施、监督等处置管理流程规范处置。强化涉火产品处置闭环管理，围绕产品来源、产品贮运、处置计划、计划执行、物资及危化品流向等全流程建立管理台账，严格做到账实相符。不得私自处置未列入管理台账的废旧涉火产品。

退役坦克装甲车辆、火炮等兵器装备一般采取出售、赠与或租赁、封存储备、改装训练靶标和拆解回收、拆解销毁等形式进行处置，处置过程严格按照相关规定及要求进行管理。

参考文献

[1] 田棣华，马宝华，范宁军．兵器科学技术总论［M］．北京：北京理工大学出版社，2003.

[2] 王泽山，欧育湘，任务正．火炸药科学技术［M］．北京：北京理工大学出版社，2002.

[3] 马福球，陈运生，朵英贤．火炮与自动武器［M］．北京：北京理工大学出版社，2003.

[4] 中国航天科技集团公司．航天质量管理基础［M］．北京：中国宇航出版社，2017.

[5] 中国航天科技集团公司．产品保证［M］．北京：中国宇航出版社，2017.

[6] 中国航天科技集团公司．航天质量管理方法与工具［M］．北京：中国宇航出版社，2017.

[7] 倪骁骅，张建峰，刘玮．汽车制造技术［M］．北京：北京理工大学出版社，2020.

[8] 张聚恩，王旭东．新航空概论［M］．北京：航空工业出版社，2020.

[9] 何际泽，张瑞明．安全生产技术［M］．北京：化学工业出版社，2023.

[10] 腾宝红．生产管理实操从入门到精通［M］．北京：人民邮电出版社，2019.

[11] 盛骏飞．企业集团全面管理提升指引［M］．北京：中国市场出版社，2013.

[12] 李春生．精益生产管理实践［M］．北京：北京理工大学出版社，2021.

[13] 袁昌盛，万方义，白浩雨．航空技术概论［M］．北京：航空工业出版社，2021.

[14] 赵少奎．导弹与航天技术导论［M］．北京：中国宇航出版社，2008.

[15] 武瑞文，武胤玥．系统工程方法论在美军武器系统研制与采购中的应用［M］．北京：兵器工业出版社，2023.

[16] 武瑞文．火炮武器系统体系化创新与全生命周期管理［M］．北京：国防工业出版社，2023.

第6章

国外兵器科学技术发展

美国、俄罗斯、英国、法国等世界主要国家不设立兵器行业，相应地，也没有兵器科学技术的概念，但这些国家陆军所属工业的业务领域与我国兵器行业基本相近，因此研究世界主要国家陆军战略规划、概念条令、组织管理和科学技术，在很大程度上能反映这些国家兵器装备的战略、作战运用、组织管理和科学技术发展等。

6.1 美国

6.1.1 美国陆军制定系列战略与规划指导未来发展

美国于2018年发布《陆军战略》。该战略从总体上指导陆军未来建设发展，提出扩大陆军兵力规模、针对高强度冲突开展训练、形成快速动员和全球投送能力，加强陆军战备；强调落实多域作战概念和6大项目群武器装备发展，进行组织结构调整，支持实现陆军2028年愿景，即2028年，陆军将在联合、多域、高强度的战争中随时随地部署，果断对抗任何对手，同时威慑他人并保持非常规战争能力。美国陆军将通过部署有人和无人战车、飞机和武器，基于现代战争理论的强大合成兵种编队和战术、卓越领导人和非凡杀伤力士兵来实现这一目标。

美国于2019年发布《2019年美国陆军现代化战略》。该战略是对《陆军战略》在作战概念和装备发展方面的进一步落实，确立了陆军2035年前现代化发展策略（图6-1），提出继续验证和完善多域作战概念并将其纳入条令中；根据多域作战概念发展和多域特遣部队试验结果，持续改进多域作战部队设计；继续优先发展6大项目群，支持多域作战部队装备建设。该战略提出推动关键技术研究，重点技术领域包括颠覆性含能材料、射频电子元器件、量子科学、高超声速飞行器、人工智能、自主系统、合成生物学、材料设计、增材制造。同时陆军认为，网络“云”是全部现代化工作的基础，将开发云计算技术，改善数据访问和共享环境。

美国于2017年发布《陆军机器人与自主系统战略》。该战略提出了机器人与自主系统5大能力目标，即增强态势感知能力，减轻士兵生理和认知负担，通过加强后勤保障效率支持部队，促进运动与机动，保护部队。该文件阐述了机器人与自主系统近中远期目标：近期（2017—2020年）利用小型地面无人系统和无人机系统更强的耐

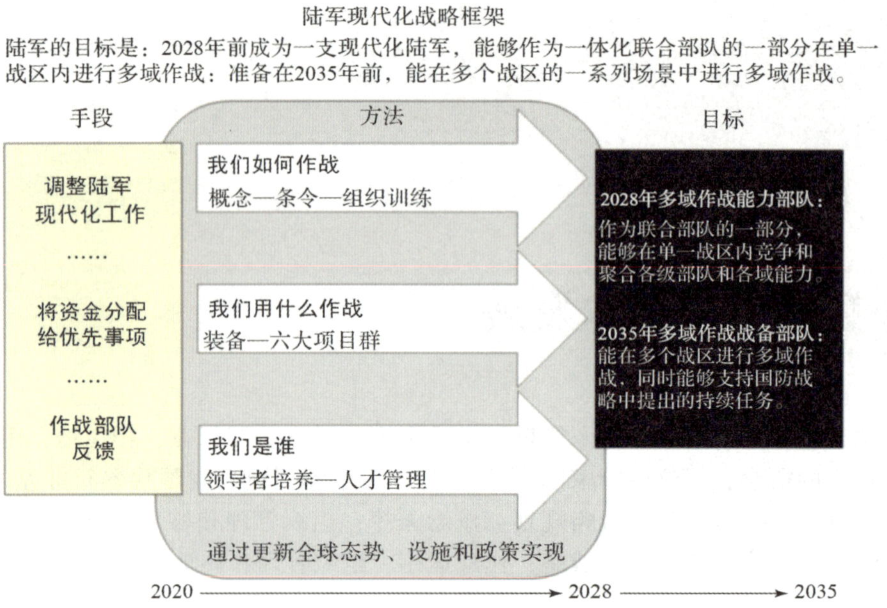

图6－1　陆军现代化战略框架

久力、障碍感知－规避、自主性和小型化增强态势感知能力；中期（2021—2030 年）利用先进小型机器人与自主系统和“蜂群”提高态势感知，利用无人战车和先进有效载荷提高机动性；远期（2031—2040 年）可投送由多个小型机器人组成的“蜂群”增强态势感知，利用自主空中货物运输提高保障能力，借助无人战车进行机动（图6－2）。

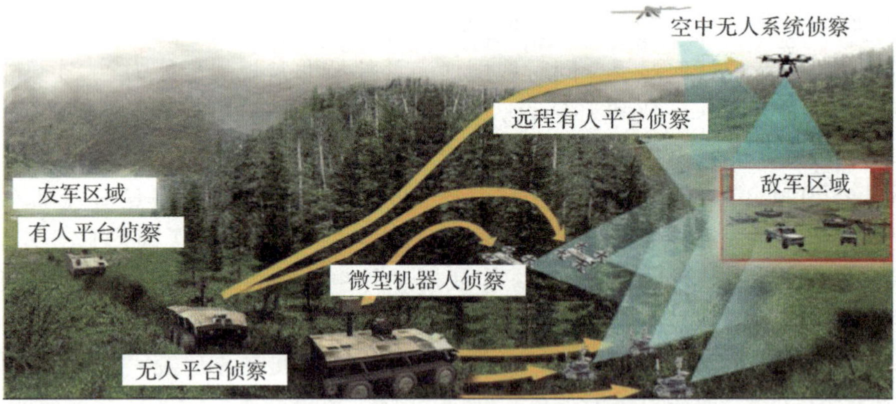

图6－2　远期机器人与自主系统执行侦察与安全任务

美国于2018 年发布《陆军网络与电子战作战概念（2025—2040 年）》。该文件扩展了联合部队和陆军概念、联合部队和陆军对兵棋推演的理解、网络集成鉴定、陆军作战评估、实验和相关研究，将网络、电子战、频谱管理能力作为一个集成系统，视为力量倍增器，为未来能力评估和能力开发提供了概念基础。最终状态是，陆军部队拥有完整的网络和电子战能力，并且有能力作为联合部队的一部分实施有效的网络作战，支持联合部队行动。

美国于2019年发布《陆军防空反导2028》。根据陆军战略，2028年美国陆军必须能够向作战指挥官提供一支灵活、敏捷、一体化的防空反导力量，能够进行多域作战，保护美国本土、地区联军和盟军部队及其关键资产。陆军防空反导部队必须能够威慑和击败强大的竞争对手（如俄罗斯等），遏制来自大国竞争对手和地区强国（朝鲜和伊朗）的威胁，并应对与恐怖组织相关的挑战。该文件提出了4条发展路线：一是发展防空反导能力；二是建立“多域作战”所需的防空反导部队战斗力；三是提供训练有素的防空反导部队；四是保持前沿存在，并建立盟友和合作伙伴关系。

美国于2017年发布《美国陆军坦克－机动车辆研发与工程中心30年战略》。该文件从3类价值流层面分析坦克－机动车辆研发与工程中心未来30年的研究方向和预期成果。价值流1：“塑造未来部队”致力于研发新的概念和能力，以形成未来部队需求。价值流1的6个研究方向为有人－无人协同、地面系统架构、有防护的机动性、发电和能量存储、半独立作战、乘员增强。价值流2：“在整个采办寿命周期内为系统提供保障”致力于为已经完成、升级或保障的地面系统提供所需的工程和技术支持。价值流2的3个研究方向为技术计划支持、保障工程、技术调整与转交。价值流3：“加强基础能力”致力于战略性地提高坦克－机动车辆研发与工程中心核心技术能力和非技术能力。价值流3的5个研究方向为系统保障，全系统实验样机，地面车辆全系统架构，建模与仿真，软件、计算机和网络安全。

美国陆军于2018年发布《改变2050年地面作战游戏规则的科学技术》。该文件认为，以下8项科学技术有可能改变2050年地面作战游戏规则，即人造细胞、合成孔径成像算法、小型多功能量子红外传感器、量子信息科学、未来弹性战术网络、智能编队、嵌入式人工智能、复杂性科学。

美国国家科学院于2019年发布《材料研究前沿：10年调查》报告。该报告评估了过去10年材料研究的进展与成就，“材料基因组计划”对材料研究产生重大影响，众多材料研究领域均取得巨大进步，材料应用步伐加快，许多新材料和工艺实现商业化；明确了2020—2030年的投资机会，高熵合金与纳米合金在未来10年将取得显著进步，信息和计算技术将持续推动半导体和电子材料技术发展，量子材料成为未来10年高度优先发展方向，金属、合金与陶瓷的原子尺度研究将进一步加强，可持续性材料研究是大学、国家实验室和工业界合作的重要机会，复合材料与超材料具备巨大发展潜力，软物质将引领自组装和活性物质新领域研究，材料热性能基础研究将纳入材料设计过程。为保证美国的领导地位，该报告提出“从国家战略高度投资基础设施对材料科学健康发展至关重要”“加速自动化材料制造技术以及新计算方法和数据分析方法与工具研究”“支持精密合成与材料生长技术研究”等应对措施。

美国陆军作战能力发展司令部于2020年发布《支持陆军六大项目群的路线图》。该文件结合作战能力发展司令部在六大项目群研发工作中承担的职能任务，首次系统阐述了该司令部当前研发工作对六大项目群的支持。具体工作包括：研发火炮增程、战术弹道导弹、反舰导弹等技术，支持远程精确火力项目群；研发主动防护系统、机器人与自主技术、辅助目标识别技术等，支持下一代战车项目群；研发综合任务装备、模块化导弹、未来侦察攻击直升机样机等，支持未来垂直起降飞行器项目群；研发统一的网络、任务指挥套件，提高联合部队互操作性和指挥所生存能力，支持网络项目群；研发6层防空反导系统，支持一体化防空反导项目群；研发补给、电池、轻武器、防护、仿真训练、高性能分析等装备技术，支持士兵杀伤力项目群。

美国陆军未来司令部于2020年发布《美国陆军小型无人机系统战略》报告，该文件的目标是，机动作战编队跨层级使用小型无人机系统，显著提升战斗效能，以获得并维持针对强大对手在跨域机动作战中的优势。美国陆军小型无人机系统的阶段性战略发展目标是：近期（2020—2023年），根据已批准的背包便携式无人机和士兵携带传感器的能力生成文件，继续当前投资、采购和列装小型无人机系统的工作，同时还将优先开发可进行增量式改进的小型无人机系统；中期（2024—2028年），将重点改进士兵携带传感器、近程侦察、中程侦察和远程侦察项目下的小型无人机系统，为作战人员提供集成先进技术的能力；远期（2029—2035年），将全面开发和集成新兴技术，推动小型无人机系统现代化，无缝促进跨域机动，以支持全功能多域作战部队。工作重点将转向通用机器人控制器、小分队机动作战用机器人与人工智能技术。

美国国防部于2021年发布《反小型无人机系统战略》。美军反小型无人机战略的目标是：通过创新和协作加强联合部队，保护美国在本土、海外驻地和突发地点的人员、资产和设施；开发装备和非装备解决方案，保障国防部任务的安全执行，阻止对手利用小型无人机妨碍美军目标的实现；建立和扩大与盟国、伙伴国的关系，保护美国在海内外的利益。美军将加强反小型无人机基础能力建设：一是建立小型无人机威胁评估机制；二是加速发展反小型无人机技术；三是开发通用信息共享体系架构；四是制定统一的试验鉴定协议、标准和方法。该战略首次提出要开发反小型无人机作战概念和条令，建立联合训练标准，加强部队反小型无人机意识和技能训练。未来，反小型无人机可能从对抗某类威胁目标的作战行动演变为一种新兴作战样式。

美国陆军于2021年发布《陆军多域转型：为赢得竞争和冲突备战》文件。该文件指出，中国和俄罗斯通过发展全新的非对称作战能力削弱美国优势，而中国最有可能在2040年前成为拥有与美军相当军事实力的对手。美国陆军计划成立5支多域特遣部队：2支部署印太地区，1支部署欧洲，1支部署北极地区，还有1支用于全球响应。该文件明确了多域特遣部队的编成情况（图6-3），首次提出要在危机响应中实施多域作战，通过“多域战区警戒部队”对对手实施持续监视与侦察，必要时通过远程火力、防护、网络、电子战及其他能力灵活搭配实现联合机动，将危机快速升级为冲突。通过“内线部队”和“外线部队”的结合，美国陆军能有效应对具有全球影响力和陆基远征能力、技术水平相当但有数量优势的对手。该文件是陆军多域作战概念的进一步发展，将为联合参谋部新的《联合作战概念》提供参考，未来多域陆军或在一定程度上牵引联合部队作战样式的转型。

美国陆军于2021年发布《军事竞争中的陆军》文件。该文件提出，军事竞争是指用来达成己方政治目标，并阻碍对手实现对美国不利目标的活动和军事行动。竞争中的军事活动可以是防御性或进攻性的、致命性或非致命性的、单边的或多变的，或者在多个域中动用各军种的常规、非常规部队以及特种作战部队。报告将竞争分为3

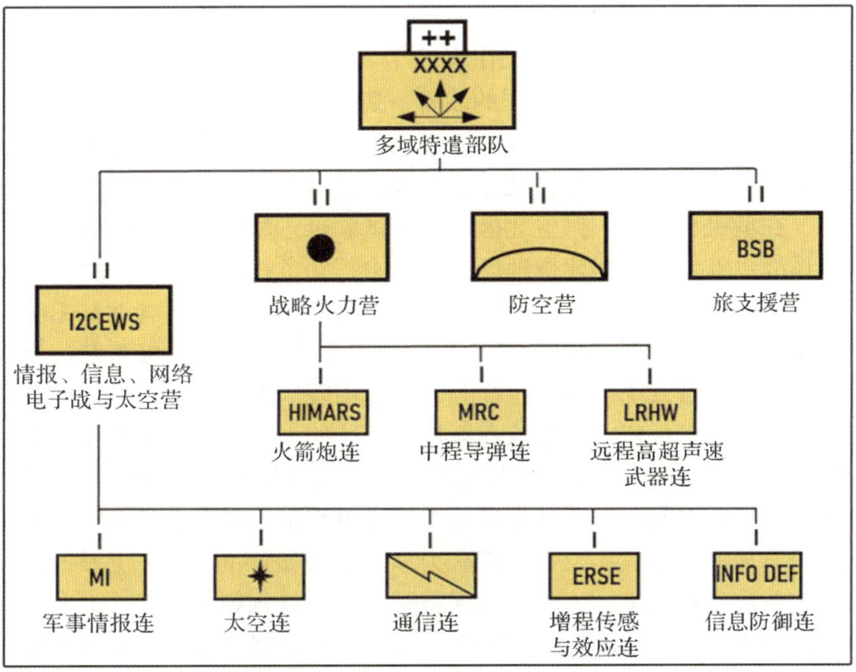

图6-3 多域特遣部队的编成情况

种形态：叙事竞争、直接竞争、间接竞争。叙事竞争表现为国家声望的上升和下降，即他国和大众对一国实力、可靠度和决心的看法。叙事竞争是持续存在的、开放式的，不针对具体问题和特定对手，被认为是其他竞争的起点。叙事竞争是指陆军是什么（具有的能力）、做什么（开展的活动），以及他国和大众对这些能力和活动的看法。陆军对叙事竞争的贡献是：无论是对于盟友、伙伴还是对手，陆军都是一支致命、强大、令人信服的力量。间接竞争是指发生在对于美国不是特别重要、界定不是特别清楚或者与对手并不存在固有矛盾的利益方面的竞争。间接竞争是当前大国竞争与冷战争霸最大的不同点之一，从近年来美国及其盟友在信息技术基础设施问题上对大国竞争对手的态度来看，间接竞争几乎无处不在。陆军对间接竞争的贡献是：通过向联合部队指挥官和决策者提供众多低、中成本的行动选项来拓展竞争空间，同时还要有针对对手的反制措施。直接竞争是指发生在对于美国极其重要、某一界定清楚的利益上，以至于美国将武装冲突视为实现或保护期望结果而可能采取手段的竞争。与间接竞争相比，直接竞争的竞争空间更大，既包括武装冲突和危机，也包括较低烈度的竞争形式。陆军对直接竞争的贡献是：陆军要纵向拓展竞争空间，即确保联合部队指挥官和决策者在所有强度的竞争形式上都有行动选项。这是美国陆军首次围绕“陆军在军事竞争中的作用”这一主题进行系统阐述，反映了美国陆军对军事竞争概念及陆军在军事竞争中的作用认识。

美国陆军于2021年发布《重获北极优势》战略文件。该文件大肆渲染俄罗斯等国在北极地区的威胁，提出俄罗斯等大国的北极地缘政治目标损害了美国利益。陆军北极部队的最终目标是，能够在全球范围内快速组建和部署多域作战部队，这些部队经过专门训练，装备精良，能够在极寒天气和崎岖山区条件下长期生存、战斗、获胜。为达成这一目标，陆军的主要工作有五个方面：一是在全军建立基础北极能力，包括极寒环境（-54℃）下正常工作的装备、防寒服装、医疗、基础设施等，解决长期存在的北极驻扎问题，研究并减轻环境变化对基础设施和作战的影响；二是在北极建立与盟友和合作伙伴的关系网，支持在北极和全球开展竞争；三是威慑、击败北极地区的威胁，在危机和冲突中保卫北极；四是试验推进联合全域指挥控制，支持在北极地区多域作战；五是向整个北极地区投送兵力，在危机和冲突中动态部署。陆军要为北极能力部队提供能有效作战的全套装备，包括能在极寒环境（-54℃）下正常工作的武器装备，如可在四季使用的机动平台、航空平台、无人机系统、新型发电系统、电子战系统、通信系统、防寒服装等，并利用寒区测试中心对陆军现代化装备进行测试，制定战术技术规程，增强该地区机动部队的火力、速度和生存能力。

美国陆军于2021年发布《统一网络计划》。该计划旨在协调陆军各种现代化工作，提供多域作战所需网络。该计划概述了五个方面的主要工作（图6-4）：一是建立统一网络以实现多域作战；二是使部队为多域作战做好准备；三是确保安全性和存活性；四是改革流程和政策；五是持续保障网络。该计划概述了三个现代化阶段：近期（2021—2024年），开始建立统一网络，涉及战术网络现代化、基于零信任的标准化安全架构以及向云基础设施迁移等活动，阶段目标是创建为未来发展奠定基础的标准化和集成性安全架构；中期（2025—2027年），重点“实施”统一网络，开始融合战术和体系网络能力，并完成实现网络防御的国防部信息网络操作样式，建立加速人工智能和机器学习的混合云；远期（2028年及以后），紧跟新兴技术趋势持续进行网络现代化迭代改造。

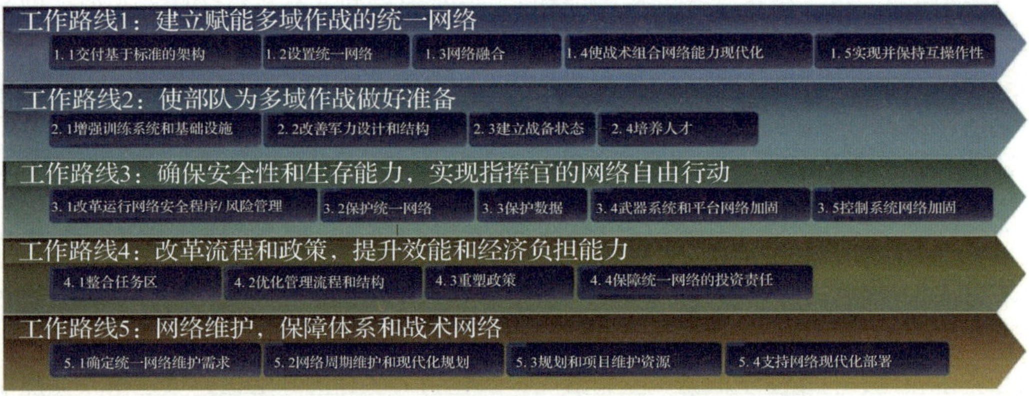

图6-4　美国陆军统一网络计划框架

美国陆军于2021年发布《陆军数字化转型战略》。该战略旨在利用创新性和变革性数字技术，包括云、数据、网络安全和任务网络，从根本上改变陆军作战方式，提高人员素养，优化工作流程，使陆军能够在未来多域作战中获得决定性优势，应对大国竞争挑战。该战略主要包括三项目标任务：一是现代化和战备，打造数据驱动的数字化陆军；二是改革，根据任务需求调整和优化数字化投资，以较少的投资创造更大的价值；三是人员与伙伴关系，打造技术精湛、工作高效的数字化人才队伍。该战略的发布将促使陆军对变革性数字技术进行大胆投资，改革业务流程，通过技术创新加强基于数据的决策能力，建设训练有素、经验丰富的人才队伍，在日益复杂的作战环境中开展多域作战。

6.1.2　美国陆军通过作战概念创新与试验促进能力提升

美国陆军提出多域作战概念。2018 年 12 月，美国陆军根据《国防战略》提出的优先任务，发布了旨在对抗俄罗斯等实力对等对手的“美国陆军多域作战 2028”概念（图 6－5），对 2017 年《多域战：21 世纪合成兵种演变》中作战理念进行了扩展，详细阐述了陆军面临的新的作战环境和对手，多域作战的中心理念、作战原则、面临的问题及其解决方案，以及对陆军能力要求。2021 年，美国陆军未来司令部在“美国陆军多域作战 2028”概念的基础上，制定和发布了 8 本 2028 作战概念，涉及多域机动、旅战斗队跨域机动、情报、特种作战、防护、网络与电子战、指挥控制、火力等领域，进一步将多域作战概念细化到作战的各个环节。

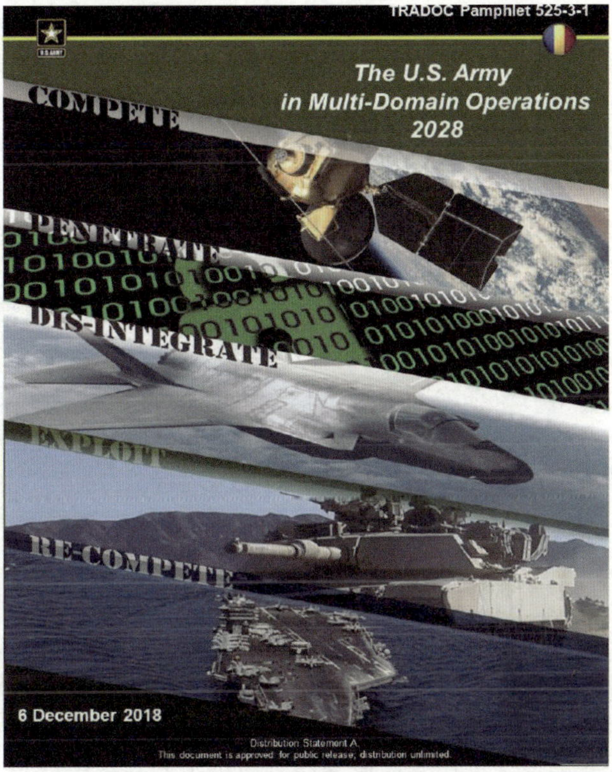

图 6－5　《美国陆军多域作战 2028》概念

美国陆军全面修订作战条令条例，将多域作战概念贯穿其中。2019 年 7 月 31 日，美国陆军 15 册（共 16 册）陆军条令出版物（ADP）开始生效，另一册于 2018 年 8 月 14 日生效。陆军条令出版物是美国陆军顶层条令，旨在阐述各种军事任务与作战行动基本核心概念和作战原则，阐述的核心概念与原则一般都经过实践检验。这次修订，美国陆军将“多域作战”概念融入顶层条令中，这一概念随后就会延伸到陆军的各个角落，渗透进各项流程，改变现有工作模式、作战样式。当前，美国陆军正处于现代化转型的关键时期，作战概念与条令的发展是其现代化建设的重要内容之一。条令是法规，是依据，也是指南，对顶层条令的这次大规模修订，一方面显示了美国陆军推进现代化改革的决心，另一方面也显示出他们迫切希望通过条令来推动组织、训练、作战、保障、领导等各个方面全方位提升，平衡发展。2020 年起，美国陆军根据新版陆军条令出版物修订野战手册（FM），发布了 FM 1－0《人力资源》、FM 3－04《陆军航空兵》、FM 3－12《网络与电子战》、FM 3－96《旅战斗队》、FM 7－0《训练》等新版野战手册。

美国陆军通过“会聚工程”验证未来作战概念、作战技术、作战样式。“会聚工程”是美国陆军运用工程化方式，会聚人工智能、自主系统等先进技术，会聚陆、海、空、天、网电等多域能力，面向未来高端战争，对新概念、新体系、新部队等进行的系列作战实验。2020 年，美国陆军举行了首次“会聚工程”作战实验，仅陆军参加，实验中杀伤链时间缩短至 20 秒内，成功实现对陆、海、空、天、网等领域能力的高效融合。2021 年举行的“会聚工程－2021”作战实验中，陆军多域特遣部队、第 82 空降师和空军、海军、海军陆战队约 7000 人参加，900 多名数据收集、分析人员全程参与实验。这次实验以俄罗斯等实力对等对手为假想敌，以印太地区第一、第二岛链为作战区域，构设未来高端战争 3 大阶段的 7 种典型作战场景。“会聚工程－2022”作战实验于 2022 年 10—11 月在加利福尼亚州彭德尔顿营和欧文堡开展，共测试了约 300 项新技术，重点推进联合和跨国军队的互操作性、协同作战能力，演习再次使用了人工智能系统，将海军“战斧”导弹、SM－6 导弹和陆军远程高超音速武器（LRHW）连接到了杀伤网中，一体化威慑、无人机协作、对俄威慑成为焦点。“会聚工程－2024”演习在 2024 年春季举行，重点吸取 2022 演习经验，在较长一段时间内检验相关成果，为美军与盟军之间更复杂的整合做准备，与以往战术层面演习不同，这次演习重点是开展战区层面联合全域作战演练，验证联合作战力量“杀伤网络”形成过程，强调全域范围内各种传感器与射手的无缝对接。

6.1.3 美国陆军注重科学技术发展管理创新

1. 管理体制

美国陆军科研管理体系改革是陆军发展作战能力，以及实现现代化的重要举措。2018 年 8 月，美国陆军未来司令部正式成立，并在之后的一年内不断地进行改革与调整，于 2019 年 7 月达到完全作战能力。未来司令部的设立标志着美国陆军正在加速现代化进程，并不断为多域作战等新概念建设提供强有力的支持。

美国陆军未来司令部总部设在得克萨斯州首府奥斯汀，该司令部融合了科技、研究、开发、概念、测试、工程、采购等领域人才，其目的是确保美国兵器科技的领先地位，塑造强大的地面部队。未来司令部由司令部总部机构、未来与概念司令部、作战能力发展司令部、跨职能小组组成，每个机构根据各自专业领域分别包含多个研究中心或者下一级司令部。目前，该司令部共有员工约 2.4 万人（包括现役和文职）。

其中，作战能力发展司令部原隶属美国陆军装备司令部，后于 2019 年 2 月转隶于陆军未来司令部。作为陆军科学、技术和工程现代化的首要组织，作战能力发展司令部主要负责推动陆军作战能力开发，下辖8个中心，分别为军备中心、航空与导弹中心、陆军研究实验室、C^5ISR（指挥、控制、通信、计算机、网络、情报、监视和侦察）中心、化学与生物中心、数据与分析中心、地面车辆系统中心、士兵中心。各个研究中心或实验室的核心职能分别为：军备中心负责陆军武器弹药研究、开发；航空与导弹中心负责为陆军提供全寿命周期的航空导弹研究、开发平台；陆军研究实验室负责发现、创新和转化科学技术，以确保陆军在战略上保持主导地位；C^5ISR中心负责提高士兵的信息能力，实现态势感知和理解，建立和保护通信；化学与生物中心负责生化防护研究与生化防护产品的全寿命周期开发；数据与分析中心负责对陆军实验数据进行客观的分析；地面车辆系统中心负责汇聚陆军工程制造人才，研发下一代战车，确保陆军的地面作战优势；士兵中心负责开发现代化士兵技术，提升其战备能力与杀伤力。

值得一提的是，未来司令部还通过设立跨职能小组推进关键装备技术发展。跨职能小组是陆军未来司令部下属的创新组织，美国国防部副部长麦肯锡将其描述为“由需求负责人+项目经理+执行者+测试者”组成的团队。目前陆军未来司令部下辖8个跨职能小组，主要负责陆军六大项目群的研发，即远程精确火力、下一代战车、陆军网络、一体化防空反导、未来垂直起降和士兵杀伤力项目群。

2. 运行机制

美国陆军未来司令部的成立，打破了之前陆军作战能力发展模式。未来司令部将未来作战能力的研发与生产过程集成至同一平台。从最初的概念开发到需求提出再到武器原型的生产以及相关的测试验证，作战能力开发的全过程将由同一机构统筹计划实施，大幅缩短了技术装备的开发周期。在装备技术采办方面，美国陆军赋予未来司令部较大的自主权，可通过直接合作的方式，简化加速采办流程，加快新技术的应用。相较于美军之前的机构分散、手续繁杂、官僚主义严重等现象，新的组织架构为推动美国陆军探索未来兵器科技发展起到重要作用。

1）矩阵式的任务编组

在运行机制方面，美国陆军未来司令部内部部门和团队的设置方式为任务导向，各部门在工作中相互配合，实现资源的交叉共享。一项技术从构想到方案实施再到生产落地，未来司令部职能部门人员将全程参与其中，与企业、高校、科研机构的研发人员一同推进技术研发。未来司令部在诸多企业和研究机构进行“孵化”试点，借助这些部门的研发创新能力，对重大项目进行研究，充分挖掘民用技术的巨大潜力，孵化出具有创新性的研发成果。

未来司令部运行模式中最大的亮点为矩阵式的任务编组，意在建立跨部门、跨领域的团队，打破官僚主义、部门间的桎梏，从而提高工作效率。其代表形式为跨职能小组。跨职能小组人员简练，成员均是来自军事需求、技术研发、装备采办领域的专家，与军工企业和科研机构紧密合作，围绕陆军现代化建设最迫切的问题，采用实验、原型开发、技术集成等方式快速形成解决方案。每个跨职能小组设置一名主任，由经验丰富的少将或准将担任，并定期向陆军部部长和陆军参谋长汇报工作并寻求支持。

未来司令部在技术研发方面提倡开展实验验证、技术演示和原型开发，以便尽早发现技术中存在的问题，让失败停留在开发初期。未来司令部改变了技术研发流程，力图让一线官兵尽早测试新技术与新装备并提供反馈，一方面培养一线官兵对新技术与新装备的信任度，另一方面可推动新技术与新装备的快速定型，加快研发流程。在此基础上，美国陆军采办部门向每个跨职能小组派遣了一名项目执行官，负责协调装备技术采办，压缩流程时间。

2）畅通的外部技术引入

为充分利用私营机构的创造能力，加快项目研发节奏，美国陆军未来司令部成立了陆军应用实验室。通常情况下，私营部门与军方的直接接触较少，且难以应对国防部烦冗复杂的采办流程。作为军队和私营机构的纽带，陆军应用实验室需要通过自身工作，将两者紧密结合在一起。利用军队内部熟悉体制与采办流程的资深人员，帮助私营部门解决上述问题，消除技术研发过程中的事务性障碍，更好地推进创新理念向现实技术转化。

3）开放校园倡议 2.0

开放校园倡议 2.0 是美国陆军研究实验室实施的计划，旨在建立一个科技生态环境，推动基础与应用领域技术研究。开放校园倡议 2.0 将构建一个独特的研究网络，囊括学术界、工业界、小企业和其他政府实验室。这些科技工作者将与陆军研究实验室的工作人员进行协作，确保美国陆军在未来关键领域的实力和竞争力。

在运行过程中，陆军研究实验室通过与外部机构签订合作研发协议与教育合作协议对其进行帮助。合作研发协议是指外部机构与陆军研究实验室（或其他部门）签订的一项简单的协议。陆军研究实验室（或其他部门）提供人员、设施、设备等资源，外部机构同样提供人员、资金、服务、设施、设备等资源，合作进行技术研发。教育合作协议是指陆军研究实验室实施的促进科学、技术、工程和数学方向的人才储备协议。通过该协议，陆军研究实验室鼓励在校学生从事科学、技术、工程和数学方向的研究，为未来陆军基础与应用领域研究奠定基础。

3. 创新举措

1）“2035 战争特性”虚拟研讨会

2020 年 11 月 16—20 日美国陆军未来司令部主办了“2035 战争特性”虚拟研讨会。会议邀请各个领域专家，就 2035 前后的安全形势以及新兴技术进行了在线研讨，目的是探索未来 15 ~ 30 年，新兴技术将如何改变陆军在未来的作战模式。

2）远征技术探索系列挑战赛

远征技术探索（xTech Search）是美国陆军负责采办、后勤与技术的助理部部长发起的一项挑战赛，旨在利用小企业的科技创新能力，推进美国陆军的现代化进程。远征技术探索为开放性挑战赛，首届办于 2018 年，每年举办两次常规项目，分别在春季和秋季接受申请白皮书，2020 年开始每年还举办一定数量的主题项目。

6.1.4 美国陆军持续高投入发展装备科技

美国国防部将研发试验与评估预算（以下简称“装备研发费”）中基础研究

(6.1)、应用研究(6.2)和先期技术开发(6.3)定义为国防科学技术(科技),与之对应的陆军基础研究、应用研究和先期技术开发则称为陆军科技。美国陆军科技的投资、研究和应用主要集中在兵器科学技术部分。从美国陆军预算来看,兵器科学技术是陆军科学技术中除医疗(或医学)和航空相关之外的内容,具体研究内容包括坦克装甲车辆技术、弹药技术、光电信息技术、士兵装备技术(包含部分兵力投送和士兵保障相关技术研究)、材料技术、军事工程技术、基础学科研究等,陆军研究实验室是美国陆军科学技术研究的主要军方机构。

自2016年以来,美国陆军装备研发费、陆军科技经费和兵器科学技术经费变化情况见图6-6。陆军装备研发费整体呈增长趋势,共投入约651.80亿美元;陆军科技经费2016—2019财年逐年增长,2020财年和2021财年有所降低,6年共投入经费约185.28亿美元;兵器科技经费(不考虑陆军科技经费中医疗、陆航相关的经费)趋势与陆军科技经费趋势保持一致,6年共投入经费约158.73亿美元,兵器科技经费在陆军装备研发中占25%左右。

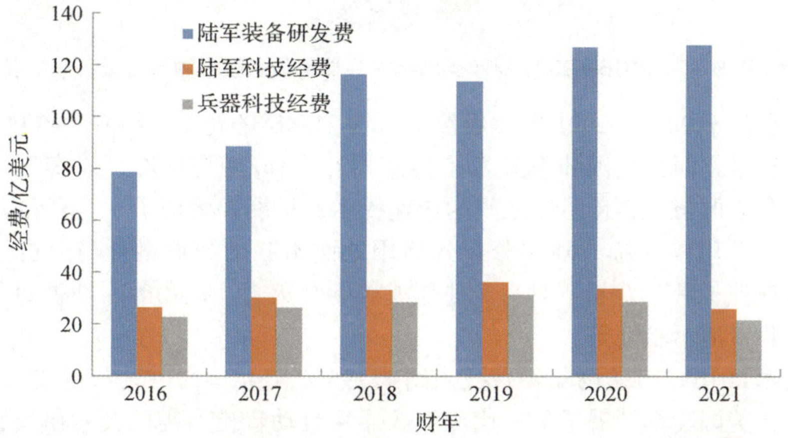

图6-6 2016—2021财年美国陆军装备研发经费、陆军科技经费、兵器科技经费变化情况

2016—2021财年美国陆军兵器科技各技术领域经费占比情况见图6-7。坦克装甲车辆技术2016—2021财年经费投入约19.41亿美元,约占兵器科技经费的12%左右。在坦克装甲车辆技术方面,美国陆军科技研究为下一代战车项目提供技术支持,其间开展了先进发动机、先进传动系统、先进热管理系统等先进推进组件的设计,如研究了混合动力、燃料电池和全电动动力系统,将混合动力、燃料电池等新型动力和能源系统应用于下一代战车;创建了首个基于机器学习的“学习-作战人员机器接口”技术并与之集成,以提高车组人员任务规划能力;等等。

弹箭技术2016—2021财年经费投入约15.65亿美元,约占兵器科技的10%左右。在弹箭技术方面,美国陆军开展了战斗部迭代设计,以及多用途弹药的新颖设计,其中包括可对付新兴威胁的聚能装药和多爆炸成形穿甲弹;设计和开发了增程炮弹(如XM1155)用的组件技术,实现了增程炮弹的射程增加、传感器和算法优化;完善并演示验证高超声速武器系统的新型子系统和部件,以应对对手的反介入/区域拒止能力;等等。

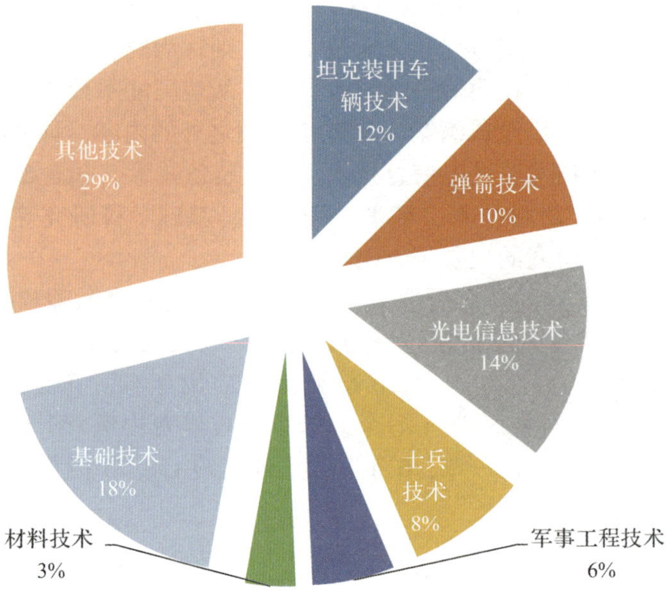

图 6-7　2016—2021 财年美国陆军兵器科技各技术领域经费占比情况

光电信息技术 2016—2021 财年经费投入约 21.48 亿美元，约占兵器科技的 14%。在光电信息技术方面，美国陆军开发了传感器互操作/融合标准，以实现可靠目标分类所需的联合成像与声学传感器之间的快速提示；扩展并验证了“电子战规划与管理工具”的接口，用以支持“陆军分布式通用地面站”的数据融合与分析，并在“电子战规划与管理工具”背景下对与其他作战功能（火力、机动等）协调进行的电子战行动进行实验室演示验证等。

士兵技术 2016—2021 财年经费投入约 12.95 亿美元，约占兵器科技的 8%。在士兵技术方面，美国陆军开展了下一代班组武器 - 自动步枪所需的技术研发，并在实验演习中演示验证了下一代班组轻武器技术；开展了防弹头盔系统的设计，在综合头戴系统中集成所需的多种保护和态势感知技术，以改善头盔的人体工程学、稳定性和载荷等。

美国陆军研究实验室作为美国地面力量相关科学技术的发现、创新和转化的重要实验室，主要开展基础研究和应用研究，以解决负责采办、后勤与技术的陆军助理部部长认定的长期存在的科技挑战，以及陆军参谋长提出的各大优先事项。近年来，陆军研究实验室确定了 9 项重点研究计划，分别为机动性应用的人工智能，主导地面作战的综合杀伤、防护与自主，多域作战电子战的基础性研究，远程分布式与协同作战，应对发展的威胁的士兵保护相关物理学，量子信息科学——定位导航与授时，下一代弹药增材制造科学，军事环境应用的转换合成生物学，多用途战术动力与推进。

这 9 大重点研究计划对美国陆军科技都具有重要的影响。例如，机动性应用的人工智能项目于 2020 年 7 月开发出联合理解与对话界面能力，使士兵和自主系统之间的双向对话交互成为可能，该新型对话能力可使士兵能够在战术行动中与机器人执行联合任务。该项目使下一代战车能无缝地与士兵编队，减少士兵的认知负担，并为指挥官提供新选择；配备人工智能“自主机动性和威胁识别”的自主机动是实现陆军战略的重要组成部分，其使下一代战车能在多域作战环境中与实力对等对手作战并获得胜利。再如，下一代弹药增材制造科学项目，到 2020 年 2 月已实现部分弹药组件的 3D 打印，并验证其弹药性能的提高。陆军研究实验室已开发出含能聚合物以及金属（包括高强度钢）的 3D 打印技术，并率先演示了三维结构电路制造技术，这些技术将彻底变革弹药的引信和传感技术，同时还可以减轻质量并节省空间，提高下一代弹药的高过载生存力，有助于士兵在极端环境和未来战场上完成任务。

6.2　俄罗斯

6.2.1　俄罗斯注重陆军装备与技术发展布局

为适应新的战争形态，俄罗斯非常注重长远规划，通过持续滚动的《国家武器装备计划》为国防科技发展创新提供顶层指导，围绕关键领域发展进行长远布局，推进武器装备升级换代。

《2011—2020 年国家武器装备计划》已于 2020 年完成，是俄罗斯有史以来完成率最高的武器装备计划。在该计划指导下，俄罗斯通过强力推进国防工业建设和装备现代化发展，实施大规模的武器装备升级换装。在陆军武器装备方面，俄罗斯研制部署“阿玛塔”第四代主战坦克（图 6－8）以及“库尔干人”－25 步兵战车、“回旋镖”装甲运输车等新型装甲车；升级改进 T－72、T－80、T－90 等系列第二代、第三代坦克；通过更换大功率发动机、自动变速箱、爆炸反应装甲等提高性能，使俄罗斯陆军具备世界一流的大规模装甲突击作战能力。

图 6－8　俄罗斯 T－14 “阿玛塔” 坦克

2018 年 2 月，俄罗斯总统普京签署《2018—2027 年国家武器装备计划》。该计划确定了未来 10 年俄罗斯军事装备升级和更新计划，与之前计划相比，该计划的最大特点是很多即将量产的军事装备都经过了叙利亚战场的实战检验，比如参与叙利亚战争推动了俄军无人机、精确制导弹药、新型机载导弹等先进武器的研制和列装，先进数据处理和高速传输技术得到广泛应用，还有 200 多种军事装备通过了在北极地区极寒气候条件的检验。这些战争经验积累和后续成果应用大大加速了俄军武器装备现代化。为确保俄罗斯军队符合现代战争的现实需求，《2018—2027 年国家武器装备计划》确定完成“阿玛塔”项目（购买了 132 辆车），“库尔干人”步兵战车和“回旋镖”装甲车，这些项目应取代现有的步兵战车。

2021 年，俄罗斯着手制定《2024—2033 年国家武器装备计划》，预计 2024 年开始实施。该计划指出，将优先发展精确打击武器、机器人系统和基于新物理原理武器等领域。武器系统发展将侧重创建新型武器，包括非传统类型的武器、基于人工智能控制的武器系统等。

此外，俄罗斯还发布了《2025 年前基础性与关键性军事技术清单》《2025 年前保障国防安全而进行的基础性、前瞻性、探索性研究的优先方向清单》《2030 年前军事技术与武器装备主要发展方向》等规划，明确了俄军前沿技术与武器研发重点。俄罗斯从国家层面明确军事技术创新的 11 个重点方向、56 个子方向及 700 多项基础性研究方向，其中包括人工智能、高精度打击武器、新材料等，在精确打击领域，重点强调提升高超音速、激光、微波、动能和粒子束毁伤等武器的技术性能。

在西方军队大力推进高新技术发展的背景下，俄罗斯在该领域的探索已上升至“国家层面”。俄罗斯总统普京连续两年主持召开专题会议研究军事技术创新问题，并表示“以人工智能、微电子、生物工程等为代表的新技术正在改变未来战争的形态”。

在组织管理创新机制方面，俄罗斯建立了不同管理部门下属科研机构之间的合作机制，以加强联邦科研机构管理局下属机构、高等院校、国防科研机构的有效合作，促使基础性和探索性研究与装备发展相结合。此外，国防部还成立了科研事务与前沿技术跟踪管理总局，专门负责跟踪、引导、协调创新事务。

俄罗斯近年来积极打造先期研究基金会、“时代”军事创新科技园等富有国情特色的国防科技创新管理机构和平台，创新军方与政府、科研机构、高校及工业企业协作模式。近几年，俄罗斯持续推进相关机构和平台建设，扩大规模，优化管理，深化协作。

先期研究基金会是俄罗斯国家层面于 2012 年设立的类似美国国防高级研究计划局（DARPA）的国防基础和前沿技术研发管理协调机构，以项目合作形式组织协调军地各部门、机构和企业开展高风险、高回报、突破性研究工作并负责促进成果转化应用。先期研究基金会为国家基金，旨在促进保障俄罗斯国防工业发展和国家安全的科学研究与开发研制。这些研究是基于军事技术、工艺制造和社会经济领域新成就所面临的高风险项目，包括俄罗斯武装力量现代化改造、开发和研制创新性技术、生产高技术的军事、专项及两用产品。截至 2020 年 8 月，基金会审议的创新想法和项目申请累计超过 3500 项，批准实施 105 项，完成 80 多项，在深海潜航器、作战机器人等方面取得重要成果。2020 年，基金会着眼提升项目质量规模、需求匹配度和成果转化速度，主动将年度项目总数削减近半（保持 25 ~ 30 个），增加大型项目数量，加强项目过程跟踪和可行性评估，选出 9 个重点项目与国防部实施联合跟踪，并叫停 4 个难以实现预期结果的项目。

“时代”军事创新科技园是俄罗斯国防部近两年创新摸索并重点打造的拥有现代

化科研生产生活设施、汇聚军地一流国防科研技术人才、面向国防创新概念探索与先进军事技术开发应用、旨在快速形成先进武器装备样机的产学研一体化国防创新平台。

科技园紧密切合军方需求，避免出现先期研究基金会与国防部联系紧密度不高的问题，面向全社会选拔科研项目和研发力量，俄罗斯科学院、军工科研单位、高等院校、社会创新型企业等均可提交合作申请。科技园为进驻单位提供先进的实验和生产设施，保障项目顺利开展。例如库尔恰托夫研究所在“时代”科技园设立仿生机器人技术实验室，从事机器人系统、纳米、生物、信息，以及航空与汽车可再生燃料技术研发。俄罗斯技术公司、“星座”无线电电子设备公司等机构首批入驻科技园。

根据科技园运行条例规定，强调研究活动覆盖技术研究至样机开发全过程。与先期研究基金会相比，科技园更注重技术向样机转化、工艺在生产中的应用。科技园将各方研发力量集于一处，实施统筹管理，有利于形成资源高效调度、研发力量专业互补的研发模式，有望加速俄罗斯战略前沿技术应用转化、提升新型武器装备研制效率。

自 2018 年成立以来，“时代”军事创新科技园持续扩大设施、人员、研究领域和合作机构规模，优化运行管理。2020 年，科技园新部署 6 个实验室和超 600 种实验设备，建成库里宾“迷你”生产厂；新增端到端数字技术、智能雷达与精确制导武器系统等研究领域（累计达 16 个领域）；与 30 所高校新签署联合研发合作协议；为 5 个科技连补充 100 多名优秀高校毕业生，2021 年再增 3 个科技连；成立科技园科学协调委员会；推出介绍科技园科研成果的内部刊物；编制完成科技园专项联邦法草案；启动科技园发展专项基金创建工作。

此外，俄罗斯国防部与联邦科学院建立了常态化联合研发机制，围绕人工智能、量子通信、新材料、生物工程等前沿技术密切合作。例如，在莫斯科工程物理学院等 60 多所地方高校设立军事教研室，在部分地方高校开设军事系并发放专项补贴；设立“创新俱乐部”，组织开展前沿技术专项竞赛，通过邀请军事科研部门、军工企业、地方高校同台竞技，推动人工智能等领域先进技术的发展创新。俄罗斯国防部设有“开放之窗”平台，鼓励地方高校、科研机构、研究团体及个人，向军工集团有偿提交前沿项目创新方案。

6.2.2　俄罗斯陆军持续推进装备现代化建设

近 10 年来，俄罗斯一直致力于装备现代化发展，在俄罗斯《2010—2020 年国家武器装备计划》的框架下，到 2020 年底，俄罗斯常规装备现代化率达到 70.1%，战略核力量达到 86%。2020 年是俄罗斯装备现代化发展的里程碑之年，实现了俄罗斯军队 70% 的现代化目标。当前，俄罗斯正根据《2018—2027 年国家武器装备计划》继续推进装备建设。

在能力建设方面，在《2010—2020 年国家武器装备计划》推动下，相比 2012 年，俄罗斯陆军的火力毁伤能力提高了 50%，现代化武器装备比重提高了 3 倍，武器装备寿命提高了 35%，俄罗斯陆军部队机动能力提高了 50%。其中，摩托化步兵列装了 1500 余辆装甲坦克，现代化比重提高了 7 倍；坦克部队列装了 1000 余辆装甲坦克，现代化比重提高了 2 倍；导弹炮兵列装了 1500 余件装备，现代化装备比重提高了 50%；陆军防空兵列装了 900 余件装备，现代化装备比重提高了 13 倍。

在装备技术发展方面，近年来俄罗斯陆军坦克装甲车辆、防空反导装备、无人装备等兵器科技发展方面取得重要进展。在主战坦克方面，发展了现代化的 T-90M 主战坦克、T-80BVM 主战坦克、T-72B3M 主战坦克，配备了“别列若克”新型炮塔的 BMP-2M 步兵战车、BMP-3M 步兵战车、BTR-82AM 装甲车、新型 T-14“阿玛塔”主战坦克、“库尔干人”-25 步兵战车、“回旋镖”装甲车和“北极骑士”步兵战车；在火炮和防空系统方面，发展了“联盟”-SV 自行榴弹炮，“狂风”G/S 和“飓风”-1M 多管火箭炮，“伊斯坎德尔”-M 战术导弹系统，“菊花”-S 和“短号”-D1 反坦克导弹系统，S-300 V4、“山毛榉”-M3、“道尔”-M2 防空导弹系统及用于北极地区的“道尔”-M2DT 防空导弹系统，俄罗斯首套 S-500 防空系统已完成部署，且正在研发 S-550 战略导弹防御系统；在无人系统方面，发展了“天王星”-9 无人战车部队，包括“天王星”-9 无人战车（图 6-9）和“天王星”-6 扫雷无人车等，并将积极发展侦察无人机、致盲无人机，以及多层反无人机系统；在弹箭和制导武器方面，开发了“产品 305”轻型多用途导弹、“伊兹德利耶”-305E 新型空地导弹、“产品-506”新型巡航导弹、S-8L 可校正航空弹药、Kh-59MKM 空地导弹、“产品 85”系列空对地精确导弹等。

图 6-9 俄罗斯“天王星”-9 无人战车

6.3 主要欧洲国家

6.3.1 欧洲主要国家重视陆军装备发展管理模式

从总体上看，欧洲陆军装备的能力及水平与美国和俄罗斯存在一定的差距，但在部分技术领域，欧洲处于世界先进水平。欧洲主要国家陆军装备研发组织与管理各有特点，英国和法国的政府和企业科研机构是主要的陆军装备研发力量。德国的陆军装备科研主要由政府科研机构、民间科研机构和大型军工企业的科研机构共同承担，其中民间科研机构和企业下属的科研机构是德国兵器科研的主要力量。另外，各国的陆军装备研发实力也各有差异，英国在坦克车辆、火炮武器系统，以及战斗部研发方面具有世界领先水平；法国在坦克车辆、光电领域有较强的优势；德国在坦克车辆、弹药领域的研发和生产实力较强。

英国的陆军装备研发力量主要由英国国防部下属的国防科学技术研究院、企业科研机构和大学科研机构组成。其中国防科学技术研究院既负责陆军装备科研项目管理，又从事部分基础技术研发。在英国的军工企业中，BAE 系统公司在轮式与履带式战车，大口径榴弹炮、电磁炮、舰炮等火炮武器系统，以及战斗部研发方面具有世界领先水平；奎耐蒂克公司主要从事与武器装备发展有关的基础研究和应用研究。英国高校中陆军装备相关技术研发实力较强的是克兰菲尔德大学。法国陆军装备研发能力与水平均居世界前列，从事陆军装备研究工作的机构有 60 多个，分别隶属法国国防部武器装备总署、军工企业和大学。这些科研机构主要分为三类：第一类是基础研究和应用研究机构，有 10 多家；第二类是技术研究和设计机构，有 40 多家；第三类是试验机构，主要有 3 家。法国陆军装备的科研生产经费主要来自法国陆军预算和企业自筹资金。德国政府科研机构主要包括两个研究院和 4 个技术中心，以及法德两国国防部共同管理的法德圣路易研究所，主要从事陆军装备基础研究、应用研究和相关技术的试验评估。此外，夫朗和费国防安全联盟下属的夫朗和费化工技术研究院等民间科研机构在德国的陆军装备科研中也发挥了重要作用，主要从事基础应用研究，是国防科研的骨干力量。国防部对这类科研机构的管理主要包括提供基本资助、确定科研机构的总目标和任务、在科研院所的监督机构中派驻代表及对研究成果进行检查和鉴定。德国参与陆军装备相关技术研发的高校也很多，主要包括慕尼黑大学和汉诺威大学，这两所大学主要从事火炸药相关技术研究。

在创新机制方面，欧洲主要国家通过欧洲防务基金、能力发展计划以及武器装备联合研制等举措进一步促进陆军装备科技创新与武器装备发展。

一是利用欧洲防务基金大力推动科技创新。欧盟委员会提出在 2021—2027 年为欧洲防务基金投资 130 亿欧元，用于技术研究和能力开发，该基金的使用原则包括：①资助的项目有助于加强欧盟安全，符合成员国在共同安全和防务政策以及其他框架内商定的优先事项；②申请投资的合作项目必须由 3 个成员国的至少 3 名人员参加；③仅为合作样机开发工作出资，且成员国承诺购买最终产品；④激励中小企业参与跨国合作，为其提供更高的融资利率；⑤将资金的 5% 投资于颠覆性技术和创新装备的发展。此外，作为欧洲防务基金“能力窗口”的初步计划，“欧洲国防工业发展计划”取得重要进展，2018 年，欧盟理事会同意在 2019 年和 2020 年为该计划拨款 5 亿欧元，资助联合开发防务技术和装备，未来可能覆盖大型武器系统的泛欧合作，如作战坦克、飞机、海军舰船等。

二是积极开展武器装备联合研制。欧洲一些重要军工企业除利用基础设施与技术改造来提升弹药生产能力外，还十分注重通过国内外企业之间的强强联合来提升陆军装备的研制生产能力。比如，欧洲拥有众多在某一弹药领域世界领先的企业，但当今弹药系统越来越复杂，对技术的要求越来越高，单一企业研发和生产弹药全系统难免出现短板。因此，为打造更加完善的产品，提高其在国际上的竞争力，欧洲弹药企业非常注重与欧洲本地或其他国家的技术先进企业组建合资企业，共同推进弹药产品的研制工作。例如，2016 年，德国莱茵金属公司和美国 D&Z 公司以各占 50% 的股份的方式联合成立了一家合资企业，旨在为美国设计、研发和制造先进的中口径弹药。又如，德国迪尔公司与美国雷声公司组建了迪尔－雷声导弹系统公司，主要负责对 AIM－9L/M“响尾蛇”空空导弹进行现代化改进，为全球客户提供该导弹的后勤及全寿命周期保障服务。此外，MBDA（德国）公司与美国洛克希德·马丁公司保持着长期的业务合作关系，2018 年，两家公司共同成立了一家合资企业，为德国军方开发新一代一体化防空反导系统。

6.3.2 欧洲主要国家注重顶层规划陆军装备技术发展

近年来，英国、法国等欧洲主要国家发布战略规划、概念条令等，规划陆军装备技术发展，提升地面部队作战能力。

1. 英国

英国国防部近年来发布了《国防科技框架》《2020 年科技战略》等战略，推动国防现代化和军事能力变革。英国国防部 2019 年 9 月发布的《国防科技框架》指出重点关注先进材料、人工智能、自主系统与机器人、传感器等 7 大技术领域，这些技术在陆军装备技术方面的应用包括地面车辆等新型平台与系统、现代化的后勤与保障、精确制导与“智能”弹药等下一代武器系统、指挥控制与通信系统、人效增强系统等。2020 年 10 月，英国国防部发布了《2020 年科技战略》，提出要合理预判未来作战环境和科技发展态势，作出正确的国防研发决策，抓住科技发展带来的机会，加强战略实施与监督，利用新兴技术提高英国未来军事能力，在与对手的竞争中占据优势。2021 年 3 月，英国国防部发布了《竞争中的国防》报告，指出将增加对陆军的投资，在原计划 200 多亿英镑投资的基础上，再增加 30 亿英镑用于新装备研制。其中，远程火炮方面计划在 10 年内投资超过 2.5 亿英镑用于制导型多管火箭发射系统，投资超过 8 亿英镑用于自动移动火力平台；陆基防空系统方面计划建成一个生存性好和数字连接的平台系统等。

作战概念方面，英国陆军将“概念部队（地面）2035”视为适应未来 10 年甚至更长时期作战的概念。“概念部队（地面）2035”简称 CF（L）35，是英军“敏捷战士”项目历时 7 年的实验成果，旨在应对联盟内“大规模不可控作战”威胁，虽然还未得到英国陆军委员会执行委员会认可，但作为“未来部队”已广泛用于系列推演。“概念部队（地面）2035”部队结构包括未来战斗队、旅战斗队和作战师。

2. 法国

2020 年 5 月，法国陆军发布了《2030 作战优势》文件，该文件是法国陆军面向未来 10 年的战略愿景，要求陆军“通过综合运用网络电磁、信息等非物质领域力量和行动来保持全谱作战优势”。该文件的核心内容包括 1 个总目标、2 层具体部署、4 个战略目标、5 个框架和 12 个重大项目。其中，总目标是打造一支实力雄厚的“强悍陆军”（图 6－10）；4 个战略目标是人员、能力、训练，以及简化工作流程和手续，其中能力部分要为团配备主要装备，根据不同作战部队的特殊性（如山地部队、装甲部队、伞兵部队等）进行灵活使用和部署，并重点开发武器系统和指挥系统之间互操作能力。

图 6－10 法国《作战优势 2030》中的“强悍陆军”

在作战概念方面，随着“蝎子”现代化计划中装备的交付，法国陆军要在战术和条令上进行更新，2018 年、2019 年法国陆军组建实验室和实验部队，探索和验证了“蝎子”诸兵种战斗群编制和作战模式。法国陆军成立了“蝎子”作战实验室，通过仿真来支持条令实验。同时还设立“蝎子”作战实验部队，负责为陆军转型提供支持，实施相关技术活动，并开展战场战术演习，评估“蝎子”诸兵种战术群的作战效能。该实验部队还为 2020 年“蝎子”诸兵种作战训练与 2021 年的诸兵种战术群预部署训练提供支持，使陆军部队能够适应“蝎子”装备的全新作战方式。

2020 年 12 月，法国陆军组织一个诸兵种战术群开展了代号“蝎子 X”的演习，这是法国陆军首次现场部署满编齐装的诸兵种战术群，验证了适于新型协同作战的大纲和条令，同时演习验证了法国陆军未来的编制结构。“蝎子 X”演习中，两个作战连已装备了“狮鹫”装甲车（图 6－11），并配用“蝎子”作战信息系统分发命令和交换数据。因为实现了即时信息共享，士兵普遍认为“蝎子”使部队作战更加流畅和快捷。

图6－11　法国“狮鹫”首次通过浮桥演练

6.4　其他国家

6.4.1　日本

2016年，日本防卫省发布了《防卫技术战略》，这是日本二战后首次发布的军事技术发展顶层战略文件，同时还发布了相配套的《中长期技术规划》，明确了未来20年日本军事技术发展方向。《中长期技术规划》中，日本陆上自卫队需提升的军事能力包括警戒监视、情报共享、大规模投送、指挥控制、弹道导弹防御、反特种部队、网络攻防、应对自然灾害和参与国际维和行动。围绕这些能力，确定了未来20年陆上自卫队需重点发展的军事技术领域，即地面无人系统、单兵装备、核生化爆防护、军事医学、精确打击、未来车辆、垂直起降飞机、情报感知、指挥通信、系统集成、后勤支援。2018年12月，日本通过了最新版《防卫计划大纲》及《2019—2023年度中期防卫力量整备计划》。《防卫计划大纲》主要对国防建设基本方针与自卫队体制改革进行战略性规划，《2019—2023年度中期防卫力量整备计划》主要对未来5年自卫队力量建设进行了具体规划。

近年来，日本陆上自卫队接收了多款新型装备。日本陆上自卫队现役主战坦克除了90式主战坦克、74式主战坦克，还装备有最新型的第四代10式主战坦克（图6－12）。10式主战坦克研发于2002年，2010年开始批量生产，目前已经交付日本陆上自卫队共计76辆。此外，日本陆上自卫队还从美国采购了5架Block C型MV－22B“鱼鹰”倾转旋翼机，并于2020年开始陆续接收。日本陆上自卫队除了装备有“全球鹰”RQ－4无人侦察机、“死神”MQ－9无人攻击机等，还装备有美国最新型的“守护者”MQ－9无人侦察机。该型无人机由美国研制，属于MQ－9系列，具备高空侦察能力。2020年美国在日本进行测试完成后，有一部分装备了日本陆上自卫队，用于高空和海洋侦察。防空装备中，03 式中程防空导弹（SAM－4）（图 6－13）升级版于 2017 年交付日本陆上自卫队。

图 6－12　日本 10 式主战坦克

图 6－13　日本 03 式中程防空导弹（SAM－4）

6.4.2　印度

印度没有颁布过成文的国家总体战略、国家安全战略和国家军事战略。通过印度领导人的公开言论、官方发布的中长期国防计划和军种发展战略等文件，并综合其他信息，可以看到：印度的国家总体战略是成为“有声有色”的世界大国；印度的国家安全战略在 21 世纪初从追求军事安全转变为追求全方位、多层次的综合安全；印度现阶段国家军事战略的核心是提升核威慑的战略地位，打造常规军力优势，实施主动出击、先发制人的攻势作战。印度总体陆军装备技术水平一般，弹药、夜视和新一代含能材料技术水平较为先进。

在坦克装甲车辆方面，印度研制的“阿琼”主战坦克不仅经历了研制周期拖期、研制经费一再追加，而且还遭遇诸多技术难题，经多年研制后仍因技术水平有限未达到印军的预期。该项目原计划所有零备件由印度本土研制，但后来受技术水平的限制，发动机、传动装置、火控系统、履带、热瞄具和夜用瞄具等重要组件不得不从国外引进，这使“阿琼”主战坦克成本远高于性能更好的 T-90S 坦克。“阿琼”主战坦克虽是自己研制的，但其发动机、传动系统和行走机构等都是从国外引进的。T-90S 主战坦克部分已在本土生产组装，但需从法国泰勒斯公司进口配套的“凯瑟琳”热成像仪。

在火炮方面，包括牵引式和自行火炮、多管火箭炮以及迫击炮，口径覆盖 75mm、76mm、81mm、105mm、120mm、122mm、130mm、152mm、155mm、160mm，214mm、300mm，射程可从几千米到 90km，除“旋风”火箭炮采用了改进型制导火箭弹外，其他火炮均未配装制导炮弹。另外，牵引炮占火炮绝大多数，比例达到 95% 以上，这与印度地形复杂、自行火炮难于机动展开等客观因素相关。

在士兵装备方面，印度自行研制的“英萨斯”5.56mm 突击步枪和轻机枪组成的枪族系列结构设计合理、操作使用简单，突击步枪和机枪之间有 80% 的零部件可互换。

在侦察探测和指控系统方面，印度陆军装备“搜索者”中空和“苍鹭”高空长航时无人机、AN/TPQ-37“火力发现者”雷达系统、EL/M-2140 战场监视雷达、BRDM-2 装甲侦察车、OB-44 微光夜视镜和 LW1200 微光观察镜等几乎均为国外引进；自研战区和战术 3 级 C^3I 系统、战场通信与信息系统等。目前，陆军从总部、军区和军、师、旅一级部队能实现信息共享。

印度国防研发组织开展的“未来敏捷战车”和“未来步兵战车”项目因技术原因长期拖延。前者计划研制新型主战坦克，用于替换印度陆军的 T-72M1 主战坦克；印度曾计划为新型主战坦克提供 120mm 坦克炮，但现在要装备 125mm 坦克炮、第三代反坦克制导武器和 1 挺高射机枪；采用无人炮塔，炮塔下方的 3 名乘员采用悬浮座椅，旨在更好地抵御地雷或简易爆炸装置爆炸产生的冲击波；坦克动力将采用印度国防研发组织开发的“巴拉特”动力传动系统，该装置能在 5000m 海拔高度以及 -20℃ 的低温下工作，以适应印度陆军需要面对的山地环境。“未来步兵战车”可能以履带式为主、轮式为辅，以替换印度陆军老化的 BMP-1 和 BMP-2 步兵战车；战车质量 20~22 吨，有 3 名乘员，可搭载 7 名步兵，装有射程 4~5km 的反坦克导弹和 40mm 榴弹发射器，还将配备射程 2km 的发射装置（有可能是自动炮）和 7.62mm 并列机枪；还需具备防地雷、反简易爆炸装置和防核生化威胁的能力，将伤亡降至最低。

印度拉森特博洛公司与法国奈克斯特系统公司成立全资子公司——奈克斯特（印度）公司合作研发“图拉真”牵引榴弹炮，同时还与韩国三星特克温公司签订技术转让协议实现 K9“雷电”自行榴弹炮的本土生产等，这些都表明随着先进火炮技术逐渐实现“本土化”，印度军工企业生产先进火炮的能力将达到新的高度。虽然 M777A2 牵引榴弹炮和 K9“金刚”-T 自行榴弹炮都将在本土生产、组装、集成和测试，但只会成立部分零部件生产厂或组装厂，关键部件仍需进口。

印度正在自主研发“纳格”车载反坦克导弹及“海林娜”直升机载反坦克导弹，计划采购单兵便携式反坦克导弹替代现役“米兰”2，将采用红外成像制导技术；在研的 SAM-SR 导弹射程达到了 20km，性能水平接近中程防空导弹；正在自主研发射程约 150km 的“普拉哈尔”地地战术导弹，填补了“皮纳卡”火箭炮及“大地”2

地地战术导弹之间的火力空白；正在研制的“普拉加迪”地地战术导弹，射程比“普拉哈尔”略远，重点提升了战术及战略机动能力并采用垂直发射技术。为进一步提升其导弹武器装备的技术性能，印度在继续重视对外技术引进的同时，不断加大国内自主研发力度。

印度陆军“未来步兵系统”将按照西方士兵现代化项目发展模式，强调 C^4I2（指挥、控制、通信、计算机、信息与情报）技术，目标是将士兵打造成“具有自主能力的作战机器”，且使士兵作战负荷减少 50%。该系统计划装备所有步兵营，届时士兵将装备大量升级后的单兵武器、先进的单兵装具、更好的夜视设备和传感器组件等。全套装备将能提高部队的杀伤力、机动性、生存力、持久作战能力、态势感知能力以及战场控制能力等。

印度近年来积极开展多项无人机研发项目，涉及近程、中程、微型、战术无人机等，研发重点主要集中在便于携带的微小型无人机。正在研制的新式微小型无人机主要包括战术电子侦察无人机、TERP-S 无人机、“碳”无人机、“内特拉”无人机等。其中，战术电子侦察无人机翼展 1.824m，升限超过 5181m，可手持发射或弹射，非常适合印度的山地环境，完整系统能够由 2 人背负；TERP-S 无人机翼展 1.83m，最大速度 139km/h，巡飞速度 55.6 km/h，升限 4572m，续航时间 1h，作战半径 10km，用背包携带；微型“碳”无人机采用碳纤维复合材料制造，质量 1.5kg，航程 1km，可垂直起降，可用于反恐/防暴作战、抢险救灾和航拍等；“内特拉”无人机质量 1.5kg，有效载荷 300g，飞行距离 1.5km，升限超过 100m，一次充电可飞行 30min，其快速部署能力和垂直起降能力使其可在封锁区域执行反恐防暴行动。

6.4.3 以色列

几十年来，以色列一直坚持既强调军事技术优势，又强调军事技术自给自足的国防战略。在发展先进军事能力的同时，尽可能提高效率和成本效益。虽然国家规模较小，但以色列拥有来自私营部门的国防创新基础。作为“初创国家”，以色列能够迅速高效地将独特能力转化为军事力量，向美国、英国等国出口创新国防产品，如“战利品”装甲车主动防御系统等。以色列利用有限资源实现了最大限度的国防科技创新，取得了令人瞩目的成绩。

2015 年以来，以色列先后提出了“基甸”计划和“动量”计划。2015 年，以色列提出“基甸”5 年计划（2016—2020 年），根据该计划，以色列国防军专注于 12 个关键领域，包括网络、情报、地面机动、网络中心战、空中优势、防空、多维打击、深度突袭（远程特种作战）、边境安全、海防、后勤以及所谓的战争间战争。“基甸”计划的设想是将以色列国防军打造成一支能产生高质量、平衡和多功能能力，有效应对未来威胁和对手的军队。为应对新的军事安全挑战，以色列国防部部长于 2020 年 2 月 13 日正式宣布国防军实行“动量”军事改革计划。该计划接替“基甸”计划，旨在重新调整国家军事重点，利用国防军在空中力量、情报和技术等方面的优势，提升其灵活性、智能性和致命性，确保其能够在未来多线一体化战场中快速击败对手，并将成为以色列国防军今后 5 年规划和发展的总体指南。

"动量"计划提出增设并调整多个重要国防职能机构，其中包括改革总参谋部计划部，强化军事与国防科技工业的联系。国防军总参谋部计划部更名为部队设计部，旨在加强政府与军事和国防工业之间的联系，主要负责监督新国防技术的发展。

"动量"计划的终极目标是通过数年改革与调整，帮助以色列国防军拥有多线作战能力，同时推动最新技术在军事上的广泛应用，以最大限度发挥战斗力，集中优势兵力打击敌方体系，缩短冲突持续时间，提升作战效率。

为提高作战能力，以色列国防军大力发展高技术含量的武器装备和弹药。无人机系统、精确打击弹药等将使以军拥有灵敏的反应速度、强大的机动能力以及压倒性的火力优势。在陆军装备方面，以色列将大力发展反坦克导弹和精确制导弹药，这些精确制导弹药附带损害小，是有效摧毁敌方武器库的关键要素。此外，以色列还将利用人工智能与数字网络技术，把国防军各作战单位紧密联合在一起，新技术将让以军充分发挥火力与机动力优势，掌握战场主动权。

概念条令方面，以色列所有创新技术都是由工业界开发的。国防研究与发展局负责投入资金，支持创新军事技术从基础研究到作战演示整个过程的开发工作。在演示验证环节，创新技术的原型交由军事部门进行实战评估。演示验证阶段的反馈意见很有价值，既有助于对技术进行微调以满足军事需要，也有助于为新技术提供军事支持。

为提高作战效率，以色列努力加快颠覆性技术从发明创造转化为作战应用的速度。国防研究与发展局将作战演示验证作为军事创新的一个关键环节。作战演示验证作为研发的一部分进行，有快速行动的自由和承担风险的能力。创新技术适用的军事部门在演示验证的早期就参与其中，以色列国防研究与发展局每年进行几十次作战演示验证。

以色列基于作战需求视角，率先运用"多域作战"概念于加沙战场，将多域作战力量"幽灵"部队作为主要作战力量。以军认为，多域联合作战是未来战争发展的必然趋势，对于以地面作战为主的以色列而言，通过整合陆上、空中、网络空间、电磁频谱和海上精锐力量，迅速识别、追踪和摧毁敌方目标，能够进一步提高以军的杀伤力。这一理念与美国陆军提出的"多域作战"概念一脉相承。在这一理念的指导下，以军组建了"幽灵"部队，并率先在加沙战场上进行了实战检验。在 2021 年 5 月的巴以冲突中，以色列在对哈马斯的代号为"城墙卫士"行动中首次运用"幽灵"战斗营实施了多域作战，被称为世界上第一场"人工智能战争"。以军在这场战争中主要依靠机器学习和数据收集，人工智能首次成为作战的关键组成部分和力量倍增器。在对哈马斯地道网的清除行动中，以军通过大数据融合技术进行预先识别和瞄准，而后出动战机 160 架次进行精确打击，极大破坏了哈马斯的地道网，实现以空制地；在对哈马斯火箭发射装置的打击中，以军战斗机飞行员、地面情报部队和海军部队之间使用指挥和控制系统，快速发现目标并进行即时精确打击，迅速塑造有利战局。

"幽灵"部队在作战编成、武器配置和作战方式等方面与传统部队迥然不同。该部队编制暂属以色列第 98 伞兵师，包括旅侦察营、伞兵旅的地面部队、装甲旅、工程兵、特种部队、F-16 中队和"阿帕奇"直升机，以及"苍鹭"无人机等多域作战力量，通过使用多域传感器和精确打击武器，实现跨域机动与打击，“在极短时间内改变战场局势”。该部队成立于2019年7月，虽然是一支地面部队，但它集成了空中打击、网络侦防、精确火力、电子对抗、情报互联以及海上突击等多域作战力量，是具备师旅级作战能力的营级作战单元。该部队组建以后，不断通过演习提升多域融合和跨域打击能力，并在新开发的人工智能技术平台的支撑下迅速发挥两大功能。

复杂的地缘政治、严酷的战争环境，使以色列国防科技发展选择独特的创新管理模式与发展道路。自建国以来，以色列一直致力于科学和工程领域的技术研发，其国防科技产业在诸多优势领域中尤为突出。以色列国防科技管理发展主要通过完善以产业需求为导向的创新政策体系、建立多层次推进产学研合作的科技计划体系，建立有效的技术孵化机制和良好的风险投资融资环境等举措，加强产学研一体化建设，并借助从事创新的非营利机构及风险投资机构的力量，形成了具有国际一流创新能力的国家创新体系。以色列国防创新体系非常重视建立军方与国防研究与发展局之间及商业部门之间的合作联系，致使其作战需求与技术研发能很好地匹配，加之快速灵活的合同程序，极大地推动了原型采办和演示验证工作。

以色列的装备研制、生产以及维护等工作是在国防部统一领导下完成的。其中，国防研究与发展局主要任务是：推动先进科学技术研究的基础设施建设，促进作战装备及其附属装备的研制与生产；负责武器装备的先期开发与研究，为未来作战装备及附属装备的研发奠定技术基础；对以色列的国防研究与发展工作进行授权、监督与控制；推进国防研究与发展机构与国内及友好国家相关部门进行合作。国防研究与发展局受国防部与以色列国防军的联合领导，主要由专业技术机构和参谋机构组成。

2016年，以色列国防部启动“卡梅尔”计划，作为开发先进技术的多年计划，其目的是开发“未来战场”所必需的技术，通过技术优势保持以色列国防军的装备优势，将先进技术用于升级以色列国防军的战车，生产灵活、高效、创新、紧凑、易于操作的车辆，降低车辆综合成本。承研单位为以色列宇航工业公司、拉斐尔先进防务系统公司和埃尔比特系统公司。

2019年，拉斐尔先进防务系统公司、以色列宇航工业公司和埃尔比特系统公司各推出1辆概念车，国防研究与发展局与以色列国防军装甲兵总部共同使用这些概念车进行实地演示，并进行了评估。2021年10月，以色列宇航工业公司被选为“卡梅尔”装甲车项目的主合同商，负责下一阶段的研发与集成。

“卡梅尔”装甲战车是以色列下一代装甲战车的概念探索，主要还是寻求在非对称作战中的优势，并不是对常规作战时一种颠覆性的探索，是一款多用途装甲战车，在利用先进技术的前提下，大幅度降低人员和提高战场的感知能力，提高生存能力，先进技术将用于改进目前的坦克、装甲战车和发展未来的装甲战车。

2019年，埃尔比特系统公司推出了一款综合单兵作战系统，旨在为满足战场士兵能够在恶劣的作战环境下依然保持与指挥中心的通信，加强指挥官对于士兵的指挥和控制能力，同时也能够保证身处异地的决策者可以实时获取前线士兵的行动进度和战斗情况，更加精准地为下一步行动制订有效的作战计划，并且能够增强士兵的战斗力以及在任务行动中的生存能力。

该套作战系统是基于美军 M4 指挥控制车而开发的一款子系统，作为士兵终端使用。利用 M4 这个平台将前线士兵获取的信息综合汇总后呈现给战场指挥员，实现信息共享和实时同步的能力。该套系统的全称为多米尼克步兵综合作战系统，主要由个人便携式网络、战术计算机、跟踪设备、显示系统、传感器和多个战术设备组成。具体佩戴设备包括 5 个子系统，分别为智能眼镜、智能腕部显示器、智能瞄准具附件、夜间成像系统和附加设备。

参考文献

[1] U. S. Department of the Army. The Army Strategy [R/OL]. Department of the Army, 2018, https://www.army.mil/e2/downloads/rv7/the_army_strategy_2018.pdf.

[2] KOTT A, CHOI K, FORCH B. Potential Science and Technology Game Changers for the Ground Warfare of 2050 [R/OL]. Army Research Laboratory, 2018, https://apps.dtic.mil/sti/citations/AD1048402.2.

[3] US Army. Army Multi – Domain Transformation [M/OL]. US Army, 2021, https://api.army.mil/e2/c/downloads/2021/03/23/eeac3d01/20210319 – csa – paper – 1 – signed – print – version.pdf.3.

[4] US Army. The Army in Military Competition [M/OL]. US Army, 2021, https://api.army.mil/e2/c/downloads/2021/03/29/bf6c30e6/csa – paper – 2 – the – army – in – military – competition.pdf. 4.

[5] Department of the Army. The Army Unified Network Plan 2021 [M/OL]. Headquarters, Department of the Army, Oct. 2021, https://api.army.mil/e2/c/downloads/2021/10/07/d43180cc/army – unified – network – plan – 2021.pdf.5.

[6] Army Financial Management & Comptroller, Department of Defense Fiscal Year (FY) 2021 President's Budget Submission, Research, Development, Test & Evaluation, Army, RDT&E – Volume III, Budeget Activity3, Army Financial Management & Comptroller, 2020, https://www.asafm.army.mil/Budget – Materials/FY – 2021/.6.

[7] UK Ministry of Defence. Defence Technology Framework [M/OL]. UK Ministry of Defence, 2019, https://assets.publishing.service.gov.uk/.7.

第7章

发展中的兵器科学技术

进入21世纪以来，世界科学技术飞速发展，新军事革命方兴未艾，前沿和基础科学领域正酝酿重大突破；信息、网络、认知、生物、新能源、新材料、先进制造等技术领域的重大突破，成为诱发产业变革的核心因素；人工智能、移动互联网、卫星导航、量子信息等新兴技术快速发展，智能化成为引领科技创新的主要方向；学科交叉融合催生变革性创新，对未来战争产生了革命性影响。

在军事领域，人工智能、移动互联、物联网、天基信息、云计算、大数据、赛博攻防等新兴技术的加速发展与创造性融合，正在加快“智能化作战”能力的形成。新材料、新能源、军事仿生、先进动力与制造、网络通信、机器学习等技术的快速发展和广泛应用，正在推动作战平台向无人化、自主化、仿生化、集群化方向发展。新型探测、智能感知、复合制导、先进弹用动力、高速飞控、网络化巡飞、高效毁伤等技术的快速发展和广泛应用，正在显著提高远程、高超声速精确打击和毁伤能力。多目标探测、反隐身、反高超、反蜂群、固体激光武器、高功率微波武器、电磁脉冲弹、电磁炮、网络化指挥控制等技术的快速发展和广泛应用，正在极大提升未来战场的综合防御能力。以自媒体、社交网站、直播视频等为代表的新文化形态和基于互联网、物联网、工业控制系统的基础设施管控，正在成为未来认知对抗、跨域控制的重点。脑科学、情感计算、精神状态检测、生物基因、生命重构、生物医药、生物交叉等技术的快速发展和广泛应用，正在推动生物智能与机器智能深度融合并实现飞跃。具体到兵器科学技术领域，主要有11个方面的发展趋势与重点。

7.1 智能指挥控制

7.1.1 认知通信网络技术

认知通信网络技术又称为认知无线电技术，通过与环境交互感知动态调整工作参数，实现可用频谱的动态获取，从而实现互不干扰的并发通信。认知通信网络技术通过统筹规划实现频谱资源优化配置，并实现其与需求之间最佳的对接和匹配。

认知无线电概念最早在1999年提出，是在软件定义无线电技术基础上发展而来的。随着认知无线电的提出，认知无线电技术在通信系统和雷达系统中得到飞速发展。美军最先意识到认知无线电技术给电子战带来的机遇和挑战。美国、英国和法国等都在积极推动认知无线电技术及其应用研究。英国BAE系统公司从2005年开始进行该领域的研究工作，生产了IEEE 802.22标准商业认知无线电样机，已完成美国陆军认知无线电测试开发项目。需要攻克的主要关键技术有复杂电磁频谱与干扰识别、无中心自组织网、软件定义波形选择、自动跳频跳转、扰中通、自我修复、多频谱兼容等。DARPA是美国国防部颠覆性技术研发的核心管理机构，其在“第三次抵消”战略中的基本定位是，选择和验证具有彻底颠覆性意义的技术和技术方案，特别是发展基础性支撑技术，既保障适时迅速形成军事优势，又保障军事能力长期不断迭代式进步，两个重点方向之一是开发“应对下一代对手的下一代技术”，具体包括为作战体系开发认知通信、认知电子战等新技术研究。美军从2009年开始在电子战装备中引入认知电子战概念。为此，美国国防部和军方研究机构已开展了多个认知电子战研发项目，其中DARPA于2010年后陆续启动的“自适应雷达对抗”“自适应电子战行为学习”“极端射频频谱条件下的通信”等重点项目在2016年已取得阶段性突破，完成了雷达认知电子战原型机的研制，自适应电子战原型系统的演示验证以及极端射频通信成果的交付，美国空军的“认知干扰机”和“先进电子战组件”、海军的“认知通信电子战”（图7-1）和“下一代认知电子战”等项目也取得了预期成果。

图7-1 美国海军“认知通信电子战”

认知无线电技术在频谱资源日益稀缺的情况下，以智能化、自适应的方式实现频谱的高效利用、共存、兼容和互动，能够更好地满足部队和各种平台对通信带宽、服务质量和安全性方面的需求。它在某种程度上解决了频谱不足的问题，甚至可以达到全频谱应用，增加了战场中通信系统整体的可用频带范围，避免由于缺乏可用频带而导致的任务失败，未来将占据越来越重要的地位。尤其是在感知存在跳频通信、捷变频雷达等系统的复杂电磁环境时，其自主学习能力将显得尤为重要。虽然认知无线电技术目前仍处于发展初级阶段，但是其所涉及的一些技术特性已逐步应用于联合战术无线电系统、网格网络和一些最新的军用通信系统中，增加了宽带频谱管理能力，改善了这些通信系统在复杂城区环境和车内环境等作战环境下的性能和互操作性。新型单兵无线电台是士兵建立战场网络的关键，美国陆军“步兵”无线电台采用软件编程来实现通信功能，既能减轻质量，也便于通过软件更新实现系统升级，以适应多种作战需求。美军采用认知推理技术开发单兵认知无线电台，通过认知网络实现网络通信。认知无线电台可根据自身频率智能选择可用频带，包括自动选择工作模式、最佳输出功率和动态频谱等。

7.1.2 智能态势感知技术

随着科学技术的发展，人工智能的应用越来越广泛，智能感知技术是该领域重点发展的前沿技术。所谓智能感知，是指机器对现实世界中信息的感知与识别，这些信息通常是自然信息，如景物、动物等发出的信息，智能机器可以通过对这些信息做出智能识别，进而做出相应的反应。通过智能感知，外部信息从被动识别转化为自动感知。感知智能将物理世界的信号通过摄像头、麦克风或者其他传感器的硬件设备，借助语音识别、图像识别等前沿技术，映射到数字世界，再将这些数字信息进一步提升至可认知的层次，如记忆、理解、规划、决策等。智能感知技术包括信息收集、识别和分析等技术，是组成人工智能的重要内容。它面向大规模、非规范、多介质的信息，具有多维、多源异构等特性，基于“感知、智能、互联、协同”多位一体，将智能感知与信息处理技术有机结合，让智能技术渗透到信息处理中，又用信息处理托起智能技术及应用，两者相互促进。在军事领域，智能感知技术必将取代传统的感知技术，成为未来战场态势感知体系构建的主要手段，但同时，智能感知技术是集计算机技术、网络技术、通信技术、感测技术以及控制技术于一体的技术，加之智能感知技术在军事领域的特殊应用，目前面临复杂的技术难题，如复杂和不确定环境下的智能感知问题、突发情况下的智能感知问题以及智能感知下的目标匹配问题等，如何解决这些问题，是构建智能化战场态势感知体系需要面对的难点。

美国、俄罗斯等主要军事强国都投入了大量的人力和物力，积极开展战场态势感知系统研究，不断升级现有战场态势感知体系，以达到优化联合作战样式、提高联合作战效率的目的。信息栅格、移动宽带、云计算、物联网、大数据等一系列新一代信息技术迅猛发展，为实现战场全维信息感知展示出广阔的应用前景。目前，美军在全球范围部署了超过数万台射频识别技术设备，战时运用这些先进技术装备，可以实现战场“全维可视”“全程可视”。基于全维信息的战场感知体系，不仅抗干扰、抗攻击能力强，而且可以实现战场信息全网可知可视可控。在世界各军事强国积极应对世界新军事变革的形势下，精确、可靠、高效的战场全维信息感知体系构建与运用，已成为未来战场上克敌制胜的有力手段。一是构建集中统一的战场传感网络。美军把指挥控制视频系统、战略预警系统、战场传感系统、战备执勤监控系统、武器装备物资管理可视化系统等资源整合起来，构建集中统一的战场传感网络体系，实现战场实体基础设施与信息基础设施互联、互融、互通的目标。欧盟一些国家将已选定战场“传感网”建设的先行领域、重点工程项目作为突破口，加大投入和建设发展力度，在优先发展战略预警系统、战场传感系统、武器装备和作战物资管理传感系统的同时，加速推进战场传感网信息中心建设。二是加快推进战场物联网建设。根据美国斯坦福国际研究院发布的公告，战场物联网旨在将作战人员与装备、无线电、武器等方面的智能技术有效联系起来，为其提供感官感知、态势理解、战场预测及风险评估等能力。通过嵌入数据信息采集装置，使各作战单元和作战要素网络化、一体化、自主化，依托新一代通信手段和智能组网技术，实时、高效、安全、抗干扰地传输视频、语音、数据等多媒体战场感知信息，实现网聚能力，增强战场作战指挥控制的质量和效能。近年来，围绕战场态势感知、智能分析判断和行动过程控制等因素，美军加紧推进战场物联网建设，聚焦战场物联网技术开展协同研究，编织战场上的“天罗地网”，形成全方位、全频谱、全时域的多维战场侦察监视预警体系，以提高战场对己方的透明度，掌握战场上的主动权。三是构建多维战场侦察监视预警体系。围绕提高诸军兵种体系作战能力，建立多维一体的战场侦察监视体系。DARPA 已研制出一些低成本的自动地面传感器，这些传感器可以迅速散布在战场上，并与装配在卫星、飞机、舰艇、战车上的所有传感器有机融合，通过情报、监视和侦察信息的分布式获取，形成全方位、全频谱、全时域的多维战场侦察监视预警体系。四是强化战场信息网络系统的互联互通。美国、俄罗斯等军事强国非常重视战场信息传输系统一体化建设，通过构建全天候、立体化的战场信息传输体系，提高对数字化战场的整体控制能力，增强一体化联合作战效能；围绕对各类战场数据进行多级别、多方面、多层次的智能处理，实现对战场信息的高度共享和高效利用。同时，注重战场时间标准和空间标准的一致性，掌控统一的战场态势，遂行周密的作战协同和精准的联合行动。

2018 年 3 月，DARPA 战略技术办公室公布“指南针”项目（图 7 – 2）。该项目旨在利用人工智能技术、博弈论以及建模和评估方法来甄别尽可能暴露对手意图的刺激手段，并为决策者制定响应措施提供高保真情报，为每种行动方案提供正负两面的权衡计划。“指南针”项目包含三大技术领域：第一个技术领域侧重对手长期的意图、策略；第二个技术领域为战术和动态作战环境的短期态势感知；第三个技术领域为建立指挥官工具箱。2020 年 8 月，美国陆军在“会聚工程 – 2020”作战实验中试验“普罗米修斯”人工智能图像处理系统（图 7 – 3）。该系统由美国陆军人工智能特遣部队和情监侦（情报、监视与侦察，ISR）特遣部队共同开发，可大幅加速情报处理过程。其核心功能为通过大数据对比，从图像、视频中发现目标，甚至是伪装和隐藏的目标。该系统颠覆了使用分析师团队进行情报数据处理的传统模式，大幅缩短了目标发现与定位的时间，提升综合态势生成速率。该技术可用于解决未来作战环境中海量传感器数据处理、跨域态势感知动态变化等问题，通过发展自主态势感知技术，运用认知计算、人工智能等前沿技术加强战场态势理解和对手意图分析，可实现跨域协同的自主态势感知，支持联合全域作战。

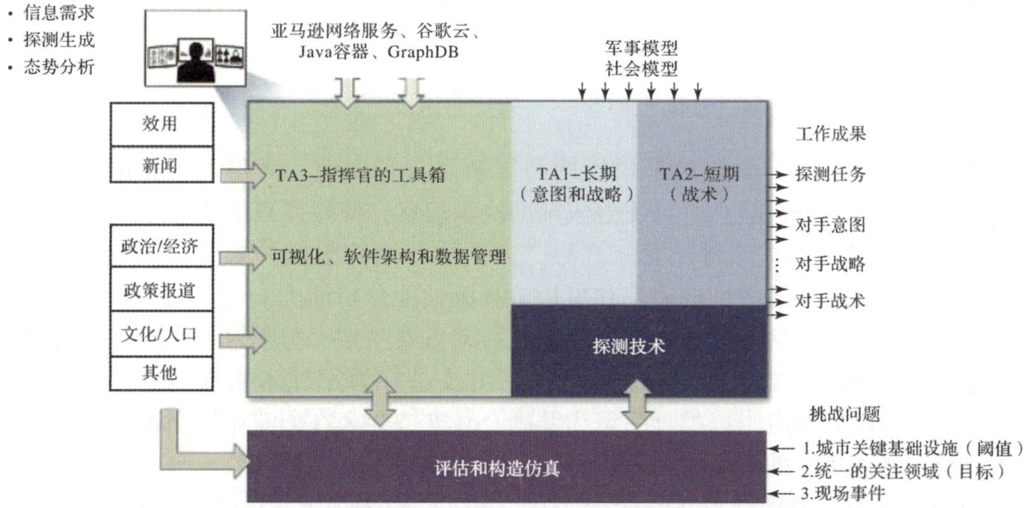

图7－2 美国“指南针”项目图解

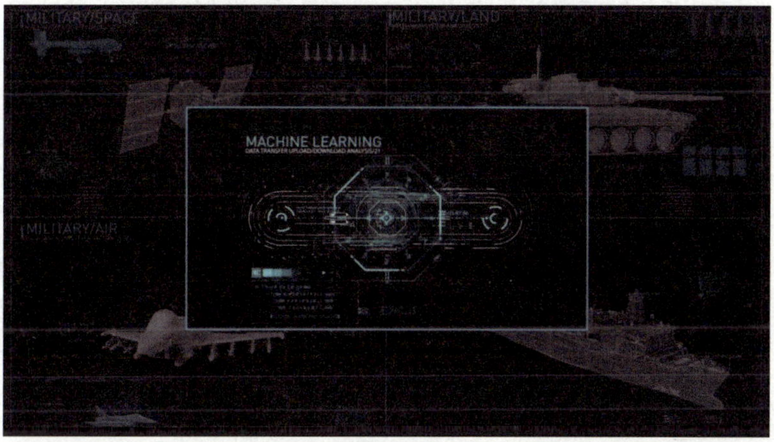

图7－3 美国陆军“普罗米修斯”人工智能图像处理系统

在智能感知技术领域中，包含了信息收集、识别和分析阶段。在信息收集过程中，随着技术的飞速发展，传感器采集到的数据呈现数据量大、数据种类多的大数据特性，此时对这些高维、多源异构的数据较难采用传统的智能感知技术进行分析，在此基础上，智能信息处理技术被引入感知领域，包含模糊计算、神经计算、进化计算等方法。然而针对上述方法，本身均存有不同程度的缺点，模型的不确定性对感知结果也会造成巨大的影响。例如，神经计算的初始化权值无法确定会导致训练效率的降低、模糊计算中模糊规则的人为选取也会导致感知结果的变化，在此基础上，多算法集成的智能信息处理方法被广泛使用，弥补了传统智能化方法中算法本身的一些不确定性。除此之外，考虑到在大数据时代仅使用单源数据只能提取到时间特征进行感知的不确定性，基于数据融合的感知技术也开始飞速发展，通过使用更多的数据，提取其空间与时间特征，完成了特征的互补。而针对传统感知方法中存在的数据收集覆盖性不足的缺点，群感知技术被提出，通过设立分布式架构，降低数据采集成本，提高数据采集覆盖面，被广泛使用于环境监测、交通状况监测等方面，有效提高了智能感知能力。

7.1.3 智能辅助决策技术

智能辅助决策技术面向未来战场的高复杂性与多变性，运用人工智能、机器学习，快速处理战场情报信息，自主生成辅助决策信息，使指挥官能快速形成决策。

2019 年，美国海军计划开发一款与“宙斯盾”系统集成的人工智能辅助决策系统，提高实时行动方案的生成速率和模拟仿真的性能分析能力。该系统可进行基于威胁、对手能力、情报估计和气象数据的敌我行动方案生成、分析和评估，包括基于假设的行动方案选项的生成和对比分析能力，并支持在海军战术指挥控制网络中的协同。生成的行动方案应当以推理引擎为基础，并支持“人在回路中”的交互模式，送达指挥官和参谋手中的时间将缩短到秒级。

2020 年 8 月，美国陆军在“会聚工程 -2020”作战实验中试验“火力风暴”人工智能辅助决策系统。该系统通过人工智能算法，近实时地对不同侦察数据和目标坐标信息进行处理分析，与预置数据库中的武器系统参数进行匹配，综合天气、地形等环境因素，选择最优武器系统，向指挥官推荐火力打击方案。2021 年，美国陆军在“会聚工程 -2021”作战实验前对“火力风暴”进行了升级，与其他军种的近 20 种系统进行集成（包括美国空军先进战斗管理系统），同时将决策点优化成决策树模型，可进行空域管理等复杂作战规划。未来，“火力风暴”的辅助决策应用将上至联合部队指挥官，下至单兵。

该技术可用于解决未来战场环境变化快速、作战节奏加快和决策支持信息大幅增加等问题，通过综合运用人工智能、深度学习等前沿技术，发展智能化决策支持工具，实现可遂行分布式作战的多任务平台和编队，提高战场决策有效性与及时性。

7.1.4 网络攻防技术

网络攻防技术是指能够提升网络空间攻击或防御能力的技术集。网络攻击是指综合利用目标网络存在的漏洞和安全缺陷对该网络系统的硬件、软件及其系统中的数据进行攻击，主要包括踩点、扫描、获取访问权限、权限提升、控制信息、掩盖痕迹、创建后门等步骤；网络防护是指综合利用己方网络系统功能和技术手段保护己方网络和设备，使信息数据在存储和传输过程中不被截获、仿冒、窃取、篡改或消除，包括加密技术、访问控制、检测技术、监控技术、审计技术等。网络攻击和网络防护是一对“矛”和“盾”的关系，网络攻击一般超前于网络防护。当前，网络空间攻防技术已经成为信息技术领域发展的制高点，成为各国确保国家安全和增强作战能力所必须发展的战略技术。

美国等军事强国已逐渐将网络空间安全作为国家安全战略最重要的组成部分之一，不断完善其理论基础，同时加快推进网络空间攻防技术的发展。以美国为首的军事强国已在网络攻击、网络防御、网络测试等方面有较大突破，出现了精确持续性攻击、无线注入攻击、动态防御、主动认证、复杂异构网络测试等一批重大前沿技术。

截至2020年，美军网络部队人数6872人，如果把军种现役、文职和雇佣人员也计算在内，美军网络部队的规模将达到7万余人。未来，网络空间攻防技术的发展速度将会更快，在攻击、防御和测试领域，会有更多采用新思想、新理念的技术出现。网络攻击技术将与其他作战域的装备技术更有效地融合，网络防御技术将朝着主动化、智能化、体系化的方向发展，网络测试自动化技术、安全技术和分析技术将得到进一步完善。

精确持续性攻击技术是传统网络攻击技术和攻击方式的升级，具有目标精确、攻击任务周期极长、潜伏隐蔽、技术含量高等特点，通过逐渐渗透到目标网络内部并长期潜伏，不断收集重要信息，直至达到最终攻击目的。“震网”病毒是第一个对攻击目标产生物理攻击效果的精确持续性攻击技术。以美国为首的世界主要国家在网络空间积极开展军事备战，大力发展精确持续性攻击技术，并已取得实际效果。精确持续性攻击技术具有强大的突破能力，信息系统安全防护的任何薄弱环节都可能在精确持续性攻击技术的全方位攻击下被突破，并在近几次局部冲突中广泛应用。该技术的攻击目标主要集中在通信、国防、金融、航天等涉及国家战略利益的领域，目标系统庞大，业务流程复杂，被攻击者很难做到完全防范。2022年俄乌冲突爆发后，俄罗斯积极利用网络行动协同常规攻击，支持军事目标实现。冲突爆发前几个小时，俄罗斯部署、运作了大量破坏性恶意软件，摧毁了乌克兰政府、军事、能源、金融等300余个关键基础设施信息系统。

无线注入攻击技术是指在没有物理接触的情况下，使用电磁辐射手段将数据或恶意病毒注入未接入互联网的自我封闭的网络中的技术。早在20世纪80年代，美国情报机构就启动了“暴风雨”计划，开始研究计算机系统的电磁场失真现象。研究发现，从键盘发送到计算机的信号，有可能泄露用户的按键信息。美国重点研究如何利用无线电频率向目标网络和系统植入代码，通过空中远程访问受保护网络。目前，无线注入攻击技术仍处在研究阶段，还面临注入复杂数据需要耗费较长时间且数据传输速率较低、注入系统需要与目标网络足够接近等瓶颈问题。DARPA启动的“网络基因”计划，开发基于计算机软硬件特性分析的网络攻击检测技术。以“网络电磁基因组”计划为代表的网络技术，为网络空间安全技术发展提供了一个创新发展思路，有可能从根本上改变当前被动应对不断蔓延的网络电磁恶意攻击防御态势。美国正在发展“网络电磁飞行器”技术，借用平台搭载武器的原理，在“固定”基础代码上，动态搭载各种应用信息，具有攻防兼备的能力，能够扩大其在网络空间的优势。

动态防御技术是指可对网络空间的数据、程序、主机和网络进行动态配置、调整和控制的技术。近10年，美国网络空间防御思路由“信息全方面保证”逐渐转变为“以任务为最高优先级的信息保证”。为支撑这一新的防御思路，美国重点发展了动态防御技术，并启动了多个相关技术项目。美国发布《可信网络空间：联邦网络空间安全研发战略规划》(图7-4)，提出要发展“改变游戏规则”的革命性技术，动态防御技术就是其中非常重要的一项。2023年3月，美国出台了《国家网络安全战略》，其中提出了美国增强网络安全弹性的五大战略支柱，并进一步细分为27个战略目标。这一战略的主要内容包括以下五个方面：一是保护关键基础设施，通过立法扩大政府和各类民间机构、黑客组织、互联网公司等的合作，持续将各州的网络安全中心整合，更新国家突发事件响应政策等措施，旨在保护国家的关键基础设施免受网络攻击的威胁；二是打击和摧毁威胁行为体，通过整合资源，加快情报共享速度，打击网络犯罪和勒索软件等威胁行为，以应对不断演变的网络安全威胁；三是塑造市场力量推动网络安全和弹性，通过推动物联网设备的发展，调整不安全软件产品和服务的责任方，持续优化自由市场中在网络安全方面的投入；四是战略投资和协调合作，主要措施是通过重振联邦层面的安全网络研发、支持数字身份生态体系的发展，巩固数字生态系统的进一步发展；五是推动与盟友和伙伴在网络空间的合作，主要措施为建立联盟打击威胁、推行全球规范。

图 7-4 美国《可信网络空间：联邦网络空间安全研发战略规划》

主动认证技术是一种基于软件的生物特征识别技术，可实时验证计算机用户身份的合法性。美国“维基解密”事件为网络空间内部安全问题敲响了警钟，如果用户登录密码被破解或者最初通过身份验证的用户未能采取适当措施，非授权用户就有可能非法访问内部信息系统资源。该事件之后，美国为改变目前国防部主要通过用户密码和通用访问卡进行数据访问的传统身份验证方式，开始重点开发基于软件的用户生物识别技术。近几年，美军方研发机构与军工企业启动相关项目，开始研发主动认证技术。美国海军于 2019 年发布《美国海军密码与网络战力量发展构想》，提出充分利用密码学研究成果应对威胁。目前，美国已在生物加密、量子加密、全同态加密等技术领域取得领先。DARPA 重点研发在不中断网络用户行为的情况下，实时、主动地检测其身份合法性的“主动认证”技术，降低冗长密码、通用访问卡等传统身份认证技术带来的安全风险，可对网络用户的行为特征进行检测，目前该技术已实现对军用台式机和笔记本计算机用户进行身份检测。2020 年 5 月，DARPA 授出“加密验证与评估信息安全保障”（SIEVE）项目合同，旨在通过研发零知识证明技术来实现复杂军事应用中的加密技术，增强美军方信息安全和可信计算能力。2020 年 10 月，美国光骑士公司推出首款量子加密产品，使用量子软件与板载量子处理器，利用物理工作空间中的光来传输和加密数据，在通过量子加密保证数据安全的同时，还可将光纤上行链路的量子数据直接传送到物联网设备中，以最大限度确保安全。

复杂异构网络测试技术是指可对网络空间各类信息基础设施和武器装备中的软件、网络和系统等要素开展定性、定量测试的技术。美国等网络强国在其网络空间战略体系顶层设计中，将网络空间复杂异构网络测试技术作为网络空间技术发展过程中必不可少的定性定量手段，并将其视为制定政策、确定装备和技术发展方向的重要依据。近年来，美国、英国等国加快“网络靶场”建设，旨在重点突破相关的复杂异构网络测试技术。“网络靶场”以现有的计算机系统和网络为基础，采用基于建模仿真技术的虚拟化构建方案，在真实物理网络的基础上对上层软件平台和应用系统进行管理和配置，构建可模拟真实网络空间的虚拟试验环境。目前，美国、英国等国在该技术领域发展很快，已处于实际应用阶段。美国“国家网络靶场”代表了该技术领域的最高技术水平，目前已经进入了全面运行阶段。“国家网络靶场”由 DARPA 牵头，目前已在顶层设计、靶场构建、试验语言、试验工具和对抗性试验方法等领域实现了全面创新，突破了复杂异构网络测试领域的 20 余项关键技术。2023 年 10 月，美国海军新建的国防部最新国家网络靶场启用。该网络靶场是用于开展网络攻击与防御有效性评估、网络武器有效性评估、网络部队训练、网络任务演习、网络战术/技术/过程开发的基础设施。英国“联邦网络靶场”于 2009 年开始建设，这是英国第一个可商业应用的联邦网络安全测试靶场。

7.2 目标侦察感知

7.2.1 天基资源利用技术

天基信息应用技术充分利用天基遥感、导航、通信、气象等卫星信息，提高全球感知能力，推进天基多元信息在地面装备机动平台、制导武器、单兵装备、保障装备等领域的广泛应用，提升地面武器装备依托天基信息的“侦察、控制、打击、评估”能力、精确机动和联合协同能力，提升陆战场基于天基信息系统的体系作战能力。

目前，卫星信息已被国外陆军广泛应用，美国居于领先地位。美国陆军新一代战术通信网——战术级作战人员信息网就利用卫星超视距通信实现了超视距“动中通”能力。其接入点被集成到“布雷德利”战车、防地雷反伏击车等平台上，可为旅战斗队中分散在战场上的部队提供与师级战术作战人员信息网的下行和上行通信联系，使士兵能够在行进中通过小型天线进行 Ka 波段和 Ku 波段卫星通信。美国还建成多种战术机动指挥控制系统。其最新的第二代蓝军跟踪系统网络采用了网状拓扑结构，由收发机直接将信息发送至卫星，卫星再将信息迅速提供给地面部队，缩短了信息传输距离，下载信息和数据的速度比上一代系统快100倍，上传数据速度是上一代蓝军跟踪系统的60倍，刷新态势感知位置信息时间小于2秒。2015年，美国太空探索技术公司推出“星链”项目（图7-5），计划在非对地静止轨道构建庞大卫星系统。整个项目分2个周期建设，共包括4.2万颗卫星。“星链”主要提供全球范围内全天候、低时延的高速互联网接入服务，尤其可为偏远地区提供低成本的互联网覆盖，相比传统互联网具有高覆盖率、远距离低延迟传输、低成本等优势。美军一直高度关注“星链”计划的军事化潜力。2020年，美国陆军与太空探索技术公司签署协议，计划使用“星链”卫星宽带进行跨军事网络数据传输。同年，太空探索技术公司获得美国国防部1.5亿美元合同，用于开发军用版“星链”卫星技术。在2022年爆发的俄乌冲突中，“星链”低轨卫星星座凭借大容量、高通量、低时延和重访周期短等优势首次介入战场，进一步推动该计划的军事化，引发广泛关注。

图7-5　美国太空探索公司“星链”星座示意图

天基资源利用需重点攻克的主要关键技术包括依托天基信息的“侦察、控制、打击、评估”总体技术、野战小型化天线收发技术、通用信号处理芯片和模块技术、侦察感知与指挥控制信息融合技术、地面网络化数据分发技术等。

7.2.2　兵器核心光电探测器技术

光电探测器利用内光电效应或外光电效应探测微弱的光信号（紫外、红外和可见光）或测量光信号的强弱，因此严格地称作“辐射探测器”。目前，外军重点发展的兵器核心光电探测器主要包括三代制冷型中波红外/长波红外探测器、近红外/短波红外探测器、数字微光成像器件等。

在三代制冷型中波红外/长波红外探测器方面，美国雷声公司、法国苏法拉蒂公司等在二代制冷型红外探测器的基础上研制大规格、多波段的三代制冷型探测器。雷声公司已开发出像素数为640×480和1280×720的双波段红外探测器，并成功进行了演示验证，正在利用该技术为美军研制三代制冷型红外夜视系统（图 7-6），逐步替换二代红外夜视系统。

图 7-6 美国陆军士兵测试三代制冷型红外夜视系统

在近红外/短波红外探测器方面，美国传感器无限公司、西昂尼克斯公司等正在开展相关的研究，目前已接近成熟。近红外/短波红外探测器可探测场景和目标反射的短波红外波段（1～3μm）夜天光（夜空中除星光、月光外的背景光）。美国陆、海、空军以及 DARPA 均在开展短波红外探测器技术的军事应用研究，研发采用铟镓砷材料的全固态结构探测器。这种探测器灵敏度高，可在室温或近室温条件下工作。美军在 2018 年测试了短波红外夜视装备探测敌方或友军指示器与标识器的能力，后续将其应用于地面、海上和空中平台。

在数字微光成像器件方面，目前国外主要发展以下 4 类数字微光夜视传感器：电子倍增 CCD、电子轰击 CCD、电子轰击 CMOS、电子轰击有源像素传感器，其中后两类是美国关注的重点，后者更是美国独有的技术。2000 年后，美国因特瓦克光子公司陆续推出 ISIE10、ISIE11 等多款电子轰击有源像素传感器产品，均采用砷化镓光电阴极和具有选通模式的高压电源，工作波段为 0.5～0.9μm。当高压关闭时，这种器件还可在白天使用，实现 24h 全天时工作。2013—2015 年，美国陆续采购了 700 台基于 ISIE11 电子轰击有源像素传感器的 M611 型数字微光摄像机，用于全面取代“阿帕奇”直升机上原有的基于微光像增强器的微光夜视装置，大幅提升了平台的夜视夜战能力。

兵器核心光电探测器是各种兵器光电信息装备的核心和最重要的组成部分。在军事需求的牵引下以及技术自身发展的推动下，兵器核心光电探测器在兵器装备中的应用越来越多，重要性也越来越高。兵器核心光电探测器的技术水平直接决定着相关兵器装备和系统的性能高低，进而影响其在战场上能够有效地执行自动化指挥控制、地面平台火力控制、昼夜全天候战场监视和目标捕获、武器精确制导/打击等任务。与现有的核心光电探测器相比，这些新的兵器核心光电探测器很多在概念、工作原理/方式上存在较大的差异，不仅在性能上具有很大的潜在优势，在成本上也更适合于推动应用。军事强国希望通过这些新型核心器件的开发继续维持和巩固技术以及装备方面的优势。以数字微光夜视器件为例，美国期望能够获得比现有微光像增强器更好的理论预期灵敏度、信噪比、分辨率和可靠性，有望大幅提升部队夜视夜战能力。

7.2.3 多源信息融合技术

随着军用传感器的品种和数量的指数增长，克服信息超载是军事行动等信息密集环境面临的重要难题。部队和作战人员面临最大的问题不再是缺乏信息，而是在海量信息中筛选出决策所需的准确信息。因此，多传感器图像融合技术正变得越来越重要，能够为相应的平台提供更大的技术和战术优势。

多传感器图像融合技术是在20世纪80年代提出的概念，是指将不同类型光电传感器获取的同一景物影像数据进行几何配准，然后采用一定的算法将各影像数据中所含的信息优势或互补性有机地结合起来产生新的图像。目前，多传感器图像融合技术应用较多的是红外/电视图像融合、红外/微光图像融合，雷达图像融合、中/长波图像融合等也在广泛开展研究。多传感器图像融合一般被分为3类：像素级、特征级和决策级融合。基于像素级的图像融合直接使用来自各传感器的信息进行像素与像素关联，一般是辅助人眼进行观察识别。目前，图像融合的研究和应用主要集中在像素级上。现代战争空地一体化作战的特点及作战双方采取的各种电子对抗技术使战场环境日益复杂恶劣，传感器受到多种因素的影响，所获得数据是不精确、不完整、不可靠的。此外，在对目标进行识别时，单个传感器提取的特征往往由于其自身的探测特点不能获得对目标的完全描述。多传感器图像融合的优势在于利用多个不同类传感器提取的独立、互补的特征向量，可获得对目标较为完全的描述，从而有利于提高识别的正确率。多传感器图像融合或多源信息融合水平的高低在很大程度上决定了目标识别技术的精度和自动化水平，影响部队的整体作战效能。

多传感器图像融合算法是跨学科技术，在美国国防部的3个优先核心科学技术中，排名第二。在这方面投入了很大的人力、物力和财力开展相关的研究，目前处于领先地位。DARPA曾经启动了多项传感器融合计划，如“图像重构及利用先进宽视场架构”（图7－7）和“动态可视化像素网络”等。“图像重构及利用先进宽视场架构”项目主要致力于实现以下4个目标：在不损失分辨率的情况下扩大视场、减小像素尺寸、制造能在更宽波段（从可见光到中波）工作的焦平面阵列、制造能以不同方式显示特定波长的多波段系统。“动态可视化像素网络”项目则将借鉴先进宽视场图像重构与开发架构项目下开发的技术，旨在利用“光谱融合”技术提高单兵和小分队的态势感知能力。上述项目的研究成果转移给美国的相关军种或机构。除美国外，其他国家也在积极发展传感器融合技术。

多传感器图像融合技术领域面临的一个重要问题是，必须适应快速变化和发展的军用传感器，适合未来技术插入和升级，并且无须重新设计全新的传感器融合系统。研究人员正在设计可扩展的系统，调整算法，并使之适应新的及不同类型的传感器。

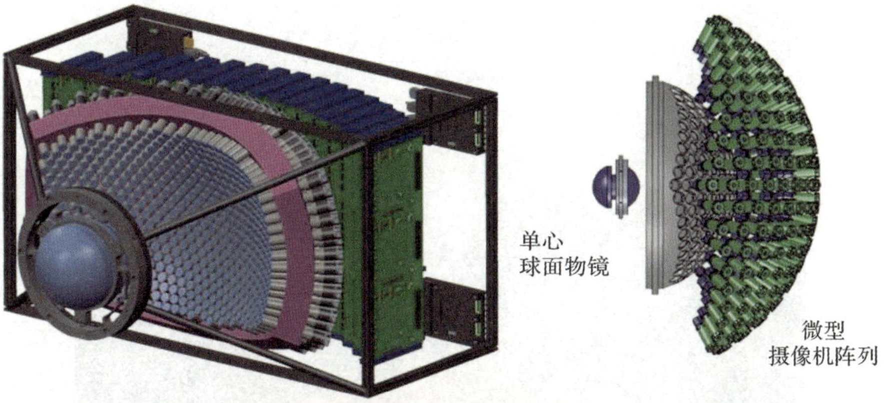

图7-7 “图像重构及利用先进宽视场架构”计划开发的10亿像素级昼用摄像机

传感器融合需考虑的另一个重要问题是适应不断演变的网络中心战。大多数情况下，用户需要获得综合的数据信息，而无须再对相关数据进行整理。此外，传感器融合在很大程度上还依赖于商用现有组件。在某些情况下，商用组件的发展速度快于军用组件。为此DARPA已经启动了相关项目，寻求可利用的商用现有技术并对其改进，提高其可靠性及安全性，从而满足军事需求。当前，如何进行传感器融合仍需要由所使用的传感器、数据综合方式及预期的用途来决定。未来，传感器融合算法将与传感器的类型及数量无关，应当是只要能获得数据，系统即可进行融合处理。

未来，传感器既可以独立工作并提供数据，也可以与其他数据流融合，并且两者都将是任务定制化产品。与此同时，传感器融合系统能够及时改变算法，以满足不断变化的态势需求。

7.2.4 超光谱成像技术

超光谱成像技术也称为图像分光技术，是指利用特定的光谱采集方法在可见光和红外波段内的大量窄谱带内对目标场景进行成像，利用获得的图像空间信息和光谱信息实现对目标的超分辨率或超精细观察。

超光谱成像技术是20世纪80年代后在多光谱扫描型成像遥感技术的基础上发展起来的，通过空间图像与光谱分析的结合获得高空间/光谱分辨率的超多波段的光谱图像（图7-8）。20世纪90年代末，这项技术首先正式应用于地质遥感等民用领域，随后逐渐进入军事领域。目前，美国以及欧洲一些国家都在关注超光谱成像技术的发展及其军事应用。美国海军早在20世纪90年代就开发了超光谱机载样机，而美国陆军和空军也在进入21世纪后极力推动超光谱成像技术的发展和应用。美国陆军希望为旅级和师级无人机平台开发昼夜超光谱成像系统，并已在无人机上对BAE系统公司开发的“魔爪辐射”Ⅱ（TRⅡ）超光谱传感器系统进行了演示。TRⅡ系统安装在美国陆军的“影子200”战术无人机上，并成功进行了多次简易爆炸装置探测演示试验。

图7-8 超光谱成像技术工作示意图

超光谱成像的关键技术主要包括超光谱传感器设计以及大容量图像处理技术。超光谱传感器设计包括系统总体设计以及光谱分光设计。大容量图像处理技术包括硬件和软件两个方面，硬件需要根据具体的应用需求选择合适的处理器类型和体系结构，软件则需要对光谱信息以及光谱与空间关联在一起的复合信息进行处理。

现有的光谱图像采集方法难以完全满足军事上对速度、精度和数据率的要求。未来超光谱成像技术需要开发更加有效的光谱图像采集方法以及更先进的图像处理技术，以满足军事上对速度、精度和数据率等方面的要求。根据美国军方的预测，随着处理器技术的发展，2025—2030 年超光谱成像传感器的谱带数量将从目前最多二三百个增加到上千个。未来还将可以利用超光谱图像随时间的变化进一步挖掘隐藏的信息细节，实现所谓的超时间成像。

超光谱成像技术能够同时获得探测目标的空间和光谱信息，能够对目标进行直接的定性及定量的分析和识别，在军事上可以用于防区外目标探测和战场监视，相应地，超光谱成像系统未来有望成为大部分空中平台的标配。超光谱成像技术能够获取更多、更准确的战场信息，特别是反映关键部位最细微变化的细节信息，因此有望大幅提升部队实施战场侦察监视和目标探测时的反伪装、反隐蔽、反欺骗能力，同时有效地提高对抗敌方反侦察的能力。

7.2.5 新型夜视技术

新型夜视技术是具有数字化、多波段/宽光谱化和集成化的夜视技术。与现有以微光和红外为主要手段的夜视技术相比，新型夜视技术的变化或改进主要体现在以下三个方面：一是夜视核心器件的工作方式从模拟式转向数字式；二是波段从可见光、中波红外、长波红外进一步向近红外/短波红外拓展；三是实现器件、装备以及作战体系等多个层面的集成，能够更好地支持部队的夜战。

目前，美军发展并列装了夜视图像简单叠加的融合夜视装备（图7-9），并通过集成创新的方式将夜视装备与瞄准具通过无线网络连接起来，提高其快速瞄准和射击能力。美国陆军和 DARPA 正在开发利用先进图像处理器和图像处理算法，对微光、近红外、短波红外、中波红外、长波红外等夜视图像进行融合，实现更好的夜视功能。美国陆军开展了对不同夜视图像逐个像素进行数字融合的技术探索研究，开发了数字融合夜视镜样机。雷声公司、DRS 技术公司等开展了“光谱融合”技术研究，开发出将可见光、近红外、短波红外等夜视图像与中波红外、长波红外等夜视图像进行数字融合的样机，但体积和质量尚不满足士兵头戴使用要求。未来，军方和相关研究机构将探索完全基于数字方式实现融合的新型夜视技术，推动这些技术的工程化和实用化水平提升。

图 7-9　美国陆军士兵配装的融合夜视装备

新型夜视技术将实现夜视图像从采集、处理、传输到利用的整个过程的全数字化，实现与其他装备和整个作战体系深度融合，突破使用人员和区域限制，使夜视图像从观察者“独享”变成更大范围的多方共享，并通过后续的信息处理和图像融合等手段获取更多的细节信息，提高作战人员和整个部队在夜间战场的目标观察和识别能力。相应地，新型夜视装备不仅能够解决夜间“看得见”的问题，而且还要满足夜间“看得清”“认得出”甚至“瞄得准”的需求，帮助作战人员“提前发现、提前打击”，提高其综合作战效能和战场生存能力。

7.3　远程精确打击

7.3.1　跨域火力打击系统

按照美军设想，跨域火力打击需要融合陆、海、空、天、电、网等作战域的系统，构建全方位立体态势感知网络，通过遍布各域的军用通信网络和一体化的指挥控制系统，实施武器系统集群/分导饱和攻击。执行这种打击任务的系统称为跨域火力打击系统，主要包括高超声速武器、战术弹道导弹、中程导弹等。

美国跨域火力打击系统发展最为迅速，在“远程精确火力”项目群下正在构建由近战、纵深、战略级火力相结合，具备远程压制、反舰等能力的装备体系。近战火力方面，在“增程火炮”项目下研制 XM1113 火箭增程炮弹、“神剑” – HTK 制导炮弹等新型弹药，以及 58 倍口径 155mm 榴弹炮；增程火炮于 2020 年成功试射，射程达到 70km。纵深火力方面，研制可由 M270 或 M142 多管火箭炮发射的新一代战术导弹，即“精确打击导弹”；该导弹于 2021 成功试射，射程超过 500km。战略火力方面，研制陆基远程高超声速武器、机动中程导弹和战略远程火炮等；远程高超声速武器射程（图 7 – 10）超过 2750km；机动中程导弹 2020 年投资启动，2023 年建成首个试验性连。

图 7 – 10　美国陆军远程高超声速武器

未来发展趋势是，发展多样化火力手段，满足精确打击不同目标需求；发展无人作战装备实现全维化智能态势感知，实现高效发展判定精确打击目标；应用人工智能技术，实现人机深度融合，提升精确打击指挥与控制效能等。

跨域火力打击系统可针对特定目标实施精确火力毁伤行动，具有隐蔽突然、小打制敌、小打慑敌的显著优势，在战略层面可非对称作战，在战术层面可超远程控制、超维度打击和智能化作战，可满足未来不同作战背景下精确打击各类目标的火力运用需求。在火力打击手段得以全方位跃升的条件下，通过创新重塑行动样式，跨域火力打击系统将在全频谱冲突中发挥重要作用。

7.3.2　压制火炮

压制火炮是指以射击各种地面目标为主，使之暂时或永久失去战斗力的各种火炮的总称。这种火炮一般具有射程远、威力大和机动性好的特点，主要用于杀伤有生力量，压制武器装备，摧毁装甲目标、防御工事、工程设施和交通枢纽等。压制火炮一般包括加农炮、榴弹炮、加农榴弹炮、火箭炮和大口径迫击炮，是地面炮兵的主要武器装备；配用的弹药主要有榴弹、破甲弹、穿甲弹、火箭弹、迫击炮弹甚至战术导弹等。

近年来，国外压制火炮技术研究取得较大进展，运用新原理、新技术，总体朝着远程化、轻量化和自动化方向发展。

增程技术发展活跃。美国陆军积极开展“增程火炮”项目（图 7－11），将现役 39 倍口径榴弹炮身管增加到 52 倍口径，同时研制 XM1113 火箭增程炮弹、“神剑”－HTK 制导炮弹等新型弹药，以及新型自动机，将榴弹炮最大射程从 30km 提高到 70km 以上；此外，还积极开发冲压增程炮弹、超高速制导炮弹等技术，将射程提升到 130km 以上。

图 7－11 美国陆军增程火炮样炮

新的发射技术正在发展。模块装药技术的成熟已开始取代传统药包装药；而随着电能、气体等新型发射药技术的成熟，传统固体发射药可能也会被取代，使未来火炮更加安全而高效。比如，利用电能取代传统固体发射药的电磁轨道炮的炮口动能大、炮口初速高、射程远和安全性高，但仍需要解决电源功率密度不足等问题；利用可燃混合气体代替传统固体发射药的燃烧轻气炮与传统火炮相比，炮口动能提高 30% 以上，但仍面临一定的储存问题。

新材料/新工艺应用不断拓展。随着新材料、新工艺技术的发展，其在火炮上的应用也逐步拓展。非金属、钢和非金属复合材料应用于火炮结构设计当中，可明显减轻火炮的质量。如美国 M777 式 155mm 超轻型牵引榴弹炮大量使用轻金属、新型复合材料和先进工艺制作火炮零部件，全部质量仅 4.5 吨左右，机动性和可部署能力很强；德国“豹”2 主战坦克的 120mm 坦克炮的热护套采用玻璃钢制造；法国 155mm 榴弹炮的输弹机和摇架采用聚酯碳纤维/环氧树脂复合材料代替金属，质量减轻 45% 以上。

带有先进火控、通信和导航定位装置的自行火炮在装备中比例日益加大，牵引火炮则向轻量化方面快速发展，并配炮射导弹或末制导炮弹、末敏弹等，射击精度和毁伤效果提高的同时还可对抗装甲目标和其他目标，有效执行火力压制任务。

7.3.3 火箭炮

火箭炮是炮兵装备的火箭发射装置，通常为多管联装或箱式，主要用于对面目标实施射击，一般由发射装置、火控系统、火箭弹、运行体和配套装置组成，具有结构简单、火力猛、射速高、反应快、突袭性好等优点。

外军研制和装备的火箭炮主要有美国 M270A1 和 M142“海玛斯”、俄罗斯“旋风”和“狂风”、以色列 MAR－350 和“山猫”、巴西“阿斯特罗斯”Ⅱ、土耳其 T－300、乌克兰“维尔卡”－M、韩国“春穆”（图 7－12）、朝鲜 KN－09、阿联酋“约巴龙”和塞尔维亚“舒马迪亚”等。这些火箭炮的发射车轮履兼顾、以轮式为主，注重提高机动性；发射装置管箱共存、以箱式为主，多国实现弹箭共架发射；火指控系统逐步实现数字化改造，增强自主作战能力；配用弹药多款多型，提升远程精确火力打击能力。各国还在现有装备基础上进一步提升远程火箭武器系统的火力射程和命中精度，并扩展其可执行的任务范围。

图 7－12　韩国“春穆”火箭炮配用一个装载 130mm 火箭弹的发射箱（右）和一个装载 239mm 火箭弹的发射箱（左）

多管火箭发射技术的发展重点是储运/发射箱式发射技术，其是未来多管火箭武器系统发展的主流。例如，美国 M270/M270A1、M142“海玛斯”火箭炮（图 7－13）均采用了整体结构的储运/发射箱；曾专注发展管式火箭炮的俄罗斯在发展新一代火箭炮（“狂风”系列）时也选择箱式储运/发射技术。这种构型火箭炮的关键技术有弹箭共架发射技术、机械接口技术、低成本非金属定向管技术等。与管束式火箭炮相比，箱式火箭炮的定向管质量更轻、成本更低。

图 7－13　“海玛斯”火箭炮后部储运/发箱式发射装置

国外远程火箭武器系统未来仍将朝着轻量化、模块化、远程化、精确化、多样化等方向发展，具体体现在：远，射程渐远；准，多种制导、精度渐高；灵，模块设计、弹箭共架、轻型底盘，作战超灵。

火箭炮是各国陆军遂行作战任务的主要火力压制武器，适宜对远距离、大面积目标实施密集火力射击，包括对炮兵作战和压制防空武器，也可用于填补地地战术导弹与身管火炮之间的火力空缺，在第二次世界大战以来的历次局部战争中显示出强大的威力，在海湾战争、伊拉克战争、阿富汗战争中相继验证了远程火力压制和纵深精确打击实战效果。俄罗斯还在多次局部战争中验证了发射方式由管束式向箱式的转变，其间暴露出的一些问题也在后续的发展中得到解决。另外，国外火箭炮在发展过程中还参与了战法、型号等演习并进行多次试验，在验证性能水平的同时不断升级改进。

7.3.4 战术导弹

地地战术弹道导弹是从地面发射、攻击敌方战役战术纵深目标的近程弹道导弹。与发射装置、发射控制设备、检测设备、技术保障设备、指挥系统等构成地地战术弹道导弹系统，用于打击敌方导弹阵地、炮兵阵地、部队集结地、指挥所、机场、港口、集群坦克等目标。

地地战术弹道导弹已经发展了三代，美国“陆军战术导弹系统”和俄罗斯“伊斯坎德尔”（图7-14）都是现役第三代导弹，主要技术特点是：机动性好，整个导弹系统可装载在几辆甚至一辆运输车上，能在公路上行驶，也具有较好的越野机动性；反应快，可从无须预先准备的任何地点发射，准备时间为几分钟至十几分钟；命中精度高，圆概率偏差15~100m；可携带多种弹头，包括杀伤爆破战斗部、反装甲子母战斗部、电磁脉冲战斗部、反辐射战斗部、化学战斗部、生物战斗部和核战斗部。

图7-14 从火箭炮发射的美国“陆军战术导弹系统”（左）和俄罗斯“伊斯坎德尔”-M战术导弹系统（右）

地地战术弹道导弹发展趋势为：增大射程，扩大打击范围，如美国新一代地地战术弹道导弹“精确打击导弹”射程达500km（图7-15），未来还将拓展至650km甚至1000km；简化系统设计，缩小导弹、弹药箱等的尺寸，如“精确打击导弹”弹径较现役“陆军战术导弹系统”缩小；改进制导系统或为弹头加装末制导系统，进一步提高精度，如美国正在为“精确打击导弹”发展反舰导引头对付海上目标。

图7－15　从美国“海玛斯”火箭炮发射的“精确打击导弹”

作为一种战场火力支援武器，地地战术弹道导弹在现代甚至未来战场具有重要的地位和不可替代的作用。这种武器相比常规火炮射程远，既可用于有效压制敌方炮兵阵地、防空阵地，攻击集群坦克和防御工事等目标，射程拓展后若部署在岸边或岛上，还可进一步打击沿海、海上目标，封锁海上航道。

7.3.5　新概念武器

新概念武器是相对传统武器而言的，泛指在武器技术原理、毁伤机理、结构形态、作战运用等方面有重大创新和突破，或采用传统技术的创新性组合，且作战效能显著提高或具有特定作战功能和作战效能的新型武器。

新概念武器技术主要包括激光武器技术、微波武器技术（图7－16）、声波武器技术、粒子束武器技术、激光能量引导武器技术、非致命武器技术、电磁/电热化学武器技术等。

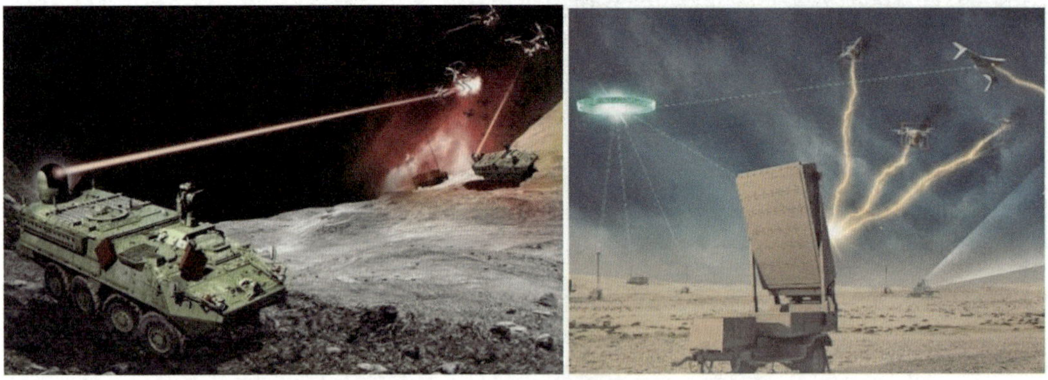

图7－16　激光武器（左）和微波武器（右）作战示意图

国外新概念武器技术的发展很不均衡，其中有些武器已经装备部队使用，有些已取得重大进展，即将进入工程化研究阶段，还有一些则仍处于实验室理论研究或方案研究阶段。美国是世界上新概念武器技术研究水平最高的国家，其激光武器、微波武器、非致命武器、电磁发射武器等技术成熟程度、投资规模和研究范围都明显领先于其他国家。与美国研究水平最为接近的是俄罗斯，但其研究范围和投资程度与美国相比差距很大。此外，法国、英国、德国等国也在开展不同规模、不同类型的新概念武器技术的研究工作。

新概念武器技术是确立军事高技术优势、取得战争制胜权的一个重要途径，未来发展仍将非常活跃，发展趋势如下：利用新的毁伤机理打击目标，定向能武器始终是各国积极发展的重要领域；新能源武器系统研究有巨大的发展潜力，未来仍将深受重视；非致命武器技术向小型化、集成化以及多功能化方向发展；微电子、微机电、纳米材料技术等的发展正有力地促进新概念武器的微型化。

新概念武器技术是造就“撒手锏”武器的重要技术研究领域，一旦在武器中应用，就会对武器装备的作战运用、部队装备体制与编制变革乃至战争的进程和结局产生重大的影响。

7.4 立体突击系统

7.4.1 高生存体系防护技术

高生存体系防护技术是指运用主动、被动等多种手段为装备构筑体系化防护网，以提升其战场生存能力的技术。例如，直升机的主动防护主要是通过发射拦截弹毁伤来袭目标，被动防护主要包括增加自身装甲防护和配备金属箔条、红外诱饵弹以及定向红外对抗系统等各种有源/无源干扰设备。

主动防护方面，美国轨道－阿连特技术系统公司研发的世界第一款直升机主动防御系统（图7－17）由一个交战管理模块、一个改进型干扰弹发射装置和多枚杀伤飞行器组成，其中杀伤飞行器从干扰弹发射装置的标准曳光弹/箔条发射管发射。该系统可识别一个来袭威胁，发射并制导1枚杀伤飞行器引爆火箭弹的战斗部使其失效。以色列拉法尔公司研制的Fliker直升机主动防护系统通过高性能探测和火控设备，对来袭的导弹和RPG火箭弹等武器进行快速探测跟踪、评估其威胁程度、计算最佳拦截点，并在其战斗部起爆前发射拦截弹将其摧毁或使之偏离目标。被动防护方面，美国、俄罗斯以及欧洲的一些发达国家都为直升机配备了金属箔条、红外诱饵弹以及定向红外对抗系统等设备，如美国M130箔条/红外诱饵弹投放器、通用红外对抗系统，俄罗斯L370机载自卫系统等。

在立体突击作战中，直升机作用重大，由于其飞行高度低，所以很容易遭到对手防空导弹、火箭弹甚至是轻武器的攻击。此外，随着防空导弹抗干扰能力的不断增强，被动防护手段不仅成本高昂，技术复杂，且效果越来越差，积极研发直升机主动防护系统才能提升其生存能力，确保直升机在各种环境下为步兵提供各种作战支援。尽管直升机配装主动防护系统会在成本费用、有效载重以至飞行性能等方面有一定影响，但可大幅提高生存力，同时还可为今后发展技术更复杂的固定翼飞机主动防护系统做先期探索，因此具有重大的实战价值和技术意义。

图7-17　美国轨道-阿连特技术系统公司研发的直升机主动防御系统

7.4.2　全地域适应机动技术

全地域适应机动技术是指突破地形和人为障碍，快速将部队部署至对手防御阵地后方及纵深地区的技术，陆航直升机是实施全地域机动的主要装备。

美国陆军在“未来垂直起降飞行器”项目下研制的未来远程攻击直升机虽然与现役“黑鹰”直升机同样可搭载12名士兵，但速度更快、航程更远、机动性更好、防护能力更强。美国波音-西科斯基团队研制的SB-1同轴双翼直升机（图7-18）是未来远程攻击直升机的竞标商之一，该团队在研制过程中充分利用数字孪生和数字设计技术不断进行飞机虚拟原型改进工作；利用最先进的数字设计/制造技术，以降低成本和实现快速/低成本系统升级；采用模块化开放式系统设计方法，使其更易于实现性能改进/升级。

图7-18　美国波音-西科斯基团队研制的SB-1同轴双翼直升机

陆航部队具备超越地形和人为障碍，快速实施空中机动的能力，其机动速度是机械化部队的3~5倍，垂直登陆速度比平面登陆快10~15倍。在陆航部队的协助下，可将陆军打造成一支可 24 小时内全域、全地形机动部署的“会飞的部队”，切实成为应对突发军事冲突的应急力量，维护国家领土、海洋权益的精锐力量，遂行多样化军事任务的关键力量。美国陆军未来远程攻击直升机将为联合部队提供一种具有更高速度、更长航程、更强生存力和更好机动性的平台，使陆军能够在不断变化的环境中保持对敌优势。

7.4.3 空地一体化协同技术

空地协同作战是指空中作战单元与地面作战单元为执行同一任务而建立整体编队，通过平台互操作和资源共享控制，完成共同的任务目标。陆战部队与无人机空地协同作战是以“任务”为中心，面向“协同”，构成体系化作战大系统中的综合子系统。

陆战装备与无人机空地协同作战技术包括有人/无人系统互操作技术、空地协同态势感知、基于空域协调区的协同任务规划、空地协同指挥引导控制等子技术。美国陆军“空射效应”无人机可由地面车辆、陆航直升机等平台发射，能够协同提高陆军航空兵和地面部队的生存、威胁识别、目标定位和杀伤能力。法国开展了基于有人/无人协同作战体系的空地一体作战系统（BOA，图 7-19）研究。BOA 的主要功能是将士兵和运输工具、机器人、无人机等装备集于一体，各种装备通过网络互联互通，从而加速战斗节奏。BOA 由空中平台和地面平台构成，包括轻型轮式装甲战车、无人车、无人机、反坦克导弹、单兵系统等，采用成熟的硬件平台，注重开放式体系结构，使 BOA 将先进的装甲车辆、无人车、无人机和超视距武器结合在一起，形成一体化打击能力。BOA 的核心是网络化的协同作战，各单位信息的实时共享，从而达成“1+1>2”的作战效果。BOA 通过空地传感器与 C^4ISR 系统，实现以“以网络为中心”的作战，无人车和无人机先进的传感器利用通信网络联网，与装甲车、主战坦克、攻击直升机、士兵系统等作战系统连成网络，形成有人-无人协同作战体系。

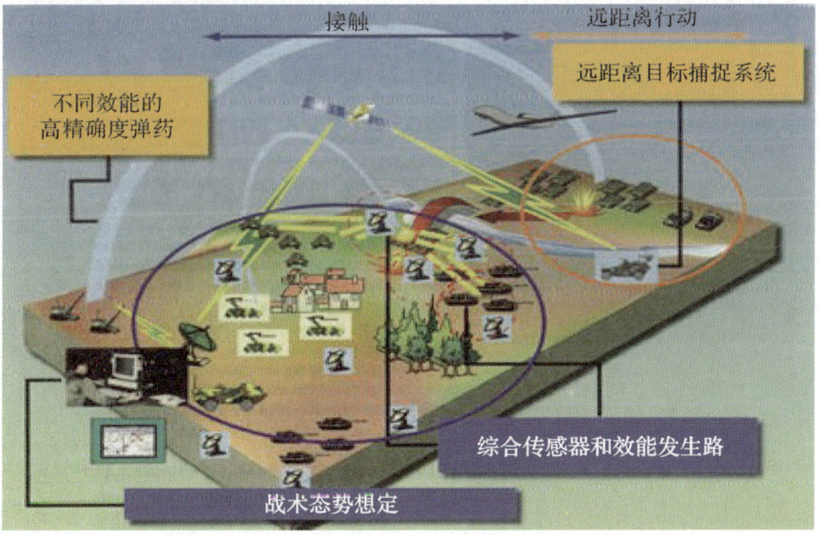

图 7-19 法国空地一体作战系统（BOA）

在无人机迅速发展的今天，空地协同体系作战的优势更为明显。空中作战平台具备机动性能好、态势感知能力强的优势，地面陆战硬装甲装备具备安全防护性能好、火力强的优势，采用无人机与地面装备协同作战的方式，可充分发挥各自优势，形成协同作战能力，提高整体作战效能，能够“看得更远”“反应更快”“跑得更快”。有人－无人协同作战是未来战争的显著特点之一，随着研究和开发的深入，成本更低的可消耗无人平台将更受青睐，人工智能算法将更加广泛地应用于作战。

7.4.4 新概念立体突击平台技术

陆空两栖平台是指既可以陆上行驶又可以空中飞行的平台，兼具地面和空中机动能力优势。陆空两栖平台技术研发早期主要集中在民用领域。2006 年，以色列推出的“X 鹰”C 陆空两栖平台是国外首款军用陆空两栖平台。2010 年，美国开始研制军用陆空两栖平台，并于 2014 年完成飞行试验，标志着陆空两栖平台技术研究取得重要进展。目前，国外正在研发多种陆空两栖平台型号，部分已完成陆上行驶试验和空中飞行试验，其中美国“黑骑士”的技术已经趋于成熟（图 7－20）。已有陆空两栖平台的最大起飞质量超过 4000kg，最大空中巡航速度达 240km/h，最大公路速度约 110km/h，最大战斗行程达 460km，最多可搭载 10 名乘员。美国开展的陆空两栖平台的项目较多，技术也最为先进，目前已经发展了“黑骑士”“变形者”“空中汽车”等型号，其中“黑骑士”最大起飞质量 1996kg，可搭载 5 名乘员，有效载荷 454kg，最大战斗行程 463km，在拆除陆上行驶的动力传动系统后可搭载 726kg 有效载荷或 8 名乘员，拥有与“黑鹰”直升机相当的超大内部空间。以色列的“X 鹰”C 最大起飞质量 4173kg，最大飞行速度 222km/h。法国的 PX200 陆空两栖平台研究也取得一定进展，机身中翼可发生旋转，水平巡航飞行时中翼平放，垂直起降时旋转成为导气管，满足陆上行驶和空中飞行需求。

图 7－20　美国研制的“黑骑士”陆空两栖平台

陆空两栖平台的关键技术主要包括总体、动力、自适应机翼、陆空模式转换控制等技术，多数技术与陆上/空中平台通用，而自适应机翼技术和陆空模式转换控制技术为专用技术。自适应机翼通过机翼变化改变陆空两栖平台气动特性，适应不同飞行状态，满足多任务需求。陆空模式转换控制技术通过控制机翼自适应变换和动力传动系统更换，实现陆上行驶和空中飞行模式平稳转换。随着关键技术的成熟和相关作战使用条令的制定，军用陆空两栖平台必将快速发展与装备，大幅提高地面部队在复杂战场环境的战术机动能力。陆空两栖平台的应用范围也将进一步拓宽，通过更换任务模块，执行更多战场任务。

陆空两栖平台相较于传统地面车辆和飞机，机动领域显著扩展，可大幅提高地面部队的战术机动能力，适用于复杂的作战环境，具有独特的作战优势。陆空两栖平台经济性明显高于直升机，军用陆空两栖平台的目标价格约为轻型直升机的1/4。目前，军用陆空两栖平台技术总体上还处于探索研究阶段，但作为一种突破传统的新概念作战平台，其装备使用将会对未来兵力投送模式、伤员后送和物资补给等产生重大影响，提升未来部队作战能力。

7.5　智能弹药系统

7.5.1　巡飞武器

巡飞武器系统是一种将无人机技术和炮弹、导弹技术相结合，能够在目标区域上空进行“巡弋飞行”、待机执行作战任务的多用途新型作战装备。它包括控制单元、发射单元和任务单元3部分。其中，控制单元主要负责武器的任务规划、航线调整；发射单元既可采取火炮、火箭和舰载发射，也可采取机载和单兵投放；任务单元是加装了飞翼并携带各种任务载荷的炮弹、导弹、滑翔弹，能在目标区域上空巡弋飞行，并利用弹上携带的不同任务载荷完成相应的作战任务。巡飞弹是能在目标区上方进行巡弋飞行/待机执行多种作战任务的新概念弹药，这种弹药是无人机技术和弹药技术有机结合的产物，可执行侦察、通信中继、目标指示、空中警戒、精确打击、毁伤评估等作战功能。巡飞弹技术将广泛用于陆、海、空平台发射的多种弹药，成为智能弹药领域的一个重要发展趋势。

美国、以色列、乌克兰、波兰等国发展动向频繁。美国启动“制式精确火力－轻型步兵”项目，寻求可单兵携带、具备集群攻击能力的巡飞弹。“弹簧刀”巡飞弹是美国近年研制的单兵巡飞弹，主要配装特种作战部队，由筒式发射器发射，用于打击人员和软防护车辆等目标（图7－21）。美国“弹簧刀”系列巡飞弹发展迅速，新改型“弹簧刀”600巡飞弹射程超40km，并朝90km目标迈进，巡飞时间大于40min。“洛卡斯”是由美国洛克希德·马丁公司研制的一种小型巡飞弹，动力装置是微小型涡轮喷气发动机，配备多用途爆炸成型弹丸（EFP）战斗部，主要用于打击战区弹道导弹发射装置、机动防空系统、装甲车辆，并可进行战场侦察。搜寻目标时可以飞行长达185km，能够以最低能耗在战场上空盘旋，对100km远的50km^2区域进行自主搜索和摧毁目标。“洛卡斯”巡飞弹的智能化水平已比较高，作战时多枚弹间可进行自主协同，当1枚“洛卡斯”发现目标并且难以独立击毁它时，就会向其他“洛卡斯”发出信号，共同克敌。而当1枚“洛卡斯”足以完成任务时，其他“洛卡斯”就会搜寻另外的目标。“洛卡斯”最初是为空军研制的机载巡飞弹，后来陆军希望能用多管火箭炮发射，海军提出了发展“垂直发射自主攻击系统”（VLAAS）的要求。以色列成功演示“英雄”120 巡飞弹，实现射程超 40km，续航达 60min；还研制部署近战使用的“萤火虫”巡飞弹。波兰开发的“战友”巡飞弹在利比亚战场出现，其有效距离 10km，续航 30min。英国的“火影”巡飞武器系统，采用二级动力系统，能够在目标区域上空以 185~250km/h 的速度巡飞 10h。

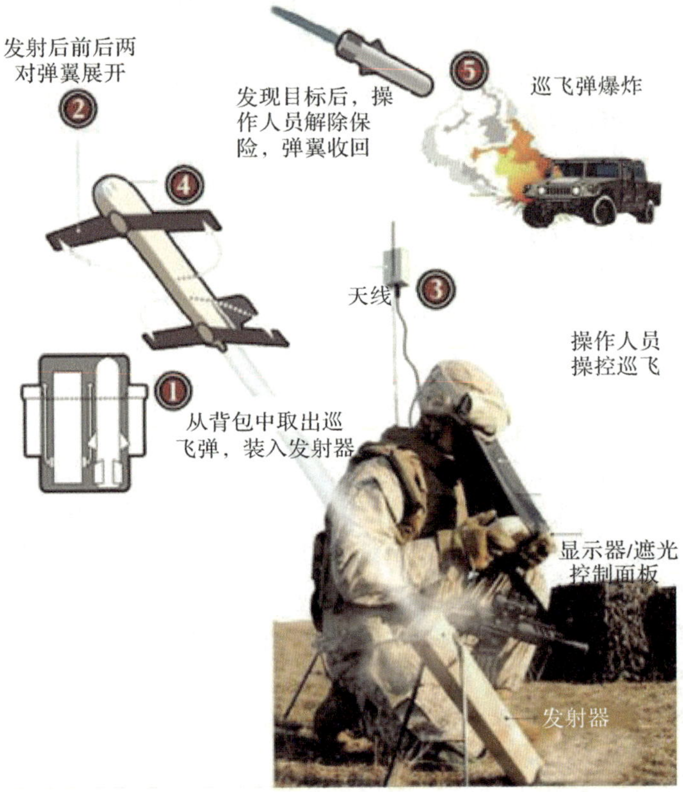

图 7-21　美国“弹簧刀”巡飞弹作战使用示意图

试验证明，在巡飞武器系统的支撑下，8~10 枚巡飞弹组成的“弹群”，能够对 40~50km^{2}范围内的区域实施巡飞压制作战。在系统支持下，单枚巡飞弹就能够建立完整的“发现—识别—定位—打击”杀伤链，多弹协作还能进行实时评估与快速再打击。与传统打击装备相比，实现了由“先发现、再打击”到“边发现、边打击、边评估、再打击”的转变，大大缩短了从发现目标到摧毁目标的时间。

7.5.2　全模块化柔性弹药

全模块化柔性弹药是指采用全模块化设计理念、开放式系统构架、平时以各种组件形式存储、战时根据需求组装成适用于不同作战功能的弹药族，涉及部分通用组件技术、多种备选的功能组件技术以及辅助装置技术等。其中，通用组件构成全模块化柔性弹药的基本框架，包括底座、核心控制组件、电源与通信总线以及通用子系统组件；功能组件可根据所要攻击的目标类型、距离和其他任务参数选择使用，包括导引头、导航系统、战斗部、引信、控制面/弹体、通信系统和动力系统等；辅助装置用于完成弹药的组装与检测任务等，包括状态与使用监控系统、自动化的组装设备、武器结构与控制装置、导弹协作模块等。全模块化指通用组件、功能组件和辅助装置均模块化，将智能弹药系统的改进延伸至部件级，可随时植入更新新技术。

美国于2014年开启模块化导弹技术项目（图7－22），通过换用不同载荷实现在通用平台上构成不同用途的导弹。“阿帕奇”直升机标配的70mm“九头蛇”火箭弹，在中间加入一段激光半主动制导套件，就成为制导火箭弹，命中精度大幅提升。英国欧洲导弹公司在2015年提出全模块化机载柔性导弹概念，将机载导弹规划为3种弹径：180mm弹径的导弹有1.8m和3m两种弹长；350mm弹径的导弹长3.5m；450mm弹径的导弹长5.5m。导弹均具有相同的中部弹体并采用模块化结构，可在战场上将各个子系统进行替换，希望能在2035年投入战场使用。目前，全模块化柔性弹药正在向弹药系统（含发射装置）的全模块化方向发展，未来弹药系统的研发将利用全模块化开发思路和相关技术研究成果，提高跨平台使用的灵活性，而且能够针对新出现的需求更加快捷地升级换代。

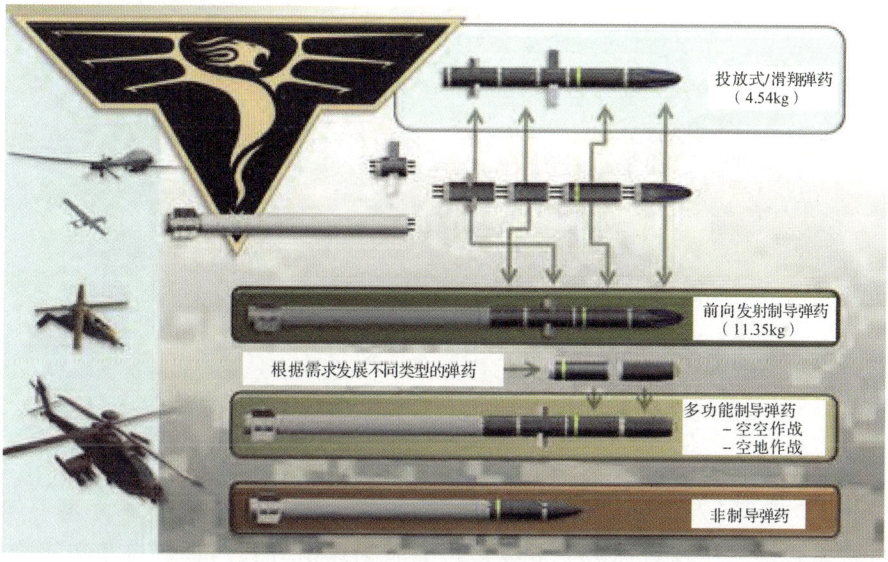

图7－22 美国陆军模块化导弹技术项目

全模块化柔性弹药采用全模块化设计，各模块即插即用，有利于新技术及时植入，促进提升智能弹药的性能和作战能力；可根据不同的打击目标和作战效能需求，采用现场因需组装弹药方式，组装时间缩短至数10分钟，大幅提高使用灵活性和作战效果；可全方位寻求最佳技术方案，无系统集成任务，变革传统弹药的研发和生产模式，快速形成系列产品，避免重复设计，降低全寿命周期成本。

7.5.3 可变外形弹药

可变外形弹药是指利用智能材料改变弹药外部结构或部件形状从而改变飞行特征

的弹药，包括改变弹翼形状、弹头形状以及弹体形状的弹药等。

20世纪90年代，美国开始研究利用智能材料改变弹翼、弹头、鸭式翼和尾椎的形状，提高弹药飞行性能，弹药范围从5.56mm枪弹到155mm炮弹、制导弹药和导弹，资金来源主要是DARPA、空军研究实验室等。2012年，美国启动智能材料在中大口径战术弹药上的应用研究，提出将自适应柔性机翼技术应用于巡航导弹的弹体上，实现灵活智能改变巡航导弹的外形，增加导弹射程，提高突防能力。未来发展趋势为由部件变形向全弹可变形发展，并将通过引入仿生技术，提高环境适应能力。

智能材料在弹药中的应用，将为弹药未来发展带来变革。可变外形弹药技术可以集成到当前的多种弹药中，在不改变弹药原有动力装置和制导装置基础上，提高弹药的空气动力学性能、飞行特性和射程，同时保持或提高弹药的命中和杀伤概率，如雷神公司的变翼展巡航导弹（图7－23）；利用新型材料开发弹药可以使弹药更轻、易于制造、结构紧凑，平台可携带更多的毁伤载荷，因而也可提高弹药的毁伤性能，且其制造成本与现有弹药相当。可变外形弹药将彻底改变常规射击模式和部队作战战术，使军队在无须开发新型武器系统的前提下，通过采用可变外形弹药，拓展作战部队的任务和能力范围。

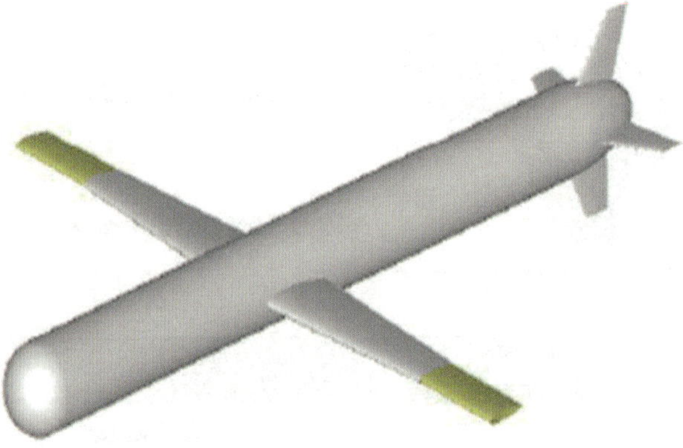

图7－23　美国雷声公司可变翼展巡航导弹

7.5.4　仿生集群弹药

集群攻击弹药是指在目标区上空以多弹编队为攻击方式，具备自主决策、协同探测、协同攻击多个目标或从不同方向攻击同一目标能力，提高攻击、封锁、防御等整体作战效能的弹药。其内涵主要包括：“集群”，群中含有3枚以上弹药；“协同”，在目标区上空弹间具有自组网能力，能够协同探测和协同攻击目标；弹种多样化，其中至少一枚弹药具有软硬毁伤攻击功能；弹间必须具有通信能力，能够获知自身的位置信息，并近实时地与其他弹药进行信息交换；具备一定的自主控制能力，确保弹药在获得这些信息后能够做出正确的响应；整体作战效能好，即使其中某一或某些弹药被敌方拦截和摧毁，剩余的弹药仍能继续完成作战任务。

集群攻击弹药由美国最早提出并开展相关研究，20世纪90年代，美国开始研制具有协同攻击目标能力的巡飞武器；2002年美国空军提出“蜂群压制者微型弹药”

概念；2015 年以后，美国陆续启动多个研究项目，如陆军“父子协同”攻击弹药（图 7－24）、海军“低成本无人机集群技术”（郊狼）、空军“蜂群”攻击弹药、国防部战略能力办公室“山鹑”微型无人机以及 DARPA 的“小精灵”无人机等。未来集群攻击弹药将向着多载荷携带能力、高自主控制、仿生隐身等方向发展，能够携带毁伤、光电传感器、电磁干扰、高能微波等有效载荷，具备多功能灵活作战能力；利用自主控制飞行技术，实现有序飞行和群内任务分配，提高打击目标的效果和作战效能。

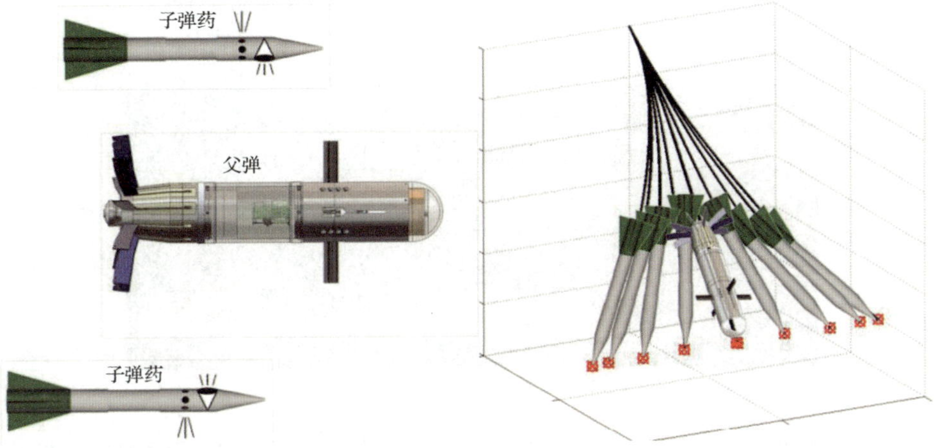

图 7－24　美国陆军“父子协同”攻击弹药系统概念演示

集群攻击弹药技术是网络化作战和自主控制技术在弹药领域的应用，能够使弹药具备“察打一体”和协同攻击的能力，彻底改变传统弹药和平台的作战模式，实现对敌方的全方位精确攻击。集群攻击弹药可用于对敌方某一区域的封锁压制，在区域上空组网飞行并侦察探测，发现目标后予以快速打击；能够对敌方的防空阵地进行饱和攻击，即使部分弹药被敌方防空火力拦截，其余弹药也能够完成打击任务；适于攻击以大规模集群方式作战的坦克、小型攻击艇等时敏目标，大幅提高作战效费比。城区作战是集群攻击弹药发展的重要应用方向。

7.5.5　毁伤效应可调弹药

毁伤效应可调弹药是指利用弹载传感器，根据探测到的不同目标类型信息，通过精确起爆控制技术与战斗部装药结构相结合，产生摧毁目标所需的“恰当”毁伤能量、可控毁伤元的弹药。

2007 年，美国空军最早披露相关研究工作，随后美国海军、陆军以及德国、英国、法国和以色列等加入研究行列，逐渐形成了毁伤当量可调技术和毁伤模式可调技术两大类毁伤效应可调弹药技术。毁伤当量可调通过调节起爆点位置、控制起爆时间以及改变装药结构，可获得与目标易损性相匹配的毁伤威力，如美国海军采用分舱段起爆方案的毁伤当量可调战斗部和英国奎奈蒂克公司的 3 层炸药装药可调战斗部，均处于研制阶段。毁伤模式可调基于战斗部结构的变化和不同起爆点的控制，可同时产生两种或两种以上毁伤元，主要研究机构有德国泰勒斯戴姆勒宇航公司、美国达信系统公司。发展趋势主要体现在：一是朝自适应精准毁伤发展，毁伤效应可调弹药利用弹道末段获取的态势感知信息，自主决定采取何种毁伤模式和毁伤威力，实现自适应精准毁伤（图 7－25）；二是朝多弹种应用方向发展，毁伤效应可调技术除应用于炸弹外，还将推广到炮弹、空地导弹、反舰导弹、远程巡航导弹等各种弹药上。

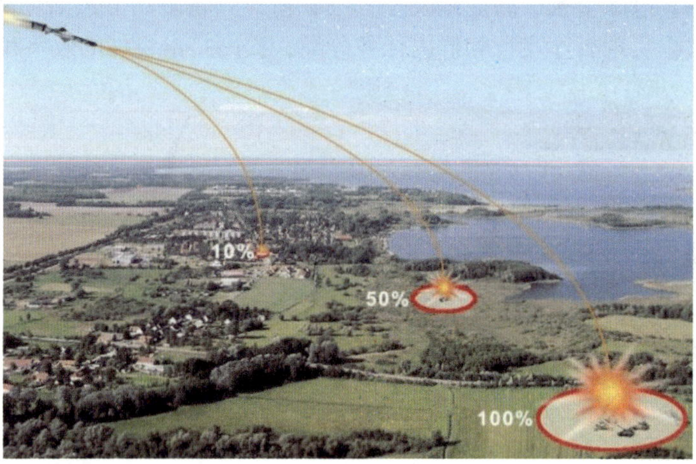

图 7－25　不同作战场景下的毁伤当量

毁伤效应可调弹药可根据对目标及目标区域的探测信息采取相应的毁伤模式，使作战人员或者弹药可以更充分地利用信息化作战体系中的各类探测设备侦察到的信息，最大限度地发挥信息化作战体系的优势，提高执行目标打击任务的灵活性。与此同时，由于作战人员不需要在遇到目标之后选择和更换适合的弹药，而是直接选择合适的毁伤模式，甚至在发射弹药后根据需要再选择合适的毁伤模式，所以可极大地缩短发现目标到摧毁目标响应时间，对于打击时间敏感目标来说有着重要的意义，也压缩了对手做出响应的时间，提高单发摧毁目标的概率。配用毁伤效应可调弹药，作战部队无须为应对未知的不同类型目标而携带大量不同类型的弹药，相应的后勤补给、维修保障等工作量也大幅减少，可有效地减轻作战部队及其保障人员的后勤负担。同时，由于同一种弹药可以对付多种类型的目标，所以可以最大限度地利用所携带的弹药，避免出现特定类型的弹药耗尽，而剩余弹药无法对付需要打击的目标的情况，提高执行任务的成功率。

7.6　高能高效毁伤

7.6.1　含能材料

含能材料是指含有爆炸性基团 、能独立进行化学反应的含能化合物。含能材料可以按照储能类型、能量等进行分类。按照储能类型分类时，含能材料可分为碳氢氧氮型和非碳氢氧氮型两类。碳氢氧氮类含能材料是指以碳、氢、氧、氮等元素为主的含有爆炸性基团的化合物，包括碳硝类、单硝类、氧硝基化类 3 种，典型代表为梯恩梯（TNT）、黑索今（RDX）、奥克托今（HMX）、六硝基六氮杂异伍兹烷（CL－20）等；非碳氢氧氮类含能材料是指离子型、共价型、聚合型全氮材料，以及金属氢（图7－26）、高张力键能释放材料等，其储能、释放机制较碳氢氧氮类含能材料将发生巨变，典型代表为全氮材料、金属氢、高张力键能释放材料等。

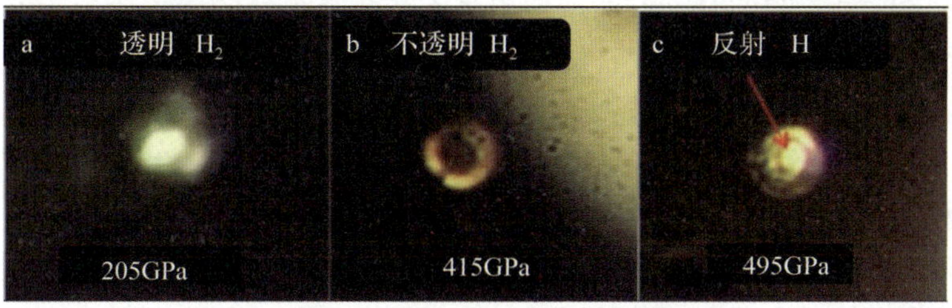

图7－26 不同压缩阶段的金属氢

按能量分类时，含能材料可分为一代、二代、三代、颠覆性含能材料。一代含能材料是指TNT；二代含能材料的能量为1.4～1.6倍TNT当量，典型代表是黑索今、奥克托今；三代含能材料的能量为1.7～1.9倍TNT当量，典型代表是CL－20、3，4－二硝基呋咱基氧化呋咱等；颠覆性含能材料的能量为3～30倍TNT当量，典型代表是全氮材料、高张力键能释放材料（聚合氮）、金属氢等。

美国以及欧洲一些国家的含能材料技术取得了创新发展，实现了黑索今、奥克托今、二硝基茴香醚等二代含能材料的规模化生产和广泛装备应用，同时在CL－20等制备工艺改进、新型高能绿色含能材料开发、利用机器学习技术推动含能材料快速优选与开发等方面取得了较大进步。

在CL－20等制备工艺改进方面，美国、伊朗等国大力探索、优化CL－20绿色低成本合成路线，不以毒性强的苄胺等为起始原料，不选用钯、铂等贵金属为催化剂，采用微乳液法、固体酸法等，预期制备成本是降至330美元/千克。

在新型高能绿色含能材料开发方面，美国陆军推出能量是1.5倍TNT当量的新型熔铸炸药——双（1，2，4－噁二唑）双（亚甲基）二硝酸酯（BOM），其理论爆速为8180m/s，感度显著降低，“三废”（废气、废水、废渣）产生量显著减少，制备规模已放大到千克级；美国、德国、俄罗斯、韩国等国相继推出二硝基甲基富氮衍生物、多硝基/多氟取代吡唑联四唑富氮含能化合物等系列新型富氮含能化合物，爆速可达9000m/s，感度优于黑索今，是极具应用潜力的富氮含能化合物。

在利用机器学习技术推动含能材料快速优选与开发方面，美国以及欧洲的一些国家利用大量含能材料分子结构与性能数据，以及扫描电镜、X射线衍射实验结果等数据训练深度学习算法，快速准确预测火炸药的生成焓、爆速、爆压、撞击感度、力学性能、燃速等性能数据，显著提高了火炸药研发安全性、缩短了研发周期、降低了研发成本。

在高张力键能释放材料制备工艺优化取得突破性进展方面，高张力键能释放材料的能量可达TNT的5倍及以上，且爆炸或燃烧产物对环境与人类健康无危害，已成为重点发展的超高能含能材料。针对其制备条件非常苛刻、较低压力下难以稳定存在的问题，美国采用气体掺杂技术改善聚合氮、聚合一氧化碳的制备工艺，在 45GPa 和 1427℃下制得一氧化碳掺杂聚合氮晶体，该制备压力比纯聚合氮降低了 2/3，温度降低了 300℃。

未来，含能材料将继续朝着高能、绿色、低成本方向发展，在已有高能绿色低成本炸药制备工艺深度完善的同时，也涌现了更多本质高能绿色的熔铸炸药和单质炸药。

含能材料是混合炸药、发射药、固体推进剂等火炸药配方的重要含能组分，其能量、感度、绿色化、成本等是决定火炸药装药的能量、安全性、绿色化和成本的关键。黑索今、奥克托今、二硝基茴香醚等二代含能材料的批量生产与广泛应用，大幅提高了常规弹药装药的能量与安全性；颠覆性含能材料具有极高的能量及独特的毁伤机理和作用模式，一旦获得应用将极大推动陆军武器装备性能的提升，甚至催生新一代高效常规武器装备。例如，全氮材料能使破甲、杀伤、爆破弹药威力达到 2～10 倍 TNT 当量，金属氢用作大规模杀伤性武器的超高能炸药和导弹超高能推进剂，爆炸威力可达 25～35 倍 TNT 当量，理论比冲高达 1700s，实现远程或超远程推进与高效毁伤。此外新型安全绿色含能材料的逐步应用，将在显著提高远程打击、高效毁伤能力的同时，降低对人员和环境的危害，大幅降低武器弹药的特征信号，提高作战效率。

7.6.2　高能混合炸药

高能混合炸药是指由含能化合物、黏合剂、燃料等组分组成的混合物，属于相对不稳定（亚稳态）的物质，能在外界能量作用下，自行发生急剧化学变化，在极短时间内释放大量能量，爆炸产物快速向四周膨胀并产生强冲击波，毁伤周围介质。高能混合炸药有多种分类方法，按装药工艺，可分为熔铸炸药、浇铸炸药、压装炸药、灌装炸药、挤铸炸药等；按性能特点，可分为高能炸药、不敏感炸药、塑料黏结炸药等；按基本配方组分，可分为黑索今基炸药、奥克托今基炸药、六硝基六氮杂异伍兹烷基炸药、二硝基茴香醚基炸药、含铝炸药等；按功能用途，可分为金属加速炸药、爆破型炸药、水下炸药、抗过载炸药、温压炸药、燃料空气炸药。

美国以及欧洲一些军事发达国家高度重视高能不敏感混合炸药、温压炸药、燃料空气炸药等的发展与应用，以及新型安全高效制备工艺的开发。

美国、英国、法国等国已实现系列高能不敏感混合炸药的装备应用，如 PBXN－109、AFX－757、AFX－777、PAX－21、PAX－2A、IMX－101、IMX－104、MNX－795 等高能不敏感炸药，广泛应用于联合防区外空对地导弹战斗部、航弹、155mm 榴弹、122mm 榴弹、81mm 迫击炮弹、M720A1 杀伤榴弹等，显著增强现役武器的高效毁伤效能与寿命周期安全性。

温压炸药方面，国外在装备应用 GSX 炸药、特利托纳尔（Tritonal）、H6、PBXIH－135、PBXN－12、含氟金属增强炸药等温压炸药的同时，积极研发新型温压炸药，包括美国 PBXIH－135EB、PAX－3 炸药等，美国还在开发适用于“陶”式反掩体武器战斗部的新型温压炸药，是在配方中加入钛、镁等金属粉末，用作燃烧剂，以提高温压效果。

燃料空气炸药方面，美国、俄罗斯是最早开发燃料空气炸药且应用最多的国家，代表当前最高水平的是俄罗斯2007年推出的巨型燃料空气炸弹（“炸弹之父”），该弹采用含纳米燃烧剂的燃料空气炸药，爆炸威力为44吨的TNT当量。此外，美国以及欧洲的一些国家还加强燃料空气炸药二次引爆控制，同时分析风速、空气湿度等环境条件对爆炸效果的影响。

安全高效新型制备工艺开发方面，美国以及欧洲的一些国家新开发出共振声混合、增材制造（图7－27）等快速高效安全制备高能混合炸药的新型制备工艺。共振声混合技术是美国2007年发明的新型非机械混合技术，采用60Hz的低频、高强度声波使材料迅速流化并混合均匀，可实现火炸药装药－装备一体化，使装药体积缩小20%，生产速度提高5倍，“三废”产生量减少90%。增材制造技术通过将火炸药浆料逐层打印固化，能按需精密安全制备密度梯变、复杂药型结构火炸药装药，推动能量可控火炸药装药的发展。

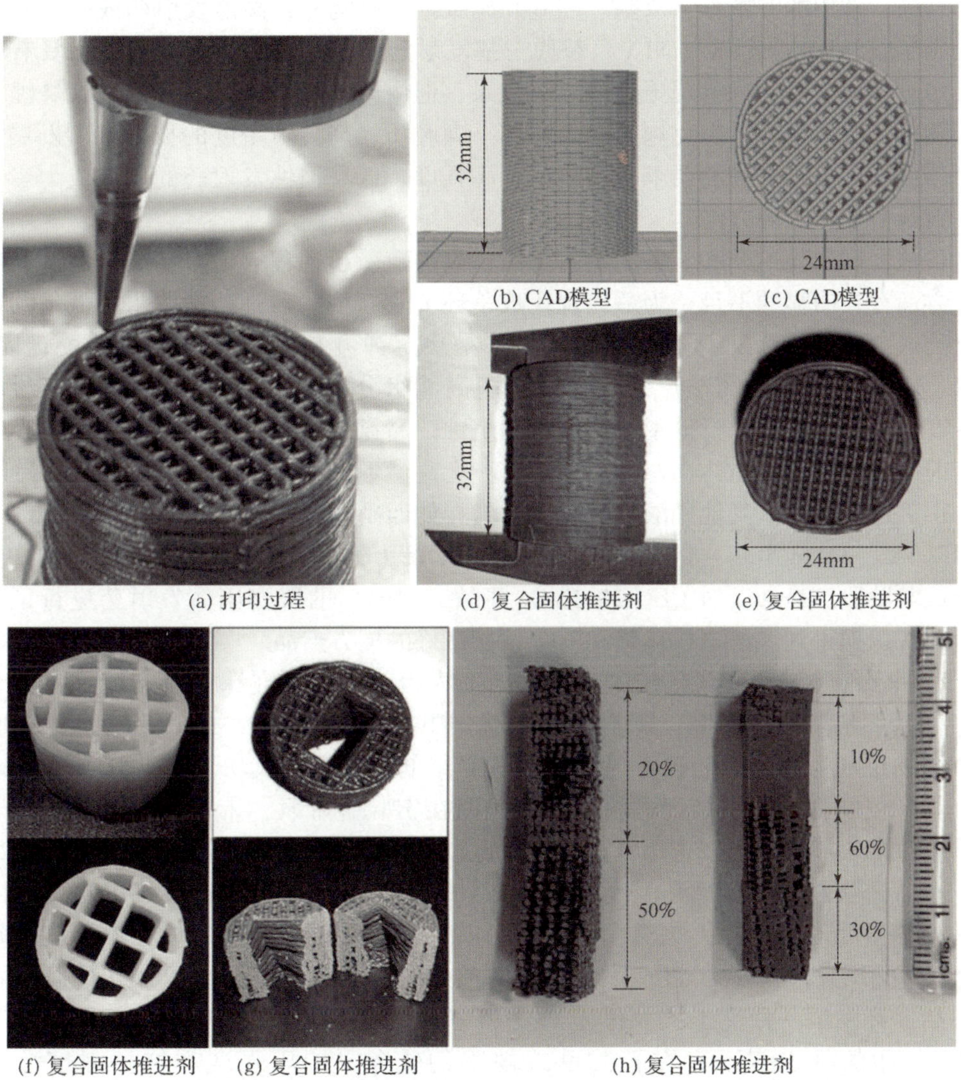

(a) 打印过程　(b) CAD模型　(c) CAD模型　(d) 复合固体推进剂　(e) 复合固体推进剂　(f) 复合固体推进剂　(g) 复合固体推进剂　(h) 复合固体推进剂

图7－27　增材制造的复合固体推进剂

未来，高能混合炸药将朝着更高能更安全的方向发展，针对不同弹药毁伤技术和毁伤目标特性，提高能量释放率，研究和实现不同能量输出结构，实现能量输出可控，满足环境适应性、安全性、可靠性等要求。

高能混合炸药是战斗部的重要毁伤能源，其能量、安全性的进一步提高，将快速推动武器弹药的高效毁伤能力与寿命周期生存能力。而且，随着共振声混合技术、增材制造技术等新型装药工艺的发展与广泛应用，将推动毁伤效应可调弹药装药的发展，实现一弹多能，提升高效精确毁伤能力的同时，减轻后勤负担。

7.6.3 高性能发射药

发射药是身管武器发射的能源，是一种自身含有氧化剂和可燃成分，受到外界能量激发时，能迅速有规律地燃烧，同时放出大量的热和气体，推动弹丸做功的含能物质。目前，常用的有单基、双基、三基和硝胺基发射药等，高能发射药或硝胺基发射药是用硝胺（RDX/HMX/HNIW）替代三基发射药中的硝基胍，这些发射药具有较高的火药力和初速度，可实现更好的穿甲效果，但由于火焰温度高，对枪炮管烧蚀性较高。随着高膛压火炮、坦克炮等向高初速、高膛压、高装填密度的技术方向发展，对发射药性能提出了更高的要求，高能量、高强度、低易损性发射药的研制成为当前高能发射药研发的主要方向。

目前，国内外生产和装备的发射药用于高射速、超远程火炮时，能量性能和烧蚀性等方面存在明显的不足，为适应现代战争环境和新型武器弹药的需求，低易损高能发射药成为替代传统发射药的首选。能量是决定弹丸初速及做功能力的关键因素，RDX、HMX 等硝胺炸药被广泛用作发射药高能组分，这是由于硝胺炸药稳定性好、比冲高、火焰温度低，降低了对枪炮管的烧蚀。高氮或全氮化合物以及含氮衍生物成为当前研究的目标物质，CL－20 虽能量密度高，但由于成本高、灵敏度低等问题，尚未得到广泛应用。其他硝酸酯类含能材料，如四硝基赤藓糖醇（ETN）和 2，3－二羟甲基－2，3－二硝基－1，4－丁二醇四硝酸酯（DNTN）已合成并加入配方，但仅限于试验阶段。另外，对 CL－20/HMX 共晶（CHC）的聚醚固体发射药进行了初步的研究，以期得到燃速、放热量和安全性能良好的配方产品。

利用含能黏结剂替代传统的惰性黏结剂成为新兴的研究课题，高能叠氮聚合物如聚叠氮甲基氧杂环丁烷、聚 3，3－双叠氮甲基氧丁环（BAMO）和叠氮缩水甘油醚聚合物也成为高能低易损发射药的候选黏结剂。印度已成功合成 BAMO 及其改性聚合物。但新型含能黏结剂材料的研究仍旧在实验室阶段，未得到实际的应用。另外，新型的高密度装药工艺也是发射药研发的方向之一，研究者发现采用两步发泡工艺和铸造法制备的新型孔隙度较低的 GAP/CL－20 推进剂具有较高的力常数和较低的火焰温度。较低的火焰温度（约 200K）有利于减少枪管的热蚀性。其燃烧性能是一种深度燃烧模式，显示了一种很有前途的内弹道性能。为克服传统挤压技术的限制，开发了一种基于“立体光刻技术（SLA）”的 3D 打印发射药装药技术，利用 3D 打印的推进剂不存在孔隙度或缺陷的迹象，抗压强度和抗拉强度分别为 21.6MPa 和 7.3MPa。

高能钝感发射药用作炮射导弹发射药装药，具有膛压低、初速高、炮口烟雾小等显著优点。随着现代武器对装甲穿透能力的增加，低敏感高能发射药成为可同时提高舰船、坦克的攻击和生存能力的重要手段之一。对于发射药而言，以历史性标志物硝化棉为基体的单、双基药已基本达到其潜在的物理化学原理所限定的性能极限。即使进一步投入大量的人力和物力，其性能也难以有突破性的提高。正是这种内在的要求，推动着低敏感高能发射药研究领域的不断发展。国外军事发达国家正在将新一代发射药的研发重点从低易损性发射药转向兼具低易损性和高能特点的低敏感高能发射药。

7.6.4 战术导弹固体推进剂

固体推进剂是由氧化剂、燃料（可燃剂）和其他添加剂组成的固态混合物。按配方组分性质可分为单基推进剂、双基推进剂、复合推进剂、改性双基推进剂等；按质地的均匀性分为均质推进剂（如单基、双基推进剂）和异质推进剂（如复合推进剂和改性双基推进剂）；按能量水平分为高能、中能、低能推进剂，比冲大于2450N·s/kg（250s）为高能，2255N·s/kg（230s）到2450N·s/kg为中能，小于2255N·s/kg为低能；按特征信号分为有烟、微烟和无烟推进剂。新型战术导弹要求具有精准打击能力和高生存能力，高能钝感低特征信号固体推进剂成为战术导弹推进剂的发展方向。

改性双基推进剂的能量水平较高，广泛用于各种战略、战术导弹。硝酸酯增塑聚醚推进剂是当今世界上已获应用的比冲最高且集复合与双基推进剂优点于一体的推进剂，标准理论比冲达2646N·s/kg，密度达1.86g/cm^3。高能低特征信号交联改性双基推进剂以硝化甘油增塑的端羟基聚醚或聚酯为黏合剂，以硝酸铵为填料，不含高氯酸铵（AP），是目前国外战略战术导弹中装备的一种主要的推进剂。改性双基推进剂实现高性能并具有低特征信号的技术途径主要有：采用新型含能材料（含能黏合剂、氧化剂、增塑剂）设计新配方，选择高效的燃烧催化剂和燃速调节剂改善燃烧性能，合成新型黏合剂提高力学性能和加工性，用新型工艺技术解决固体含量带来的工艺问题。瑞典正在开发FOX－7/RDX基的推进剂配方，FOX－7成分保证了常规稳定剂的长期稳定性，另外对包含FOX－7、FOX－12和ADN成分的固体推进剂配方也进行了研究。基于FOX－7的火箭推进剂表现了更好的能量和弹道性能，FOX－12作为添加剂可与高能材料兼容，有望用于不敏感高能推进剂。研究发现用FOX－7部分取代HMX或RDX后，固体推进剂的机械灵敏度显著降低，燃速和压力有所增加，力学性能也有所改善。

增塑剂主要用于火箭推进剂，以降低黏度，提高高黏性硝化棉（NC）聚合物链的加工工艺，降低玻璃化转变温度（T_g），提高力学性能，改变推进剂的性能。硝酸甘油（NG）是推进剂配方中最常见的能量增塑剂，当与NC混合时，在感度方面具有协同效应。三羟甲基乙烷三硝酸酯、丁三醇三硝酸酯、二乙二醇二硝酸酯、三乙二醇二硝酸酯、甘露醇六硝酸酯、聚硝酸缩水甘油酯、三羟甲基硝基甲烷三硝酸酯等已纳入美国研究新配方的研发。在推进剂的配方原料微纳米化制造技术方面，对氧化剂进行超细化处理，用纳米燃速调节剂替代传统的氧化铁颗粒等提高推进剂的燃速，助力超声速导弹的发展，俄罗斯利用爆轰法合成纳米金刚石颗粒作为燃速调节剂加入推进剂配方中，燃速提高了50%。

为开发新型推进剂配方，美国劳伦斯·利弗莫尔国家实验室运用热化学计算机代码——“猎豹”来预测发射药高能材料的能量释放特性及其各自的配方。有许多专有的热力学代码（TIGER、CHEETAH、布莱克、EXPLO－5、ZNWNI）利用分子的性质，如生成热、分子式和密度来开发推进剂配方潜在性能的一些初步信息。

高能、钝感、低特征信号和绿色环保型推进剂是固体推进剂发展的重点，固体推进剂未来发展需要进一步提高能量、扩大燃速可调范围、钝感和少烟或无烟化。高燃速推进剂可使固体火箭发动机在短时间内产生较大的推力，能满足反坦克导弹、防空导弹、机载导弹、拦截导弹和高速动能弹等对推进剂燃烧性能的要求。未来固体推进剂技术集中于新型高能量密度物质的分子合成及推进剂配方探索，主攻笼形富氮张力环化合物、激发态、亚稳态和原子簇、分子簇化合物和氟氮或氟氨化合物等。高能固体推进剂技术工艺的革新和安全工艺的研究，特别是高能富燃料推进剂、凝胶推进剂以及膏体推进剂的研发将对未来推进剂应用产生重大的影响。

7.6.5 高能毁伤战斗部技术

高能毁伤战斗部技术是利用高能炸药中蕴含的巨大化学能形成高速破片、聚能射流、高温、高压等破坏效应，对目标实施高效毁伤的技术。国外目前的发展重点包括深侵彻战斗部、毁伤效应可调战斗部（图7－28）、活性材料战斗部（图7－29）和温压战斗部（图7－30）等。其中，深侵彻战斗部是利用战斗部动能或聚能射流侵彻地下目标、掩体等建筑物，并在其内部爆炸形成破片或者冲击波毁伤目标。毁伤效应可调战斗部是指利用弹载传感器，根据探测到的不同目标类型信息，通过精确起爆控制技术与战斗部装药结构相结合，产生摧毁目标所需的“恰当”毁伤能量、可控毁伤元。活性材料战斗部是应用活性材料大幅提升威力效能的高效毁伤战斗部，其核心技术是由金属粉末和高分子聚合物组成的活性材料，可用于制造破片杀伤战斗部壳体、穿甲弹弹芯及聚能装药战斗部的药型罩等结构部件。温压战斗部是在燃料空气战斗部的基础上发展而来的新型高能毁伤战斗部，采用添加铝、硼、硅、铍、镁等粉末的温压炸药。这些粉末在加热状态下起燃并释放大量能量，大幅增强了温压炸药的热效应和压力效应。

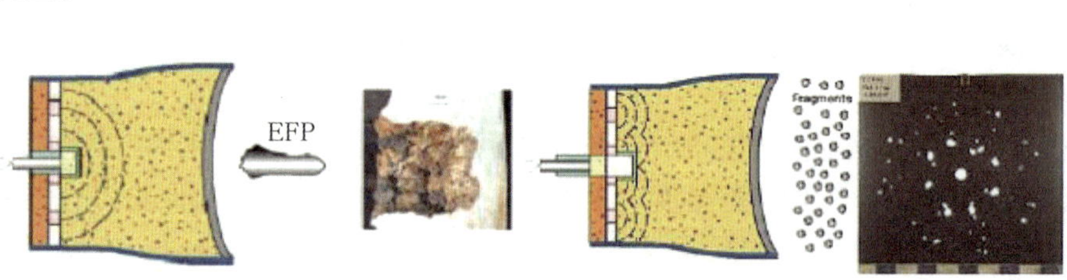

(a) 起爆形成EFP　(b) 毁伤目标　(c) 起爆形成破片　(d) 毁伤目标

图7－28　典型效应可调战斗部作用过程示意图

图7-29 活性破片战斗部摧毁导弹示意图

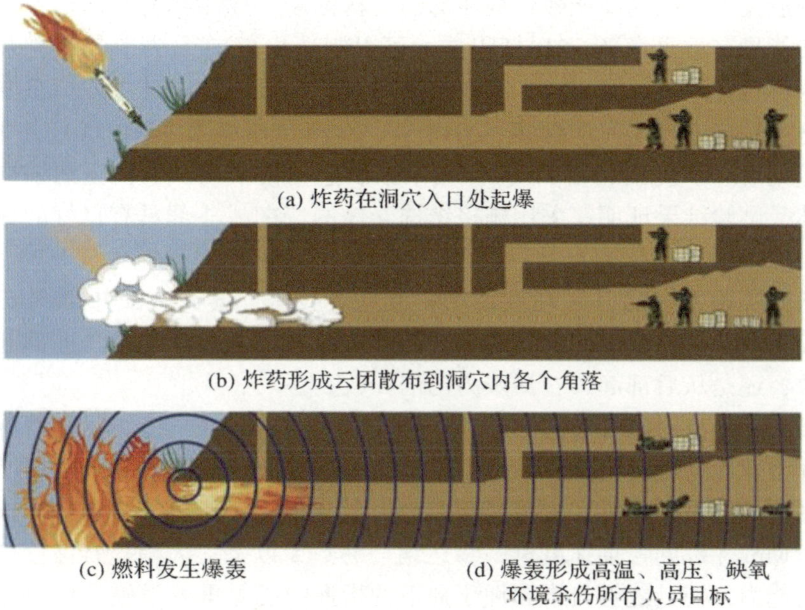

图7-30 温压战斗部对洞穴目标的作用过程

深侵彻战斗部对抗压强度为5000磅/平方英寸的地下目标侵彻能力达到60m。当前，为提高对地下目标的毁伤能力，国外主要通过提高侵彻速度和战斗部壳体及引信的抗高过载能力，以及优化战斗部壳体外形等途径实现。2014年3月，美国完成改进型巨型钻地弹的研制。该弹对抗压强度为5000磅/平方英寸的钢筋混凝土的侵彻深度为60m，对抗压强度为10000磅/平方英寸的钢筋混凝土侵彻深度为18m。与此同时，美国仍在持续研发和改进BLU-109/113、BLU-121B/B、BLU-122战斗部，并启动火箭助推型高速侵彻武器的研发工作。毁伤效应可调战斗部技术逐渐成熟，技术成熟度达到6级。美国、欧洲近年来均在大力开展效应可调战斗部的研究。在欧洲，德国的泰勒斯·戴姆勒宇航公司“杀伤半径自适应装置”项目技术成熟度已经达到6级。“杀伤半径自适应装置”综合应用了战斗部和引信技术，借助紧凑型引信系统，提供3~5种可选战斗部输出模式，毁伤威力可在10%~100%范围内调节。该技术适用于从装填1kg炸药的微型导弹到装药量达80kg炸药的通用炸弹等多种弹药的杀伤爆破或侵彻战斗部。活性破片战斗部工程化应用问题已解决，即将运用到多种弹药中。美国和欧洲都在研究活性材料战斗部技术，其中美国已进入工程化应用阶段，将在防空反导、大规模杀伤性武器等领域得到应用。欧洲活性破片战斗部技术的成熟度已经达到5级，也接近实用化。深侵彻战斗部的撞击速度将持续提高。美国洛斯·阿拉莫斯国家实验室对侵彻机理和载荷抗高过载能力进行了深入的仿真和数学计算，结果表明侵彻深度随速度的增加而呈指数增长。因此，提高侵彻速度是当前提高地下目标侵彻深度最重要的手段。目前，美国主要通过为侵彻弹加装发动机来提高其撞击目标的速度。美国下一步将要研制的全球打击侵彻弹药的撞击速度将进一步提高至1220m/s以上，将能够侵彻由超高强度和超高性能混凝土建造的抗压强度超过15000磅/平方英寸的加固目标。

增材制造技术将推动高能毁伤战斗部的结构创新。战斗部的结构创新对于实现战斗部的新功能具有重要意义。3D打印技术可以制造出以前无法生产的复杂结构，还有助于节约材料和缩短开发周期，将在未来高效毁伤战斗部设计中发挥重要作用。国外已经在这一领域进行了先期探索。2018年，欧洲导弹集团（MBDA）公司与IMPETUS Afea公司合作，提出利用3D打印技术来制造栅格结构，取代全钢结构作为侵彻战斗部壳体。试验结果证明，采用栅格结构壳体的侵彻战斗部具有良好的性能，能够承受多种碰撞条件，包括超声速（450~720m/s）和较高的碰撞角（15°）。2018年，美国空军研究实验室披露其正在利用增材制造等技术，尝试在战斗部内安装多个引信，从而控制战斗部是全部起爆还是部分起爆，或者控制战斗部是从前部起爆，让威力向后释放，还是从后部起爆，让威力向前释放。

深侵彻战斗部可对敌方实施“斩首”行动，具备非核威慑能力。随着深侵彻战斗部的目标撞击速度持续提高，以及3D打印技术、纳米材料技术等的应用，尤其是除通过为侵彻弹加装发动机外，未来还可能运用高超声速武器作为侵彻弹的运送平台，从而使深侵彻战斗部的侵彻速度进一步达到马赫数5以上，大幅提升深侵彻战斗部的硬目标侵彻能力，使其能够打击深埋于地下的指挥中心等重要设施，对敌方实施“斩首”行动，因而具备非核威慑能力。活性材料战斗部可用于多种弹药中，大幅提高毁伤威力。高密度活性材料拥有铝的强度、钢的密度，能量是TNT的1.5倍多。美军已计划将相关的研究成果应用于“标准导弹”Block 4A、先进中程空空导弹、“响尾蛇”空空导弹和滚转弹体导弹等现役弹药，提升其防空/反导作战能力。美国的大量试验表明，活性材料应用于破片杀伤战斗部后，其毁伤半径是钢、钨一类传统破片杀伤战斗部的2倍，潜在的毁伤威力可达5倍。效应可调战斗部由于可以根据对目标及目标区域的探测信息采取相应的毁伤模式，使作战人员或者弹药可以更充分地利用信息化作战体系中的各类探测设备侦察到的信息，最大限度地发挥信息化作战体系的优势，提高执行目标打击任务的灵活性。与此同时，由于作战人员不需要在遇到目标之后选择和更换适合的弹药，而是直接选择合适的杀伤效应，甚至在发射弹药后根据需要再选择合适的毁伤模式，这种灵活性可以极大地缩短发现目标到摧毁目标响应时间，对于打击时间敏感目标来说有着重要的意义，压缩对手做出响应的时间，提高单发摧毁目标的概率。

7.7 多层拦截防御

7.7.1 典型新质威胁目标特性

现代战争面临的空中威胁主要包括固定翼飞机、直升机及其机载武器、大口径火箭弹、隐身飞机、无人机、精确制导航空炸弹、战术空地导弹、电子战武器等。

武装直升机的快速发展和在局部战争中的广泛应用，对部队构成的威胁日益增大，已成为防空的严重威胁。武装直升机配有机载武器和火控系统，用于对地面、水面目标实施攻击或进行空战。其主要特点是：飞行速度较高，最大时速可超过300km/h；反应灵活，机动性好；能贴地飞行，隐蔽性好；生存力强，具有被击中后的抗弹伤能力和被迫着陆时的抗坠毁能力；机载武器数量大，种类多，毁伤能力强。

战斗机是世界各国空军装备数量最多、使用量最大的机种，是防空系统的主要威胁之一。世界主要军事强国已经研制六代机，且主要装备了第四代和第五代战斗机。其主要特征是：①具有优良的隐身性能，通过气动外型的隐身设计，外挂武器采用内埋或半内埋挂弹方式，同时对发动机尾喷的红外辐射能量采取屏蔽措施，降低了飞机的雷达、红外特性；②通过采用先进的气动外形和配装大推重比的涡扇发动机，使飞机具备了超声速巡航能力；③通过先进的气动布局、直接力控制和发动机推力矢量技术的应用，使载机具备了优良的全飞行包线范围内的机动能力；④探测系统除采用火控雷达系统外，还增加了光电设备和航空数据链系统，可将远近的各种战场信息传递给作战平台，增强了载机在复杂电磁环境下的信息感知能力；⑤飞机平台、火控系统、动力系统高度综合；⑥武器攻击能力进一步增强，攻击距离进一步提高，攻击范围进一步扩大。

无人机在现代战争中发挥的作用越来越大，仅 2021 年 2 月，也门胡塞武装就向沙特阿拉伯发动了 40 多起无人机和导弹袭击。2020 年纳卡冲突期间，亚美尼亚在纳卡地区部署多型防空导弹，包括先进的 S－300 防空系统和道尔防空系统，具备一定的防空能力，但依然无法抵御无人机袭击。阿塞拜疆无人机摧毁了一部 S－300 防空系统的 19Zh6 雷达，用 TB－2 无人机通过发射 MAM－L 精确制导炸弹摧毁了三套亚美尼亚的道尔防空系统，用哈洛普无人机摧毁一套俄制铠甲防空系统。纳卡实战表明，老旧的防空系统无法抵御无人机袭击。2019 年 9 月，沙特东北部的阿布盖格炼油厂和胡赖油田遭到 18 架无人机袭击，造成多处石油设施发生爆炸并起火，导致沙特石油产量减半，相当于全球石油供应量的 5%。此次袭击以单架无人机难以完成，但因多架协同产生了预想的作战效果。

在现代战争中，武装直升机主要遂行以下作战任务：一是攻击坦克，美军一个AH－64“阿帕奇”直升机（图7－31）营能攻击260辆坦克，国外进行的模拟对抗试验表明，坦克与直升机对抗时双方的击毁比率为12：1～19：1；二是执行战术袭击、战斗支援和护卫任务，武装直升机是掩护运输机和运输直升机进行机降的主要火力支援武器，并能有效地为地面部队的作战行动和登陆作战实施火力支援；三是最新研制的武装直升机，借助隐身、高机动性能对战场实施空中侦察，使普通突击直升机群能更隐蔽地采取突袭行动，大大降低突袭风险；四是直升机空战，1991年海湾战争中，288架AH－64A“阿帕奇”直升机摧毁了伊拉克至少500辆坦克、500辆汽车、12架直升机、65处阵地工事和10架飞机。

图7－31　美国AH－64A“阿帕奇”直升机

战斗机根据不同的作战任务可分为制空作战型、对地攻击型、制空/对地多用途型。制空型战斗机又称为歼击机，主要用于制空权的争夺和对来袭航空兵器的拦截，对地攻击的作战任务是该型飞机的附属任务，一般多为配挂常规炸弹进行临空攻击；制空/对地多用途型战斗机，主要用于执行制空/对地双重作战任务，系统配置功能齐全，制空和对地的作战能力都十分突出，目前这类飞机已经取代了传统的战术轰炸机，往往在战争中执行各类战术轰炸任务。从目前世界战斗机的发展趋势来看，战斗机逐步由过去的任务单一型向任务复合型转变。战斗机在提高制空作战，也就是空空作战能力的同时，把对地打击所需的系统配置也融为一体，可配挂空地精确制导武器，形成多用途战斗机。

无人机已被部署在各种军事任务/行动中，执行ISR、通信中继等任务。多架无人机可以利用先进的通信技术相互协作完成军事任务。与有人机相比，利用微小型无人机相对较小的外形尺寸，可以实现雷达和通信干扰等隐蔽性对抗。中型无人机或作战无人机可携带弹药，遂行打击任务。

7.7.2 多维防御探测与指控技术

探测与指控技术是多维防御体系的中枢，决定着防御体系的整体作战效能。探测技术是多维防御体系的“千里眼”，严密、高效、灵敏、对抗能力强的预警探测系统是进行现代防御的首要条件，其作用是发现、跟踪、识别空中目标并测报目标诸元，以保障指挥部进行决策和采取防空行动；指控技术是控制中枢，对有效抗击空袭起着至关重要的作用。自动化指控系统是以电子计算机为核心的技术设备和指挥控制人员相结合的人－机系统，主要作用是自动收集、处理防空所需的情报，辅助指挥员进行决策，以便有效地指挥和组织各种防空兵力、武器和防空组织适时、准确、迅速、协调地进行防空行动。

雷达目前仍是最主要的预警探测装备，各国在建立多维防御预警系统时，重点发展预警雷达，并将各种雷达组网，能显著提高预警系统的能力。预警雷达组网是将探测距离各不相同的远程、中程、近程预警雷达，地面和空中的预警雷达联成雷达网络。随着空袭的全方位化和大纵深化，多维防御的预警雷达系统还必须与国土防空系统的预警雷达系统联网。组成网络的预警雷达形成了一个绵密的预警网络，对网络中雷达探测的信息进行信息融合，形成统一的空情态势图，使空情信息能为各级部队共享，这样就可以更早地发现敌方的空袭，有效地探测超低空飞行的巡航导弹和飞机等空袭武器，提高预警雷达的生存力和抗电子干扰的能力，提高防空武器的作战效能。预警雷达组网的通常方式是以高性能中程、远程三坐标雷达为主，以低空补盲雷达为辅组成严密的预警网络。

国外指挥控制系统的种类在减少，加强发展通用指挥控制系统，一种系统可指挥多种防空武器。美国前方地域防空指挥控制系统是第一套使部队实现数字化的系统，可为“复仇者”“毒刺”（图7－32）和“布雷德利/毒刺”弹炮一体防空系统等近程防空武器采集、数字化处理和分发实时目标标识和跟踪信息，提供指挥、控制、情报信息，并实现与“爱国者”防空导弹（图7－33）的联合指挥与控制互操作能力和水平集成。

图7－32 美国“毒刺”便携式防空导弹

图7-33　美国“爱国者”防空导弹

网络化的指挥控制结构没有过多的指挥层次，而是利用通信网络将分布在战场上的各种防空武器系统、预警探测系统、指挥控制中心联成网络，指挥中心根据从预警雷达获得的敌方空袭情报，指挥控制适当地点的防空武器系统在适当的时机拦截空袭目标。

7.7.3　多维防御火电控制网络技术

多维防御火电控制网络技术涉及指挥控制、侦察与监视、信息传输、数据处理等多种现代战场所必需的技术，涵盖了信息的获取、传输、处理、应用以及对抗各个环节，是军队信息化改造和打造数字化战场的核心，被世界主要军事强国作为兵器技术发展的重点，并已成为推动兵器装备向数字化、信息化发展的中坚力量。

目前，以美国陆军为代表的各国地面部队持续推动战术网络现代化工作，以更好地满足当前和未来的多样化作战需求。美国陆军正在以“综合战术网”为核心推动战术网络渐进式升级。陆军期望未来的新一代战术网络容量更大、延迟更低、使用更灵活、弹性更强，为此正在围绕“综合战术网”并以两年为周期开发和部署新的“能力集”。与此同时，德国等国家也围绕本国以及联合作战需求改进本国的网络与通信装备。

目前，美国陆军正在以“能力集”的形式对综合战术网进行每两年一个周期的持续升级，以提高现有通信与网络平台的能力。2020 年 4 月，陆军对“能力集 2021”中包含的战术无线电台和卫星终端等新装备进行了关键设计评审，并就成本承受能力、技术成熟度和整个编队配置等进行了一系列的权衡。美国陆军将网络的保密性要求从 100% 调低到 75%，在营及营以下使用非保密架构，不需要像以前一样所有事项都需要国家安全局认证。这种调整将增加美军部署和使用商业技术的灵活性，将潜在的部署时间缩短 24 个月。新装备使用与经过国家安全局认证的无线电台相同的算法，因此实际上保密性并未降低。

英国开始通过其“陆地环境战术通信与信息系统”计划替换其主要的战术网络。英军现役的战术网络包括“弓箭手”无线电系统、“通用战场应用工具集”“数字化基础设施和平台战场信息系统应用”，这些项目加在一起统称为“弓箭手 ComBAT 基础设施与平台”，这也是英军特别是陆军使用的核心战术通信与信息系统。

基于网络和信息系统，对“体量大、类型多、速度快、价值低”的多源情报的融合处理速度，成为新的制胜点，主要发力点包括智能数据处理、数据融合、分布式控制、动态任务规划与自主决策。同时，随着网络中心战思想的推出，弹药将成为信息链中的一个重要环节，承担侦察、探测、通信中继、精确毁伤与评估目标等功能，而网络化、多协同是智能弹药的高级发展形式，可使弹药广泛利用战场信息，自主、机动、有效、适时对付战场中的重要目标。

7.7.4　多维防御武器系统弹药技术

多功能火炮是一种集地面打击和空中防御于一体的火炮武器系统，同时兼备突击、压制、防空三种功能，又可称为突击炮或机动火炮系统。

国外现有典型多功能火炮包括比利时 CT－CV 式 105mm 模块化炮塔（图 7－34）、美国“斯特赖克”机动火炮系统、意大利“半人马座”120mm 机动火炮系统等。另外，值得关注的新型榴弹炮还有瑞典“阿契尔”155mm 自行榴弹炮（6×6），德国“阿格姆”52 倍口径 155mm 模块化火炮系统、“多纳尔”155mm 自主式火炮系统、“拳击手”RCH 155 自行榴弹炮（遥控）和新型 155mm 机动火炮系统等。

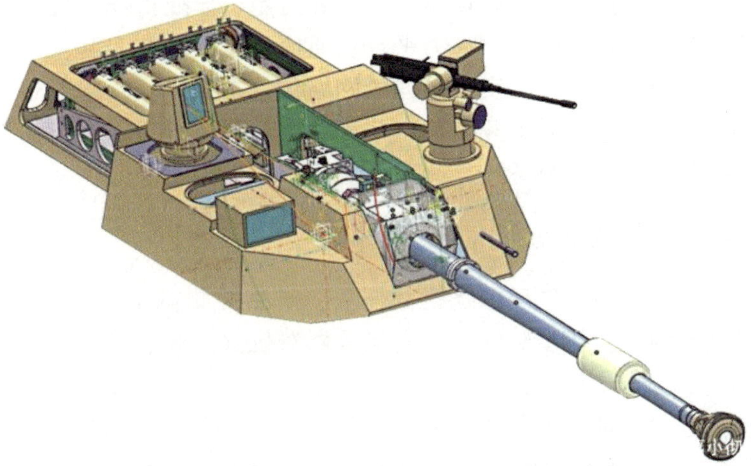

图 7－34　比利时 CT－CV 式 105mm 模块化炮塔

当前火炮采用自动装填、无人炮塔和遥控操作等多种技术，操控向自主化方向发展。车载炮方面，美国“斯特赖克”机动火炮系统采用低轮廓、全稳定且具有行进间射击能力的无人炮塔，以及全自动装填系统。车尾的液压全自动装填系统可预先填装不同类型的弹药，并根据不同任务来选择发射不同弹药类型，使火炮能够更快速有效地装填和射击目标；可发射尾翼稳定脱壳穿甲弹、破甲弹、碎甲弹、霰弹 4 种弹药。碎甲弹和霰弹的配用使“斯特赖克”部队具备城区作战能力。另外，机动火炮系统也将配备训练软件，使士兵能在车里训练各种交战过程，而不需要使用模拟机训练。榴弹炮方面，未来的榴弹炮将普遍采用自动化火控系统、全自动弹药装填系统等，并完善车载电子综合系统，提高火炮自动化水平和自主作战能力。车载电子综合系统是指将火控计算机、定位定向导航系统、火炮操控系统、通信系统、自动装填系统、炮车电气系统、故障检测和诊断系统等置于计算机的控制下，实现自主作战，从而进一步提高火炮武器系统的快速反应能力和持续作战能力。

同时，随着信息化、网络化技术的发展，火炮数字化、自动化和网络化作战能力备受重视。日趋完善的火炮数字化火控系统、高精度的定位导航系统、通信系统等与战场 C^4ISR 系统紧密结合，使火炮武器系统的信息化水平和自动化程度不断提高，自主作战能力得到显著增强，更能灵活、机动地发挥火力能力。加装先进数字化设备，发展数字化、网络化火炮已成为火炮研发和升级改造的热点。美国陆军陆续换装数字化火炮武器系统，提高网络化作战能力。M109A7 式 155mm 自行榴弹炮及其 M992A3 供弹车用于换装现役 M109A6 式“帕拉丁”155mm 自行榴弹炮及其 M992A2 供弹车。M109A7 配有改进型导航与火控系统和多种数字化设备，可昼夜作战使用，装备使用后还将可兼容新网络技术，具有“打了就跑”和网络化作战能力，为多种潜在的作战行动提供火力支援；采用“布雷德利”战车底盘和非瞄准线火炮相关技术进行改进，是第一种配装增强型车载电源管理系统的火炮系统。

未来网络化火力系统，不仅可实现各级炮兵部队之间，而且可实现单炮之间的相互联络，在对各类信息进行实时处理、分析和判断的同时，可对炮兵部队、营、连乃至单炮下达可靠准确的指令，实施精确的指挥和控制。作战指挥系统对炮兵火力实施指挥控制，把可资利用的传感器、火力平台及通信手段整合在一起，根据获得的信息选择最合适的平台和打击方式，实现最佳的网络化打击效果。未来战争中，压制炮兵武器装备在接收目标信息之后十几秒甚至几秒就可对目标进行射击，而现役地面压制身管火炮的反应时间为 30～60 秒。

7.7.5 定向能武器拦截等其他拦截技术

美国、以色列、德国等先后围绕拦截任务，研制并测试了多种定向能武器样机，并开展了大量试验测试，初步验证了定向能武器对抗火箭弹、炮弹、迫击炮弹等目标的毁伤效果。

美国持续推进“高能激光技术演示样机”（图 7－35）、“区域防御反弹药激光武器系统”“机动式地基防空系统”等项目，探索基于激光武器的反火力压制系统。以色列研制的“铁束”激光武器系统（图 7－36）已安装在卡车上进行了试验，可拦截 2km 内的火箭弹、迫击炮弹和无人机。德国莱茵金属公司和 MBDA 公司也研制了多型输出功率为 10～50kW 的车载和陆基固定式激光武器样机，开展了反火力压制试验。2022 年 2 月，美国海军研究办公室在白沙导弹靶场进行的分层激光演示器试验中，首次使用激光击落一枚巡航导弹。这是定向能技术武器化过程的开创性成就，或将推动美军作战方式的变革。美国哈德逊研究所高级研究员布莱恩·克拉克推测，此次试验所用激光器的功率不超过 150kW，推翻了长期以来摧毁巡航导弹所需最低激光功率为

300kW 的假设。2020 年，海军研究办公室授予洛克希德·马丁公司价值 2240 万美元的合同，用于研发分层激光演示器的原型。2022 年 4 月，以色列成功测试“铁束”低成本激光防空系统。以色列国防部国防研究发展局和拉斐尔公司联合研制的“铁束”激光机动防空系统成功进行实弹拦截测试，其间击落了近程火箭弹、迫击炮弹、反坦克导弹和无人机等多个目标。“铁束”系统由以、美两国共同投资，主要用于末段防空反导，执行 7km 内来袭目标拦截任务，弥补现有“铁穹”系统拦截成本高昂和难以有效对付近距离目标的不足。“铁束”首次亮相于 2014 年新加坡航展，并于 2020 年开始部署。该系统由光纤激光器、雷达系统和指控单元构成。其中光纤激光器采用模块化设计，可以两台一组的形式机动部署，输出功率可能超过 100kW，最大射程约 7km，杀伤照射时间 4～5s。按计划，以色列将在未来 10 年在边境地区附近大量部署“铁束”系统，大幅提升末段防空反导系统的韧性及成效比，目前负责执行该任务的“铁穹”导弹防御系统单次拦截成本约为 5～10 万美元，而“铁束”激光系统的单次发射成本仅 3.5 美元。

图 7－35　美国高能激光技术演示样机

图 7－36　以色列“铁束”激光武器系统

美军的“相位器”系统是全球首款用于对抗无人机的微波武器，可利用单脉冲能量对抗无人机集群，有效弥补了目前反无人机技术在应对无人机集群方面的不足。2013—2016 年，美国陆军相继利用“相位器”开展反无人机试验。2019 年 9 月，美国空军与雷声公司签订合同，在美国本土外部署“相位器”系统，以进一步做战场测试评估。2019 年 6 月，美国空军研究实验室仅用 18 个月就开发出名为“战术高功率微波作战响应器”（THOR，托尔）的高功率微波武器系统，已完成近程反无人机群测试，2020 年左右交付使用。未来，高功率微波武器将重点提升功率和转换效率，或把微波源的功率水平提至上百吉瓦，并降低质量、尺寸和功耗，以适用于多种平台。2021 年 2 月，美国陆军也为“托尔”战术高功率微波武器提供支持，希望通过投资为士兵提供一种能够击落无人机集群的新武器。“托尔”由美国空军研究实验室定向能部设计，是一种定向能武器，可使无人机内部的电子设备失效。该微波武器置于长度为 6m 集装箱内，可由军用运输机运输，由两个人组装。该系统可发射强大的无线电波，相较于子弹或捕捉网作用距离更远，且响应过程静默、瞬时。陆军将“托尔”作为“高功率微波间瞄火力防护能力”样机系统的一部分，后者计划 2024 财年投入使用。陆军期望利用定向能实现分层防御，以多种方式击败来袭威胁。高能激光一次可应对一个目标，而高功率微波可以应对集群目标，因此陆军在“间瞄火力防护能力”快速样机化工作中寻求将这两种技术相结合。

7.8 无人作战系统

7.8.1 地面无人系统

地面无人系统包括无人车和地面机器人两类，其中：无人车主要指采用轮式或履带式行走装置、依靠自身动力装置可以达到公路或越野行军速度的无人驾驶车辆，如以色列“守护者” 4×4 无人车等；地面机器人主要指依靠自身动力装置达不到公路或越野行军速度、质量通常为几十千克级别的便携式无人车，以及采用非传统轮式、履带式行走装置的仿生机械装置，如美国“魔爪”机器人、“大狗”四腿机器人、“阿特拉斯”人形机器人等。

地面无人系统通常由地面无人平台、任务载荷、操控人员、控制系统、显示设备、通信系统、后勤保障以及无人系统的支援对象组成，其中无人平台是指无人车或地面机器人，是地面无人系统最重要的组成部分。按照平台质量划分，地面无人平台通常可以分为微型、小型、中型和大型，微型无人平台质量通常不超过 4.5kg，小型无人平台质量通常为 4.5～90kg，中型无人平台质量通常为 90～900kg，质量超过 900kg 为大型无人平台。

国外近年来重视地面无人系统发展力度，研制出了数百个型号，主要用于执行排爆、侦察、火力打击、后勤保障等任务。目前国外共有 35 个国家列装地面无人系统，列装型号总量有 233 种，列装数量超过 10000 部。美国装备规模位居世界第一，有 50 余型，型号数量占世界总量的 20% 多，侧重排爆型和侦察型，火力打击型少。国外在研地面无人系统型号数量总计有342种，研发重点聚焦无人战车、无人运输车、地面仿生机器人、特种无人装备等。

瞄准未来高端战争复杂陆战环境，国外地面无人系统将向模块化、通用化、系列化/车族化、主战化、仿生化、协同集群化发展，作战能力不断提升，部署规模更趋扩大，全面支撑陆军作战。

美国、俄罗斯、以色列等国在伊拉克、阿富汗、叙利亚等局部战争和各种军事行动中部署了多种地面无人系统，这些地面无人系统已在实战中发挥了重要作用。美国主要以排爆、侦察型地面无人系统投入实战应用；俄罗斯主要以武装型地面无人系统参与实战。俄罗斯在叙利亚反恐行动中部署使用了“平台”-M、“阿尔戈”、“天王星”-9（图7-37）等多款武装型地面无人系统；以色列“守护者”“前卫”“阿姆斯塔夫”6/8地面无人系统主要用于边境巡逻。

图7-37 俄罗斯“天王星”-9无人战车射击场景

与有人装备相比，地面无人系统具有独特的优势：一方面，可提升部队的保障能力、侦察能力、地面突击/火力压制/防空能力、联合作战能力等；另一方面，可减轻士兵负荷，提升士兵作战能力，提升士兵的战场生存力。地面无人装备发展将推动陆战装备体系重塑，对未来陆战样式产生深远影响。

7.8.2 低空/中高空无人系统

低空/中高空无人系统即无人机系统，是指飞行平台上无乘员，但具有遥控、半自主、全自主能力，能够遂行任务、可重复使用的有动力飞行器。无人机系统包括无人机、数据链、指挥控制站、发射与回收装置等。

无人机系统通常按照系统中的飞行平台（无人机）来分类，可分为固定翼无人机、旋翼无人机和浮空器（包括飞艇、气球），其中固定翼无人机发展和运用最多，旋翼无人机次之，浮空器相对较少。美国国防部当前采用的标准将无人机分为5个等级（表 7 –1）：超低空无人机、低空无人机、中空无人机、高空无人机和超高空无人机。其中，超低空无人机实用升限一般为 0 ~ 100m，低空无人机实用升限一般为 100 ~ 1000m，中空无人机实用升限一般为 1000 ~ 7000m，高空无人机实用升限一般为 7000 ~ 20000m，超高空无人机实用升限一般大于 20000m。

表 7 –1　美国国防部固定翼/旋翼无人机分类

类别	无人机技术参数	代表性机型
第 5 等级	质量：＞600kg；实用升限（海拔）：＞5500m；空速：任意	RQ –4 “全球鹰”、MQ –4 “特赖登”、MQ –9 “死神”、X –47B
第 4 等级	质量：＞600kg；实用升限（海拔）：＜5500m；空速：任意	MQ –1C “灰鹰”[1]、MQ –1 “捕食者”[1]、MQ –8 “火力侦察兵”、MQ –5 “猎人”
第 3 等级	质量：＜600kg；实用升限（海拔）：＜5500m；空速：＜463km/h	RQ –21 “黑杰克”、RQ –7 “影子” 200、RQ –2 “先锋”
第 2 等级	质量：9.5 ~ 25kg；实用升限（距地面）：≤1100m；空速：＜463km/h	“扫描鹰”
第 1 等级	质量：0 ~ 9kg；实用升限（距地面）：≤370m；空速：＜185km/h	RQ –11 “大乌鸦”、RQ –16 “沙漠蛛蜂”

注：1 表示 MQ –1C “灰鹰” 和 MQ –1 “捕食者” 的飞行高度均可超过 5500m，但美国国防部在《2013—2038 财年无人系统综合路线图》中将其划分为第 4 等级。

国外重视无人机系统发展，加快无人机系统迭代升级和实战化部署，在役无人装备型谱日益完善，列装数量不断增长，能力水平持续提升，已成为不可或缺的空中作战力量。低空无人机主要是超近程无人机，世界许多国家和地区都列装有超近程无人机系统，其中美国装备的数量遥遥领先。典型型号包括美军的“扫描鹰”（206 架）、RQ –11 “大乌鸦”（7332 架）、RQ –20 “美洲狮”（1137 架），以色列的“云雀” Ⅰ（大于 300 架）等。中高空无人机主要是近中程无人机、长航时无人机，典型型号包括美军的 RQ –21 “黑杰克”（20 架）、RQ –7 “影子” 200（499 架）等。世界上已正式列装长航时系统的国家包括美国、以色列、英国、意大利、法国和印度等，共计 20 多个，典型型号主要包括美军的 RQ –4A/B “全球鹰”（35 架）、MQ –9 “死神”（112 架）等。

国外无人机使用频率大幅提升，任务范围不断拓展，正由追求高性能、综合化单一平台向新型作战概念牵引的高自主、高智能、低成本方向发展，持续塑造新型战场优势。

无人机系统已在多次局部战争中发挥了重要作用。近年来，美空军 MQ –9A “死神” 无人机在伊拉克、阿富汗等地区长期部署运用，获取了大量时敏战场情报信息，并多次执行精确打击任务。MQ –9A “死神” 无人机可在全球范围建立超过 60 个不间断战斗空中巡逻圈，为多个作战区域提供持久战术侦察和精确打击能力。美国陆军 MQ –1C “灰鹰” 无人机（图 7 –38）已在伊拉克、阿富汗、叙利亚等地实战使用，2017 年 3 月开始在韩国常态化部署，截至 2017 年 10 月总飞行时数超过 29 万小时。

图7－38 美国陆军 MQ－1C“灰鹰”无人机

无人机系统正逐步纳入陆战装备体系，列装外军各级部队，提供非对称作战优势，支撑外军新质作战能力建设。

7.8.3 无人/自主集群

无人/自主集群是指由数量众多的具有一定自主控制能力的无人系统个体组成的集群，通过信息共享，扩大态势感知，实现协同任务分配、搜索、侦察和攻击，有效提高无人系统个体生存力和整体作战能力，包括同构无人集群或异构无人集群。无人/自主集群是一种改变游戏规则的颠覆性技术，是实现未来无人化作战的重要突破口。正是在“反介入/区域拒止”作战需求以及前沿高新科技进步推动下，外军优先发展无人机集群技术，又称无人机蜂群技术。

国外军事强国中主要是美国大力发展无人系统集群技术，在军事需求推动、先进技术支撑及国防预算投资下，其无人系统集群技术遥遥领先于其他国家，而英国和俄罗斯等国家也关注无人系统集群技术，研发重点在于反无人系统集群作战技术。目前，无人系统集群技术发展已步入试验、演示验证与战术应用发展阶段，小规模无人机集群初步应用于实战。

无人/自主集群将向灵活异构化、任务全谱系化、自主化/智能化、协同化方向发展。未来，无人集群组成将更加灵活，可由同构、异构无人系统组成；作战任务拓展至情监侦、火力打击、后勤补给等任务；无人集群呈现自主化/智能化发展，提升单体平台智能和群体智能；无人集群任务实施方面，向高度协同化发展。

无人/自主集群正处于快速发展阶段，已实施多次技术演示验证，部分小规模投入应用。DARPA“小精灵”项目完成样机首飞，“进攻性集群使能战术”项目于2021年12月完成第6次即最后一次现场试验。美国海军“低成本无人机蜂群技术”项目2016年完成陆上30架发射试验，以及舰基发射试验，目前正在进一步试验。2022年4—5月，美国陆军在犹他州杜威试验场开展“边缘－2022”作战实验。实验中，由28架“阿尔蒂乌斯”－600无人机构成无人机集群（图7－39），效仿“狼群”战术，依次协同执行目标侦察、防空干扰、火力引导/自杀攻击、毁伤评估任务，验证了无人杀伤链新战法，支撑美国陆军多域作战。

图7-39 美国陆军“阿尔蒂乌斯”-600无人机集群

无人/自主集群发展对武器装备体系、作战模式与战争形态具有颠覆性影响：一是具备超强整体作战能力，形成颠覆性作战效果；二是能以低成本、高灵活性方案实施侦察与攻击，应对“反介入/区域拒止”作战挑战；三是能够变革未来美军武器装备体系及作战模式，改变未来战争形态。

7.8.4 无人集群行为规划与指挥决策

无人集群行为规划与指挥决策是指无人集群在复杂的战场态势中同时完成情监侦多目标攻击等任务时，应制定合理高效的协同行为规划方案以及指挥决策来指导无人集群任务实施，充分发挥单机作战功效，体现集群资源的智能化作战优势，极大提高任务执行成功率和效率，降低风险和成本。其中，行为规划是任务执行的基础，任务分配一般按照保证最大益损比（分配收益最大、损耗最小）和任务均衡的原则进行，综合考虑任务空间聚集性、单机运动有序性以及目标环境适应性，避免单机资源利用冲突、以集群编队整体最优效率完成最大任务数量，体现集群协同作战优势。

通过单体之间的紧密协作，体现无人集群作战性能的优越性。2022年10月，乌克兰军队多架无人机和多艘无人艇对俄罗斯军队里海舰队总部塞瓦斯托波尔要塞发动协同攻击，重创包括旗舰“马卡罗夫海军上将”号在内的4艘军舰。世界各国均致力开展无人集群行为规划与指挥决策技术研究，研究重点聚焦无人机集群。美国“小精灵”项目无人机集群（图7-40）可以通过载机平台的指挥控制及内部信息协同共享，突破敌方防御系统，快速展开任务执行计划，任务完成后进行回收；“拒止环境协同作战”项目利用信息共享的方式充分利用每架无人机优势，通过协同算法扩展无人机的任务类别，提高智能自主能力，最后形成一套智能集群无人机协同作战体系架构。

图7-40　美国“小精灵”无人机集群可协同作战

随着人工智能、自主控制等技术的发展，智能算法开始应用于无人集群行为规划与指挥决策中，进一步提高了无人集群行为规划与指挥决策的智能化、自主化水平，并降低了反应时间，优化了指挥决策。

目前无人机集群已实施了多次技术演示验证，以及小规模试用。无人集群主要算法类型包括市场机制拍卖算法、匈牙利算法、蚁群算法、粒子群算法、遗传算法、一致性集束算法等。现阶段多数算法正在试验中，距离大规模的复杂任务自主规划还有差距。

无人集群作为一种具有颠覆性的智能集群技术具有恶劣环境适应性强、协同作战能力强、智能程度高等优势，备受各国重视，目前正处于飞速发展阶段，随着相关技术的日益成熟，无人机集群必将作为无人机系统的重要组成部分，成为未来战场中的重要作战样式，在战争中扮演重要的角色甚至改变战局。

7.8.5　无人系统智能设备

无人系统智能设备是指无人系统附加的相关智能装置，包括自主控制组件、外骨骼、“空中博格”人工智能系统等。其中：自主控制组件是用于集成有人车辆并将其改装为可选有人驾驶车辆，为其提供自主控制能力；外骨骼是一种能够对生物柔软内部器官提供形态、构造和保护的坚硬外部结构；“空中博格”人工智能系统是美国空军根据“空中博格”项目研制的人工智能系统，作为人工智能驱动的“计算机大脑”，能够驾驶联网的“忠诚僚机”型无人机和完全自主的无人作战飞机。

国外重视无人系统智能设备发展，将其作为推动无人智能技术应用的重要技术手段。目前，美国、英国、以色列、瑞士等国均开展自主控制组件研究。其中，美国奥施科施公司研制了“特拉迈克斯”控制组件（图7-41），该组件也称为引导-跟随组件，可集成到美国多种现役战术车上，使其具备引导-跟随能力。外骨骼方面，美国萨科斯防务公司2021年为海军研制的“守护者”DX外骨骼进行测试、评估和演示，重点是维护、现代化和保障需求。2021 年 4 月，美国空军“天空博格”人工智能系统用于 UTAP－22“灰鲭鲨”无人机，并顺利完成了飞行测试。2023 年 4 月 19 日，美国国防部 DARPA 宣布世界上首次 AI 驾驶战机 X－62A 与人类驾驶战机 F－16 的空战，于 2023 年秋天在加州爱德华空军基地进行，这是“航空史上的一个变革时刻”，两机速度 1932km/h，最近距离 600m；该“空战进化”已进行了 4 年，2020 年 5 次模拟空战 AI 战机全胜，2022 年 AI 战机完成了 21 次任务测试，超过十万行代码修改；AI 战机依赖“分析历史数据”决策，其训练并非简单输入飞行员对抗报告，而是通过数十亿次模拟来自主学习如何在各种飞行条件与任务要求下操控飞机。

图 7－41　美国轮式战术车集成“特拉迈克斯”控制组件

随着人工智能、自主控制等相关技术发展，无人装备向智能化、自主化、更加便捷、更加灵活、更加实用的方向发展。“天空博格”人工智能系统将更加智能、更高自主水平，便于在各种平台上集成，用于实现自主作战。

目前，无人系统智能设备已在军事领域得到应用，如美国“特拉迈克斯”控制组件已在战术车辆上得到应用。美国陆军“会聚工程－2021”中，陆军利用配装引导－跟随组件的战术轮式车，执行半自主后勤运输任务，可为有人车队提供半自主后勤保障能力。

无人系统智能设备发展，在武器装备发展、简化后勤保障、提高士兵生存力等方面有重要影响：一是经济可承受的快速武器装备发展途径，可加快技术应用；二是率先实施引导－跟随模式的自主后勤保障，可节省成本和提高士兵生存力；三是外骨骼用于士兵，可大幅提升士兵负重和生存力。

7.9　人机协同与未来士兵系统

7.9.1　人机混合智能与人机协作

人机混编是指在军事行动中，对有人系统和无人系统进行混合编队，两者之间优势互补，共同完成作战任务的作战架构。在该架构中，有人/无人系统通过高速数据链进行信息资源共享以及协同打击等。其中，有人系统的操作等级和决策等级高于无人系统。在人机混编协同作战中（图7－42），地面指挥控制中心利用通信网络对编队进行指挥引导，有人系统完成战场环境的信息整合、战术决策以及任务管理等工作，无人系统完成战场态势感知、火力打击等工作。

图7－42　士兵遥控机器人

近年来，人机混编技术受到世界各军事强国的关注。美国、英国、法国、俄罗斯等国对人机混编尤其是有人/无人机协同开展了大量的研究和实验。美军于20世纪末开始对有人/无人机协同作战进行研究，近年来更是将有人/无人机协同作为第三次抵消战略的发展重点之一。2012年，美国海军提出"通用控制系统"项目，该系统支持有人平台对无人机的情报搜集、敌情侦察任务进行控制；2014年，DARPA开展名为"体系综合技术和试验"的项目，实现载荷的即插即用功能，系统具备较好的分布式空战效果；2017年，美军开展最新一轮"忠诚僚机"项目，F－16试验机和F－35战斗机共同组成战斗编组，由F－16改造的自主或半自主无人机具备较强的自主性，可根据任务优先级和战斗资源自主生成作战方案并执行；2018年，美军开始"反拒止协同作战"项目的第三阶段，该项目旨在提升美军在强通信干扰或其他恶劣情况下的协同作战能力。

2007年，英国开发"智能体推理"软件，并结合地面目标模拟打击任务检测有人/无人机协同作战性能。其中，"狂风"战斗机执行有人机功能，改进BAC－11战斗机执行无人机功能。2014年，法国与意大利、西班牙、希腊、瑞典及瑞士联合制造"神经元"无人机和"阵风"战斗机，利用数百千米的编队飞行任务检验有人/无人机协同性能。2019年，俄罗斯第五代战斗机苏－57和猎人无人攻击机进行编队飞行测试，测试过程中，无人机在之前空域自主飞行，并为有人机提供远距离目标的侦察信息。

与传统作战方式相比，人机混编具备以下作战优势：分布式作战，系统抗毁性强；迅捷作战，战术实施灵活有效；无人作战，作战效费比高；辅助决策，决策准确率更高；形式平缓过渡，作战能力稳步提升；避免无人系统单独作战可能发生的伦理失序。人机混编技术能有效解决有人系统任务成本高、伤亡率大以及无人系统抗干扰能力差、稳健性差等问题，未来，人机混编将成为信息化战争的一种重要形式。

7.9.2 态势认知与战术规划

态势认知是在多源信息融合和态势要素感知的基础上，对战场态势的感知、理解和预测，如目标识别、威胁估计、作战行动预判和未来战况走向预估等，是指挥控制活动从信息域向认知域跨越的重要标志（图 7 – 43）。因此，全面准确地掌握战场态势成为指挥员决策的基础。未来多域联合作战中，作战空间向陆、海、空、天、电和网络，以及认知域、社会域等方向拓展，作战力量结构更灵敏轻便且精干高效，可在广阔空间中进行非线式、不规则和广域疏散部署，可根据作战需求进行快速灵活重组，能实现物理域、信息域和认知域深度跨域聚能。

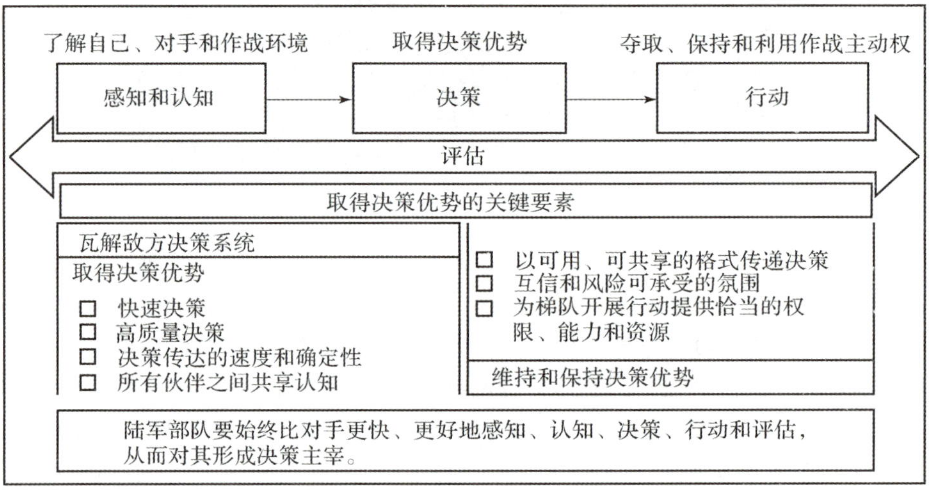

图 7 – 43　取得决策优势所需的关键要素

态势图精准服务与群体共享伴随多军兵种的协同作战过程，主动学习用户的作业行为，实现精细化态势图生成、高准确度服务和共享群体态势认知。开展人机融合技术、仿生智能算法、智能博弈和沉浸式技术研究，充分发挥机器计算能力和人类综合与创造能力，提供伴随作战过程的态势精准保障与人机理解能力，使指挥员对关注的战场情况一目了然，实现多层和多域的综合态势生成、聚合与解聚。美军已形成了从通用作战态势图（COP）到用户定义作战图（UDOP）再到互关联通用作战态势图（IR – COP）等系列态势图组，提高了态势信息的整合能力，满足了不同用户需求。其中，UDOP 旨在提供用户定义的态势精确认知，IR – COP 则侧重实现对 ISR 信息、情报信息及作战计划信息的整合、组织与高效利用，实现指挥控制能力的最大化。

平行仿真的局势推演与预测，提升指挥员塑造战场态势能力。智能化辅助提升指挥员快速理解与准确预测战场态势成为一项全新的技术挑战。指挥员不仅要全面准确分析、理解、判断与评估当前战场局势，更要基于当前战场的“态”准确预测未来战局发展的趋势与走向。开展智能博弈、人机融合技术和边缘计算等研究，构建与真实系统一致和平行的仿真战场态势环境，基于实时战场态势信息，在线仿真模拟战场目标运行状态，并根据我方行动方案计划和掌握的敌情，快速推演未来不同时刻的敌我体系化对抗的可能态势和走向，为辅助指挥员超前决策和临机调整作战方案/计划提供时间窗口。例如，美军在“深绿”项目的“水晶球”模块中开展了基于战场实际情况的快速模拟推演，并通过对未来作战方案的可能选项实现对未来可能态势的生成、评估和监测。

随着智能化联合作战形态的不断演进和发展，战场态势正发生着巨大变化，对战场态势分析与预测的速度和精度要求也不断提升。通过对各类侦察感知手段的智能组网，全方位和多维度捕获战场态势信息，进而构建战场态势大数据库。态势信息处理需利用人工智能等手段分析比对获取的战场数据，并进行战场态势信息融合处理，实时响应指挥员决策的关键信息需求，并积累大量的态势数据供机器学习使用。同时，在态势理解基础上，从对战场目标状态的分析预测逐步向战场局势优劣研判和态势可能演变趋势预判等“势”的分析上深化，从而获取快、全、准和深的战场态势认知结果。

7.9.3 火力打击与控制

空地梯次自主打击能力是未来班组系统中关键能力之一，提升多域协同自主打击能力已纳入各国士兵规划。DARPA 于 2017 年启动 OFFSET 项目，构建无人机蜂群作战系统，该系统具备快速灵活反应特点，且具备侦察优势和规模作战优势，以及突袭作战的能力。该项目旨在通过组建无人机蜂群作战系统，提供对城市作战环境下地面部队的支援。2019 年 11 月 16 日，俄罗斯宣布：俄罗斯正在制造出可执行战斗任务的多功能机器人团队。该团队将实现武器系统和各类平台相融合，能够提升班组系统的远程非接触作战能力，实现士兵火力打击能力的延伸。

通过开展平台 - 武器一体化融合设计技术、基于模型的仿真评估技术、安全冗余容错控制技术研究，实现平台 - 武器的一体化设计，通过冗余设计确保融合式武器的安全性，在计算机虚拟世界中实现对融合式武器的高保真仿真评估。智慧型手持武器技术重点开展结构与发射技术、弹道精准控制技术、高效杀伤技术、高效毁伤技术、智能观瞄技术、安全管控技术、能源随需转化与供给技术等研究，实现威力、命中率、安全性和勤务性等指标跨越式提升，并实现穿甲和杀伤性能的最优匹配。

除通过组建新的作战系统，在结构上提升班组的梯次打击能力之外，各国还通过开发智能算法和软件提升各无人装备的自主能力水平。例如，DARPA 选定美国 SoarTech 公司开展人类对人工智能信任度测试工作，目标是建立人对智能体自主性的信任，提升人机协同作战能力。

7.9.4 柔性可穿戴技术

柔性可穿戴技术是探索和创造能直接穿在身上或是整合到用户衣服或配件设备上的技术，是集合无线通信、芯片技术、传感器技术、智能交互技术及柔性电子技术等多种技术的综合运用。柔性可穿戴技术是多学科交叉融合形成的新兴技术。

2011 年，DARPA 启动了为期 5 年的“勇士织衣”智能作战服（图 7－44）探索性研究项目，率先开展智能作战服研发。经过 4 年多的研发，DARPA、哈佛大学怀斯生物工程研究所、波士顿动力公司和 SRI 国际公司分别推出各自的“勇士织衣”智能作战服样服，这些样服既有全身型样服，也有由臀部和/或踝部等组成的部件级样服。其中，SRI 公司的“超柔”机械外骨骼由生物传感器、运动预测与性能增强算法、计算机与电池、驱动与控制装置、运动跟踪传感器和织物组成，穿戴者在需要时启动电源便可精确完成规定动作。美军已对这些样服进行了多轮测试评估，在减小负重对士兵的作用力、降低士兵体能损耗、稳定关节等方面取得了阶段性研究成果，并解决了舒适度和适配性等人因问题。从评估结果来看，身穿“勇士织衣”智能作战服的士兵背负 27.7kg 重物仍能正常行走，下一步将开展野外测试。在对哈佛大学样衣进行的 3 英里越野测试（包括公路、半崎岖小路和丛林地带）中，美军检测了士兵的步长和频率、肌肉活动及能力损耗等。

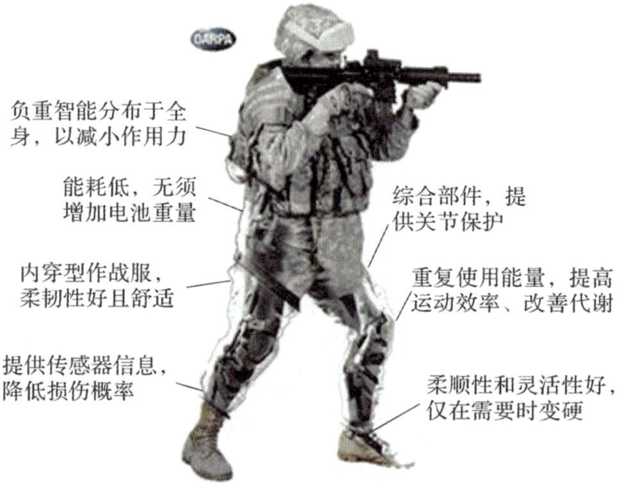

图 7－44　美国“勇士织衣”内穿型智能作战服概念图

当前，柔性可穿戴技术已在微处理器和生物电传感器方面取得突破，其发展还面临着步态稳定控制、多传感器数据融合、能源与动力驱动技术、轻质先进材料及优化控制算法等技术挑战。

在军事领域，柔性可穿戴技术在人体监测、可穿戴外骨骼、实时远程医疗救护等作为扩充单兵生理功能、减少负重损伤、实现全时医疗保障的重点，将对单兵作战的实际运用产生重要影响。柔性可穿戴技术的发展还需要与其他技术，诸如功耗与能源技术、服装化及皮肤化柔性电子技术、敌我识别的装备与信息安全技术等相结合，这些技术是军用智能可穿戴装备真正实用化的基础，对提升未来士兵的战场生存能力、机动能力以及持久战斗能力具有决定性作用。

7.9.5　人工智能辅助决策技术

人工智能辅助决策技术将人工智能引入作战辅助决策，分析判断战场态势变化，对比敌我可能行动方案，经过模拟推演和自动评估，高效更新作战方案。对传统的

OODA 环路进行改进，将“OO”部分即观察、判断进行快速推演，展现出多分支作战方案可能产生的不同结果，预测敌方意图和行为，形成作战方案动态规划。

2009—2014 年，DARPA 先后启动了洞察力、指南针、X 数据、大机制、深度学习等基础研究项目，探索发展从视频、图片、文本、语音等跨媒体数据中提取关联关系及高价值深度情报信息。2015 年 12 月，美国国防部提出了第三次抵消战略，重点强调了人工智能技术，并提出了自主学习机器、人机行动协作、作战辅助系统、有人/无人混合编组、网络赋能自主武器 5 大关键技术。其中 3 项就与人机协同混合作战相关，代表了人工智能辅助决策技术将成为未来世界军事强国的发展重点。2016 年 6 月，美国辛辛那提大学研制了空战人工智能程序——阿尔法，在空中格斗中快速协调战术计划比人类快了 250 倍，可以在 1ms 内完成多机作战计划更新，是人工智能在交战控制领域应用的重大突破。为人工智能辅助决策提供了新的发展方向。2016 年底，美军启动指挥官虚拟参谋项目，旨在通过综合应用认知计算，高效处理实时战场数据，在复杂环境下提供有用的决策信息，协助营级指挥员完成临机战术决策。

随着人工智能技术的迅猛发展，未来辅助决策技术主要发展趋势如下：①人机融合下的辅助决策，人类由于感知与决策能力的生理局限性而无法驾驭未来战争，由人来控制整个战场因素的传统做法已经无法应对瞬息万变的高强度未来战场环境，人类战士在多数情况下作为计划员、管理员和指挥员的角色配合机器智能以把控整个战争的进程，从而推动战争从人类之间的战争转变为人机协同作战的全新形态，包括精准感知、临境自然交互、人机协同感知、人机融合计算；②辅助决策的人机智能演进，机器智能可能会颠覆传统人类战争决策逻辑，以深度强化学习、大数据、超级计算为基础的新型博弈对抗策略，展示了全新的数据驱动最优博弈策略生成方式，表现了强大的博弈对抗能力和自学习进化能力。未来以知识数据混合驱动的学习进化型战争决策逻辑，或将全面取代传统单纯以运筹学基础军事博弈决策逻辑。不断演进的新型人工智能技术可能成为未来军事博弈决策的颠覆性力量。

人工智能辅助决策技术重要意义在于建立多维作战效能估计标准，实现作战方案自动枚举、优化搜索和面向博弈论的序贯规划滚动更新，使作战任务规划活动能主动适应作战任务和战场环境，有效应对战争迷雾和多种临机不确定性。使指挥员注意力集中于宏观判断决策，而非细节制定上。同时基于知识数据混合驱动的决策能力，即利用大样本推演数据归纳知识，经过学习构建态势分析和策略决策的直觉映射，从而使决策走向自主进化的高度智能化，大幅提高决策效率和质量。

7.10 联合支援保障

7.10.1 物联网技术

物联网是指将各种信息设备，如射频识别装置、红外感应器、全球定位系统、激光扫描器等装置，与互联网结合起来而形成的一个巨大网络。应用于军事领域的物联网称为军事物联网，是指把军事实物通过各种军事信息传感系统，与军事信息网络连接起来，进行军事信息交换和通信，实现智能化识别、定位、监控和管理的一种网络。从概念上讲，军事物联网（图7－45）从属于网络，其联结的是军事领域物与物、物与人、人与人的各种军事要素。每个军事要素（如单兵、武器装备和相关物资）都是一个网络节点，具有感知、定位、跟踪、识别，静态图像与动态视频传输以及智能管理和控制等功能，是实现人与信息化武器装备、设备、设施最佳结合的重要支撑手段。

图7－45　军事物联网示意图

物联网高速发展的今天，构建完善的军事物联网体系已成为各国提升军事保障能力的发展方向，日趋成熟的物联网技术为实现这一战略目标提供了切实可行的应用基础。目前，国外已广泛应用二维码、射频识别等物联网信息识别技术，在军事物流、物资运输和武器装备保障领域通过成功构建军地协同式的物联网体系，建立起了一套相对完整的供应保障信息化系统。

外军通过军事物联网实施联勤保障，全军所有物资、装备均实现可识别、可感知，改变了传统后勤保障中物流与信息流不同步的局面，为部队在装备物资的保障信息化体系建设方面，提供了实现精确保障、快速反应、立体投送和高效运行的成功示范。美军于21世纪初期开始研究物联网技术，先后采用智能卡、电子数据交换、二维码、射频识别等一系列技术手段，通过物联网信息识别技术构建军事物流的信息链，提供及时、准确的后勤信息，特别是装备包装、储运信息，实现了装备保障的透明化。

在军事上，物联网被称作“一座未探明储量的金矿”，它能够有力拓展未来作战的时域、空域和频域，并推动战争形态、作战理论及作战样式的一系列革命。现在对军事物联网技术应用的研究，主要集中在如何使用物联网技术来提高物流效率。事实上，人们所关注的价值不仅是军事物联网的发展和进步，更重要的是其强大的应用背景。军事物联网在现代战场上有着广泛的应用，既可用于战场感知，又可用于智能控制、智能管理，还可用于精确保障等。

7.10.2　新能源智能保障系统

新能源智能保障系统是利用新能源技术、柔性发电技术、能源智能分配管理技术等，实现高功率密度、高能量密度、高能源效率、快速充电等供电功能的系统，将极大改善士兵能源装备性能。高性能化学电源、高性能燃料电池、太阳能/风能/海洋能技术、柔性太阳能薄膜电池、柔性织物发电技术、战场能源互联网、水下智能电站系统、生活垃圾智能发电车等，都属于新能源智能保障系统技术。

21 世纪以来，美军相继出台《作战能源战略》《作战能源战略实施计划》《陆军能源安全实施战略》等战略规划，试图引领军用能源革命。2010 年 4 月，美国陆军发布的《动力与能源战略白皮书》显示，到 2024 年，用于高负荷的燃料电池将扩大作为替代动力的应用，大力发展混合动力替代传统推进系统，2030 年以后，燃料电池将作为主动力，混合电传动将成为战车推进系统。美军野战部队中，地面可再生能源网络系统、便携式太阳能替代型通信能源系统、LED 照明系统、军用帐篷太阳能收集装置及太阳能照明拖车几乎成为标配。其中地面可再生能源网络系统可由一辆“悍马”车携载，进行快速部署，随时为一个连级作战指挥中心提供电力，也可为“海马斯”高机动火箭炮系统和 M777 超轻型 155mm 榴弹炮供电；便携式太阳能替代型通信能源系统（图 7－46）由一组柔性太阳能面板阵列组成，可以折叠放到背包里，主要供远离美军基地的班排级部队使用，能为无线电台、卫星通信设备充电。典型的单兵可穿戴太阳能设备可以安装在作战背心上，其电能收集模块由 30 个太阳能电池片组成，大小相当于一张 A4 纸，能产生 17.5W 的电能，加上电池总质量不到 1.4kg，可随时为夜视仪、便携式电脑等设备充电。2015 年，美国陆军举办的未来地面战场研讨会表明，移动核电源、核电池或核内燃机将可能在 2049 年的地面平台上得到初步验证。

图 7－46　美国海军陆战队士兵使用便携式太阳能通信能源系统

近年来，随着纳米技术、材料技术的发展，军事新能源研究更具活力。针对未来作战安全供能需求，纳米技术突破电解质等材料制备瓶颈，促进在力、电、热耦合条件下的电池界面反应热力学、动力学、稳定性行为研究，助力高安全性的锂硫电池研发。针对未来战争便携式供电需求，科研人员突破石墨烯和碳纳米管材料制备瓶颈，开发柔性超级电容器，与纺织衣物结合，在较高舒适性前提下供给服装电源，满足紧急状态下的便携式供电需求。针对未来发电－储能一体的发展趋势，柔性3D织物技术、摩擦电纳米发电机技术、纳米温差发电技术、柔性锌离子电池技术，可实现可穿戴衣物的摩擦发电－电力收集，为士兵持久供能提供保障。

未来，纯电动与混合动力平台大量使用，信息化、智能化装备对供电提出更高需求，新能源智能保障系统将通过机动装备外层、功能方舱与集装箱表面、指挥与宿营帐篷、人员服装、军用固定设施路面、跑道、屋顶、码头等，成为辅助和应急动力源，为基地、指挥所、机动装备、单兵提供更有效、更便携、更低成本的能源保障。

7.10.3　无人化投送装备体系

无人化投送装备是遂行后勤保障任务的无人驾驶的运输投送系统平台，主要包括无人运输车和货运无人机。其中，无人运输车主要包括用于长途货运的经自主/半自主套件改装的中重型运输车和用于战区班组支援的小型无人运输车。货运无人机可用于陆上和海上运输补给，按照载荷不同和细分用途不同，可划分为小型、中型、大型货运无人机以及海上远程货运无人机、自主货运滑翔机等不同类型。

国外无人化投送装备研制采用的技术方案分为两类：一是利用自主/半自主系统套件改装现有运输投送装备，如美国陆军重点发展的领导－跟随式半自主无人车队系统、DARPA与西科斯基公司合作研制的无人黑鹰直升机等；二是专门研制的可承受一定负载的无人运输系统，如美军的“小型多用途装备运输系统”(S－MET)(图7－47)、“蓝水”海上后勤无人机，奎奈蒂克北美公司的“泰坦”无人车，俄罗斯的远程运输无人机TRAMP等。

图7－47　美国陆军首批订购的S－MET系统

外军目前已针对战场伴随保障、地面长途运输、海上货运、应急补给等战场运用需求，开展了小型无人地面运输系统、运输车队半自主/自主套件、战术补给无人机、海上远程货运无人机、自主货运滑翔机、无人直升机等多种类型无人投送装备的研制和测试验证。这些无人投送装备处于发展初始阶段，尚未在实战中批量部署应用。

其中，小型无人地面运输系统发展相对成熟，美国陆军即将批量列装。另有多种类型装备在近年的局部战争和军事演习中进行了战场测试和演习演练，以验证装备适用性。在自主系统改造的传统运输装备方面，2019 年 10 月在美英合作“联盟保证自主补给”项目的演习中验证了英美 3 种运输车型混合领导—跟随式半自主车辆编队的“最后 1 英里”补给能力；2022 年 10 月，美国陆军“会聚工程－2022”演习期间，西科斯基公司和 DARPA 联合研发的无人黑鹰直升机成功演示自主执行长航程医疗补给，以及货物运送和伤员疏散联合任务等。新研无人运输系统，如美军近年来将“大狗”运输机器人、K－MAX 无人机投入阿富汗长期使用；“蓝水”海上后勤无人机原型已部署到美军航母上进行了多次远程舰对舰物资补给测试。

与有人投送装备相比，无人投送装备具有特有优势：一是可提供具有成本效益、高效精确的后勤保障支援，增加部队的作战自由度和作战空间；二是使军队无须在战区内部署大量的非作战人员，减轻降低后方负担和人员伤亡的风险；三是降低士兵负荷，提高士兵战场生存力，提升士兵作战能力。无人投送装备的发展将推动后勤保障装备体系重塑，对未来联合保障样式产生重要影响。

7.10.4 分布式保障信息系统

分布式保障信息系统是以分布式网络化测试和故障诊断为核心，以具体保障业务的逻辑关系为基础划分层次结构，开展分布式测试、诊断与维修等保障业务的系统。分布式保障信息系统的网络化结构依赖于保障策略形成。保障策略的实现方式是信息的流动，分布式保障信息系统的目的是使保障信息流及时、准确、安全地在各个保障节点之间传递，从而达到精确保障和聚焦保障。

在信息技术高速发展的情况下，各国军队保障体系内部陆续出现了大量的信息孤岛现象，即不同的部门与部门间出现信息闭塞，严重影响了信息流动，不利于保障平台的精确保障和聚焦保障。于是各国军队纷纷借助网络化技术，对军队的保障平台进行改革并重新构建，最终形成了具有自身特色且有效的分布式保障信息系统。比较典型的是美国的全球信息栅格、全球作战支援系统等。全球信息栅格是建设全球互联、端对端的信息系统，能根据战斗者、决策者和志愿者的需求来收集、处理、存储、分发和管理数据的信息能力及相关过程和人员的集合。经过十几年的发展，全球信息栅格（图 7－48）已经成为网络信息体系建设中最具代表性和技术成熟度最高的样板。

分布式保障信息系统的建设目标和应用场景类似于物联网网络构建，目前通用的保障系统的网络化结构与物联网网络架构模型类似。美军把全球信息栅格全面建成有机融合传感器栅格、作战平台栅格和指挥控制栅格的高度一体化的信息网络，为实现《2020 年联合设想》作战能力和军队转型以及在全球范围内实施网络中心战、获取信息优势奠定了重要的物质基础。

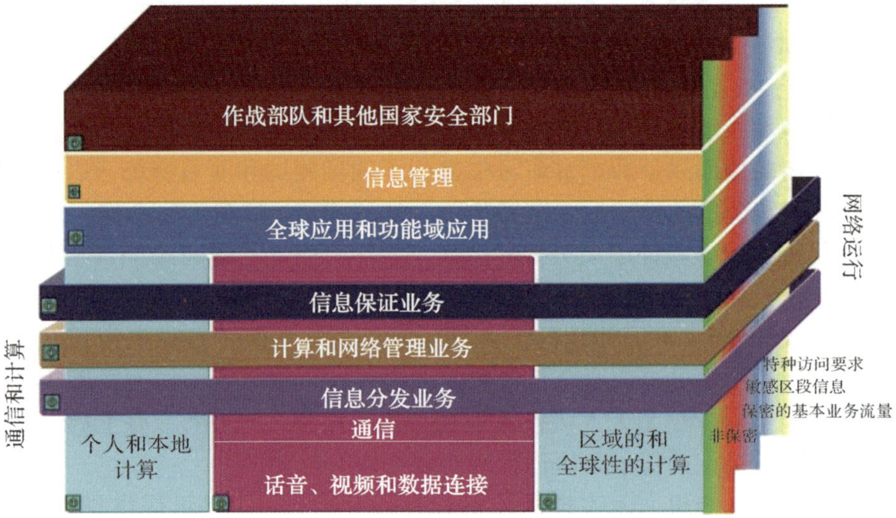

图 7-48　美军全球信息栅格的系统模型

7.11　基础支撑领域

7.11.1　先进动力与能源

先进动力与能源是针对未来作战平台更高机动性和载荷性能需求研发的具有更高功率密度/能量密度、更高效率的技术，主要有对置活塞二冲程发动机技术、轮毂驱动技术、燃料电池技术、混合动力技术等。

美国在先进动力与能源技术领域开展研究范围较广，技术也较为领先。英国、法国、德国等国在轮毂驱动技术、燃料电池技术、混合动力技术等领域均开展了相关技术研究。

美国陆军正在开展的先进战车用发动机/多缸发动机项目是以对置活塞二冲程发动机技术为基础的，其目标是研发战车用高功率密度低散热发动机。该项目下研发的184kW 单缸柴油机样机测试油耗小于 191g/(kW · h)，正在研发的 735kW 多缸柴油机功率密度为 52.1kW/L，散热率小于等于 0.45kW/kW。

英国奎奈蒂克公司为美国“地面 X 车辆”第一阶段项目开发输出功率为 100kW、扭矩为 16kN · m（最大 24 kN · m）的轮毂驱动系统样机。融合车轮、轮毂电机等关键部件的一体化轮毂电机驱动系统是今后的重要发展方向，在法国泰勒斯公司与英国奎奈蒂克公司联合研发的 8×8 装甲车上，将轮毂驱动系统与悬挂进行了集成。

美国陆军地面车辆动力和机动性分中心 2022 年提出了分阶段发展燃料电池技术的规划，JP-8 燃料电池将逐步降低质量，提高能量密度，缩短起动时间，最终可配装 50 吨/60 吨车辆。

目前，开展混合动力技术研究的国家主要有美国、英国、德国和法国等，并以坦克装甲车辆作为平台探索混合动力技术的应用。美国已经在“布雷德利”战车上集成混合动力技术进行了演示，美国奥施科施防务公司已经开发出联合轻型战术车的混合动力车型。美国陆军规划了混合动力技术发展应用路线图，近期完成轻型机器人不间断静默监视、静音充电的试验工作，未来将进行60吨战车3~5英里静默机动、10~20英里静默机动，机动性提高20%，并提高30吨战车静默监视能力50%。

对置活塞二冲程发动机技术可应用于美国陆军的下一代战车平台，在2022年展出的“艾布拉姆斯”X主战坦克上安装了1103kW的6缸对置活塞二冲程发动机；轮毂驱动技术在轮式装甲车辆上的应用潜力巨大，是现阶段电传动车辆研究的热点和难点之一；美国陆军在《陆军战车现代化战略》中提出2022—2031财年发展下一代混合动力系统，实现战车更大范围的静默监视与静默机动；燃料电池目前存在尺寸大、质量大等问题，未来继续提高能量密度，不仅使其可用作轻型战术车的主动力装置，还可成为主战平台的高能量密度储能装置。

7.11.2 先进元器件

先进电子元器件在新军事变革与武器系统信息化、智能化发展中发挥着极为重要的作用，发达国家已将电子元器件视为重要战略资源，积极推动电子元器件技术特别是前沿技术的发展，以维持或加大武器系统技术的“代差”优势，掌握未来战争主动权。

电子元器件是电子元件和电子器件的总称。电子元件本身不产生电子，且对电压、电流无控制和变换作用，又称无源器件，主要包括电阻、电容、电感、连接器等；电子器件本身能产生电子，且对电压、电流有控制和变换作用，又称有源器件，主要包括分立器件和集成电路。分立器件主要包括场效应晶体管、双极性晶体三极管等，集成电路主要分为模拟芯片和数字芯片。当前，数字集成电路技术是电子元器件技术发展的重要方向之一，是指将元器件和连线集成于半导体芯片上，形成数字逻辑电路或系统，能够处理大量的数据信息。

目前，国外先进电子元器件技术发展迅速，在新材料、新工艺、新技术等方面不断创新，各类功能强大的电子器件不断被研发、应用于武器装备领域，并取得了较好的效果，如美国空军研究实验室与IBM公司合作研发的64个“真北”类脑芯片组成（图7-49）的全新类脑超级计算机系统，其数据处理能力远超传统计算机系统，有助于推动军事装备智能化发展。同时，各国还十分重视先进电子元器件技术的供应链安全问题，确保器件的稳定性、可靠性。美国国防部从2003年开始在美国本土建立以集成电路为主的电子元器件可信制造能力，不仅发布了《国防可信集成电路战略》等顶层指导文件，还先后设立了“可信代工”和“可信供应商”等项目，使国防项目能够用到不断进步的先进商用工艺，并确保先进工艺可信。2022年8月，美国通过《芯片与科学法案》，预计拨付527亿美元资金用于促进本土半导体产业发展和创新，力图主导先进电子元器件的产业链和供应链。未来，电子元器件将持续在材料、工艺、技术方面突破创新，发展具有高可靠性、高效能、高抗干扰能力的电子元器件将成为主要发展趋势。

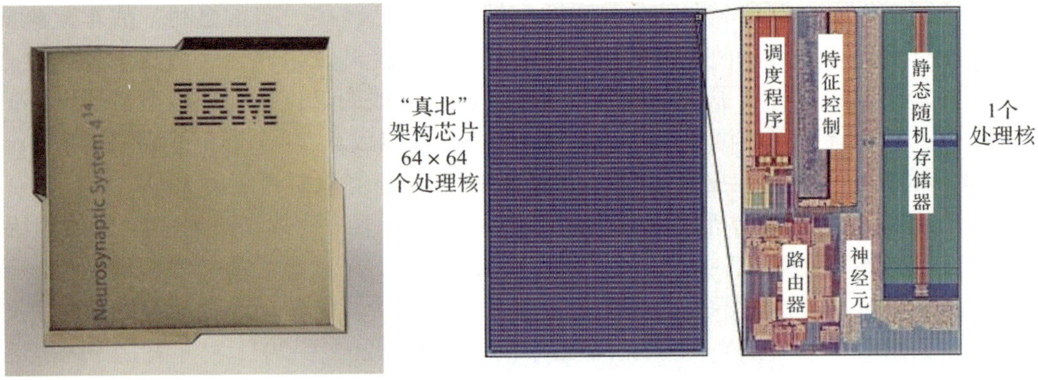

(a) “真北”类脑芯片　　(b) 内部结构

图 7－49　美国“真北”类脑芯片及其内部结构

先进电子元器件的发展和应用，将大幅提升美军雷达、计算机、通信设备、导航设备、火控系统、制导和电子对抗设备的功能、性能和作战效能。例如，美国“混合模式超大规模集成电路技术”项目开发的高度集成的新型射频电子设备，将支持关键通信、雷达、电子战，以及商用电信领域的创新发展；“自动实现安全硅”“确保物理安全的架构”将提升美军电子信息装备底层硬件、系统设计和软件系统的安全性，增强应对网络威胁的能力。先进电子元器件将推动各类装备作战方式的改变，成为军事装备能力的倍增器。

7.11.3　先进材料

先进材料是指新近发展的、具有优异性能与特殊功能的材料，是高新技术发展的基础和先导，主要包括先进复合材料（图 7－50）、先进陶瓷、高性能合金、石墨烯、超材料、二维材料、智能材料、纳米材料、先进半导体等。先进材料借助新组分、新结构、新工艺、新机理实现高强高韧、轻质高效、耐极端环境等卓越特性（图 7－51），具备隐身、耐腐蚀、热防护、抗烧蚀、防冰防雾、超疏水、自愈合等独特功能，对国防工业与军事装备发展起着决定性作用。

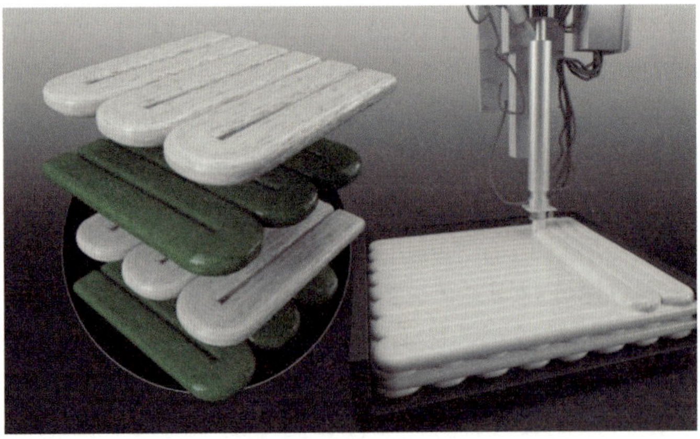

图 7－50　纤维增强复合材料制备工艺

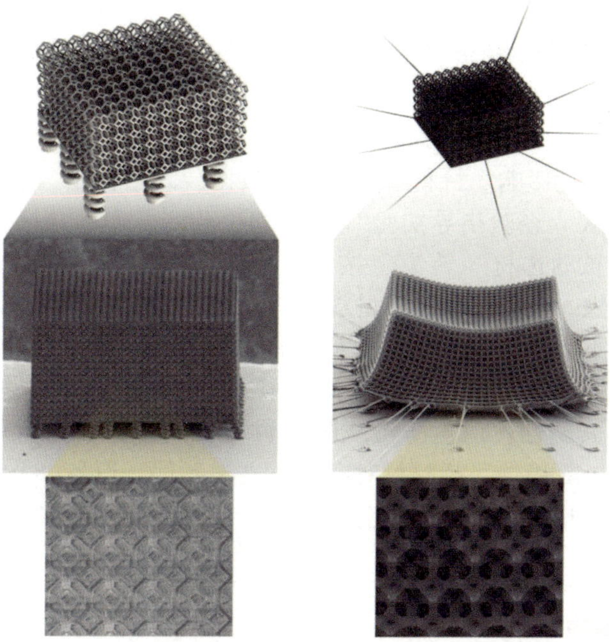

图7-51 装甲用超强抗冲击纳米材料

国外高度关注先进材料技术发展，将其列为影响国家安全的关键新兴技术，通过“材料基因组计划”“国家纳米技术计划”“石墨烯旗舰计划”等国家级战略计划，投资数亿美元加强新材料技术研发，已发展出上万种新材料技术，并以每年5%的速度递增。美国第五代战斗机F/A-22的机身、机翼、机尾等重要部位都采用了碳纤维复合材料，复合材料占比达34%。德国最新的“豹”2A8主战坦克采用由高硬度钢、钨、复合填料和陶瓷制成的多层复合装甲，防护力显著提升。美国陆军开发的3D打印超强结构钢强度比商用材料高50%，在地面车辆零部件上具有广泛应用前景。美军战机用F110发动机高温合金使用量已达到55%。美国海军陆战队F/A-18C“大黄蜂”战斗机已换装采用氮化镓半导体的AN/APG-79（V）4有源相控阵雷达，首次实现了宽禁带半导体氮化镓材料在机载火控雷达中的应用。

借助集成计算材料工程和材料表征、合成与处理以及3D打印、人工智能等技术进步，先进材料的研究模式发生了重大改变，碳纤维复合材料、硅基半导体材料等实用性材料性能大幅提升，研制周期和耗费比大幅降低；石墨烯、超材料等新材料探索步伐加快，向高功能化、超高性能、复合轻量化和智能化方向发展。镁合金、碳化硼陶瓷、玻璃纤维/环氧树脂复合材料3类装甲防护材料的面密度降低15%~20%，轻量化进程提前10~20年。自修复超高温陶瓷复合材料硬度与金刚石相当，可承受2700℃高温，出现裂纹时仅需10min即可自修复，适用于高超声速飞行器、火箭发动机等多种装备。3D打印双相纳米层状共晶高熵合金屈服强度达1.3GPa，断裂延伸率约14%，有望突破传统合金应用瓶颈，用于未来先进航空系统。高导热性立方砷化硼半导体材料能够克服硅材料空穴迁移率低、导热性不佳的问题，有望取代硅广泛用于从太阳能电池到计算机芯片等多个应用领域。科技界还大力推进二维材料、隐身超材料、超疏水材料、仿生材料等颠覆性材料发展，受到各国国防部高度关注并提供支持。超材料已被用于 E－2 预警机实现结构承载和透波功能一体化，并将用在六代机上大幅提高隐身能力。

先进材料技术可适应未来武器装备轻量化、高生存力、高灵巧性要求，为武器装备更新换代带来颠覆性影响。材料基因组、大数据、人工智能、量子计算等技术将使材料研发模式快速从“经验指导实验”向“理论预测、实验验证”转变，促进武器装备关键材料从“被动选材”转为“按需设计”，大幅缩短关键材料研发和应用周期，提高装备可靠性。新型防护装甲材料可全面提升人机被动防护能力；轻质高强材料在不增重的前提下大幅提高武器平台机动性与生存力；耐极温材料促进军用飞机、航空发动机、高超声速武器发展；超疏水材料降低舰船阻力、提高航速、保障飞机在恶劣气候条件下的安全性；仿生防污减阻材料可实现飞行器降阻增速、延长续航时间、减少燃料消耗；石墨烯、超材料对电子、光学器件、设备以及雷达、声呐等隐身将具有颠覆性影响，推动军事通信、高质量侦察成像、高性能降噪、隐身等领域技术变革。

参考文献

[1] 张冠杰. 认知通信电子战关键技术分析 [J]. 舰船电子对抗, 2019, 42 (1): 34－37, 101.
[2] 顾村锋, 杨阳, 杨博文, 等. “星链”威胁启示下的新型空天防御技术研究 [J]. 空天防御, 2024, 7 (2): 8－15.
[3] 苏子舟, 吴子波. 美国远程精确打击概述 [J]. 飞航导弹, 2019 (9): 10－15.
[4] 李羚. 美国陆军“未来垂直起降飞行器”新杀器 [J]. 坦克装甲车辆, 2022 (1): 33－35.
[5] 刘箴, 吴馨远, 许洁心. 国外巡飞弹发展现状及趋势分析 [J]. 弹箭与制导学报, 2024, 44 (2): 42－50.
[6] 彭翠枝, 秦涧, 郑斌, 等. 国外颠覆性含能材料发展新动向分析 [J]. 飞航导弹, 2018 (8): 94－97.
[7] 黄雷. 美军小精灵无人机群项目发展现状综述 [J]. 飞航导弹, 2018 (7): 44－47.

第8章

发展趋势

随着科学技术的飞速发展和不断进步，以人工智能、量子信息、生物交叉、可控核聚变、先进材料等技术为代表的前沿科技取得了突破性进展，带来了产业变革，推动了人类文明进程，并在军事领域表现出巨大的潜在应用价值。为深入了解未来具备军事应用潜力的典型技术，本章从概念内涵、技术发展现状与重点、军事应用前景三个层面予以阐述。

8.1 生成式人工智能技术

8.1.1 概念内涵

生成式人工智能是利用机器学习和深度学习算法、模型和规则，通过研究大规模数据学习不同模态数据的特征规律，进而生成各种类型全新数据的计算机技术，从而满足人机智能问答、报告自动生成、文生图等应用场景的需求。

8.1.2 技术发展现状与重点

生成式人工智能技术是人工智能领域中一项备受关注的重要技术之一，它致力于让计算机系统具备创造性地生成新内容的能力，包括但不限于文本、图像、音频等多种形式的信息。生成式人工智能的核心技术与开发过程，主要包括预训练、监督微调、奖励函数和强化学习等，下面以 GPT 为例进行说明阐述。

1. 预训练

预训练通常是指在大规模文本语料库上训练深度神经网络模型，以学习文本数据的语义、语法及逻辑关联知识，形成逻辑自洽机制，建立词与词之间在不同交流场合和主题背景下的统计概率分布权重参数。不同场合和主题背景存在很大随机性，数量巨大、变化复杂，问答长度参差不一，因此统计概率分布权重参数十分巨大。GPT3 主要采用了 Transformer 的解码器部分用于构建语言模型，其预训练的流程与做法主要有三点。

第一，信息向量化，也叫作词向量，即词嵌入（word embeddings）。如 GPT3 的词向量长度达到 12288 位，以便与 50257 个分词（token）表中的所有分词建立关联权重。信息序列在输入解码器之前，先要 Embedding 处理转换成向量，同时对向量进行位置编码，把每个分词的位置信息，编码到向量中去。

信息向量化的优势主要有：①向量化矩阵的运算对于计算机来说非常方便，大规模矩阵在 GPU 群上并行计算，非常高效。②向量化表示保留了信息原有的语义，在问询与其他信息的关系时，便于用向量“相似度”特性来衡量和计算。比如，坦克的向量表示 $\boldsymbol{A}$，装甲车的向量表示 $\boldsymbol{B}$，士兵的向量表示 $\boldsymbol{C}$，用向量相似度计算结果显示，$\boldsymbol{A}$ 和 $\boldsymbol{B}$ 的相似度，远高于 $\boldsymbol{A}$ 和 $\boldsymbol{C}$、$\boldsymbol{B}$ 和 $\boldsymbol{C}$ 的相似度。相似度很重要的应用场景，就是语义搜索。过去的搜索都是基于关键字匹配的，如果关键词不合适，就可能搜不出来结果。有了 Embedding，我们就可以做基于语义的搜索，能够有效地提升搜索结果的相关性和准确性。③向量化不仅可以表示文字信息，还可以表示声音、视频、图像等多种模态信息。以前，每种模态的信息都有其特定的机器学习模型，各个模态之间的信息是不能互通的。现在，正是因为 Embedding，机器才可能在同一个模型中，同时理解文字、图像、声音、视频等各种模态的信息。同样，军事领域陆、海、空、天、开源等传感器的多模态信息数据，也可以转化成向量，集成到大模型及应用拓展模型中去。最终大模型就能够像我们人类一样，理解各种各样的外界信息输入。

第二，训练模型权重参数。向量化信息序列输入解码器后，经过多头注意力机制转换后，将重构词向量之间关联权重参数，从而寻找概率权重最大的词或者信息序列回答问题，这是多头注意力机制的主要任务。这种重构词向量之间关联权重参数的计算过程，是通过 $\boldsymbol{Q}$、$\boldsymbol{K}$ 和 $\boldsymbol{V}$ 向量表示与相应的权重矩阵 $\boldsymbol{W}_q$、$\boldsymbol{W}_k$、$\boldsymbol{W}_v$ 进行矩阵运算得到的。q 即某个单词向其他单词发出询问（query）“哪一个词与我关联度最大”，k 即某个单词回答其他单词的提问（key）“有 50257 个分词可选择”，v 即表示两个词之间的关联权重参数（value）“相似度”。这些权重关系矩阵最初是通过随机方法进行初始化的，然后在模型多轮训练的过程中逐渐更新和优化，目标是使输入的数据与这些权重矩阵相乘后，能够得到最优化的 $\boldsymbol{Q}$、$\boldsymbol{K}$ 和 $\boldsymbol{V}$ 矩阵。这有点像找对象的感觉，$\boldsymbol{Q}$ 发出找对象的请求，$\boldsymbol{K}$ 提供很多对象选择，$\boldsymbol{V}$ 即表示是否为意中人。随着多轮迭代的训练，在 50257 个分词中，每个问话中的词或者信息，都能在不同场合找到最合适的词或信息来回答，也就是最中意的人。

具体做法是：①首先把模型权重矩阵（输入信息序列和预测信息序列中不同维度词与词之间的内在关联权重向量化矩阵）用随机参数表示出来；②计算模型输出与真实数据的差距，从而得到模型的损失值及相应的梯度矩阵；③根据损失值，反向传播，逐层计算梯度、逐层调整权重参数；④经过残差链接、归一化、前馈单向网络传输等深度学习算法处理，得到了相对优化后的结果；⑤如此循环往复，直到损失值逐步减小到可接受范围甚至归零，最终得到理想或者预期的模型参数。

第三，训练策略。训练时，每个输入序列都会采取最大序列长度，如 GPT3 是 2048 个分词。多个训练序列会合在一起，形成一个训练集（批次），GPT3 的批次是 3.2MG 个分词。学习率的选择偏小，每次权重参数调整只有万分之几，避免过拟合。每个批次训练中，当所有输入序列都执行完后，对每个序列形成的梯度差距值求和，除以序列数量，得到平均梯度值，然后一次统一参数调整。

预训练通常是通过大规模无标签文本数据集（如维基百科、新闻文章等）进行训练的。在训练过程中，这些模型会考虑上下文信息来学习重构单词之间的向量权重矩阵，使相似语境中的单词具有相似的向量表示。

在完成预训练之后，这些模型通常可以通过微调来适应特定的场景和任务。例如，在具有标签的数据集上进一步训练模型以提高其在特定任务上的性能。

2. 监督微调

微调技术是一个活跃的研究方向，随着预训练模型的不断发展和任务需求的多样化，微调技术也在不断地改进和演进。自 2020 年以来，已经出现了许多创新的微调技术和自动语料生成方法，主要有：①监督微调（SFT），用少量专用任务有标签数据学习，优化模型参数；②提示词微调（prompt tuning），轻量级嵌入额外的分词，重点寻找合适的提示词和提示模式并固化下来，一般不改原有的参数；③提示词前缀微调（prefix tuning），轻量级嵌入自有的虚分词（虚 token），不改原有的参数，但会改虚分词矩阵中的参数；④低秩自适应微调（LoRA），秩指矩阵中非零行的数量，在解码器各层叠加低秩矩阵，并参与计算，不改变原有模型参数，但会改变低秩矩阵中的参数；⑤适配器微调（adapter tuning，AT），在解码器各层前增加小型神经网络、矩阵或者插件，也不改变原有模型参数，但改变插件里面的参数；⑥基于人类反馈的强化学习（RLHF），建立奖励模型，对模型的输出给予奖励和惩罚，模型损失函数的目标为最大化收益，要改变原有模型参数。

这些微调技术不仅推动了 GPT4 等先进模型的发展，而且在研究和应用方面已经产生了深远影响。

监督微调是指在预训练模型的基础上，使用带有标签的数据对模型进行进一步训练，以适应特定的任务。这种技术是将通用的预训练模型迁移到特定任务上的一种有效方法，在自然语言处理和计算机视觉等领域得到了广泛应用。

GPT 3 在完成预训练之后的基础模型，本身很难理解人类不同类型指令中蕴含的不同意图，也很难判断生成内容是否为高质量的结果。为了让 GPT 3 初步具备理解指令的意图，首先会在数据集中随机抽取问题，由人类标注人员，给出高质量答案，其次用这些人工标注好的数据来微调 GPT 3 模型，从而获得 SFT（supervised fine - tuning）模型。此时的 SFT 模型在遵循指令/对话方面已经优于 GPT 3 ，但不一定符合人类偏好。

BERT 系列模型在微调阶段可以添加特定的输出层，然后使用带标签的数据进行监督微调，如文本分类、命名实体识别、问答等任务。随着 Transformer 架构的成功，许多其他预训练模型也被开发出来，如 RoBERTa、DistilBERT、ALBERT 等，这些模型在预训练阶段使用了不同的技巧和任务。在微调阶段，这些模型也可以通过简单地添加任务特定的输出层，并在具有标签的数据上进行微调。除单一任务微调外，还有一种趋势是进行多任务微调，即在一个模型上同时进行多项任务的微调，这种方法可以通过联合优化不同任务的损失函数来提高模型的泛化能力和效率。

3. 奖励函数

这个阶段主要是通过人工标注训练数据（约 3.3 万个数据）来训练奖励模型。由于模型太大不够稳定，损失值很难收敛且小模型成本较低。因此，GPT 3 的奖励模型（RM）采用参数量为 6B 的 SFT 模型，而不使用 175B 的大模型。在数据集中随机抽取问题，使用第一阶段生成的 SFT 模型，对于每个问题生成多个不同的回答，人类标注者对这些结果综合考虑后人工打分，给出排名顺序。

接下来，使用这个排序结果数据来训练奖励模型。对多个排序结果，两两组合，形成多个训练数据对。奖励模型（RM）接受一个输入，给出评价回答质量的分数。这样，对于一对训练数据，调节参数使高质量回答的打分比低质量的打分要高。奖励模型通过与人类专家进行交互，获得对于生成响应质量的反馈信号，从而进一步提升大语言模型的生成能力和自然度。与 SFT 监督模型不同的是，奖励模型（RM）通过打分的形式使生成的文本更加自然逼真，让大语言模型的生成能力更进一步。

在强化学习中，奖励函数（reward function）是定义智能体在环境中行为的目标和评价标准的一种方式。奖励函数通常将环境中的某种行为结果映射为一个实数值，表示该行为对智能体的好坏程度。智能体的目标是最大化长期累积的奖励，智能体从环境中获得反馈信号。奖励函数给出了在不同状态下采取不同行动的奖励值，以指导智能体的决策策略。奖励函数可以根据任务的具体要求和环境的特性进行设计。常见的奖励函数有稀疏奖励函数、密集奖励函数、惩罚函数等。

4. 强化学习

大语言模型完成奖励模型（RM）的训练后，下一个阶段是训练强化学习（RL）模型，也是最后一个阶段。大语言模型微调中训练学习模型采用的优化算法是近端策略优化（proximal policy optimization，PPO）算法，即对设定的目标函数通过随机梯度下降进行优化。近端策略优化是一种深度强化学习算法，用于训练智能体在复杂环境中学习和执行任务。通过智能体的训练，使其在与环境的交互中能够最大化累积回报，从而达成指定任务目标。这里的智能体在大语言模型中就是指强化学习模型 RL 模型。

RL 模型的初始模型采用 SFT 微调之后的大语言预训练模型。训练 RL 模型的数据集只需要收集问题集（prompt 集），不需要对问题进行标注。问题集通过 RL 模型生成答案文本，然后将问题和答案输入上一步训练的 RW 模型进行打分，来评价生成的文本质量，而训练 RL 模型的目标是使生成的文本要在 RW 模型上获得尽可能高的得分。

将初始语言模型的微调任务建模为强化学习（RL）问题，需要定义策略（policy）、动作空间（action space）和奖励函数（reward function）等基本要素。策略就是基于该语言模型，接收 prompt 作为输入，然后输出一系列文本（或文本的概率分布）；而动作空间就是词表所有 token 在所有输出位置的排列组合；观察空间则是可能的输入 token 序列（prompt），为词表所有 token 在所有输入位置的排列组合；奖励函数则是上一阶段训好的 RM 模型，配合一些策略层面的约束进行的奖励计算。

强化学习是一种机器学习方法，由智能体（agent）、策略（policy）、状态（state）、动作（action）、环境（environment）、奖励（reward）几部分要素组成。强化学习一般将问题建模为马尔可夫决策过程，训练流程如下：智能体在训练过程中，首先根据策略函数，在当前所处状态选择一个动作，然后通过动作与环境交互。环境接受动作后会发出新的状态，同时产生一个回报奖励，智能体根据新状态和回报奖励调整行为策略，并选择新的动作，多次迭代直至更新至最优的行动策略。强化学习的目标是通过学习找到最优的行动策略，以最大化累积奖励或实现特定的目标。

传统强化学习方法分为基于值函数和策略函数的算法，主要解决离散状态和动作空间的问题。基于值的方法包含 Q－learning、Sarsa；Q－learning 的更新规则是基于贝尔曼方程的迭代更新。Sarsa 原理与 Q－learning 类似，Sarsa 是一个在线学习算法，其更新规则基于当前策略下的状态—动作—奖励—下一个状态—下一个动作序列。

基于策略的方法包括策略迭代（policy iteration）、信任区域策略优化（trust region policy optimization，TRPO）方法和近端策略优化（proximal policy optimization，PPO）方法。策略迭代是一种基于策略的强化学习方法，它通过迭代的评估和改进策略来找到最优策略。信任区域策略优化方法的核心思想是在优化过程中保持策略更新的区域（trust region）不变，以确保更新过程中的策略改变不会导致性能下降太多，但该方法计算复杂度较高，不易于并行化。为降低计算复杂度，近端策略优化方法通过引入一个近端（proximal）优化目标，使在每次更新时只考虑在一个较小范围内的策略改变。这使 PPO 方法易于实现和调试，成为许多强化学习任务的首选算法之一。强化学习已经被成功应用于许多领域，如游戏、机器人控制、自动驾驶汽车等。

生成式强化学习（generative reinforcement learning，GRL）将生成模型和强化学习技术结合，通过使用生成模型来表示环境，使智能体学习环境中的概率分布，并生成最优策略，见图 8－1。GRL 不需要显式定义状态空间和动作空间，直接生成在给定输入情况下的下一个状态或动作的建议。相较于传统的强化学习，GRL 能够通过生成新的策略来探索未知的环境，从而在更短的时间内学习到更好的策略，并且能够处理不确定性和未知的环境。然而，GRL 对先验知识和推理复杂度的要求更高，需要设计合适的奖励函数和策略网络，并且需要处理复杂的推断和规划问题。

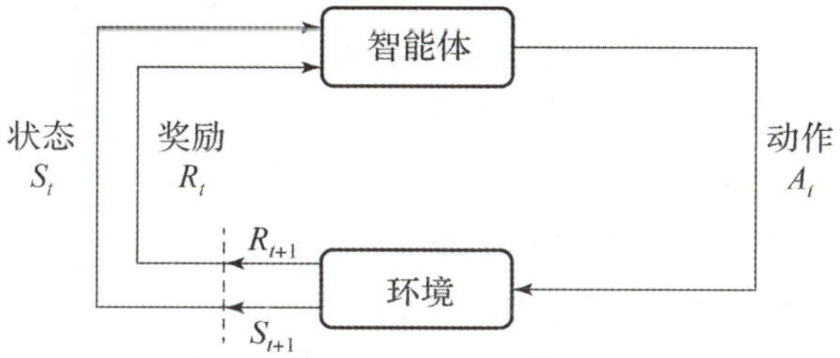

图 8－1　强化学习示意图

随着 Transformer 模型结构的提出和上述技术的发展，自然语言处理领域迎来了跨越式发展，涌现出一系列表达能力优秀的大型语言模型和系统，例如 Google 的 Bert、T5 模型和 Bard 系统，OpenAI 的 GPT 系列模型和 ChatGPT 系统，以及 Facebook 的 RoBERTa 模型，等等。

2019 年，OpenAI 提出了基于自回归模型的 GPT3，模型基础结构是解码器，参数量高达 1750 亿。GPT3 在 NLP 任务上不需要梯度更新或者微调，只需要通过提示信息与模型进行交互实现特定任务，或者仅需少量样本即可完成任务。随后 OpenAI 在

GPT3 基础上推出了人工智能对话系统 ChatGPT。

2019 年，谷歌提出基于 Transformer 的 T5 模型，T5 模型提出一种统一的迁移学习框架，利用将各类自然语言处理任务转换成“文本到文本”问题。T5 模型的优点是可以使用相同的模型、目标函数、编码和解码过程来处理每个 NLP 任务，灵活性较高。T5 模型的参数量达 110 亿。

为提升语言理解和生成式任务的效果，PaLM 模型在深度和宽度上扩大了模型规模、增加了模型训练的 token 数量，参数量高达 5400 亿，并采用 Google 新一代 Path-Way 分布式训练框架解决超大模型的训练问题。在各种 NLP 任务中，PaLM 模型在多语言理解任务上取得了最佳效果。

随着参数规模的扩大，大模型的文本理解和生成能力都有较大的突破，但模型训练消耗大量计算资源。2021 年谷歌在 T5 基础上发布了参数量仅为 30 亿的 Flan – T5，Flan – T5 采用零样本提示（zero – shot prompt）和少样本提示（few – shot prompt）两种方法混合训练，该模型在 1800 多项任务上都具有良好表现，模型泛化能力较强。

大模型训练成本高，一次训练时间长达数月。为提升训练速度，LLaMA 模型采用问题分解和分层优化策略，提升并行计算的效率。基于 LLaMA 模型微调成为开发或定制专用模型的主流。然而由于训练语料中的中文数据占比较少，LLaMA 模型对中文文本的理解能力仍然不足。

2023 年，百度发布新一代知识增强大语言模型文心一言，其训练语料包含超 5000 万条事实的百度知识图谱、百度搜索资源以及各领域文献等，涉及有监督精调、人类反馈的强化学习、提示、知识增强、检索增强和对话增强等关键技术，实现文学创作、商业文案创作、数理推算、中文理解、多模态生成五个使用场景。

为突破传统单一文本局限，融合图文等多种模态数据提升模型性能，清华大学提出一个支持图像、中文和英文的多模态对话语言（GLM）模型。GLM 模型架构分为语言和视觉两部分。语言部分利用基于自回归空白填充的预训练框架统一自然语言理解、无条件生成和有条件生成三类任务。图像部分通过训练 BLIP 的 2 – Qformer 构建视觉模型与语言模型的桥梁。GLM 模型是一个轻量级的多模态大模型，参数量仅 78 亿，但是在 SuperGLUE 基准测试中达到了较好的效果。

2024 年，OpenAI 发布人工智能文生视频大模型 Sora，这是人工智能大模型技术在视频内容创作领域的一次重大突破。Sora 是在 OpenAI 的文本到图像生成模型 DALL – E 基础上开发形成的，具备静态图生成视频、视频扩展与缺失帧填充、连接视频等功能。Sora 采用 transformer 架构替代扩散模型 Diffusion，增加了扩展模型在深度和宽度上的可扩展性，从而增加视频输出时长。Sora 采用“重述提示词技术”重写用户文本指令，使模型生成更符合用户需求的视频内容。Sora 目前缺点是难以保证模拟复杂场景的准确性和合理性，难以理解事件的因果关系，造成生成视频一些细节不符合常理。大语言模型发展历程见图 8 – 2。

2024 年底到 2025 年初，中国的 DeepSeek 公司推出了 V3 和 R1 大模型，技术性能接近顶级大模型水平，但成本是其几十分之一，走出了一条低成本、高性能开源发展路线，让全球的 AI 开发者和普通百姓受益。

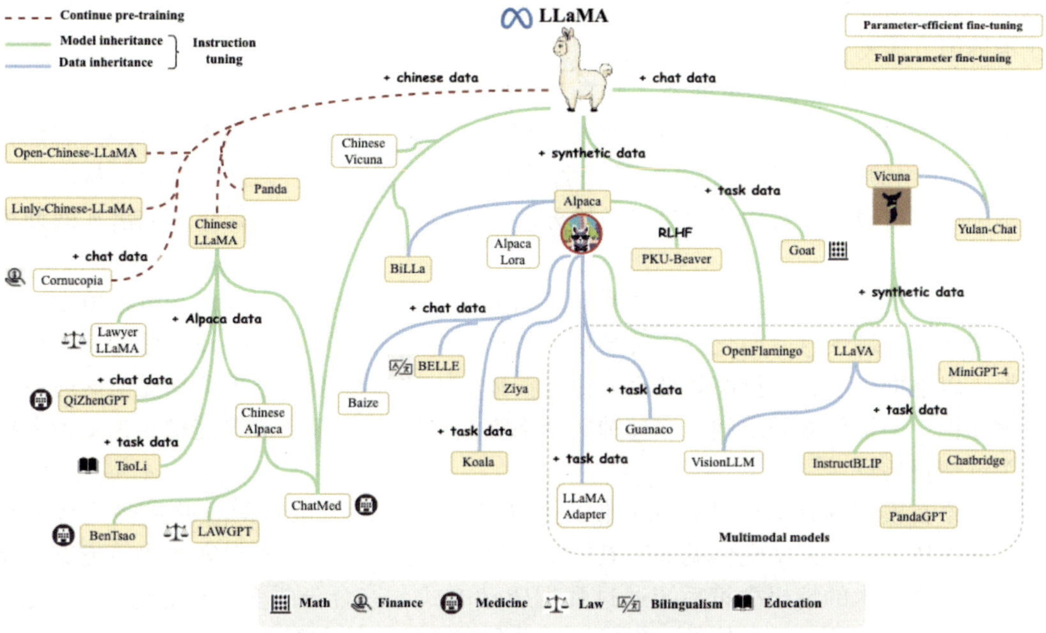

图8－2 大语言模型发展历程

首先，随着计算资源的限制和实际部署需求的增加，轻量化部署已经成为一个重要的发展方向，使大型模型可以在资源受限的环境下运行，为各种应用提供了更广泛的可能性。其次，针对超大模型的训练速度加快已经成为一个迫切的需求，推动了许多研究和工程实践，以改进训练算法、优化硬件设施和利用分布式计算等手段来加速模型的训练过程。最后，单一模态向多模态的转变则反映了人工智能系统更加全面、多样化的需求，将不同模态的信息进行整合和联合学习，使模型可以更好地理解和处理多样化的数据。这些趋势共同推动着人工智能技术的发展，为实现更加智能、高效的人工智能系统打下了坚实的基础。

8.1.3 军事应用前景

1. ChatGPT－大语言模型

大语言模型是指一种能够理解和生成自然语言文本的深度学习模型，其参数量高达数千亿，可以高效地处理人机问答、摘要生成、文本匹配等自然语言任务。ChatGPT 是美国人工智能研究实验室 OpenAI 推出的生成式对话大语言模型。ChatGPT 的训练语料包含新闻报道、科技文章、论坛帖子等通用领域，数据量超 45TB。ChatGPT 通过对话的形式与用户进行交互，利用用户回复内容不断优化模型回答结果，加速实现通用人工智能。ChatGPT 的产生对人工智能技术产生了颠覆性影响，现已通过图灵测试。

应用于通用领域的大语言模型称为人工智能通用大模型。通用大模型能够被应用于军事领域，被称为军用 ChatGPT。军用 ChatGPT 是指利用深度学习语言模型理解分析情报语料，将不同来源、多元化的情报信息进行分析融合，实现智能化的情报语义识别、关键情报信息提取以及决策方案生成等功能，从而在情报分析、决策支持、作战指挥等方面发挥重要作用。

ChatGPT 技术已被美军列为“联合全域指挥控制”中的重点研发技术。2020 年 7 月 1 日，美国兰德公司空军项目组发布《现代战争中的联合全域指挥控制——识别和开发 AI 应用的分析框架》报告。该报告认为“自然语言处理类技术可用于从语音和文本中提取情报，并将相关信息发送给分队指挥官乃至单兵，以提醒他们潜在的冲突或机会”。

大语言模型具有在复杂军事场景下评估关键信息的能力。在现代军事战争中，作战环境和军事场景急速变化，传统的情报信息处理方式难以在短时间内处理海量情报数据，以辅助决策者进行高效准确的作战指挥。大语言模型通过预训练提前学习海量备战知识，围绕作战需求利用多种神经网络算法快速处理海量情报信息，为决策者提供关键情报信息。

大语言模型具有降低情报认知偏差的能力。战时，决策者的思路易受到虚假信息、外部压力、个人主观偏见等因素干扰，提出过于激进或过于保守的决策方案。基于 ChatGPT 技术的情报决策系统通过数据驱动方式，综合分析多元化情报信息特点，排除干扰信息，消减主观偏见，生成更科学和客观的决策方案。

大语言模型具有处理多元化信息生成局势综合报告的能力。大语言模型打破传统情报人员收集碎片化判断依据、凭借人工经验分析局势的低效方式。大语言模型理解、分析、整合多元化战场情报之后，快速推理并自动化生成战场态势综合报告，供情报分析人员进一步推敲和优化，极大地提高情报人员工作效率。

大语言模型具有对安全威胁进行态势感知的能力。战争事件错综复杂，传统情报分析工具难以预测事件发展趋势。大语言模型通过学习大量的历史事件语料，挖掘事件间的深层联系，总结事件发展规律，结合多源情报信息预测事态发展趋势，这对预警潜在安全威胁事件具有重要意义。

因此，大语言模型在改进传统情报评估、情报分析、情报生成以及安全预警等方面具有重要意义，是现代战争中处理军事情报信息的利刃，也是完成智能化作战的关键。

2. Donovan－大语言模型

随着人工智能技术的飞跃式发展，大语言模型被广泛应用于医疗、教育、金融等领域。然而，该项技术在国际事务领域的应用仍存欠缺。Scale AI 与战略及国际研究中心（CSIS）的未来实验室（Futures Lab）合作提出 Donovan 系统，旨在利用大模型技术提高 CSIS 对全球战略竞争等国家安全议题的理解，辅助决策。Donovan 系统是第一个部署在政府机密网络的大语言模型，被定位为“军事领域的人工智能决策平台”，功能涉及战略级兵棋推演、特定领域的决策支持和仲裁等。

Donovan 系统与 ChatGPT 设计侧重不同，ChatGPT 侧重通过学习通用文本语义以完成文本生成、对话交流等日常任务，Donovan 系统是侧重学习情报数据以完成辅助军事决策的任务。

Donovan 系统的工作流程主要包括接收数据、理解数据、信息查询、生成行动方案和模型优化。Donovan 系统可接收多来源的数据，包括云端数据或预置数据，并能够分析各种类型的数据，包括电子邮件、情报报告、命令、卫星图像等。Donovan 系统能够快速处理各类型数据，训练大语言模型，并根据不同军事场景和需求对模型进行微调。军事人员利用 Donovan 系统回答作战相关的问题，如传感器反馈信息、态势图问题等，同时提供答案的原文出处和发布时间。Donovan 系统利用军事总结报告、作战情报信息生成行动方案。

随着各类演习和测试的开展，基于人工智能的决策平台已经表现出极具应用潜力的态势。凭借其先进的功能和用户友好的方法，Donovan 系统将成为现代国防领域的重要工具。2023 年 5 月，在美军的红龙演习中，第 18 空降师将 Donovan 系统用于以下战场场景。

第一，利用 Donovan 系统实时接收友军和敌军部队的作战数据，包括命令、态势报告和情报报告等，融合理解情报信息，评估快速变化的态势，更便捷地确定新型作战方案，有效减少作战计划周期。

第二，利用 Donovan 系统接收分析潜在冲突地区的开源信息，对危机事件进行预警，为指挥人员提供战场态势洞察报告，以便指挥者做出理性客观的决策。

2023 年 8 月，美国国防部成立了生成式人工智能工作组——利马工作组。美国空军、陆军和海军陆战队对 Donovan 系统进行测试。测试场景为美国空军通过电话向美军某支部队查询信息，传统查询方式需要花费数小时，甚至数天，而利用人工智能工具查询仅耗时 10 分钟。

Donovan 系统是一个变革性的人工智能驱动平台，使指挥作战人员能够快速浏览复杂的数据环境，做出客观科学的决策并及时采取行动。虽然该技术仍有尚待完善的地方，但美军已经在积极探索和推动生成式人工智能大模型在军事战略、情报分析等方面的应用，以提高军事能力和决策效率。

3. Google 双子座 – 多模态模型

多模态大模型是综合运用深度学习、自然语言处理、计算机视觉、语音识别等技术的信息软件，能够处理和分析来自不同数据源的信息，包括文本、图像、声音等。这类模型的核心技术在于其具备多种模态信息处理能力，可以整合和理解多种感知方式的数据，并从中提取出有价值的信息。其中，具有代表性的为谷歌多模态大模型 Gemini（双子座），其复杂的多模式推理功能可以帮助理解复杂的文本信息和视觉信息，在大量数据中根据信息特征分辨知识。同时该产品具有跨模态知识迁移能力，Gemini 可以把抽象的语言概念贯通到对听觉、视觉对象的理解，甚至对动态动作学习理解，成为一套完整系统。较单一模态定向优化的模型，多个模态的模型性能更高，其关键点并不是将不同的模态“拼接”带入整体中，而是从设计阶段为原生的多模态架构，训练过程从一开始就穿插着各种模态的数据。实现模型架构、训练过程、多模态生成等任务的深度融合。

在军事领域，多模态大模型的应用同样具有革命性的意义，其在军事领域的未来应用，或能极大地提升情报分析、战场管理、后勤支持等多个方面的效率和效能。在情报搜集与分析方面，多模态大模型在军事情报搜集过程中，可以统一处理分析文本信息、图像数据、信号情报等数据，快速从复杂的多媒体情报中识别出关键信息，如敌方的军事部署、武器系统的特征以及战略意图等；在军事目标自动化识别与跟踪方面，多模态大模型可以利用其视觉数据处理能力，自动识别各种类型的目标，如坦克装甲车辆、作战飞机、作战舰船等，并进行实时跟踪分析。在地面作战单元（如无人地面车辆）的应用，可以通过多模态模型自主导航和避障，提高任务执行的安全性和成功率；在战场环境感知方面，多模态大模型可以整合来自卫星图像、无人机视频、雷达信号等多种传感器的信息，实现对战场环境的全方位感知，包括地形地貌分析、敌我双方的动态监控，以及天气变化、电磁环境等非传统因素的实时监测，通过对这些信息的融合分析，为指挥官决策提供支撑；在后勤保障方面，多模态大模型可以在物资调配、装备维护、能源管理等方面发挥重要作用。通过对历史数据的学习和实时数据的分析，模型能够预测装备故障、优化物资流通路径、监控能源消耗，从而提高后勤保障的效率和响应速度。

4. 帕拉迪尔公司 AIP

2023 年 4 月 26 日，帕拉迪尔（Palantir）公司发布视频宣布推出继 Gotham、Foundry 和 Apollo 之后的第四款平台产品——人工智能平台（AIP），见图 8－3，该平台理论上可以为军事指挥官提供军事决策、命令下达、作战监控，实现优化决策流程、缩短决策时间、获得最优作战方案、保障作战质量的目标。

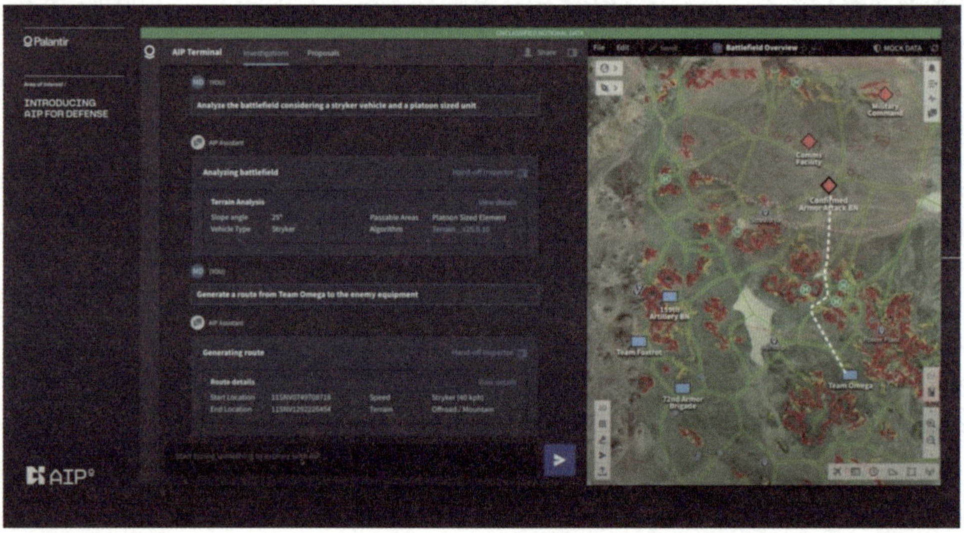

图 8－3　AIP 交互界面

人工智能平台（AIP）的卓越特质在于将 OpenAI 的 GPT4 以及谷歌的 BERT 等大型语言模型（LLM）有机融入私人经营的网络体系中。据帕拉迪尔公司官方网站的介绍，AIP 构建在三大关键支柱之上。首先是人工智能核心，透过 AIP 在私人网络中布署庞大语言模型或其他人工智能软件，使客户能够获取与其业务直接相关的实时、完全忠实的数据，包括各项操作、决策和流程。其次为人工智能范围和行动，AIP 实现了安全的人工智能转交，有助于防范违反法规或法律的行为。最后是人工智能控制平面，具备实时监视和掌控大型语言模型活动及范围的能力，以推动用户遵从法规、数据敏感性和监管审计等要求。

从安全的 LLM 访问到丰富的终端用户应用，AIP 的集成框架将人工智能引入每个决策中。在语义数据层，AIP 以安全、实时、多模式的数据为基础，锚定人工智能上下文，将结构化、非结构化、流式、地理空间和其他数据整合到企业的语义表达中。在动态逻辑层，AIP 锚定人工智能推理与各种确定性计算、业务逻辑、机器学习模型、优化器和其他逻辑资产，用于驱动业务流程。在动能行动层，AIP 将人工智能执行锚定在整个企业的安全行动系统中，并实现与 ERP、MES、SCM、调度平台、边缘系统等的安全同步。AIP 的细粒度人工智能防护栏，通过基于角色、分类和目的的访问控制，管理所有人类和人工智能活动，并为每个平台操作提供强大的审计功能。

AIP 利用本体以决策为中心的结构，编写、管理和使用 LLM 驱动的功能，实现全面的单元测试和调试，无须编写任何代码。AIP 的自动化是定义人工智能驱动的自动化，在特定范围内执行，根据新数据到达或特定条件件满足时触发自动化。AIP 的矢量管理是通过一个可扩展的框架，在几分钟内生成嵌入并管理矢量，该框架充分利用了本体的全部功能，并与现有的企业投资相集成。在工具工厂中，AIP 将现有数据、模型和流程转换为人工智能工具，使人类和人工智能可以在工作流程中交替使用工具，并对底层系统应用进行操作。在反馈驱动的人工智能操作中，AIP 能分析每次操作的全部细节，逐步提高人工智能的性能。在 AIP 应用套件中，通过直观的开箱即用应用程序以及模块化的应用程序构建框架，为各种操作用户、分析师和技术团队提供支持。

AIP 是目前已知的 GPT 类技术在军事领域为数不多的应用尝试之一，它标志着上述 GPT 技术的潜在军事应用正逐渐变为现实。

8.2 军事元宇宙技术

8.2.1 概念内涵

元宇宙一词源自作家尼尔·斯蒂芬森 1992 年的科幻小说《雪崩》(*Snow Crash*，见图 8-4)。在小说中，人类通过虚拟现实（virtual reality，VR）设备与虚拟人共同生活在名为 Metaverse 的虚拟空间中，在这个共享的线上世界中，人们能够互联互通，甚至在其中生活、工作。Metaverse 由 meta 和 verse 两个词根组成，其中，meta 表示“超越”“元”，verse 表示宇宙（universe），故中文译为元宇宙，也被译为“虚拟实境”“超元域”。钱学森也曾提出“从定性到定量的”综合集成法 Meta-synthesis。

《元宇宙概念研究与体系构想》一书对元宇宙的具象化理解为，元宇宙以 5G/6G、云计算、区块链、大数据等为底层支撑，并以人工智能、数字孪生、VR/AR 等为映射、动力与通道，同时融合人的思维意志、情感想象等主观意识，连接了物理世界与数字世界，形成虚实共生的“新世界”。元宇宙将在演化与发展中构筑人类存在的“新空间”，或将成为国之“新疆域”。

图 8-4 《雪崩》

如同在其他领域构造的领域元宇宙，如教育元宇宙、图书情报元宇宙等，元宇宙的军事运用可以被统合为“军事元宇宙”概念，即包括作战过程模拟、战略分析模拟、人员训练模拟、装备采办模拟、数字孪生战场等在内的具有各类战争模拟功能的元宇宙。军事元宇宙是多种信息技术在军事领域的综合集成运用，军事元宇宙不断发展，需要采用可扩展的技术架构和设计，以支持新功能的添加，同时考虑到经济可行性与构建成本，必须保证军事元宇宙运行的可持续性，又因军事元宇宙应用于军事领域的特殊性，必须保证数据与数字资产的安全性和隐私性。

8.2.2 技术发展现状与重点

目前，我们难以准确无误地预测未来战争的具体形态、样式和场景，但其复杂多变、恶劣残酷的战场环境是可以想象和模拟的。敌情特点掌握不透、战场心理研究不足、演练对抗效果不真，仍是钻研探索的重点。元宇宙的出现，为上述问题的深入研究提供了有力抓手，有利于对复杂战争的理解，更好地把握战争脉络。在军事领域，越来越多与元宇宙有关的新技术获得应用，例如：虚拟现实技术辅助军队用于模拟作战、任务规划等训练科目，以 5G 为代表的新一代移动通信网络技术对指挥信息系统的促进与发展，区块链技术在指挥控制、作战保障和军事资源管理等方面的应用，等等。本节将介绍军事元宇宙若干关键技术及潜在应用场景，其中主要包括沉浸显示技术、多通道交互技术、仿真渲染技术、智能体技术、数字资产管理技术、通信网络技术、数据存储技术、泛在计算技术、区块链技术和信息安全技术等，具体如下。

1. 沉浸显示技术

沉浸显示技术是元宇宙中实现三维显示与沉浸呈现的各类技术的统称，是用户能够看到高逼真三维虚拟场景的关键。在人类感官功能中，视觉接受外界信息的比例很高，通过视觉，人类感知外界物体的大小、明暗、颜色、动静，获得对机体生存具有重要意义的各种信息，而为了更加逼真地模拟现实物理世界，同样需要融合其他感官交互，构建多模态的自然交互方式。在军事元宇宙中，官兵可将可穿戴设备作为接口，利用沉浸显示技术，在数字世界中实现自己的数字化。同时结合语音输入、动作捕捉等技术，在虚拟空间内完成各种交互，获得沉浸式的超现实体验。沉浸显示技术能够为使用者提供更为真实的体验，但其效果则依赖其与军事元宇宙中其他关键技术的结合程度，如通过裸眼三维显示技术，实现基于投影融合或高性能平板阵的大规模虚拟显示环境构建，完成多用户协同沉浸式显示功能；通过多模态呈现技术，实现虚实融合情景下触力觉、温度觉、速度觉等多感官信息通道融合和信息跨模态一致性呈现。

2. 多通道交互技术

多通道交互技术是跨场景、跨时间、跨目标的多源信息感知融合和互动技术。面向未来元宇宙交互情景，需要解决传统范式固定空间、固定场景、固定目标、固定指令的问题。在多通道交互模式下，用户可以通过多通道自然交互感知技术，实现对手势、眼动、笔、触控、体态、语音、生理、环境、空间定位定向等通道信息的同步感知；通过多源交互数据模型构建及意图理解技术，实现对元宇宙空间环境以及人的行为、状态的理解，支撑对模糊不确定性行为精准解读与结果可计算的情境数据表征；通过多通道交互动态调度技术，支撑生成姿态、动作、语言多通道自然表达数据，形成心理、生理等隐式信息，实现跨域虚拟与现实的自然交互；通过语音交互技术，实现同元宇宙的高效直接指令交互；通过脑机接口技术，实现跨越现实感官、通过大脑直接同外界进行“沟通”的新型交互模式。其主要包括多通道自然交互感知技术、多源交互数据模型构建及意图理解技术、多通道交互动态调度技术、语音交互技术、脑机接口技术等。

3. 仿真渲染技术

仿真渲染技术是对元宇宙中构建的数字化场景及其场景对象，采用计算机图形学技术进行渲染，以实现虚拟场景高度贴近现实场景的“高真实感”视觉效果。

元宇宙中的场景宏大而复杂，为了营造流畅真实的用户体验，需要有物理仿真及数字化建模技术，需要大规模场景数据的高效组织和调度、多通道自适应视锥体裁剪、基于物理的实时渲染和基于光子映射的实时真实感显示等诸多实时渲染技术，需要 GPU 并行计算等技术作为底层算力支撑。具体包括物理仿真及数字化建模技术、大规模场景数据高效组织与调度技术、多通道自适应视锥体裁剪技术、基于物理的渲染技术、基于光子映射的实时真实感显示技术、GPU 并行计算技术等。

4. 智能体技术

在人工智能领域中，智能体是一个重要组成部分，任何能够独立思考并可以同环境交互的软件及相关硬件实体都可以抽象为智能体，也称智能代理（AI agent）。在陆战元宇宙中通过智能体实现辅助智能、单体智能、群体智能等，推动陆战元宇宙整体智能的自主进化。智能体具有自主性、社会性、反应性、预动性、可通信性、智能性、适应性的特点。根据解决问题的功能和方式，智能体可分为辅助智能、单体智能、群体智能；根据结构模型，智能体可分为反应型智能体、慎思型智能体、混合型智能体。

智能体自动化训练技术主要营造非人类智能角色训练的基础环境，为后续的分布式大规模训练提供算力支撑和基本模型的组合服务；基于群体智能的代理演化技术实现了用户所创建代理的持续演进，保证了代理之间交互的合理性和真实性。主要技术内容包括智能代理自动化训练技术、群体智能代理演化技术、数字资产管理技术等。

目前来看，各国家地区对于军事元宇宙的构建尚处于起步阶段，但已经引起了商业公司和科研机构的兴趣，其基本出发点是借助军事元宇宙概念融合扩展现实、人工智能、数字孪生、游戏引擎等多项技术，开发更高效率、更低成本、强化真实感互动感的模拟平台，寻求在真实复杂环境仿真、万人级异地同步表示等方面有所突破，推动虚拟现实/增强现实、云计算、人工智能、Web3.0、脑机接口等技术的进步。未来的元宇宙，虚拟与现实高度互通，脱胎于、平行于、独立于现实世界，将互联网、虚拟现实、沉浸式体验、区块链及数字孪生等全要素融合，在实战化军事训练、虚实协同作战等方面具有突出应用优势，其内容包括战场仿真环境、虚拟兵力、仿真引擎、作战想定、作战推演、态势显示、推演评估等。

美国陆军正在推进合成训练环境项目，旨在通过高保真的复杂地形构建和战斗建模仿真，实现士兵单人或群体协同的沉浸式训练。BISim 公司推出 OWT 产品，是为美国陆军未来司令部合成训练环境项目开发的软件，结合卫星、传感器、扫描得到的 3D 数据，以呈现高保真地形模拟。美国先进的 AR 空战训练服务提供商 Red6 公司推出机载战术增强现实系统和联合增强现实战场作战网络，机载战术增强现实系统通过在飞行员的真实视野上投射虚拟敌机来模拟多机空战，提供真实战斗场景，降低培训整体成本；而联合增强现实战场作战网络配合上述系统可实现多机在虚拟环境中的信息通信、作战态势共有，并能够开展多机协同作战演练。

英国 Improbable 公司推出了 Skyral 系统，该系统作为一种元宇宙平台生态系统，可支持合成环境协作开发，目前已完成两万台机器密集仿真和交互的压力测试，正在寻求达成多域作战规模计算和网络能力。波兰战争研究大学开发了 SANSAR 平台，该平台是一款三维虚拟世界平台，用户通过头戴设备进入以实现沉浸式体验，通过使用涉及危险环境的模拟和游戏活动来加强体验学习。韩国的军事训练模拟器供应商 Optimus System 公司推出 DEIMOS，基于空间同步技术的射击训练环境概念开发，可以帮助创造各类专业军事训练环境，包括精确射击训练、战术行为训练等。

5. 数字资产管理技术

数字资产管理（digital asset management，DAM）技术对元宇宙中资产的创建、分发、交易、销毁等过程实施全寿命周期管理和监督，数字资产管理技术主要包括资产数字化表达、数字资产高效存储、数字资产分发转移、数字资产确权和可控监管等技术。

在元宇宙中，通过资产数字化表达技术，实现物理世界在元宇宙中的数字化映射和各主体、各生态之间的资产整合及流通；通过数字资产高效存储技术，实现数字资产的可信存储，避免集中式管理易受攻击或遭遇单方面篡改等问题；通过数字资产分发转移技术，提升数字资产交易效率、释放交易潜能，以智能化交易形式构建元宇宙的全新经济生态；通过数字资产确权技术，支持数字资产所有者查看资产在任意时刻的状态，全面保护资产所有者的权益，实现数字资产所有权的存证和确权信息的可信存储；通过数字资产可控监管技术，实现数字资产创建过程的全面记录，确保对交易过程的有效监管。具体技术包括资产数字化表达技术、数字资产高效存储技术、数字资产分发转移技术、数字资产确权技术、数字资产可控监管技术等。

6. 通信网络技术

通信网络技术是元宇宙中实现人机物交互的网络基础设施，是连接元宇宙现实世界和虚拟世界的基础。元宇宙所需通信网络技术是具备高宽带、低延时、规模化接入等技术特点的新一代宽带通信技术。利用远程通信技术，可以大大减少军事元宇宙的使用地域限制，不仅在同一局域内的人员可以参与到其中，相距很远的人员同样也能够低延时地加入军事元宇宙中，完成参演、指挥等需要实时交互的工作。

元宇宙通过融入体域网技术，实现对元宇宙用户状态和传感器数据的实时监测和高效收发；通过5G/6G、Wi-Fi等无线宽带互联技术，满足“元宇宙”局域网分为内数据的高效交互需求；通过广域宽带传输技术，实现元宇宙中多个分布自治网域间海量数据的高效交互；通过异构网络运维监管技术，实现元宇宙网络的高效管控。具体包括多途径体域网技术、区域无线宽带互联技术、广域宽带互联技术、异构网络运维监管技术等。

7. 数据存储技术

进入移动互联网时代，存储应用场景急剧变化，下一代数据存储技术应运而生。下一代数据存储技术主要是指在存储介质、存储架构、存储协议、应用模式及运维模式等方面迭代创新的一系列技术的集合，总体呈现高性能、易扩展、服务化和智能化等特点。

按连接方式，存储系统可分为存储区域网络（storage area network，SAN）技术、网络附加存储（network attached storage，NAS）技术、直接附加存储（direct attached storage，DAS）技术。SAN通过光纤通道交换机、以太网交换机等连接设备，将磁盘阵列与相关服务器连接起来，构成高速专用存储网络。NAS基于标准网络协议实现数据传输，为网络中的各种不同操作系统的计算机提供文件共享和数据备份。DAS是将存储设备通过小型计算机系统接口（small computer system interface，SCSI）或光纤通道直接连接到一台主机上，主机管理它本身的文件系统，不能实现与其他主机的资源共享，见图8-5。

8. 泛在计算技术

泛在计算是一种嵌入了多种感知和计算设备，能根据情景来识别人的身体姿态、生理状态、手势、话音等，判断人的意图，并能够快速做出相应反应的适应性数字环境。泛在计算技术通过智能的、用户定制的内部互联系统和服务制造出理想的氛围，完成元宇宙用户需要的功能，提高用户的工作和生活质量。

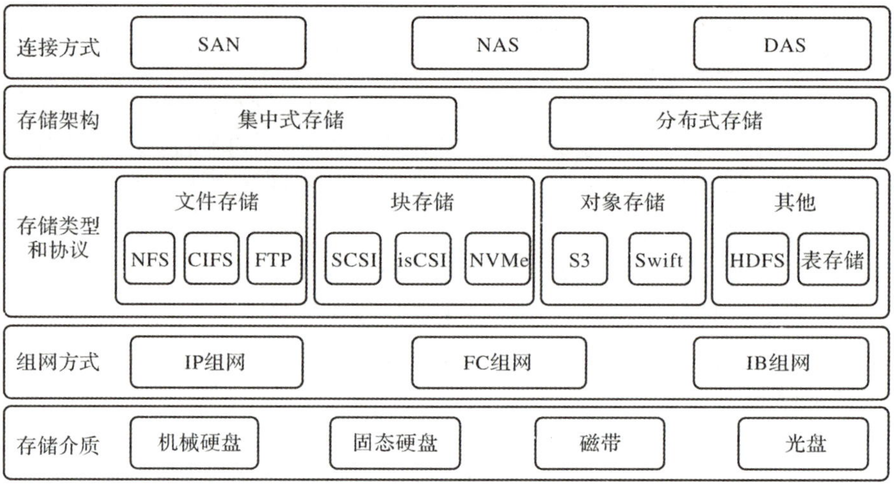

图 8 –5　存储技术架构

算力实现的核心是 CPU、GPU、FPGA、ASIC 等各类计算芯片，并由计算机、服务器、高性能计算集群和各类智能终端承载，海量数据处理和各种数字化应用都离不开算力的加工和计算。各种计算技术的结合组成军事元宇宙算力网络，大大地提升了军事元宇宙算力条件，同时通过网络任务调度进行合理安排，有效降低了延时，保障了军事元宇宙的时效性。主要技术包括云计算技术、边缘计算技术、算力网络技术、量子计算技术、类脑计算技术。

9. 区块链技术

区块链是一种全新的计算范式，是共识机制、分布式账本、对等网络和密码技术等多项关键技术的创造性集成，是分布式技术的深化发展，具有弱中心化、难篡改、可追溯的特点，是元宇宙去中心化机制、身份认证机制、数据可信流转机制和价值激励机制的底层技术基础，是元宇宙“永续”特征的重要支撑。区块链技术能够保障军事元宇宙中智能推演等重要数据的安全性，能以较低的成本保障数据存储与通信的安全，使军事元宇宙能够有效、安全地进行数据集中计算，并为军事元宇宙使用人员提供区块链存储数据的可追溯性功能，同时区块链技术可以管理军事元宇宙中各种实体之间的复杂交互并实现其自动化。具体内容包括密码服务技术、共识算法、可信身份认证技术、网络组网和跨链组网技术、智能合约技术、隐私计算技术等。

10. 信息安全技术

信息安全技术为元宇宙虚实共生世界保驾护航，是元宇宙稳固发展的基石。信息安全技术涉及元宇宙中计算、存储、通信、管理各个方面，军事元宇宙因其应用领域的特殊性，安全问题是不可忽视的，在元宇宙中，个人信息与敏感信息更容易获得，这些包含着使用者生理特征、军事行动行为习惯以及军事机密的信息如果泄露或遭遇攻击被篡改，将会产生严重后果。在军事元宇宙安全保障中，最需要关注的是身份认证与授权、数据安全和网络通信安全三类安全问题，主要包括密码算法技术、可信身份认证技术、异构网络安全互通技术、零信任技术、可信计算技术、拟态防御技术、隐私计算技术等。密码学家的工具箱如图 8 –6 所示。

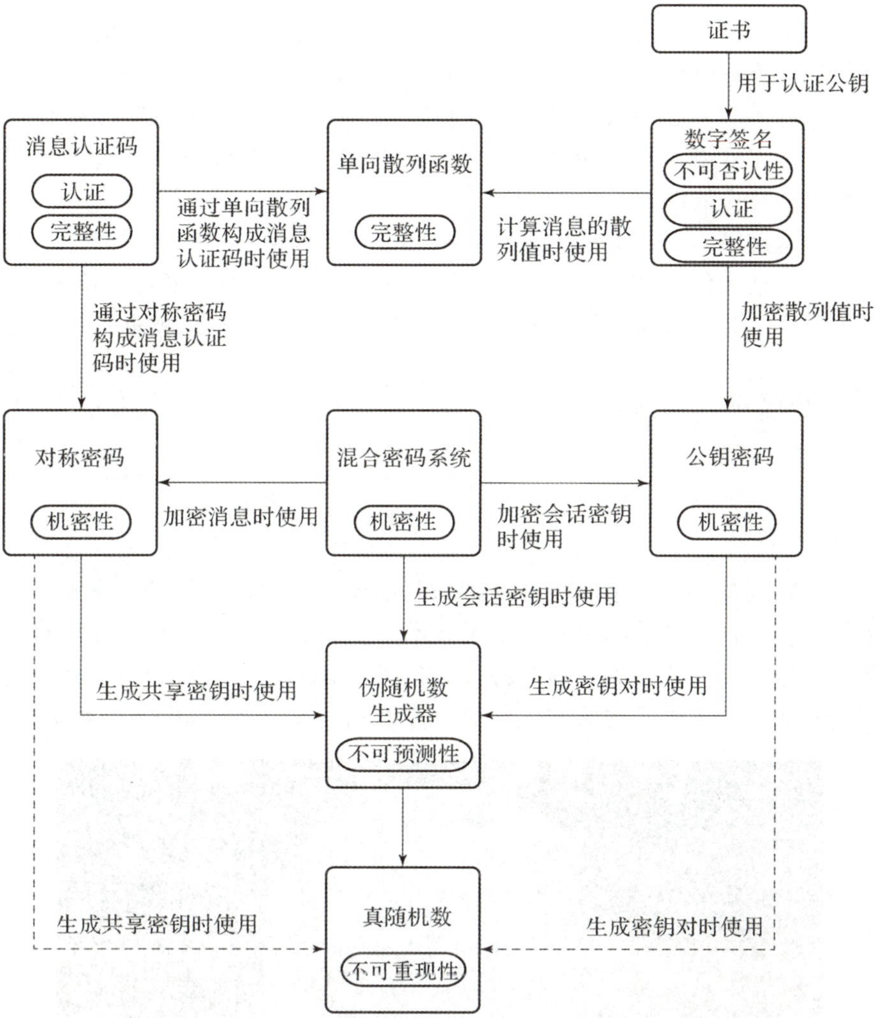

图 8－6 密码学家的工具箱

8.2.3 军事应用前景

特制的专用军事元宇宙技术已经被论证可以应用于广泛的实际军事作战用途，被称为“未来战争的新高地”，并将贯穿智能化战争“战前—战时—战后”全过程。

战前，军事元宇宙技术可应用于智能化作战力量的研发与生产，包括研发需求论证、虚拟装配与制造、战技性能评估、智能故障诊断与预测等，基于军事元宇宙实现军事人员对武器装备从研发设计到生产制造再到故障诊断维修、报废的全寿命周期的详细掌握，加速奠定智能化战争的稳固地基。还能通过整合当下实时作战力量和作战环境数据，预测评估其未来的状态、模拟不同作战方案的作战效果，帮助指挥官实现作战规划的最优解。

战时，利用传感器输入的数据实时呈现战场态势，高效部署作战力量。基于军事元宇宙技术，可以在狭小空间内，构建出虚拟综合态势感知环境，借助物联网、建模与仿真、通信技术等，可实时采集前线人员、各类战场传感器以及部队行进等信息，并对前线作战场景进行虚拟重建，为指挥人员提供沉浸式的前方战场环境，包括战况细节、战场进程、战术执行完成度等关键信息，避免因为信息差导致错误决策。此外，技术人员可以在数字化空间及时了解装备情况，确定故障源、远程组织抢救抢修，从而快速恢复作战能力。

战后，可运用军事元宇宙技术快速掌握打击目标与己方作战力量状态，高效进行目标打击效果评估和作战能力恢复。此外，在军事合成训练、多要素综合后勤保障、战场态势推演、心理健康建设等方面，军事元宇宙都将发挥越来越重要的作用。

8.3 量子技术

8.3.1 概念内涵

如果一个物理量存在最小的不可分割的基本单位，则这个物理量是量子化的，即量子是指物质不可再分的基本单元。量子技术是量子物理与信息技术相结合发展起来的一个新兴领域，涵盖依赖量子力学特性的技术，利用量子叠加和量子纠缠等独特现象，以实现经典理论无法实现的方式获取、传输和处理信息，如图 8 –7 所示。

图8 –7 量子技术示意图

8.3.2 技术发展现状与重点

量子计算、量子通信、量子探测、量子传感等都是被公认为可能对各行业各领域带来颠覆性影响的技术，量子技术的发展也加速了太空探索、可持续能源和清洁技术领域、纳米制造、半导体和激光技术等现有领域的发展。

1997 年，杰拉德·詹姆斯·米尔本在书中首次概述了量子技术领域，随后乔纳森·道林、杰拉德·詹姆斯·米尔本和大卫·多伊奇在 2003 年发表了关于量子技术的文章。许多现有的设备从根本上依赖量子力学的效应，其中包括激光系统、晶体管和半导体设备，以及 MRI 成像仪等其他设备。英国国防科学技术实验室将这些设备归为“量子 1.0”，以区别于所谓的“量子 2.0”，“量子 2.0”被定义为一类能够主动创建、操纵和读取量子态的设备，利用叠加和纠缠效应来研究物质。

从 2010 年起，多个政府制订了探索量子技术的计划，如英国国家量子技术计划，该计划创建了四个量子“中心”，新加坡量子技术中心和荷兰 QuTech 中心开发了拓扑量子计算机。2016 年，欧盟推出了量子技术旗舰项目，一个耗资 10 亿欧元、为期 10 年的大型项目，其规模与早期的欧洲未来和新兴技术旗舰项目类似。2018 年 12 月，美国通过《国家量子倡议法案》，为量子研究提供每年 10 亿美元的预算。中国正在建设世界上最大的量子研究设施，计划投资 760 亿元（约 100 亿欧元）。印度政府基于其国家量子任务在 5 年内投资了约 10.2 亿美元来推动量子技术的发展。在私营部门，大公司对量子技术进行了多次投资。谷歌、D－wave Systems 和加州大学圣巴巴拉分校等组织已经建立了合作伙伴关系并进行投资来开发量子技术。2019 年 12 月，美国国防部国防科学委员会发布《量子技术的应用》报告的摘要，摘要概述了量子传感、量子计算及量子通信与纠缠分发领域的主要发现，认为量子传感系统、计算及通信系统的应用将为美国防部开创量子使能能力的新时代，并就如何发展提出了建议。

1. 量子计算

量子计算是当前最热门的量子技术之一（图 8－8），该概念最早诞生于 20 世纪 80 年代。当时人们发现经典计算机在处理量子多体问题时会遇到“指数爆炸增长”难题，即描述量子系统的复系数随着量子态空间维数而指数增加，此外当经典计算机的芯片尺寸接近原子尺度时，量子效应便不可忽略。

图 8－8　量子计算示意图

量子计算使用量子物理学来解决问题，有助于提高数据分析能力，并加速机器学习算法的性能。量子计算速度是传统计算机无法比拟的，因此成为所有科学的新研究工具。量子计算的安全应用包括破解安全加密，执行复杂模拟，并通过大量数据分析来改进威胁检测和决策。量子计算所需的芯片不同于传统半导体，量子计算机上的芯片越多，芯片上的量子位越多，数据处理速度越快。美国国家标准与技术研究院（NIST）于 2009 年制造了第一个量子芯片，现在各国正在竞相开发使用多个量子芯片的计算机。尽管量子计算容易受噪声干扰产生错误，但目前已经应用于研究。考虑到量子计算需要专门的支持设备且维护成本昂贵，研究人员和企业可以通过云服务或联网访问其他企业的量子计算机获得量子计算服务，也称为“量子即服务”。

2023 年，量子计算领域的研究重点从大规模处理器基准测试转向量子技术实际应用。换言之，量子计算正在走出大学物理实验室，进入工业研发。2023 年 6 月，IBM 首次证明量子计算机可以在 100 多个量子位的规模上产生精确的结果，超越了领先的经典方法，标志着量子计算正式进入实际应用阶段。而在 2023 年 12 月召开的年度 IBM 量子计算峰会上，IBM 更是展示了其推出的全新量子计算芯片“苍鹭”（IBM Quantum Heron）和全球首个模块化可大规模实用化的量子计算机系统“IBM 量子系统二号”（IBM Quantum System Two），意味着量子计算的商业化正在逐步成为现实。

2023 年 4 月 23 日，我国最新一代量子计算机——“悟空”正式完成研制工作，并投入使用。2023 年 5 月，176bit“祖冲之号”量子计算云平台上线，面向全球用户开放，刷新了我国云平台的超导量子计算机比特数纪录。2023 年 7 月，研究人员成功实现 51 个超导量子比特簇态制备和验证，刷新了所有量子系统中真纠缠比特数目的世界纪录。10 月，中国科学家成功构建了 255 个光子的量子计算原型机“9 章 3 号”。2023 年 11 月，Atom Computing 宣布推出一台 1225 量子比特的量子计算机，计算能力更高。

2. 量子通信

随着信息时代的到来，人们对通信效率和安全性的要求越来越高。传统的通信方式已经无法满足当今社会的需求。与此同时，一项前沿技术——量子通信正在迅速崛起（图 8 -9），作为一项具有前瞻性的技术，量子通信不仅承载着人们对信息传输的期望，更有着不可估量的商业应用和科学研究价值。量子通信作为量子信息科学的重要分支，是利用量子态作为信息载体来进行信息交互的通信技术。现阶段，量子通信的典型应用形式包括量子密钥分发和量子隐形传态等。量子密钥分发可用来实现经典信息的安全传输，而量子隐形传态是传递量子信息的有效手段，有望成为分布式量子计算网络等应用中的主要信息交互方式。

图 8 -9　量子通信示意图

量子密钥分发是最先实用化的量子信息技术，是量子通信的重要方向。量子密钥分发可以在空间分离的用户之间以信息理论安全的方式共享密钥，这是经典密码学无法完成的任务。与经典密码体制不同，量子密钥分发的安全性基于的是量子力学的基本原理。即便窃听者控制了通道线路，只要窃听者未掌握能攻入合法用户设备内部的侧信道，量子密钥分发技术就能让空间分离的用户共享安全的密钥。学术界将这种安全性称为“信息理论安全”（也可称为“无条件安全”）。

量子保密通信是指以具备信息理论安全性证明的 QKD 技术作为密钥分发功能组件，结合适当的密钥管理、安全的密码算法和协议而形成的加密通信安全解决方案。量子保密通信是在抗量子攻击等特定需求下的全新的、有效的密码学补充手段，依据结合方式的不同，量子保密通信系统可具有多种类型。例如，可证明信息理论安全的 QKD 技术与同样可证明信息理论安全的一次性密码本（one time pad，OTP）加密方案和 Wegman – Carter 认证方案相结合，形成具备信息理论安全性的量子保密通信系统。又如，QKD 与其他能够抵抗量子计算攻击的对称密钥加密算法结合使用，可实现可支持大带宽业务的、具备前向安全性的量子保密通信系统。

尽管量子通信在理论上展现了令人兴奋的潜力，但实际中仍然面临许多挑战。高量子效率的单光子探测、高精度的物理信号处理、高信噪比的信息调制、保持和提取等技术，是量子密钥分发能力进一步突破的“拦路虎”，光学/光电集成、深度制冷集成、高速高精度专用集成电路等技术，是量子保密通信设备小型化、高可靠、低成本发展方向上必须迈过的“门槛”。此外，量子通信技术的实际应用也需要更为成熟的基础设施建设和行业标准制定。在这一领域的发展中，国际社会需要共同努力，以确保量子通信能够在全球范围内实现可靠、高效且安全的应用。

2013 年美国知名研究机构 Battelle 公布了环美量子通信骨干网络项目，计划采用瑞士 IDQ 公司设备，基于分段量子密钥分发结合安全可信节点密码中继的组网方式，为谷歌、微软、亚马逊等互联网巨头的数据中心提供具备量子安全性的通信保障服务。日本计划在 2020—2030 年建成利用量子加密技术的绝对安全和高速的量子信息通信网，到 2040 年建成极限容量、无条件安全的广域光纤与自由空间量子通信网络；并计划将量子通信技术用于国家级的保密通信，以及对电网、煤气管网和自来水管网的等重要基础设施的监视和通信保障上，以及金融机构的隐匿通信等。

2016 年 8 月 16 日，我国成功发射了世界上首颗量子通信卫星——“墨子号”。该卫星由中国科学院国家空间科学中心、中国科学技术大学、中国科学院上海微小卫星创新研究院、中国科学院上海技术物理研究所等单位联合研发，用于实现地面和卫星之间的安全通信，为量子通信的应用提供了一个重要平台，这项辉煌的成果引领了全球量子通信技术的发展。2017 年，我国完成量子保密通信“京沪干线”骨干网建设和“墨子号”卫星科学试验并实现天地互联，率先进入广域网阶段，标志着产业化技术储备的基本完成，也引发了全球量子保密通信网络部署的提速。2017 年 6 月，国科量子通信网络有限公司牵头在工业和信息化部中国通信标准化协会（CCSA）成立了量子通信与信息技术特设任务组（ST7），负责开展量子通信与信息技术的标准化制定与前瞻研究工作。特设任务组已经代表中国出席了 ETSI/IQC 国际量子安全研讨会（Quantum Safe Workshop）、2017 年及 2018 年国际量子密码大会，在 2019 年 6 月 5—7 日，在中国（上海）举办 ITU 首次量子信息技术国际研讨会。

3. 量子探测

量子探测是将量子技术引入雷达探测领域，利用量子资源，突破传统雷达在低可见目标的检测、电子战条件下的生存、平台载荷限制等诸多方面的技术瓶颈，全方面提升雷达的各项性能指标。量子探测从一个全新的角度实现信噪比的提升，达到超高灵敏度，即突破标准量子极限，逼近 Heisenberg 极限，极大地提高了雷达测距、测角分辨率及成像分辨率。相较于传统雷达，量子雷达具有体积小、功耗低、抗干扰能力强等特点。2010 年普林斯顿大学报道了原子 SERF 磁力计实现 0.16fT/Hz1/2 的灵敏度，是目前世界上最高的磁场检测精度；2011 年加州大学伯克利分校首次实现了超流体量子干涉陀螺仪；2016 年美国国家标准与技术研究院实现了镱原子光频标稳定度突破 1.6×10^{-18} 量级。研究成果中既包括量子测量技术本身，也包括低温物理学、光子学、低噪声微波放大器、纳米制造等支撑性原理技术。

现有的前沿量子探测技术主要包括基于量子偏振的安全量子探测技术、量子关联成像探测技术、量子照明探测技术、量子增强激光探测技术。

1）基于量子偏振的安全量子探测技术

美国罗切斯特大学光学研究所的梅胡尔·马利克（Mehul Malik）等最早提出一种抗干扰的量子安全成像探测技术。该方案利用量子偏振特性来对目标进行探测，该技术的原理与量子密钥分发技术类似，在窃听者试图窃听时就改变了光子的量子特性从而暴露自己的窃听行为，这种量子安全成像方案能轻易探测到具有隐身功能的隐身飞机，而且几乎是不可被干扰的。

2）量子关联成像（鬼成像）探测技术

鬼成像最早的构想是利用相互纠缠的光源进行关联成像。在 20 世纪 80 年代左右，苏联的科学家 Klyshko 参考纠缠光子对特有的量子纠缠现象，首先在理论上阐述了利用纠缠光子的关联成像方案。关联成像第一次的实验验证是美国马里兰大学的史砚华教授于 1995 年实现的，该实验使用的装置结构可以表示出来，氩离子激光器发出波长为 351.1nm、光束直径为 2mm 的光源作为泵浦光源，用于泵浦非线性硼酸钡晶体（BBO）来形成纠缠光源，光源被分成两束光束，其中一束为信号光，信号光经过物体后携带着物体的信息，被一个 25mm 焦距的 D1 接收器进行桶测量；另一束光为参考光，被一个由直径为 0.5mm 的多模光纤组成的接收器接收，两个光路的探测器接收到的数据经过关联计算，就可以得到该目标的强度像信息。

3）量子照明探测技术

量子照明探测技术最早由麻省理工学院的 Seth Lloyd 等于 2008 年提出。他们提出使用制备的量子纠缠光子对实现量子照明。其中一路纠缠光子发射照亮物体，另一路纠缠光子保留在本地作为辅助信号。系统通过回波光子和本地光子的纠缠测量实现探测信噪比的提升。

4）量子增强激光探测技术

量子增强激光雷达基于干涉测量原理，通过测量干涉光路中两条光路的相位差得到目标信息。2008 年意大利波沃特伦托大学的 L. Pezzé 和 A. Smerzi 提出了基于相干态和压缩真空态输入的相位测量方案。

8.3.3 军事应用前景

作为改变未来战争形态的关键技术之一，量子技术将首先被物化为先进的军事装备，催生新型作战理念和作战样式。量子技术作为一匹“狂奔而来的黑马”，对以电子技术为基础的信息时代产生了巨大的影响和冲击。未来量子技术将在人工智能、大数据以及气象预报和智能装备学习中发挥重要作用，势必改变未来战争的制胜机理，成为当之无愧的未来战争的“颠覆者”。

1. 快速分析处理战场数据

随着现代战场在空间上的拓展，复杂多样的战场信息传感器遍布陆、海、空、天、网、电各空间，各类情报侦察与监视预警信息呈指数式增长，产生的海量信息数据超出了情报分析员的能力范围，导致战场信息收集不及时、有效信息产出时效性低、反馈失误等问题。而以海量数据为支撑的信息化战争和一体化联合作战，离不开海量计算。量子技术为处理战场大数据提供了新方法。量子计算具有并行运算优势，可实现对战场海量数据的快速汇聚与实时分析，全面掌握战场态势，加强战争预测、作战方案制定与评估，实现战场智能化、网络化升级。例如，美国基于国家安全利益的紧迫需求，就将高性能计算能力与核能力同时列入重点发展规划，将量子计算技术规划为确保核武器安全和可靠性的重要手段。2016 年初，美国国防部高级研究计划局宣布启动量子逻辑芯片项目，这种硬件产品是研制通用型量子计算机的关键，如果该技术取得突破，理论上可以制造出量子比特可扩展的计算系统。

2. 构建安全快速高效的军事信息通信

未来战场空间不断拓展，涵盖物理、信息、认知、社会等多个领域，要想在多维战场实现精准高效地组织筹划和指挥控制，需要更加安全、更加快速、更加高效、更加可靠的信息通信。量子通信以其无法窃听的“安全性”、近无时延的“超高速”、高效率的“超容量”、高可靠的“抗干扰”等性能，恰好满足了未来战场对军事信息通信的安全性、实时性、大容量等关键指标的新要求。军用量子通信技术的研发运用将成为抢占未来战场制信息权的关键一着。美国高度重视量子通信技术的发展，斥巨资资助其基础和应用研究，以占领量子通信领域的制高点。美国国防部的投资重点包括精确导航和安全量子网络等多个领域，国防高级研究计划局持续资助量子信息科学的军事应用项目。欧盟在发布的《量子信息处理和通信：欧洲研究现状、愿景与目标》战略报告中，提出了欧洲未来 5 ~ 10 年量子信息的发展目标。例如，将重点发展量子中继和卫星量子通信，实现千公里级的量子密钥分配。日本提出了量子信息技术长期研究战略，将通过高强度的研发投入，在5 ~ 10 年内建成全国性的高速量子通信网。

3. 增强军事网络信息保密性

作为军事保密通信领域的“明日之星”，量子密钥技术在最近几十年得到了快速发展。量子密钥可以构建复杂的密码系统。由于对量子态进行测量将会改变最初的量子态，通过量子密钥建立的密码可以第一时间发现密码被窃取，从而有效抵抗针对密码系统的攻击，具有极高安全性。量子密钥成为引领未来军事革命的颠覆性、战略性技术。美国政府一直致力于使用抗量子加密（PQE），开发量子密钥分发和加密技术以保护美国政府和军事通信和信息。印度国防部也向印度第一家开发基于量子的商业网络安全解决方案的公司 QNu Labs 发出商业提案请求，采购基于量子密钥分发的

"高级通信解决方案"，以应用于安全分发加密密钥。

4. 提高军事导航定位精度

量子技术有望显著改善定位、导航和授时系统，特别是惯性导航，其基础是具有高时间测量精度的量子时钟，这对全球导航卫星系统和授时的发展至关重要。量子惯性导航系统由量子3D陀螺仪、加速度计和原子时钟组成，其中最成熟的是20世纪60年代开发的原子时钟，这使量子惯性导航成为最成熟的量子技术之一，飞机、战车、舰艇等武器平台在量子加速器和量子陀螺仪的辅助下，可充分发挥量子导航设备精度高、重量轻的优势。另外，使用量子导航系统，武器平台无须定期通过导航卫星校正位置。美国、英国、澳大利亚等多个国家都在积极研发量子导航技术，并将其列为国防战略的重要一环。虽然目前量子导航技术尚未在军事领域大规模应用，但其在战场精度和安全性方面的优势是不容忽视的，不久的将来，量子导航或将重新定义战场精度，重塑未来战争面貌。

8.4 生物交叉技术

8.4.1 概念内涵

21世纪以来，世界军用生物交叉技术发展速度明显加快。美国国家科学院、工程院与医学院发布《保护生物经济》报告，展望生物交叉经济发展趋势及相关风险。美国兰德公司发布《脑机接口：军事应用与影响的初步评估》报告，探索脑机接口技术在当前和未来的作战价值、相关弱点与风险，以及技术部署之前应制定的政策规范。欧盟委员会发布《生命科学中的跨技术方法交叉发展》报告，旨在指导和促进生物科学中的交叉技术发展。俄罗斯、亚太地区多国重视军用生物交叉技术的发展。

8.4.2 技术发展现状与重点

1. 脑机接口

脑机接口技术使人类能够与战场上的机器愈加紧密地联系在一起，增强人机协作，或将导致美国军方内部产生根本性战略和计划的改变。美国纽约州立大学奥尔巴尼分校教授Mike Hill在其《论后人类战争：计算与军事暴力》一书中指出，自9·11恐袭后，美国国家安全战略转变，神经科学的进步为军方提供了基于人类认知的新战场，而飞机、导弹、步枪或小武器装置是人类认知状态的延伸。脑机接口技术有可能压缩"杀伤链"，超越传统的通过观察、分类再使用武器开火的射击方式。2010年以来，美国国防机构加大对该技术的关注和投入力度，积极开展相关研发工作，体现出美国对脑机接口军事化应用的迫切需求。美国国防高级研究计划局（DARPA）专注神经技术研究，并已在脑机接口项目上投入数百万美元，以有效推动脑机接口研发进程。其首要目标是增强美国军事人员的认知能力，并通过开发假肢或创伤后应激障碍治疗等解决方案，减轻武装冲突对士兵的影响。DARPA先后启动了"下一代非手术神经技术"（N3）项目、"恢复主动记忆"（RAM）项目、"Bridging the Gap Plus"

（BG +）项目和“神经工程系统设计”（NESD）项目等多项脑机接口研发计划。2020 年，美国空军研究实验室启动为期 3 年的“个性化神经学习系统”（iNeuraLS）项目（图 8 – 10），旨在创造一种新颖的混合脑机接口，以实时提取军事人员的大脑信号和其他生理读数，从而确定其大脑学习状态，并帮助飞行员直接通过脑机接口快速获取知识、技能和信息。

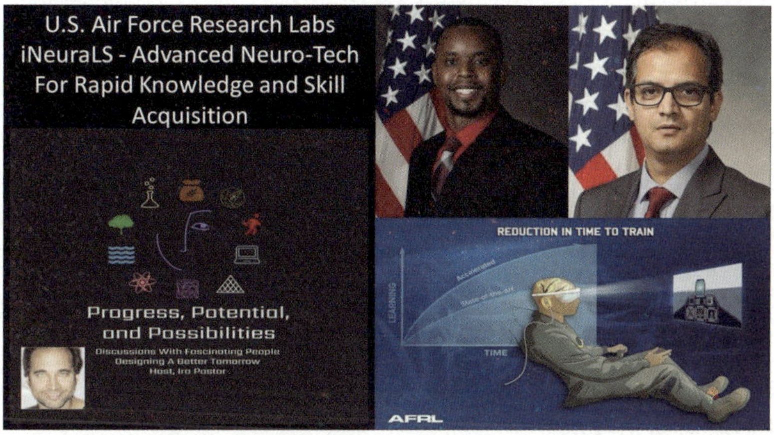

图 8 – 10　美国空军研究实验室“个性化神经学习系统”（iNeuraLS）项目

美国在脑机接口技术方面的多用途应用昭示着其技术发展的逐步成熟，未来有望在军事领域得到应用。得克萨斯大学奥斯汀分校开发出非侵入性的“脑机帽”，通过脑机接口设备将瘫痪患者的大脑活动转换为轮椅的机械指令，帮助患者通过思维控制轮椅自由运动；约翰·霍普金斯大学为一名因脊髓损伤导致上半身几乎瘫痪的男性植入脑机接口，使其通过脑机接口操纵机械臂使用刀叉独立完成进食；美国脑机接口公司 Synchron 宣布，植入其脑机接口设备“Stentrode”的肌萎缩侧索硬化症患者，首次通过意念直接在社交媒体上发布了一条简讯“你好，世界”（Hello World）。随着技术进步，脑机接口正朝着非侵入、无创、无线、低成本的方向不断优化，在不影响技术效力的同时尽可能减少对大脑的损伤，以便用户更便捷、准确、安全地操作，帮助其实现从意识到行动的快速转化。

2. 合成生物学

西方发达国家高度重视合成生物学建设和人才培养。美国是当今合成生物学领域研究的全球领军力量，对合成生物学在经费投入、研究平台和基础设施建设、促进技术商业化应用等方面的支持力度不断加大，意图谋求未来在全球合成生物学发展中的领导地位。早在 2006 年，美国国家自然科学基金投入 2000 万美元，由加州大学伯克利分校、哈佛大学、麻省理工学院及加州大学旧金山分校共同组建成立合成生物学工程研究中心。英国于 2014 年成立了综合的合成生物学博士培训中心（Biology，Syn Bio CDT），形成全国范围内的研究与教育基础设施网络，这些中心互补优势、聚集资源和培育人才，统一协调合成生物学领域的教育培训，并且各个大学也相继开设合成生物学相关的教育课程，强调要面对未来产业发展需求，加强合成生物学技能培训，加强本科学生跨学科教育，对合成生物学研究生开设社会和伦理课程。2005 年欧盟发表了

《合成生物学——将工程应用于生物学》的项目报告，提出欧盟应该在合成生物学研究、支撑基础和教育等方面采取行动，并于2007年启动了报告中各方面的18个项目。

21世纪是生命科学的时代，而生命科学转化为实用技术最有前途的桥梁之一就是合成生物学。合成生物学作为一种具有颠覆性意义的新兴技术，可用于药物的快速合成、基因改良和人体快速损伤修复等领域，其军事应用价值已初现端倪。但合成生物学的发展使生物武器和化学武器的重叠程度逐渐增加，使用生物方法制造，甚至改造病毒或毒素作为武器。美国国家科学院对合成生物学可能引发的生物威胁进行评估后，建议美国军方及其他机构建立合成生物学技术和能力的评估框架，探索更为灵活的生物防御策略，加强军民基础设施建设，以应对潜在的生物攻击。由此可见，合成生物学必将催生新的作战样式和作战理念，必然会对未来战争产生重大影响。军队医学院校必须警惕合成生物学技术在未来战场对我军形成的潜在威胁和不对称优势，做到紧密跟踪和超前研究，分析国外以防护生物威胁为幌子，利用合成生物学技术开发生物武器的可能性，评估未来战场所面临的生物安全问题及潜在风险，面向战斗力生成和战斗力保障的各种可能形态，积极开展军事合成生物学学科建设。

3. 仿生技术

1）仿生材料与结构技术

仿生材料主要通过模仿生物特性，达到隐身或伪装、增强柔性和抗冲击性能等。

（1）仿贝壳、骨骼与鱼鳞结构。

2008年，美国和瑞士联合研究小组研究具有仿贝壳结构的陶瓷片-壳聚糖层状复合材料，其强度是天然珠母贝的2倍，而重量仅为钢的1/2~1/4。美国加州大学正在研究甲壳类动物材料，可用于制造防弹衣、抗弹头盔，或用于悍马车、无人机、直升机，抵御简易爆炸装置和轻武器威胁，还可用于替换舰炮钢板结构或用于舰船推进系统防气蚀损害。美国空军考虑在A-10“雷电”攻击机上使用这种材料替换钛合金材料，抵御地面轻武器威胁。2017年，美国太平洋西北国家实验室、劳伦斯·伯克利国家实验室和华盛顿大学联合实现了类肽材料的自组装，在矿物表面以高度有序的方式形成了具有六边形图案的纳米带网络，从而可创造出类似于贝壳或骨骼的仿生材料。2010年，美国尖峰装甲公司推出“龙鳞甲”防弹衣，见图8-11。“龙鳞甲”防弹衣是由小块陶瓷防弹瓦和新型防弹纤维编织而成的鱼鳞状防护甲，即便遭到手榴弹袭击，防弹衣也不会碎裂。2016年，加拿大麦吉尔大学研究人员通过将硬质装甲片材与较软的衬底相结合，制备的仿生柔性装甲，与均质陶瓷片的连续层相比，仿鱼鳞的装甲更具柔性，抗穿刺性能是柔性弹性体的10倍。这为未来仿生柔性装甲的设计、优化和制造奠定了基础。

（2）仿生隐身材料。

2014年，美国伊利诺斯大学模仿章鱼的伪装原理，利用热敏染料和光传感器开发出柔性伪装织物。这种柔性伪装织物在1~2s的响应时间内产生变化的伪装图案，自发与周围环境匹配。加州大学伯克利分校在超薄硅膜上精确蚀刻出微细的图案结构，该图案结构的特征尺寸小于光的波长，能根据薄膜的弯曲程度选择性反射特定颜色的光，产生类似变色龙的伪装效果，反射率高达83%，是世界上第一款仅通过弯曲就可

图8－11　美国 SOV－2000“龙鳞甲”防弹衣

发生变色的柔性伪装材料。法国在“变色龙”隐身发展计划中开发出一种利用自适应仿生伪装材料制备的“多光谱活性皮肤”，其具有电致发光、电致反射和电致辐射等功能，可使目标像“变色龙”一样动态变色融入背景中，实现可见光和红外波段的有效隐身。2017 年，白俄罗斯、法国、英国和德国研究人员联合，将单层空心碳球封装成二维结构，开发出模仿飞蛾眼睛的空心球结构。这种材料能实现近乎完美的微波吸收，在 Ka 波段（26～37kHz）频率范围内可接近 100% 地吸收微波，有望在隐身技术中作为雷达吸波材料使用。2016 年 11 月，美国哈佛大学联合沙特阿拉伯阿卜杜拉国王科技大学，基于鸟类羽毛的结构色开发出一种仿生无序纳米结构，该结构可产生不同颜色的光，可用于军事装备的隐身。

2）仿生感知与探测技术

开发模仿生物的视觉、听觉、力觉/触觉、嗅觉等感知机能及相应信息处理方式的仿生传感器，可使军事装备具备外形隐蔽、运动灵活以及高效的目标捕获与打击能力。

（1）视觉仿生感知技术。

视觉仿生感知技术利用传感器准确获得目标的明暗度、色度、位置距离、运动趋势、轮廓形状、姿态等参数，并对这些参数进行存储、传输、识别和理解，使其具有类似生物眼睛的特征或功能。国外对视觉仿生技术的军事应用研究投入了大量人力、物力和财力，多集中在蝇、鲎等动物的复眼视觉系统以及人眼视觉系统仿生方面，取得了丰硕成果。其中，美国和英国都开展了基于鹰眼的导弹视觉系统研究，美国在反卫星武器研究中采用了蝇复眼仿生技术。2007 年，英国 BAE 系统公司在英国国防部的资助下开发出可用于微型飞行器的“虫眼”多孔径成像系统。该系统视场角为 60°，还可扩展为 120°，目前已用于导弹告警和单兵夜视领域。

(2) 听觉仿生感知技术。

2007年，佐治亚理工学院模拟鱼的内耳解剖结构，开发出一种水下声学传感器，该传感器借助绒毛的运动可对声波做出响应。这种新型仿生传感器被美国军方寄予厚望，有望发展成为超越声呐的超灵敏度、强抗干扰能力新一代水下探测器。2011年，美国斯坦福大学模仿逆戟鲸等海洋鲸类能够改变内耳压力的特性，开发出一种独特的水下声学传感器。该传感器既能听到最安静的声音，也能听到最吵闹的声音，甚至可在水下6英里、压力是水面1000倍的深度下工作。这种水下传感器能探测到160dB以内的声音，这意味着从图书馆内的窃窃私语到60英寸（约152.4cm）外梯恩梯（TNT）炸药的爆破声，水下传感器都可无损探测到。

(3) 触觉仿生感知技术。

仿胡须感知是触觉感知技术的主要研究方向。目前，仿胡须感知技术的开发主要集中在美国、瑞士、日本、德国和澳大利亚的一些大学和研究所。美国东北大学海洋生物学实验室开发出功能强大的带有胡须状触角的龙虾机器人。这种机器人头部左右两边的触角采用聚碳酸酯材料制成，柔韧度高，其内部安装3个二进制MEMS弯曲传感器，可获知障碍物的距离和水流扰动情况，达到模拟龙虾高敏感触角追踪水迹的能力。这种触角传感器与声呐高度计等传感器结合，可准确地确定悬浮于任意方向的水雷。美国海军研究办公室也在研制类似机器人，以便在部队行动前探测敌方埋设的水雷。

(4) 嗅觉仿生感知技术。

嗅觉仿生传感器又称“电子鼻”，是受生物嗅觉原理启发，使用由气敏元件组成的传感器阵列来提取、感知及识别气味信息的技术。2007年，美国通用电气公司发现蝴蝶翅鳞的一种特殊纳米结构表现出十分敏锐的化学感知特性，在接触到含有微量化学成分挥发物的空气时会反射出各种颜色，根据颜色变化可了解周围气体的化学成分。该公司利用这一机理开发出仿生化学物质感知技术，具有灵敏度高、速度快、准确率高的特点，可用于战场上的危险战剂及爆炸物探测。2010年，美国国防高级研究计划局投资630万美元，利用这一技术开发新型仿生纳米结构传感器。2012年，该技术发展到可用于探测目标的红外热特征。2017年，美国研制出外部特征和呼吸速率与犬鼻相似的人造鼻。在试验中，人造鼻在距蒸气源10cm处的灵敏度提升了4倍，在20cm处提升了18倍。

3) 仿生导航与制导技术

(1) 视觉导航。

澳大利亚国防科学与技术组织及美国空军研究实验室弹药处联合开展了微型飞行器自动导航技术研究，利用光学地平线稳定技术等解决小型军用平台的导航与制导问题。为了能够模拟蜻蜓复眼工作机制，研究人员设计了一种全景扫描装置。该装置可形成大小为400×200像素的全景偏振图，对应偏航方向上360°的视界和俯仰方向上180°的视界。当微型飞行器飞行不平稳时，左右两只单眼探测到的地平线在各自视场内的高度不一致，其差值用于直接生成对飞行器副翼偏转角度的控制量，控制副翼向消除高度差的方向偏转。

（2）光流导航。

光流导航是在视觉原理的基础上发展的仿生导航技术。光流矢量流探测技术的基本原理就是通过检测物体间相对运动时光流矢量的变化，来测量高度、定向定距、检测旋转速度和方向等。当蜻蜓周围所有点的光流矢量都为0时，其处于悬停状态；当在它飞行过程中某一边光流矢量迅速增大时，说明这一边出现障碍物，需调整飞行航迹，实现躲避目标；还可根据环境光流矢量的大小调整飞行速度，以适应在复杂狭隘的环境中飞行。

（3）偏振光导航。

偏振光导航依赖的是偏振光传感器。偏振光传感器是一种测角传感器，具有体积小、精度高、灵敏度好、集成度高、抗干扰能力强并且导航误差不随时间累积等优点，在导航定位领域有着极其广阔的应用前景。2002年，德国Schmolke等在室内人造偏振光环境下，成功进行了移动机器人路径跟踪实验。2012年，澳大利亚Chahl等模仿蜻蜓偏振敏感导航机理，研制了包含3个独立敏感单元的偏振光传感器，并采用该传感器成功进行了无人机航向角测量。

（4）仿生晶须导航。

2017年，美国和新加坡研究人员联合进行了动物仿生晶须导航技术研究。研究团队利用5种外覆塑料细管的超弹性金属合金丝开发出一种晶须阵列，这种阵列底部配有应变仪，可记录晶须的动作，并通过收集这些动作信号生成流经这一阵列的气体或流体的影像。这种人工晶须阵列可取代传统视觉、雷达或声呐系统用于机器人导航。

（5）磁导航。

美洲蟑螂被置于磁场中会被磁化，新加坡、澳大利亚和波兰联合研究发现，活蟑螂的磁性与死蟑螂显著不同，磁化是蟑螂体内磁性粒子根据外部磁场排列的结果。深入了解生物磁性感知有助于工程师设计更好的微型机器人导航系统。美国国防高级研究计划局的“地球自然地形生物成像原子磁力仪”项目是设计新型磁梯度计，在开放状态下检测皮特斯拉和飞特斯拉磁场特征，无须屏蔽，也不依赖环境磁场状态。该技术可在常规环境下运行的低成本设备上实现高灵敏度磁感应与磁导航功能。

4. 人效增强

人效增强技术不再局限于利用自然方法来循序渐进式地提高自身基本能力，而是通过更直接和快速的方法来提高和完善人类的技能和能力，主要包括视听增强、脑力增强、体能增强、认知增强和综合增强等。例如，通过药物或芯片改善人类的情绪、认知和记忆，通过脑力增强或放大人的意念，通过外骨骼提升人的体能，通过人工耳蜗、芯片植入、智能眼镜改善人的视听感官能力等。

视听增强能实现更有效的感知，目前处于技术急剧跃升期，拥有非常广阔的应用前景。2012年12月美国国家情报委员会发布的《2030全球趋势：多元化世界》报告、咨询公司Gartner2015年发布的《2015年技术曲线成熟度》报告中均高度关注视觉增强技术。DARPA在“士兵视觉增强系统（SCENICC，2011—2016）”项目下开始研发一种隐形眼镜，该隐形眼镜可以增强作战人员的正常视力，佩戴该隐形眼镜的作战人员可以看到虚拟的、增强现实的图像，整个过程无须借助庞大笨重的仪器。

除视觉能力增强外，听觉也是人效增强的重要内容之一。2013 年 5 月，普林斯顿大学工程师利用 3D 打印技术制造出世界第一个仿生耳，该装置结构设计与真实的耳朵相差无几，同时接收声波与超声波信号，可听到正常人类听力范围之外的无线电频率。仿生耳的成功研制为未来研制“终结者机器人”奠定了基础。

体力增强能实现更强大的行动，其研究最早、发展最成熟、应用最为广泛。美国国家情报委员会认为，随着技术领域全面跨越式增长，机械外骨骼以及动力假体等技术的突破将大大增强人类先天的能力，且可修复丧失的机体功能。早在 2011 年初，雷神公司就推出第 2 版 XOS2 外骨骼系统（图 8－12），XOS2 还帮助佩戴者更快、更高效地完成 2～3 名士兵的工作任务，并且其比第一代更轻、更快、更强，耗电量降低 50%，《时代》杂志曾将这一装备评选为年度“最具震慑力”发明。2015 年 12 月，DARPA 计划使用增强现实系统支援陆军步兵，设想利用增强现实技术，打造未来的“超级战士”，帮助地面部队识别目标和枪火源头。

图 8－12　XOS2 外骨骼系统

认知增强实现更聪明更有决策力。DARPA 对增强人体认知能力非常感兴趣，其“人体辅助神经装置项目”旨在增强和恢复记忆，还包括可以抹去记忆的药物和治疗方法；利用神经科学和认知心理学增强学习能力也是 DARPA 重要目标，项目包括“情报分析神经技术”“快速学习”“教育优势”“增强认知”等。

脑力增强最终是实现意念控制，作为当下研究热点之一，其技术难度大，实际工程应用尚未普遍。通过对人脑力增强，可提高士兵学习效率与记忆力、减少疲劳和提高警觉性，甚至可以实现大脑对外部机器的意念控制，最终使人具有更好的认知与决策能力。近期，DARPA 的“联合战术空中控制”项目已经成功实现促进飞行员和飞机之间的直接通信；2013 年，DARPA 推出的“革命性假体技术”能从根本上提升假体技术水平，使其成为功能完整的自然肢体替代品，并能够按照自己的意念控制躯体活动。

综合增强的目的之一是打造超级士兵，目前仍有多项关键技术需要突破，道路还比较漫长。除上述旨在增强人体某一部分能力外，美军对运用基因组学、遗传学、分子生物学等技术手段，通过代谢增强综合提高人体生理和认知能力，打造“超级士兵”的研究很感兴趣。2014 年，DARPA 公布的士兵受伤自愈研究计划“ElectRx”就是典型之一。ElectRx 可监控士兵身体情况，士兵在受伤时，该系统就会给予士兵量身定做的物和刺激，以促进其自身愈合；此外，DARPA 的“代谢优势”项目旨在改造士兵生理能力，以降低对应激、睡眠剥夺、疲劳、疼痛和失血的易感性，同时提高他们的记忆力和学习能力，但是该项目因进展缓慢被 DARPA 放弃。

根据美国国家科学院的《人体效能改造：国际研究现状及未来展望》，英国皇家学会、皇家工程院、英国科学院、英国医学科学院的《人体增强与未来工作》等权威研究成果表明，如果将自然给予人类的人体机能看作最基本的 1.0 系统，那么通过人效增强技术，人体的综合机能将得到大幅度提升，进入人体系统 2.0 时代。

视听增强技术在国防科技领域将进一步扩大工程应用，虚实结合以及与人体自身无缝集成是关注的重点。例如，2015 年加拿大军方研究出一种新型镜片，该镜片能无障碍植入人的眼球，视力问题人群能将视力恢复到最佳水平；体力增强技术的鲁棒性、精确度和智能化程度将得到进一步提升，着力发展新型人 - 机耦合系统，例如 DARPA 的结构重构项目资助的 Z 型人（Z - Man），目标就是使人如壁虎、蜘蛛等一样能攀缘墙壁，让每位士兵成为现实版“蜘蛛侠”；认知增强技术重点集成神经科学、认知科学及心理学等基础学科领域，对认知过程、认知行为的深入研究是其前沿，由美国陆军研究办公室资助，加州大学欧文分校、卡内基梅隆大学、马里兰大学联合研发的“合成心灵感应”项目是其典型；脑力增强技术则针对脑及神经元的活动机理，力求在意念控制等领域寻求突破，美国国家情报委员会预测到 2030 年神经增强可提供超级记忆召回或超级思考速度，神经科学、药理学和遗传学的迅速发展，有可能通过注入或电刺激大脑实现所需知识的瞬间安装。

5. 生物安全

新技术的开发与应用往往首先服务于军事和国家安全战略，生物技术也不例外。由于生物技术表现在军事、经济、外交、能源等多个领域，而且很多生物技术被世界科技大国所掌控，所以生物战争一旦发生，处于技术水平劣势的国家很难有效防范。特别是在生态环境上，技术先进国家的生物入侵很喜欢在这一领域做些手脚。早在 20 世纪 80 年代，国际上一些政治家就认为，威胁国家安全的不只是外敌入侵和犯罪活动，严重地人为破坏生态环境同样威胁到国家安全。1985 年，埃及外交部部长加利曾断言：“我们地区的下一场战争将因尼罗河水而起，不是因政治原因而起。”

由于生物技术与生命现象有关，近半个世纪以来发展十分迅猛，涉及微生物、动植物、生态环境、医学、农业、粮食、生化战争、生物恐怖主义、人口安全等，其覆盖面是其他任何技术都无法比拟的。2003 年，美国《军事医学杂志》就曾发表了题为《基因组计划与基因治疗：通向下一代生物武器的途径》的论文，提出了生物战争的一种新的形式和发展趋势——基因组战争。同年，就有美国学者提出，可以发展一种新型生物战剂作为战略武器，对特定平民人口长期施用，达到使目标人口“绝育、致癌或者体质衰退”的目的。这种武器的使用，就如同艾滋病给业非拉国家带来的巨大伤害一样，受害国将承受无法弥补的巨大损失。

疫苗研发的另一个成功案例是埃博拉疫苗。在制药企业缺乏兴趣的情况下，埃博拉疫苗开发的关键早期资金主要来自美国国防部和加拿大公共卫生局。2014 年，西非埃博拉疫情导致 28000 多人感染和 11000 人死亡，埃博拉通过旅行传播到尼日利亚、西班牙和美国，全球范围内注意到该病毒所构成的严重威胁。俄罗斯和中国是第一批批准使用自研埃博拉病毒疫苗的国家。WHO 于 2019 年批准使用减毒活疫苗 Ervebo，该疫苗在美国和欧洲获批上市，并于次年在几个非洲国家获得许可。由于生物防御资金的资助，许多与生物恐怖有关的病原体暴露后预防和治疗方法，如单抗和抗毒素疗法，已成功研发并获得使用。C 型肉毒杆菌单抗已成为恢复期血浆的替代产品，B 型炭疽单抗在 2012 年和 2016 年获 FDA 许可用于吸入性炭疽暴露后预防，FDA 批准了两种基于抗体的埃博拉治疗方法。2013 年，FDA 批准七价胃蛋白酶切肉毒杆菌抗毒素用于儿童和成人肉毒杆菌中毒的治疗，与以前使用的马源抗毒素相比，它降低了引起严重过敏反应的可能性。

6. 生物计算

传统的计算模型在有效解决复杂问题方面具有局限性，研究人员从自然和生物系统寻找灵感，生物计算由此诞生。生物计算是一个交叉学科领域，融合了生物学、计算机科学、数学和工程学，旨在通过计算方法来解决生物学问题，同时也利用生物学原理来增强计算技术。生物计算的主要目标是理解生物系统的复杂性和功能，并利用其原理和过程来开发创新的计算模型和算法。生物计算包括生物信息学（分析和解释生物数据，如 DNA 序列）、合成生物学（设计和创建新的生物系统）和系统生物学（整合生物数据以理解生物系统）等子领域。

生物系统，如 DNA、细胞、神经网络和进化过程，表现出非凡的计算能力，在某些方面超越了传统计算系统。DNA 可存储大量信息，细胞可并行处理信息，神经网络可学习和适应，进化过程可通过自然选择优化解决方案。研究人员通过理解和利用这些自然计算机制，开发新的计算模型和算法，以更有效地解决复杂问题。生物计算以生物大分子作为“数据”的计算模型，主要分为 3 种类型：蛋白质计算、RNA 计算和 DNA 计算。蛋白质计算的研究始于 20 世纪 80 年代中期，Conrad 首先提出用蛋白质为计算器件的生物计算模型。RNA 计算与 DNA 计算则是利用生化反应，以核酸分子间的特异性杂交为机理的计算模型。

目前，国内生物计算的应用以小分子药物居多，且主要集中在药物发现领域，包括分子生成、活性预测、虚拟筛选等领域，近期目标是提升药物研发效率，最终目标是实现规模化平台制药的能力。生物计算制药既能基于中国本土的病种需求、患者特色，也能带动中国生物计算产业链中大量本土技术公司走向应用场景落地。

8.4.3 军事应用前景

美国国防技术信息中心（DTIC）在《未来形态：2040 年脑机接口的军事优势》报告中指出，脑机接口将为美国作战人员提供显著优势，国防部应充分利用这一新兴技术。快速、准确的态势感知、决策和反应对于军事作战而言至关重要，随着数据可用性的增加，未来，脑科学的军事化应用将成为世界主要经济体之间军事竞争的新焦点。美国兰德公司在一项新研究项目中用建立游戏库的方式来试验脑机接口技术在军事方面应用的可行性和在战场上的潜在实用性。经试验，将脑机接口技术与军事活动结合而产生的应用方式展现出极大的可能性和优越的应用前景。一是能够通过直接连通军事人员大脑来增强其认知和身体能力，缓解疼痛、调节恐惧等；二是可以协助指挥官实时监测和掌握作战人员的心理状态，预防战场上突发心绪失控等心理问题；三是军方能够借助脑机接口技术更好地进行秘密通信，以在军队内部和军队之间达成共识，提高战斗集体意识；四是通过技术应用改变军事力量并训练单兵作战能力，将神经系统直接与计算机连接可提高人脑性能和效率，从而更好地控制无人机、机器人等战斗装备，还能协助完成不适宜人工操作的任务；五是为军事领域提供医疗支持，例如，截肢者可通过脑机接口直接控制复杂的假肢，有效帮助截肢者进行康复训练。

合成生物学能够将传统的生物传感器、诱导操纵子等响应部件和输出不同信号的报告系统进行多样化组合，为检测提供新的思路与方法。例如，可以通过人工设计的益生菌识别与标志特定的体内靶标，包括感染、炎症、有毒化合物等，从而可以高特异性、快速检测特定人体疾病、毒素等，便于早期干预和快速恢复。合成生物学方法和技术也正被用于冠状病毒的研究，以加速致病机制的解析以及相关药物和疫苗的研发。由此可见，合成生物学具备病毒战剂、生物毒素战剂的侦检防治能力。多种病原体，如脊髓灰质炎病毒、H1N1 流感病毒、重症急性呼吸综合征（SARS）样冠状病毒等，均在实验室实现了人工合成或改造，甚至突破了病毒的种属隔离，具备了在哺乳动物之间传播的能力，这样的病毒如从实验室泄漏，后果可能是灾难性的。另外，随着生物毒素的开发利用，其军事意义也越发受到关注。与核、化学武器相比，生物毒素战剂的生产和使用要容易得多，而且许多生物毒素作为致死性或失能性战剂也远比化学毒剂更有效。发展生物毒素战剂的检测识别与有效的防治药物已成为各国生防领域的重要研究任务。值得特别重视的是，目前许多毒素蛋白可以通过基因工程方法生产，甚至可对毒素基因进行修饰、嵌合以发展新型毒素基因或超级毒素基因。这些人工设计改造的基因组和基因片段重组使开发针对敌方的生物武器乃至基因武器成为可能。

仿生技术通过模仿生物系统的原理和特异功能，应用于各类武器装备中，创造出全新的技术途径，不仅能够提高武器装备性能，还能够极大拓展人类能力。如“大狗”机器人、“勇士织衣”、仿壁虎攀爬工具等仿生装备，可以从根本上突破人的物理极限，大幅提升士兵负重、奔跑、攀爬等行动能力，推动作战样式、后勤保障模式等产生革命性变革。目前，仿生学在军事领域最有可能的应用是无人系统。为最大限度地减少人员伤亡，越来越多的军用机器人代替自然人，走上现代战场，发挥了独特的不可替代的作用。军用机器人的制造一般都参考了某种特定生物，如仿飞禽制造各类型无人机，仿走兽的四足制造仿生机器人，模拟出类人的机器人战士。军用机器人自从 20 世纪 60 年代在印支战场崭露头角以来，日益受到各国军方的高度重视，其巨大的军事潜力、超人的作战效能，预示着军用机器人在未来的战争舞台上是一支不可忽视的新型作战力量。例如，“鲨鱼一样的低耗能、虾一样的悄无声息、鱼一样的低速操纵性”的仿生自主水下载具，打造近海水下持续监视网络，有望从根本上变革海底作战样式。

人效增强技术被视为具有改变战争规则价值的潜在颠覆性技术，将在军事领域产生重要的影响。第一，人效增强技术在提高作战主体战斗力方面的作用日渐凸显，将成为促进装备使用效能飞跃的加速器和倍增器。2013 年，美军特种作战司令部提出研制“战术突击轻型作战服”，旨在大幅减轻士兵负重体力消耗，并集成液体防护装甲、温度调节装置、救护装置和态势感知装置；2014 年，美国密歇根大学发明了一种比指甲还小的夜视隐形眼镜原型，该技术的未来应用将使笨重的夜视镜成为历史。第二，人效增强技术将实现高性能低功耗、高智能自主决策、主动式学习等适应革命性突破，推动武器作战平台由信息化“低智”向类脑化“高智”发展，可能催生高智能化自主作战力量问世。英国 BAE 系统公司开发的 Q – Sight 飞行头盔可增强态势感知能力及飞机控制能力，还可通过眼球运动确定攻击靶标；2014 年，德国慕尼黑工业大学研究人员首次成功展示自主意念控制飞行。第三，人效增强技术将推动人 – 装备从物理结合到界面互动，再到一体融合发展，将使未来作战平台迈向人机武器系统一体化。目前，人 – 机接口武器装备已得到实验室验证，未来有望实现人机一体，引发武器装备发展模式巨大变革。2014 年，美国国防部在其 2013—2017 年科技发展“五年计划”中就认为“人机合一”控制系统与“超级士兵”，将使美军士兵人体效能大幅增强，通过人体外骨骼使人 – 机达到高度融合，颠覆未来作战模式。

生物安全与核武器和其他化学武器所依托的基础科学体系和关键技术发展已经进入成熟阶段，目前人类在分子生物学、遗传学和基因工程等生物技术领域的研究尚存在很多空白领域，生物科技仍然处在飞速发展、各种颠覆性创新成果不断产出的黄金时期。而依托生物科技的迅猛发展，生物武器的战争潜力无疑也是在与日激增的。再加上生物武器自身具有的前沿性、隐蔽性、扩散性和低成本等特点，势必会导致生物武器这种拥有摧毁特定种族和国家并摧毁人类整体能力的武器形态在未来战争中被广泛使用。而一旦生物武器的获取和使用突破某个特定界限，爆发了全世界范围内的生物战争，势必会导致人类整个族群的灭亡和全球生态危机的出现。我国作为生物化学武器的受害国，一贯认为《禁止生物武器公约》的目标和原则应当得到遵守和落实，一贯主张全面禁止和彻底销毁包括生物武器在内的一切大规模杀伤性武器。但是我们不主动研发和使用生物武器并不意味着我们就要在生物战争领域束手待毙。相反，我们必须大力发展生物科学技术，要有反制他国使用生物武器、打赢生物战争的战略能力和战略准备。这也是保障我国人民生命健康安全乃至我国国家生物安全的题中应有之义。所以我们一定要正确认识生物战争这一新型战争形态的潜在威胁性，树立起“疫疾就是战争，病菌就是武器”的国家安全观念，建立起专业化的战略性生物战争防御体系，筑牢我国的生物安全屏障。

随着计算能力的提高和数据采集技术的进步，生物计算领域已能更有效地处理大规模数据集，从而深入理解复杂的生物系统。与 AI 底层算法的结合，让生物计算这个新兴产业如虎添翼，开始迅速发展起来。生物计算技术的应用使在一些新兴的复杂药物设计领域，将药物研发从大海捞针变成按图索骥。生物计算引擎的利用，使在高维度的数据、高通量的实验中提取规律，绘制动态免疫系统等领域的规律图谱，以及后续研发变得更为高效。

8.5 可控核聚变技术

核聚变是指轻原子核（如氘和氚）结合成较重原子核，同时放出巨大能量的过程，其原材料资源丰富，且无污染排放，能够提供持久且清洁的能源。因此人类一直在努力实现可控核聚变，以期能够利用这种高效且清洁的能源形式。

8.5.1 概念内涵

核聚变是指质量小的原子，在极高的温度和压力等严苛环境下使核外电子摆脱原子核的束缚（等离子体状态），进而使两个原子核能够互相吸引而碰撞到一起，发生原子核互相聚合作用，生成一个较重的核和一个极轻的核（或粒子），这个过程中产生质量亏损而释放出巨大的能量，见图 8－13。以氘－氚聚变反应举例，1L 海水中含 30mg 氘，通过聚变反应可释放出的能量相当于超 300L 汽油的能量，而反应产物是无放射性的。一座 100 万千瓦的核聚变电站，每年耗氘量只需要 304kg。据估计，天然存在于海水中的氘有 45 亿吨，把海水中的氘通过核聚变转化为能源，按目前世界能源消耗水平，足以满足人类未来几十亿年对能源的需求。太阳的能量来自轻核聚变反应，太阳每秒将 6.57 亿吨氢聚变成氦，亏损的质量转化成巨大的太阳能，成为支持太阳系统内一切活动的能量源泉。但是在地球上实现持续的轻核聚变反应，需要相当苛刻的条件，它要求产生热核聚变的等离子体维持足够高的温度、密度的约束时间，达到劳逊条件（聚变三乘积）。例如，实现氘－氚聚变反应的条件是：等离子体温度达 2 亿摄氏度，同时粒子数密度达 $10^{20}m^3$，能量约束时间超过 1s。在这样极高的温度下，所有物质都变成完全电离的气体－等离子体。

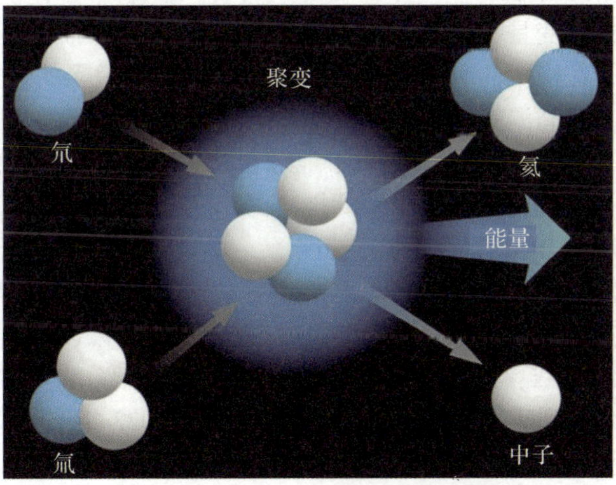

图 8－13 核聚变概念内涵图

要实现核聚变反应，最关键的是要克服强大的库仑力使两个轻核能聚集到一起发生反应。在可控核聚变中，反应过程能够被精确地控制和维持。实现可控核聚变的条件十分苛刻，因此核聚变能源的开发和应用被认为是人类科学技术史上遇到的最具挑战性的特大科学工程。具体来说，应用可控核聚变的需要达到以下几个条件：①高温高压环境，核聚变需要在高温高压环境下进行，需要突破原子之间的相互作用力，实现核聚变反应；②稳定持续的反应控制，可控核聚变需要稳定持续的聚变反应控制，以确保反应的可靠性和安全性；③安全可靠的实验设备，实验设备需要安全可靠，能够承受高温高压环境下的各种极端条件；④高效率的能量转换，核聚变反应释放出的能量需要通过高效的能量转换装置转化为电力并顺畅输出，才能实现商业化利用。

8.5.2 技术发展现状与重点

实现核聚变反应需要在等离子体中维持极高的温度和压力，并且要克服等离子体内部的湍流和不稳定性。如果未能维持等离子体稳定状态，就会出现不可控核聚变，导致能量无法被有效地控制或利用。这可能会引发不可预测的热释放和能量放大，也可能对反应堆产生严重的损害，人类利用该原理创造出了比原子弹更可怕的武器——氢弹。虽然氢弹利用的是无污染的核聚变，但它是爆炸式核能武器，破坏性的爆炸能量无法维系长期的日常生产生活供电需求，因此为追求更高的能量效率和更环保的能源方式，科学家和工程师从20世纪40年代起开始研究可控核聚变，人们称为“人造太阳”。当前可控核聚变技术路线主要有4种，分别为重力场约束核聚变、激光惯性约束核聚变、磁约束核聚变和冷聚变。

1. 重力场约束核聚变

重力场约束主要是指太阳和其他恒星内部的核聚变方式，太阳在巨大的自身引力作用下，有着向中心不断坍缩的压力，与核聚变产生的巨大膨胀张力互相抵消，维持在一种平衡状态。由于恒星大的重力效应，约束性能是很好的，但在地球上这个方法无法实现，必须寻找具有高反应率和约束性能好的聚变反应过程。

2. 激光惯性约束核聚变

激光惯性约束核聚变是利用高功率激光束（或粒子束）均匀辐照氘、氚等热核燃料组成的微型靶丸，在极短的时间里，靶丸表面在高功率激光的辐照下会发生电离和消融而形成包围靶芯的高温等离子体。等离子体膨胀向外爆炸的反作用力会产生极大的向心聚爆的压力，这个压力大约相当于地球上的大气压力的10亿倍。在这样巨大的压力的作用下，氘氚等离子体被压缩到极高的密度和极高的温度（相当于恒星内部的条件），引起氘氚燃料的核聚变反应。

美国劳伦斯·利弗莫尔国家实验室2009年启动国家点火装置（NIF），见图8－14，最初是为了通过模拟核爆炸测试核武器，后来被用于惯性约束研究。这是目前世界上唯一一个能在损伤阈值以上运行的激光系统，但该设施的激光系统效率极低，一次点火尝试中99%以上的能量在到达目标之前就已经损失殆尽。2022年12月，美国国家点火装置首次实现可控核聚变点火成功，在向目标提供2.05MJ的能量之后，产生了3.15MJ的核聚变能量输出，能量增益约为1.5；2023年7月，该装置首次实现3.88MJ的输出能量，创下历史最高；2023年10月，该装置输入能量首次达到2.2MJ，同时3.4MJ的输出能量也位列第2。“神光二号”是我国2002年成功研制的大型激光装置，建在中国科学院上海光学精密机械研究所，技术路线与美国国家点火装置类似。

图8-14 国家点火装置（NIF）前置放大器

3. 磁约束核聚变

磁约束核聚变主要依靠强有力的磁场将低密度、高温度的等离子体约束足够长时间以使氘氚等离子体达到核聚变反应所需要的条件。利用强磁场可以很好地约束带电粒子，将等离子体约束在一种特殊的“真空室”磁容器中，并将聚变燃料加热至数亿摄氏度高温，以实现可控聚变反应并获得聚变能。目前，研究的磁约束装置包括“托卡马克”装置、仿星器、反向场箍缩及磁镜等。“托卡马克”装置是目前最为成功的核聚变实验装置之一，其装置的中央是一个环形的真空室，外面缠绕着线圈，在通电时内部会产生巨大的螺旋形磁场，将其中的等离子体加热到很高的温度，以达到核聚变的目的。

苏联科学家于1968年首先提出用托卡马克来约束核聚变。1985年，由于在托卡马克聚变研究的进展，美苏首脑在日内瓦峰会上提出建造国际热核聚变实验堆（ITER）见图8-15，目标是建造一个大型聚变反应堆，建成后整体重量达23000吨，将是全世界最大的托卡马克装置，它将综合演示聚变堆的工程可行性，进行长脉冲或稳态运行的高参数等离子体物理实验。ITER的现阶段目标是在2025年完成首次等离子体实验，进而证明大规模可控核聚变的可行性；中期目标是达成设备在50MW的能量输入的前提下，实现500MW能量输出，使得到的能量增益比大于10；而最终目标是在ITER的基础上，建立一个名为DEMO的商业聚变反应堆投入应用，向世界证明聚变能源的实际可行性。2023年12月，日本和欧盟共同建设、位于日本茨城县、全球最大的核聚变实验装置JT-60SA开始运行，它的一个目标是为国际热核聚变实验堆探索核聚变反应的最佳条件和参数，测试相关技术和操作要点。我国“人造太阳”屡获突破性进展：2006年，中国科学院合肥物质科学研究院的全超导托卡马克核聚变实验装置“东方超环”EAST建成，解决了一直以来长脉冲和稳态运行等离子体操作的问题，为等离子体的长期维持打下了基础；2021年，“东方超环”成功实现在1.2亿摄氏度下等离子体运行时间超过1000s，表明中国在高温等离子体的稳定性和控制方面取得重大进步；2023年，中国核工业集团核工业西南物理研究院新一代人造太阳“中国环流三号”（HL-3）取得了重大科研进展，首次实现100万A等离子体电流下的高约束模式运行，再次刷新我国磁约束聚变装置运行纪录，并与 ITER 签署协议面向全球开放，标志着我国磁约束核聚变研究向高性能聚变等离子体运行迈出了重要一步。

图 8－15　国际热核聚变实验堆（ITER）

4. 冷聚变

冷聚变是指理论上在接近常温常压和相对简单的设备条件下发生核聚变反应，是针对自然界已知存在的热核聚变而提出的一种概念性假设。该技术起源于 1989 年 3 月的弗莱许曼－庞斯实验。但是，该实验结果充满争议性，当时许多科学家都努力重复该实验，却发现无法再现一样的结果。目前，国际上许多国家都在开展冷聚变研究，国际上也已召开过多届冷聚变国际会议，但该技术在理论解释上争议依旧很大。

8.5.3　军事应用前景

当今世界，能源问题正变得日益严峻，科学家正在竭力寻求问题的解决途径。风能与水能远不能满足人类的需求；煤、石油及天然气储量有限，而且是不可再生能源，燃烧这些原料会释放杂质及二氧化碳等气体，对大气造成严重污染，破坏了臭氧层并产生了温室效应，致使全球气候变暖。核电站利用裂变反应产生的核能来替代传统能源，从一定程度缓解了能源危机的迫切性，但裂变反应的废料处理、铀原料的不可再生性，以及人们对核反应的安全性的恐惧等诸多问题让裂变核电站的发展也受到了一定的约束。

核聚变产生的能量是一种高效、清洁、可持续的能源，可以提供大量的能量，而且不会产生温室气体和其他有害物质，将它用来发电，可以产生非常多的清洁电能，因此可控核聚变一旦实用化，就可以为人类提供一种全新的能源方式，解决能源短缺和环境污染等问题。经过半个世纪各国科学家的共同努力，聚变研究已从科学实验阶段进入了发展实用的聚变能源阶段。目前适用于民用发电的路线以磁约束托卡马克装置为主，为达到劳逊条件（聚变三乘积）需要有磁体提供足够强的磁场，以钇、钡、铜、氧为代表的二代高温超导技术以及由此衍生的磁体技术发展，为托卡马克装置提供了大幅超越以往的磁场强度，从而加速了聚变发电产业化进展。此外，为实现点火后系统稳定安全运行以及氚自持，第一壁材料的研发成熟也是实现聚变发电的先决条件。

可控核聚变的商业化应用前景非常广阔，目前各国政府加快实验研究，商业资本快速推进落地，工业应用越来越近。2021 年，中国聚变工程实验堆（CFETR）立项，计划在 2035 年开始开展大规模科学实验，在 2050 年建设聚变商用示范堆。国内小型初创公司，如能量奇点公司的“洪荒 70”高温超导装置，于 2022 年 2 月完成首轮融资近 4 亿元，主要用于经天磁体和奇门系统研发。清华大学核能所的衍生公司——星环聚能在 2022 年 6 月也完成了数亿元的天使轮融资，用于小型化、商业化、快速迭代装置的设计、建设、运行和研发，其 SUNIST－2 球形托卡马克建成并获得了第一批等离子体。2023 年 12 月 29 日，由中国核工业集团牵头，25 家央企、科研院所、高校等组成可控核聚变创新联合体，正式揭牌中国聚变能源有限公司（筹），并发布第一批关键技术攻关任务。全球范围内致力于可控核聚变商业化探索的创业公司也在不断涌现。截至 2023 年，全球范围内从事商业化聚变堆探索的企业数量已经超过 40 家，全球聚变公司 2023 年累计融资超过 62 亿美元。核聚变工业的产业链上游主要为原材料制造，包括第一壁材料、高温超导带材和氘氚燃料；中游为组成聚变电厂的各类设备，包括第一壁、高温超导磁体、蒸汽发生器、真空泵、燃料处理系统等；下游为聚变电厂的主要应用，包括发电、制氢、集中供暖。核聚变工业协会（FIA）发布的 2023 年全球核聚变工业报告中，对什么时候能够实现第一座聚变电厂向电网输送电能这一问题做出调研，有 40 家核聚变公司给出了预测，其中约 65% 的核聚变公司认为 2035 年前能够实现聚变发电，超过 85% 的聚变公司认为 2040 年前可以实现成功发电。

8.6 颠覆性含能材料

8.6.1 概念内涵

颠覆性含能材料是指能量密度比常规制式含能材料（通常为 1000J/g）至少高一个数量级，能量可达 3～30 倍梯恩梯当量的一类新型高能物质，主要包含金属氢、全氮化合物和高张力键能释放材料等。金属氢是指具有金属导电性的固态氢原子，能量密度为 2.16×10^5J/g，是迄今已知化学能最高的爆炸物。全氮化合物是由多个氮原子以一定方式排列而成的氮原子簇，分为离子型、共价型和聚合型三类。高张力键能释放材料主要包括一氧化碳固态聚合物（Poly－CO）、CO_2 固体聚合物、纳米金刚石基含能材料、硼基含能材料等。颠覆性含能材料的能量远高于黑索今、奥克托今等碳氢氧氮类含能材料，能极大提高常规武器弹药的毁伤效能与远程推进能力，且分解产物洁净无污染，契合了未来战争对武器系统更小、更轻、更具杀伤力而后勤负担最小的要求，将对常规武器系统的发展与作战效能产生深远影响。

8.6.2　技术发展现状与重点

2014 年，美国陆军提出颠覆性含能材料概念，并把颠覆性含能材料的研究作为未来高能毁伤领域的研究重点。颠覆性含能材料具有极高的能量密度及独特的毁伤机理和作用方式，具有重大的军用价值。一旦获得应用，将改变毁伤模式，推动武器质变，颠覆战争形态。

1. 金属氢

金属氢是液态或固态氢在上百万大气压的超高压力下变成的导电体，导电性类似于金属，故称金属氢。氢在金属状态下，氢分子将分裂成单个氢原子，并使电子能够自由运动。在金属氢中，氢化学键断裂，分子内受束缚的电子被挤压成公有电子，这种电子的自由运动使金属氢具有了导电的特性。因此，把氢制成金属，关键就是把电子从原子的束缚下解放出来，把共价键转变为金属键，见图 8 – 16。但当前制备金属氢需要超高压超高温的极度苛刻制备条件，尚无法实现规模化制备与应用。但金属氢是一种高密度、高储能材料，具有能量高、密度大、室温超导性好等诸多优异特性，具有重大的军民应用价值，尤其是在军事领域。

图 8 – 16　金刚石对顶压砧制备金属氢示意图

当前制备金属氢的技术主要为极端高温高压的金刚石对顶压砧技术，为提高实验压力，通过改造工艺对金刚石压砧进行处理，可满足金属氢样品制备的严苛实验条件。2017 年，美国哈佛大学利用金刚石对顶压砧技术合成出微米级的固态金属氢试样，在 495GPa 条件下可观察到固态氢试样的金属光泽反射光线，固态氢的成功合成实现了实验室制备技术的突破。2019 年，法国研究人员采用一种“甜甜圈”环形构造的钻石压砧技术可将实验压力提高至 600GPa，观测到在 425GPa、温度 80K 下制备的金属氢样品吸收了所有的红外辐射。2019 年，国内研究人员利用高机械强度特性的碳纳米管，在相对较低的压力下（163.5GPa）制备了准一维的“金属氢”；同年，中国科学院固体所研究人员在极端高温高压条件下成功获得了氢和氘的金属态。

2. 全氮材料

全氮化合物被认为是第四代含能材料，其中聚合氮是一种全氮化合物，是以单键形式存在的全氮“类金属”材料（图 8－17），由于氮氮键之间的键能差，分子氮中的 N ≡ N 三键的键能为 229kcal/mol，而 N—N 单键和 N ═N 双键的键能分别为 38.4kcal/mol 和 100kcal/mol。从聚合氮分解为 N ≡ N 三键的氮气将释放巨大的能量，且唯一的分解产物是对环境无污染的氮气，使聚合氮成为一种潜在的环境友好型高能量密度含能材料。聚合氮作为一种颠覆性超高能含能材料，其爆热是季戊四醇四硝酸酯（PETN）的 2.9 倍、梯恩梯的 6.7 倍、叠氮化铅的 10.7 倍。一旦应用于武器装备，“全球即时打击”和“一击即毁”便会成为可能。聚合氮被认为是新一代高能含能材料的候选者之一，是火炸药领域的一个研究热点。

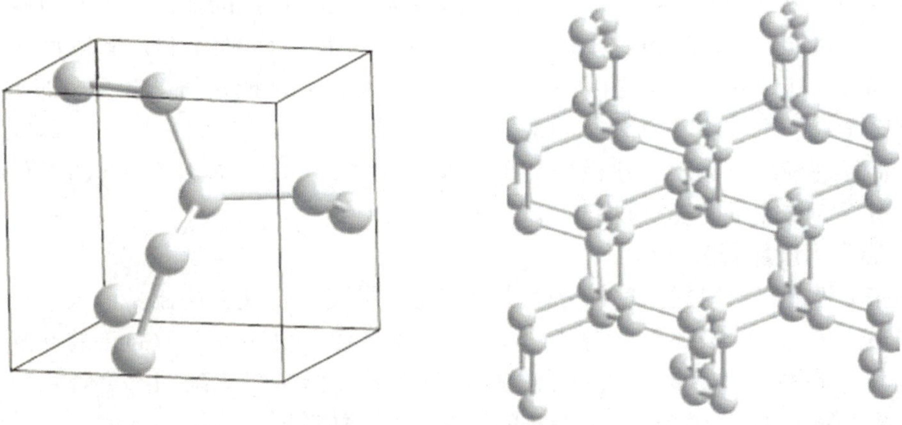

图 8－17 聚合氮扩展结构图

俄罗斯在 21 世纪初启动了“创建新型高能材料的基础研究计划”，公布了从国家层面高度关注全氮高能材料的研究与发展。从 2002 年开始对化学物理研究所开展的全氮材料研究进行资助，重点进行超高压（170GPa）下氮气向立方体结构聚合氮相态转化的验证试验，利用 X 射线和拉曼光谱证实了高压下一种氮原子立方体结构的存在。俄罗斯在氮原子簇聚合氮研究方面采用金刚石压砧技术得到了立方聚合烷等固体聚合氮。2017 年，美国首次利用温和的循环伏安法在多壁碳纳米管上合成了稳定的链式聚合氮阴离子 N_8^-。2021 年，美国开发了一种利用纳秒脉冲等离子体技术处理液氮来制备聚合氮的方法，产物可在标准大气压、－150℃下稳定存在，能量密度约为 13.3kJ/g，与常规高压方法制备的聚合氮的能量密度相当。该技术方法相对于传统的高温高压方法，制备条件更加温和，产物稳定性更好。2022 年，美国新泽西理工学院和阿联酋哈利法大学研究人员合作，利用机器学习技术的从头算原理，发现了新的 $N_6－N_2$ 聚合氮体系，通过计算预测其可在较低压力和温度条件下稳定存在，为探索聚合氮含能材料的合成条件提供了研究方向。为证明 $N_6－N_2$ 聚合氮体系的低压稳定性，研究人员分别在5GPa和零压力条件下研究预测了该聚合氮体系的稳定性，并对该压力条件下N_6-N_2聚合氮体系的拉曼光谱和红外光谱进行了评估，发现即使在零压力下，N_6-N_2聚合氮体系也是稳定的。相比而言，立方聚合氮需要在1727℃的高温条件下才能合成，且在较低的温度和压力条件下极其不稳定。因此，研究人员推断，高能晶格结构是合成聚合氮的关键因素之一。与立方聚合氮相比，N_6-N_2聚合氮的合成条件相对较温和，因此具有更广阔的制备和应用前景。

美国合成出的N_5阳离子型全氮化合物，理论能量密度在21kJ/g左右，但因其稳定性太差无法实际应用。2021年，为了得到更加稳定的N_5型化合物，美国通过多氮单元的共振稳定实现能量输出和稳定性之间的平衡，采用高温高压技术利用叠氮化钠和氮气分子在50GPa条件下合成了Na_2N_5、NaN_5、$NaN_5 \cdot N_2$，通过自模板合成方法制备金属－五唑盐的框架，氮气分子进入框架中的纳米通道中，制备得到$NaN_5 \cdot N_2$，提高了N_5型化合物的稳定性。法国采用过渡金属与N_5阴离子形成多种配位方式的金属－无机框架化合物，提高了N_5环的稳定性。巴西利用理论模型预测了N_6、N_8、N_{10}笼型全氮中性分子的能量特性，发现棱柱形结构可实现更高的能量密度且分解更加稳定，合成后可能允许环境条件下的储存。2017年，我国合成出环状N_5阴离子铵盐和五唑系列的含能金属盐，但是因晶体结构中含有水分子的N_5离子盐和金属盐类化合物能量水平不高、机械感度极高、合成成本过高而限制了其应用。2021年，研究人员基于第一性原理利用机器学习建模研究了AlN_6、Al_2N_7、AlN_7等高氮含量的氮化铝化合物，具有成为高能量密度材料的潜力。

3. 高张力键能释放材料

高张力键能释放材料由气态分子化合物通过凝聚态物理方法制备而成，理论预测的能量最高可达100倍梯恩梯当量，其中CO固态聚合物（Poly－CO）的预测能量比常规炸药高出2～4倍。高张力键能释放材料主要包括一氧化碳固态聚合物、二氧化碳固态聚合物、纳米金刚石基含能材料和硼基含能材料等。

美国率先启动高张力键能材料相关探索研究，美国劳伦斯·利弗莫尔国家实验室利用金刚石对顶压砧技术首次合成聚合一氧化碳，得到了晶体结构产物并用激光诱发其爆炸，实现数克量级的放大合成。美国华盛顿州立大学利用氢气掺杂技术将聚合一氧化碳晶体制备压力降至30GPa，制得了稳定存在的氢气掺杂聚合一氧化碳晶体（氢气含量为10%）。2022年，美国劳伦斯·利弗莫尔实验室利用机器学习建模的方法模拟了高密度碳簇的形成机制，预测内部密度达到$3g/cm^3$，为高张力键能释放材料固态碳簇材料的合成提供了新的研发思路。

在颠覆性含能材料制备技术领域，我国开展了相关制备合成技术的探索研究，得到了部分实验样品，但技术水平仍在探索初期阶段，距离未来的应用还有很大一段距离，因此及时准确跟踪国外颠覆性含能材料技术的研究进展和主要动向，将启发、促进我国颠覆性含能材料的快速发展，尽早实现武器装备应用的研究，推动我高能毁伤武器的发展。

4. 超强氧化剂

含氟有机化合物是目前应用较广的一类物质，由于氟原子具有超强的氧化性和较大的密度，在传统的 CHON 类含能化合物中引入氟原子，可使含能化合物具有更高的晶体密度和氧平衡，因此有机氟化物在含能材料领域具有广阔的应用前景。新型含能材料开发中含氟官能团的引入，使其含能化合物表现出高密度、低灵敏度、优异的热稳定性和良好的能量性能，因此在含能材料领域发挥着举足轻重的作用。

氟代二硝基甲基是一类优异的爆炸基团，与胺肟基结合作为含能材料前体是一种合成新型含氟含能材料的合成策略。2018 年，谢列梅捷夫团队成功合成了基于胺肟化合物的 2 – 氟 – 2，2 – 二硝基乙酰胺肟及其衍生物的结构。2020 年，国内研究人员报道了两种创新性高能化合物，基于氟取代基取代三硝基甲基的三呋咱区域异构体的合成，即 3，4 – 双（3 – 氟二硝基甲基氧化呋咱 – 4 – 基）氧化呋咱和 3，4 – 双（4 – 氟二硝基甲基氧化呋咱 – 3 – 基）氧化呋咱，研究人员使用了区域选择性合成技术，合成含能化合物密度高于梯恩梯和黑索今。

三氟甲基取代基是有机合成和药物化学以及含能材料领域中的重要基团。由于键合到碳中心的三个氟原子的优异性能，三氟甲基的引入可增加密度、增强热稳定性并提高灵敏度。2021 年，美国 Shreeve 研究组人员报告了基于三氟甲基的三唑衍生物作为不敏感的含能材料，并开发了基于三氟甲基的含能化合物。同年，国内研究团队报道了一种不敏感且热稳定的含三氟甲基含能材料 3 – 硝基 – 7 – （三氟甲基） – 1，2，4 – 三唑并［5，1 – c］ – 1，2，4 – 三嗪 – 4 – 胺。三氟甲基官能团的引入使含能化合物具备了良好的敏感性和较好的热稳定性，且具有更好的爆轰性能和安全特性。

氟氮含能材料，特别是二氟氨基衍生物，有望用于富燃料推进剂、冲压发动机和高速拦截导弹中。其中，新型高能化合物 3，3，7，7 – 四（二氟氨基）八氢 – 1，5 – 二硝基 – 1，5 – 二氮杂环辛烷（HNFX）和 3，3 – 双（二氟氨基）八氢 – 1，5，7，7 – 四硝基 – 1，5 – 二氮杂环辛烷（TNFX）在世界范围内得到广泛的研究。HNFX 显示出出色的计算密度（2.06g/cm^3）和热稳定性（231℃）。HNFX 的爆速和压力为 9.95km/s 和 47.44GPa，高于奥克托今（9.10km/s 和 47.44GPa）。

8.6.3 军事应用前景

金属氢是迄今已知的化学能最高的爆炸物，具有广阔的军事应用价值：一是可用作超高威力炸药，能量密度约 2.16×10^5J/g，是第一代炸药梯恩梯的 50 倍，是第三代炸药 CL – 20 的 35 倍，与传统意义上的原子核武器（10^5J/g）能量相近，可使武器弹药威力大幅提升，甚至用于制造金属氢武器；二是可用作超高能火箭燃料，金属氢理论比冲高达 1700s，是运载火箭现用液氢/液氧混合燃料的 3.5 倍，其推力是液氢/液氧混合燃料的 5 倍，可实现运载火箭单级入轨，有望引发火箭推进技术革命；三是可用作高温超导材料，金属氢超导临界温度接近室温，远高于当前最好的“高温”（ – 123℃）超导体，可用于开发超导电磁推进系统、超导电磁炮、超导粒子束武器、轻质发电机、能量储存与输送系统等。金属氢用于制造发电机，其重量不到普通发电机的 10%，而输出功率可提高数 10 倍；用于输电，输电效率在 99.7% 以上，可使全世界用电量节省 25% 以上。

全氮化合物可用作高威力炸药，爆炸威力为 3 ~ 10 倍 TNT 当量，高于第三代炸药

(1.7~1.8倍TNT当量)，同等毁伤效果的炸药用量比第三代炸药可减少60%~90%。全氮化合物用作高能火箭燃料和固体推进剂，理论比冲为600~900s，远高于当前新一代运载火箭使用的液氢/液氧混合燃料（460s）和现有最高能量固体推进剂(280s)。应用于导弹武器，可使其射程提高2倍以上，有望实现1小时内全球打击。

高张力键能释放材料未来可用于高能毁伤战斗部，将使爆炸威力提高数倍乃至数十倍，较同等毁伤效果的炸药用量减少50%~90%。高张力键能释放材料一旦获得应用，将使作战武器装备的毁伤能力得到显著提升。

含氟含能化合物作为新型高能材料，表现出优异的爆轰性能，较之碳氢氮氧类含能化合物其爆轰性能有明显提高，未来可用作高毁伤能力战斗部装药，提高毁伤效果。另外作为含能超级氧化组分，含氟含能化合物可用作固体推进剂中的助燃剂，可有效提升固体推进剂中可燃剂的燃烧性能，提升推进剂能力和比冲。

8.7 超材料

8.7.1 概念内涵

超材料是一种拥有天然材料并具备的超常物理性质的人工复合材料（图8-18）。通过在关键物理尺度上对其进行微观结构的有序设计，超材料可突破某些自然规律的限制，表现出负折射率、负磁导率、负介电常数、逆多普勒效应等超常物理性质。超材料结构独特、性质优异、潜在应用价值大，可在某种程度上使人类实现对电磁波和声波传输的控制，是一种具有战略意义的新材料。

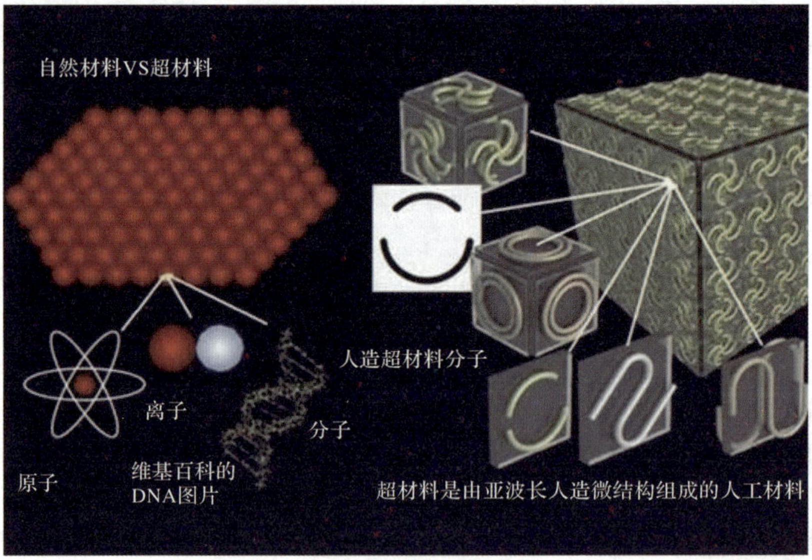

图8-18 超材料与自然材料对比

超材料作为新兴前沿技术，技术分支持续分化，新的概念不断涌现，因此尚无明确的分类。目前，国际上研究得比较广泛的超材料包括：对光学起作用的光子晶体，对电磁起作用的左手、电超和磁超等电磁超材料，对声波和超声波起作用的声学超材料，以及新兴的力学超材料和热学超材料等。

超材料的出现代表了一种崭新的材料设计理念的产生，标志着人类在认识、改造和利用现有材料的基础上，开始着手通过高新技术、尖端设备等手段，按照自己意志设计制备新型结构材料，在材料科学领域具有重大的历史意义。2010 年，美国《科学》杂志将超材料列为 21 世纪前 10 年自然科学领域的 10 项重大突破之一。目前，超材料技术已成为国际上最热门、最受瞩目的前沿技术之一，受到美国、俄罗斯、欧盟、日本等国家和地区的高度重视，其研究成果在通信、雷达、微电子、超分辨率成像、声呐、热管理、隐身等领域具有广阔的应用前景，对武器装备发展具有深远影响。

8.7.2 技术发展现状与重点

超材料技术的研发引起了各国政府、学术界、工业界的高度重视。美国国防部长办公室把超材料列为“六大颠覆性基础研究领域”之一，专门启动了关于超材料的研究计划；美国空军科学研究办公室把超材料列入“十大关键领域”；DARPA 将超材料技术列为强力推进的增长领域，并实施了负折射率材料研究计划；美国最大的 6 家半导体公司英特尔、AMD 和 IBM 等专门成立了联合基金，资助超材料相关研究。欧盟给予高额经费组织 50 多位相关领域顶尖科学家聚焦超材料研究。日本将超材料列为下一代隐身战斗机的核心关键技术，支持 2 项以上关于超材料技术的研究项目，每个项目投资约 30 亿日元（约合人民币 1.5 亿元）。我国政府也对超材料技术高度关注，分别在 863 计划、973 计划、国家自然科学基金等科技计划中予以立项支持，推动超材料技术迅速发展。

1. 光子晶体

光子晶体是一种折射率在空间周期变化的新型光学材料。在光子晶体中，高折射率材料的某些位置周期性地出现低折射率（如人工造成的空气空穴）材料，高低折射率材料的交替排列形成周期性结构就可以产生光子带隙，而周期排列的低折射率位点之间的距离大小不同，导致特定构型的光子晶体只对某特定频率的光产生禁带效应。除带隙特性外，光子晶体还具有“光子局域”特性。在光子晶体中引入杂质和缺陷，光子带隙中将产生相应的缺陷能级。和缺陷能级频率吻合的光子被限制在缺陷位置，不能向空间传播，从而在光子晶体的带隙中央出现带宽极窄的缺陷态。在光子晶体中加入杂质，光子带隙中还会出现品质因子非常高的杂质态，具有很大的态密度，可实现自发辐射的增强。

把二维空间的折射率周期性变化引入光纤横截面中，能把光局限在光纤中央，使光沿着光纤轴向传播。2013 年，DARPA 成功开发出单模、极化和低损耗的军用空心光子晶体光纤，可用于提升光纤回转仪的精确度。2015 年，德国马克斯普朗克光学研究所通过对玻璃温度的精确调控，将 ZBLAN 材料拉制出光子晶体光纤，并利用该新材料光纤首次产生了超宽波段的光。光子晶体能让光速大幅度减慢，以较短的波导实现较长的有效路径长度，从而减小光调制器的尺寸。2018 年，美国俄勒冈州立大学利用光子晶体设计制造出当时世界上最小的电光调制器。与主流的硅基微环电光调制器相比，该电光调制器尺寸减小为原来的1/10，有源区更是缩小为0.06μm^3，在理论上可将电光转换的能耗降低2~3个数量级。实现量子信息处理的关键之一是利用半导体制造技术集成多个光学器件。2016年，美国哈佛大学首次成功在一种纳米光子器件中精确控制了光子与硅空位之间的相互作用。这些相互作用可用于创建复杂的纠缠量子态，为量子信息处理提供先决条件。2017年，日本和新加坡研究团队利用硅光子晶体在半导体纳米线中进行光捕获，克服了在尺寸远小于光波长的结构中约束光的难题，并使芯片具备光学处理与感知能力。

2. 电磁超材料

1968年，苏联物理学家维克托·韦谢拉戈提出具有负介电常数和负磁导率的双负材料，即左手材料，这是超材料概念的首次提出。随着左手材料研究的深入以及基于超材料的透波隐身技术的发展，人们迫切需求相对介电常数介于0~1的材料，由此出现了无须结构单元之间电连接即可实现小于1的介电常数的电谐振器概念。由电谐振器单元构成的超材料被称为电超材料，相应地，由磁谐振器结构单元构成的超材料被称为磁超材料。基于此，进一步提出了基于电谐振器的负折射率材料设计思想。自此，电超材料和磁超材料的研究得到了快速发展，电超材料和磁超材料是分别通过电谐振子或磁谐振子单元的谐振实现的超材料，其等效相对介电常数、相对磁导率通常介于0~1，也可以为负值。

电磁超材料具有操控电磁波的能力，在电磁隐身和天线等方面应用前景广阔。2015年，韩国汉阳大学报道了一种基于水滴的完美超材料吸收体新概念。将水滴通过润湿表面以特定的高度和直径排列在材料表面上，在吉赫兹宽波段实现了对电磁波的完美吸收。2016年，美国爱荷华州立大学开发出一种新型柔性、可伸缩、频段可调的超材料，该材料由多排镶嵌在硅胶片上的镓铟锡合金环形谐振器组成，对8~10GHz频段范围雷达波的吸收效果达到了75%。2015年，印度因陀罗补罗湿多大学设计出一种具有多波段谐振和小型化的新型超材料贴片天线，这种应用了超材料的贴片天线结构减小了72%，在相同带宽下还能降低成本。2016年，美国宾夕法尼亚州立大学利用超材料研制出新型轻质、小型、高性能的微型天线。通过对超材料和天线进行联合调谐，提供动态运行信道，实现根据所使用信道，在整个通信带上对微型天线进行调谐。

3. 声学超材料

将描述声介质的等效质量密度和等效弹性模量与描述电磁介质的等效磁导率和等效介电常数类比，人们提出了声学超材料的概念。声学超材料是由尺寸远小于声波波长的单元结构组成的人工复合材料或结构，可等效为均匀媒质，用等效质量密度和等效弹性模量来描述，可拥有负折射、平板聚焦、声超常传输、完美吸收、反常多普勒效应等天然材料所不具备的超常物理性质。2016年，声学超材料领域权威——美国杜克大学等离子与超材料研究中心发布《利用超材料控制声波》，将声学超材料分为负等效参数声学超材料、声隐身超材料、声学超透镜、主动声学超材料等。声学超材料能够实现对声波的任意调控，极大地扩展了声学超材料的内涵及其应用领域。

声学超材料在声波的控制、应用方面不断取得进展。2014 年，美国杜克大学采用 3D 打印技术制备出第一件三维“声学斗篷”（图 8－20），能实现全方位的声学操控。2016 年，法国勒阿弗尔大学等受蜘蛛网的周期重复性启发，开发了一种隔音的声学超材料。研究人员验证了蛛网结构的超材料在动力学响应和波衰减机制中发挥重要作用，这种超材料在亚波长频率范围内具有抑制弹性波传播的能力。美国桑迪亚国家实验室通过在氮化硅薄膜材料上创建图形阵列，改变其机械性能，从而创造了一种声子晶体，并开发出基于这种新型声子晶体的滤波器系统，能够革新依赖传统电子器件的信号处理系统。

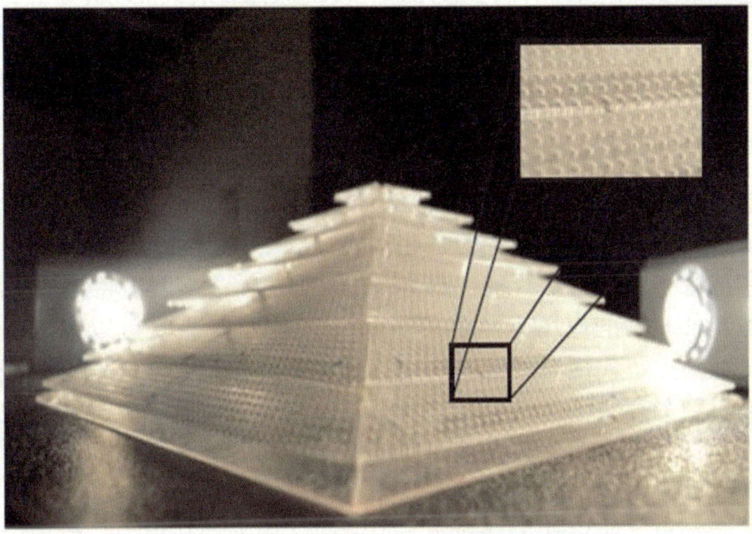

图 8－19 三维“声学斗篷”实物图

4. 新型超材料

通过结构设计提供特定的功能响应，力学超材料和热学超材料等新型超材料蓬勃发展。力学超材料又称机械超材料或结构型超材料，主要通过在三维空间中设计特定的人造微结构单元，获得天然材料所不具备的超常规力学性能。力学超材料是超材料家族中一个新兴的研究领域，单元结构特征尺寸大小介于十几纳米到几百微米，整体尺寸可达到厘米级别或者更大。力学超材料具备的超常力学特性主要包括泊松比为负值的拉胀行为、剪切模量与体模量相比很小的超流体行为、剪切模量为负值的负可压缩性、杨氏模量可调节的模式转换双稳态特性、低密度高强度的仿晶格缺陷模式以及其热膨胀系数为负值的负热膨胀行为。通过人工设计实现热导率非均匀分布的材料或结构被称为热学超材料。热学超材料根据功能一般可分为两大类，即热流控制和热能利用、信息传输和处理。热学超材料通过调控热能的传输与转换，控制热流，可以实现多种功能，在热隐身、热防护、热管理等领域表现出巨大的应用前景。

2017 年，德国卡尔斯鲁厄理工学院通过大量的计算和优化，设计了一个独特的没有镜面对称性的结构单元，开发出随着压缩会产生扭转的超材料，其有助于设计复杂的机械结构。2018 年，美国研究人员使用机械超材料开发出一种新型超材料，可对磁场变化做出响应，从柔性“秒变”为刚性，在智能可穿戴设备和柔性机器人领域具有广阔应用前景。2022 年，中国国防科技大学首次提出一种全新的基于齿轮构型的智能可编程力学超材料，实现了材料性能的大范围、连续、快速调节，对减隔振、冲击防护、无人系统/机器人等智能结构设计具有重要应用价值。2017 年，科罗拉多大学博尔德分校创造出一种由金属银及玻璃－聚合物复合而成的新型超材料，其能够在无须冷却水和零能量损耗的情况下冷却烈日下的建筑物。2023 年，华中科技大学设计出具有自由形状、背景温度独立、全方向功能的热隐身超材料，能屏蔽外部温度场对器件内部物体的干扰，实现主动隔热，用于热敏元器件的热防护。

未来，超材料研究将持续升温，技术进一步向纵深发展，推动光子晶体超材料应用于光子芯片和光子网络，解决电磁超材料大规模、低成本制备难题，拓展声学超材料应用前景，促进离子体新材料、拓扑超材料、仿生超材料等新型超材料的蓬勃发展。

8.7.3 军事应用前景

超材料技术的出现在世界观和方法论上带来了革命性的变化，颠覆了人们对传统材料知识的认识，突破了经典理论的一些重要概念，其研究成果在通信、雷达、微电子、超分辨率成像、声呐、热管理、隐身、爆炸监测等领域具有巨大的应用潜力。

超材料最具代表性的应用为“隐身斗篷”，“隐身斗篷”可以包覆在武器装备表面或穿戴在士兵身上，实现对外界的隐身效果。美国杜克大学的史密斯研究团队通过实验验证了超材料的存在，使人们能够随意调整其介电常数和磁导率，按照人工要求操纵电磁波、声波和光波，达到在不同环境下、不同电磁频谱下的隐身效果，大幅提高了部队士兵尤其是特种部队的隐蔽作战能力。

超材料超透镜可大幅提高人类观测微小物体的能力。利用超材料可以制作不受衍射极限限制的透镜、高定向性透镜以及高分辨率平板型光学透镜。不受衍射极限限制的透镜可用于微量污染物探测、医学诊断成像、单分子探测等领域；高定向性透镜可用于透镜天线、小型化相控阵天线、超分辨率成像等领域；高分辨率平板型光学透镜可用于集成电路的光学引导元件等。

利用超材料特殊的电磁性质开发导弹雷达、航天器用天线，可以大幅降低天线能耗，提高天线增益，拓展天线工作的带宽，增强天线的聚焦性和方向性，减小器件尺寸。BAE 系统公司利用超材料平面制备平面天线，在不损失任何带宽性能的情况下完成传统曲面天线功能，测试带宽从 1～2GHz 到 18～20GHz，一副天线即可实现多副天线的功能。

8.8 太赫兹

8.8.1 概念内涵

太赫兹波泛指频率位于红外和微波之间、0.1～10THz 波段内的电磁波，该频段电磁波位于微波波段和可见光波段之间，低频段部分与毫米波段有部分重合，处于宏观电子学向微观光子学的过渡阶段。由于处于交叉过渡区，太赫兹波既不完全适合用光学理论来处理，也不完全适合用微波的理论来研究。过去很长一段时间，太赫兹波段两侧的红外和微波技术的发展相对比较成熟，但是人们对太赫兹波段的认识仍然非常有限，形成了所谓的“太赫兹空白”。近年来，太赫兹波以其独特的性能和广泛的应用而越来越受到世界各国的关注，已被国际科学界公认为是高科技领域的必争之地，其研究和应用对于未来作战与国家安全将具有重大的战略意义。

8.8.2 技术发展现状与重点

近年来，随着激光技术、量子阱技术和半导体技术的发展，为太赫兹脉冲的产生提供了稳定、可靠的激发光源，使太赫兹在产生机理、检测技术和应用技术等方面的研究得到蓬勃发展。由于太赫兹波在电磁波谱中处于微波和红外之间，具有安全性、穿透性、指纹谱、抗干扰、相干性等许多优点，从而在天文、生物、材料、石油、化工、通信等领域有着非常重要的学术和应用价值。太赫兹技术因此受到各国政府和研究机构的高度重视，太赫兹在国防安全和军工领域的研究和应用首当其冲。

1. 太赫兹探测

由于太赫兹波的光子能量较小，不会引起对人体有害的电离辐射，安全性较高；太赫兹光子不易与非极性分子发生相互作用，穿透性较强；大气中的水分子对太赫兹波的吸收非常强烈，在几个特定的窗口频段里，太赫兹波在空气中传播的方向性很强；很多物质的分子振动和转动能级都落在太赫兹波段，因此这些物质的太赫兹吸收和反射谱具有类似“指纹”的特性；太赫兹波段的频率较高，根据通信领域的香农公式，利用这一波段进行无线通信可以获得远高于目前水平的带宽；此外，据统计，宇宙微波背景辐射中98%的光子能量也落在太赫兹波段，在这一波段的天文探测也具有重要意义。由于具有上述诸多独特性质，太赫兹在安保、医疗成像、物质鉴定、通信和天文探测等方面具有巨大应用潜力，已得到了广泛关注。商用太赫兹深空探测器如图8－20所示。

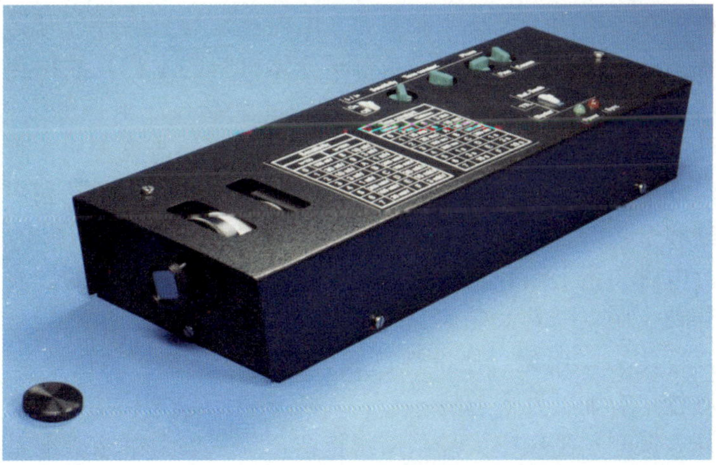

图8－20 商用太赫兹深空探测器

目前，对太赫兹探测方式的研究大致可分为两个方面：一方面，是对现有器件响应性能进行改善，并推进较为成熟的单元探测器件向线列和面阵器件发展，如基于肖特基效应的多种太赫兹探测方式；另一方面，很多工作也着眼于新材料、新原理和新型器件设计的开发，如太赫兹场效应晶体管，太赫兹金属氧化物半导体场效应晶体管和太赫兹光电导天线等。根据是否对入射的太赫兹信号做外差处理，太赫兹探测可分为直接探测与间接探测方式；根据能量转换的方式不同，太赫兹探测又可以分为热探测、光学探测等方式。

太赫兹直接探测，即太赫兹非相干探测中，太赫兹波将直接由探测器件吸收并转化为电信号。根据转化方式的不同，太赫兹直接探测可分为热探测（入射信号的能量通过热效应转化为电信号）、光电探测（入射光子通过带间跃迁或杂质跃迁转化为电信号）和电学整流探测（入射光通过整流效应转化为电信号）等。直接探测只能获得入射太赫兹信号的幅度信息，可以实现宽频带探测。

太赫兹间接探测，即太赫兹外差探测方式，是对高频的太赫兹信号做下转换处理后对转化得到的较低频段信号进行探测和分析，这一过程需要使用混频器（Mixer）和本振源完成。混频器是外差探测系统的核心元件，理论上任何非线性电子学器件都可以用作混频器，但通常采用具有强电场二阶非线性的电子学器件等。与直接探测相比，太赫兹外差探测可以同时获得信号辐射的振幅和相位信息，其响应的理论上限受信号辐射的量子涨落噪声限制，受环境影响较小；外差探测可获得的频谱分辨率更高。而直接探测方式的太赫兹探测器件往往结构较为简单，易于集成，在室温下的响应性能适中。

太赫兹热探测。某些材料在受到电磁波照射时会产生热效应，即材料吸收入射电磁波的能量后温度升高导致电阻率、体积或自发极化强度等物理特性发生变化。通过对这些变化的测量，太赫兹热探测器可以实现对太赫兹波的探测。由于探测过程只与入射电磁波的能量有关，太赫兹热探测器件具有很宽的响应频率范围，通常可以覆盖全部太赫兹波段。常见的太赫兹热探测器包括太赫兹气体探测器、太赫兹 Bolometer 和热释电探测器等。

太赫兹光电探测。应用于太赫兹探测的光电探测发展自红外、可见光等高频波段的光学探测方式。在光电探测器件中，基于半导体材料的本征光电探测器件通常被用于红外和可见光的探测，而利用半导体本征跃迁的太赫兹光电探测方式的局限在于，来自背景中的任何物体的太赫兹波段黑体辐射都会对器件造成干扰，因此探测器件需要工作在深低温环境下。工作在太赫兹波段的光电探测器件通常是利用材料的非本征跃迁、带内跃迁和子带跃迁效应。

太赫兹作为电磁波谱上新开发的一个频率窗口，由于其独特的性质，近十年来得到了相当的发展和应用。随着太赫兹源的研究发展，太赫兹光谱探测系统研究将迎来更大的发展，高性能、实用化、便携性已成为目前太赫兹探测仪器产业化的发展方向。太赫兹探测技术有如下发展趋势。

低频率太赫兹探测与高频率太赫兹探测相结合。一个太赫兹探测系统往往有两种探测传感系统。高频太赫兹探测技术受发射功率限制，只能进行近距离的局部探测，且遍历扫描时间较长。通过低频的微波毫米波太赫兹探测技术对人体快速扫描成像定位随身物品位置，再采用高频太赫兹探测技术进行局部光谱采样分析，可以实现太赫兹快速无接触安检应用。

太赫兹探测技术试图覆盖太赫兹整个的频谱范围。太赫兹光谱探测向低频段毫米波太赫兹发展，低频率太赫兹探测向高频率方向发展。

太赫兹探测向阵列探测方向发展。通过对太赫兹探测器阵列式布置，可以对微弱太赫兹信号进行探测支持大范围区域内动态监测，并可以对多个目标同时跟踪，在目标跟踪和制导等国防领域具有重要应用价值。

2. 太赫兹检测

基于太赫兹波谱的无损探伤技术，与其他传统的检测手段相比，具有许多独特的优点。在非金属、非极性材料的检测方面，太赫兹波不仅可以透过不透明材料探测材料内部的杂质、位错、微裂纹、纤维分层、纤维与基体界面开裂、纤维卷曲、富胶或贫胶、孔洞、脱胶以及氧化等缺陷，还可代替红外应用在绝热材料和热敏感材料的检测中。并且由于太赫兹波的低能性，所以不会对被检材料造成结构上的破坏，也不会产生对人体有害的辐射。超声波检测在探测时必须与被检测对象接触，且在某些材料中，声波衰减率很大，利用超声波对此类材料进行探伤十分困难，而太赫兹波无损检测方法对这些材料仍然可行，且可在不接触被测材料的情况下对其进行无损探伤，因此可将太赫兹无损检测作为一种互补手段，针对复合材料、高分子材料进行检测。

近年来，复合材料领域迅猛发展，越来越多的复合材料被应用于航空航天、船舶、汽车以及核工业等高新领域，利用太赫兹波对复合材料进行无损检测的热潮也应运而生（图 8－21）。所谓复合材料，可以是金属材料、无机材料、高分子材料中任意两种或两种以上的复合，通过物理或化学作用，将会形成并得到兼具各材料优点的新材料。但将组成、结构相去甚远的材料复合到一起时，它们的结合不可能达到完美，并且每种基材自身也可能存在一定的缺陷，而这些缺陷将会成为材料使用过程中的薄弱环节，也就是说，材料很可能在实际使用条件未达理论上限时就从这些薄弱环节开始发生破坏。为保证材料在后期使用过程中的可靠性，在复合材料的生产、加工、使用过程中对其进行缺陷检测十分必要。利用太赫兹无损检测技术，可以在上述各个环节有效检测复合材料可能产生的各种缺陷，而关于太赫兹检测技术工业化及其检测设备小型化的研究已成为当下无损检测领域研究的又一热点。太赫兹波对高分子材料的特殊性质，使太赫兹无损检测技术可以应用在高分子材料、复合材料内部及表面缺陷的检测中。国内外对太赫兹无损检测技术在复合材料检测方面已有成功案例，但总体来讲，太赫兹无损检测技术刚刚起步，许多难关还有待攻克。

（1）航天飞机 SOFI 泡沫太赫兹无损检测。

2003 年 2 月 1 日美国哥伦比亚号航天飞机在完成航行任务返回地球的过程中发生爆炸，机上 7 名宇航员全部罹难。美国国家航空和航天局（National Aeronautics and Space Administration，NASA）的专家经调查初步判断，事故原因为哥伦比亚号所携带的外挂式燃料箱的一块 SOFI 绝热泡沫板脱落撞击到机翼，导致飞机外壳受损。该绝热泡沫是将聚氨酯喷涂在铝制底板上，然后发泡成型为高强度的绝热层，在喷涂及发

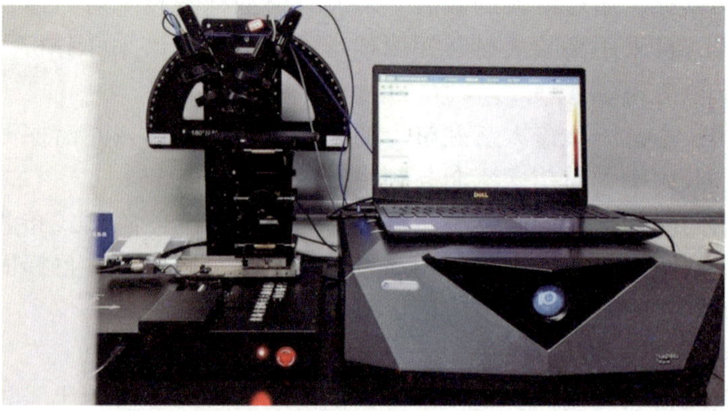

图 8－21　太赫兹无损检测技术在新能源汽车中的应用

泡的过程中，可能会出现空洞和脱胶现象，而这很有可能正是哥伦比亚号航天飞机失事的根本原因。利用太赫兹无损探伤手段对 SOFI 泡沫进行无损探伤，可以有效地检测泡沫成型过程中及成型后材料的内部以及与底板接触面的缺陷情况，从而避免缺陷的产生或寻找有效的解决办法。

为确保今后航天飞机的安全发射，NASA 联合外挂式燃料箱生产厂家做了一系列研究，他们人为地在 SOFI 泡沫样品中设置了大小为 6.36～50.8mm、埋藏深度为 6.36～228.6mm 的缺陷，这些缺陷在铝制底板上、纵桁和凸缘的边缘地带或底端均有分布。研究人员从顶部和侧面将太赫兹波脉冲入射到样品内，并记录其反射波，成功探测到 57 个缺陷中的 49 个。

伦斯勒理工学院太赫兹研究中心的谢旭等，在一块 SOFI 绝热泡沫中人工设置了 8 个在实际生产制造中可能出现的缺陷，并利用时域扫描（TDS）的方法对样品进行了试验。试验所用的超快激光脉冲中心波长为 800mm，脉宽 130fs。实验过程中激光脉冲被分为两束，一束作为抽运光束用来产生太赫兹脉冲，另一束作为探测光。太赫兹脉冲照射到样品上时会穿透 SOFI 泡沫，被铝合金底板反射后第二次穿过泡沫层，这时两束脉冲同时被聚焦到探测晶体上，利用平衡探测与锁相放大相结合的方法进行测量，在时域上平移抽运光束即可得到试验样品在该点的信息。在 $x-y$ 平面上移动样品以对样品进行二维扫描，继而得到整个样品的信息。处理得到的数据，可以得到 SOFI 泡沫内部的缺陷图像。

（2）PMI 泡沫的太赫兹无损检测。

除聚氨酯泡沫外，在航天航空领域具有很高应用价值的 PMI 泡沫也可用太赫兹进行无损检测。PMI 泡沫为 100% 闭孔泡沫材料，常应用于运载火箭整流罩及壳体、机翼的填充层等，也曾被应用在日本新干线的火车头，通用、西门子等公司的医疗床板，Vestas 的风力发电机叶片中。

（3）碳纤维复合材料的太赫兹无损检测。

纤维复合材料具有可观的比强度，已被广泛应用于航空、航海和汽车制造等行业。碳纤维复合材料作为纤维复合材料的典型代表，在飞行器制造、汽车以及体育用品等领域的应用最为广泛。它是以碳纤维作为骨架，以树脂作为填充材料制成的，具有质轻、高强度、高模量的特点。

碳纤维/树脂基复合材料的破坏形式主要包括基体断裂、纤维断裂、纤维脱黏、纤维拔出、裂纹扩展与偏转，其破坏机制往往是以上5种基本破坏形式的组合和综合体现。纤维作为增强体加入树脂基体中时，其断裂强度要远高于基体数值的断裂强度，因此纤维/树脂基复合材料最理想的破坏形式是纤维断裂，当以这种形式使材料发生破坏时，材料的断裂强度最高，能够使材料的力学性能发挥到最好。如果基体树脂中存在微裂纹，在纤维/树脂复合体系受到外应力作用时，微裂纹将发生扩展，随后将会发生基体断裂、纤维脱黏以及纤维拔出。为保证碳纤维/环氧树脂复合材料具有较好的力学性能，有必要对其进行缺陷检测。

3. 太赫兹通信

早在2000年初，国外就启动了太赫兹技术相关研究，并开展了一些实践应用。以下分别就美国、欧洲和日本三个国家和地区分别阐述国外的太赫兹通信技术发展现状。

美国以国防部高级研究计划署（DARPA）、国家航空与航天局（NASA）、国家能源局等部门牵头，自2009年起，就投入大量经费和科研力量，进行太赫兹关键组件的研制和系统的研发，主要的频段范围集中在0.1～1THz，应用场景包括移动自组网空间通信、机载大容量远距离通信等。此外，众多研究机构（如纽约大学、麻省理工、佐治亚理工大学、普林斯顿大学、加州大学伯克利分校、布朗大学等）和重要的国家实验室（如JPL实验室、洛斯阿拉莫斯实验室等）也积极开展太赫兹相关技术研究，取得了不错的技术成果。在太赫兹固态电子学核心器件和模块方面，美国有着以VDI为代表的旗舰型公司。

在推动太赫兹通信和相关应用的产业化方面，美国有两项标志性事件：①2018年2月，美国联邦通信委员会（FCC）批准一项名为“SpectrumHorizons”的NPRM，对未来移动通信应用开放了从95GHz到3THz频段，鼓励相关产业机构加入太赫兹无线移动通信的应用研究中，该报告和命令于2020年8月24日由美国国家电信与信息管理机构（NTIA）批准正式生效；②美国工业伙伴联盟和DARPA共同创建了ComSenTer研究中心和产业联盟，开发太赫兹无线传输和感知应用技术。

欧洲太赫兹通信技术研究，主要依托两个欧盟框架计划：“Horizon2020（地平线2020）”和“HorizonEurope（地平线欧洲）”。通过上述两个计划，欧盟投资了至少千万欧元启动了多个跨国的太赫兹研发项目，包括WORTECS（研究太赫兹异构组网技术）、EPIC（研究Tpbs传输前向纠错编码技术）、TERAPAD（研究局域网场景下超大带宽无线接入技术）、ULTRAWAVE（研究超高容量回传网络技术）、DREAM（研究可重构Mesh网络技术）等。2017年，欧盟基于“地平线欧洲”计划开始6G通信技术研发，网络峰值数据达Tbps量级，而超高速太赫兹通信技术是达成上述目标的核心技术之一。以德国KIT研究所和Fraunhofer协会为代表的欧洲科研机构，在太赫兹核心器件（光电导天线、基于Plasmonic的MZM调制器）和光电结合通信系统的研究中具有优势，并且也启动了太赫兹通信和传感协同发展的T－KOS项目，见图8－22。

图8－22　德国100G太赫兹无线通信系统

日本政府将太赫兹技术列为未来10年十大关键科学技术首位。2006年，日本电报电话公司（NTT）完成了世界上首例太赫兹通信演示，并在2008年成功用于北京奥运会的高清转播。该系统工作频点120GHz，传输距离可达15km。目前，NTT正在全力研究0.5～0.6THz高速大容量无线通信系统。以NTT和大阪大学为代表的日本科研机构，在核心光电器件UTC－PD和光－电结合太赫兹通信系统的研究中占据最领先地位。

目前，太赫兹通信的研究热点主要集中于赫兹波发射源技术、太赫兹传输控制和调制方式、太赫兹信号的探测接收技术等方面。太赫兹通信向高速无线通信、多样化和实用化方向发展。太赫兹通信技术有如下发展趋势：①通信速率越来越高，目前日本和德国太赫兹通信系统传输速率虽然高达100Gb/s，但只能在近距离实现高速率通信，在距离较远时，接收端信噪比达不到高速率通信要求；②从元器件集成发展到系统集成，元器件向更高频率、更高功率等方向发展；③应用向短距离高速太赫兹保密无线通信和空间太赫兹高速无线通信方向发展；④通过将电子学、光子学与量子理论结合，研究太赫兹产生、调控、检测的新技术。

为进一步推动太赫兹通信技术的发展、成熟和走向产业应用，除继续在核心器件和芯片方面持续投入外，推进太赫兹频段的频谱资源划分，寻找太赫兹通信潜在的应用领域，作为现有通信技术的补充或替代，也是太赫兹通信研究的重要组成部分。

在太赫兹无线通信频谱分配方面，国际电信联盟（ITU）已经完成100～275GHz频率范围内各用频业务的频率划分工作，其中，为陆地移动业务和固定业务分配的全球统一标识频谱有97.2GHz。在2019年世界无线电大会（WRC－19）上，基于WRC－15第767号决议和WRC－19第1.15议题研究结果，大会又为陆地移动业务和固定业务在275～450GHz频率范围内新增275～296GHz、306～313GHz、318～333GHz、356～450GHz 4个全球标识的移动业务频段，新增频谱带宽合计137GHz。在太赫兹无线通信空口技术标准上，美国电气电子工程师学会（IEEE）在2008年在IEEE802.15工作组下设立了太赫兹兴趣组，探讨275～3000GHz频率范围内太赫兹通信和相关网络应用的可行性。后续，该兴趣组转为IEEE802.15.3d任务组。2017年，该任务组发布了 IEEEStd. 802. 15. 3d – 2017[9]，定义了符合 IEEEStd. 802. 15. 3 – 2016 的无线点对点物理层，频率范围为 252 ~ 325GHz，是第一个工作在 300GHz 的无线通信标准。2019 年，IMT – 2030（6G）推进组无线技术工作组成立了太赫兹通信任务组，将太赫兹通信列为未来 6G 通信的重要候选技术，召集各相关产学研用单位，研究讨论太赫兹通信关键技术、应用愿景和标准化等方面的工作，这为太赫兹通信进入 IMT 通信技术标准奠定了研究和产业共识基础。

在太赫兹通信应用场景方面，一般做如下三种划分。

（1）地面通信。

太赫兹波具有超大带宽的频谱资源，可以支持 Tbps 量级的峰值通信速率，适合与地面超高速无线通信。适用场景如：①超高速无线移动场景，例如全息通信、高质量视频在线会议、增强现实/虚拟现实、3D 游戏等；②固定无线接入场景；③高速无线回传；④无线数据中心；⑤数据亭下载；等等。

（2）非地面通信。

太赫兹波在外层空间中基本可做到无损传播，通过极低的功率就可实现超远距离传输。在天线对准和跟瞄方面和抗大气湍流扰动方面，在星地大容量数据传输场景下太赫兹通信技术相较于无线激光通信，拥有更大的技术优势。如果未来太赫兹天线系统可以实现小型化、平面化，太赫兹通信系统可通过搭载卫星、无人机、飞艇等天基平台和空基平台，作为无线通信和中继设备，应用于卫星集群间、天地间和千公里以上的星间高速无线通信场景，实现未来的空天地海一体化通信的重要一环。

（3）微系统通信。

太赫兹波长极短，随着太赫兹通信技术的持续突破和发展，未来有望实现毫、微尺寸甚至是微纳尺寸的收发设备和组件，在极短距离范围内实现超高速数据链应用。

8.8.3 军事应用前景

随着第五代（5G）无线通信的推广和应用，微波通信开始向毫米波波段拓展，可以预测在未来 10 年，5 ~ 10Gb/s 的通信速率将是基本的速率需要。而相对于毫米波段来说，频率更高的太赫兹也自然被认可为第六代（6G）通信的主要工作频段。当前中国乃至全球都已拉开 6G 研发的大幕，意图抢占 6G 技术高地。芬兰率先发布了全球首份 6G 白皮书《面向 6G 泛在无线智能的驱动与主要研究挑战》，对 6G 愿景和技术应用进行了系统性展望。美国从 2018 年开始 6G 研究，前期主要是对 6G 芯片的研究，并率先在空天海一体化通信，特别是卫星互联网通信开展研究实践。韩国将 6G 超高频段无线器件研发列为“首要”课题，日本则在 6G 关键性的太赫兹技术方面已经有较深入的研究。我国也已经全面启动了 6G 研发，科技部于 2019 年 11 月成立了由 37 家产学研机构参与的 6G 技术研发 IMT – 2030 推进组，并召开多场 6G 研讨会。通信领域相关的标准组织 ITU 和 3GPP 对于 6G 相关标准的制定也给出了计划时间表。

芬兰 6G 旗舰计划（6G Flagship）白皮书认为，未来 6G 通信愿景的特征是“泛在”“无线”“智能”，未来 6G 可以提供无缝覆盖的泛在无线连接，提供情景感知的智能服务等应用。目前，形成广泛共识的 6G 愿景至少需要包含以下几个特征：与 AI

技术的深度融合，峰值速率达到 Tb/s，会采用新型的多址和编码技术，会有空天地海多维度一体化通信以及从宏观到微观的多尺度通信等。实现上述愿景需要各个方向的关键技术的突破和支撑，目前 6G 技术研究仍处于探索起步阶段，技术路线尚不明确，关键指标和应用场景还没有统一的定义，但业界基本能够达成共识的是，太赫兹通信作为新型频谱技术，将会是 6G 愿景实现的关键底层技术。

1. 用于太赫兹信号生成的超薄光子电路

来自瑞士洛桑联邦理工学院、苏黎世联邦理工学院和哈佛大学的一组科学家发表了他们在开发用于精确生成太赫兹信号的专有电路方面的发现，该团队制造了一种在光学和电信领域都有潜在应用的集成电路。利用一种叫作铌酸锂（一种常用于制造电子元件和传感器的化合物）的合成化学物质的特性，研究人员能够制造出一种光子芯片，它不仅可以产生太赫兹波，还可以精确控制信号的频率、幅度和相位。这种超薄膜芯片是通过纳米级蚀刻工艺制成的，其中称为波导的通道排列使微型天线能够在标准光纤的帮助下广播太赫兹信号。这种使用熟悉的制造方法和传统光学电子技术的小型设备可以封装成微型嵌入式组件，用于发送和接收数据，这可能是 6G 网络设备开发中的宝贵资产。其他用例包括非破坏性光谱学和量子物体的控制，尽管目前该团队的首要任务是改进他们设计的波导和天线，以创建具有更大振幅的信号并进一步微调其太赫兹频率。

2. 佳能开发太赫兹芯片

在行业方面，以相机和打印机设备而广受欢迎的日本科技集团佳能宣布了一种新型紧凑型太赫兹半导体芯片，可能以成像形式应用于安全领域，并以 6G 形式应用于电信领域。使用称为谐振隧道二极管的组件，佳能的工程师能够缩小其设计并创建能够同时具有高输出和高可检测性的 IC，同时封装到比其他演示小得多的占位面积中。这些二极管非常有用，因为它们从内置于半导体中的天线发射太赫兹辐射，有效地消除了对频率多路复用器、喇叭天线和透镜等模块的需求。由 36 根天线组成的集成阵列精确同步，偏差不超过 1 皮秒，可提高信号传输的准确性和清晰度，同时也可能对克服太赫兹技术的范围挑战产生影响。目前，该设备旨在用于手机和相机等小型电子设备，但也可用于实时主动成像等其他计算机系统。佳能称，其新芯片还可以在数米范围内进行非侵入式人体扫描和隐藏武器检测，适用于行人密集场所的安全用途，而不会中断交通。

3. 提高太赫兹通信的范围

无线电数据传输的一个常见经验法是信号频率越高，传输距离越短。如果我们看一下太赫兹范围内的高频，就会发现在通信开始出现损耗之前，发射器和接收器之间的最大距离约为 1 英尺。来自美国东北大学、美国宇航局喷气推进实验室和空军研究实验室的一组科学家提出了一种克服这些挑战的新方法，建立了超过 1 英里的每秒数千兆比特的连接。根据美国东北大学的 Joseph Jornet 教授的说法，他们成功的关键是从通信信道中移除混频器（传统上用于向信号添加信息的模块）的过程，因为它由于传输的高功率要求而对他们的系统产生了负面影响太赫兹信号。

虽然太赫兹波具有很多优势，但是在实际应用中还存在一些挑战需要解决。首先，太赫兹波的传输距离较短，需要使用中继器等技术来增加传输距离。其次，太赫兹波的信号容易受到大气干扰和电磁噪声等影响，需要加强信号处理和抗干扰技术的研究。此外，太赫兹波的设备成本较高，也需要进一步降低成本才能广泛应用。

随着6G通信网络的不断发展，太赫兹波的应用前景也越来越广阔。未来，我们相信太赫兹波将会成为6G通信网络的重要技术之一，为人们的生活带来更多便利和安全。同时，太赫兹波也将会与其他无线通信技术相结合，形成更加高效和安全的通信网络。

8.9 结束语

综上，从人工智能到元宇宙，从量子计算到太赫兹，从生物技术到先进材料等，都已在原理上取得突破，在实践中得以应用。常温超导、反重力、反物质等未来更具颠覆性的前沿技术也正在被科学家持续研究。未来一旦取得突破，都将引发人类文明的科技革命。

常温超导技术是指在常温（>0℃）和常压（1个大气压）环境下就能实现超导状态的技术，将会引发一场前所未有的科技革命。

反重力技术的基本原理是依靠机器自身所形成的逆向引力场，抵消或阻绝外部环境的引力场而获得推力。一旦人类成功掌握反重力技术，即可使物体摆脱地球引力束缚，在空中自由漂浮或移动，甚至可能穿越时空。英国《简氏防务周刊》曾指出：如果反重力是真实存在的，那么它必将改变整个世界。可以说，反重力技术将是人类通往神级文明的钥匙。尽管反重力技术存在研究难度和研究成本问题，也仍然存在许多挑战，但是其拥有许多潜在的重大应用前景。

反物质是由反粒子组成的物质，具有与正常物质截然不同的性质。例如，由于反物质的高能量密度，可以被用于制造高能粒子束或作为燃料来推进太空船。但是，反物质的产生和储存都非常困难和昂贵，因此其应用也受到很大的限制。目前，反物质主要被用于高能物理实验、量子计算、医学成像和治疗等方面，但未来可能会有更广泛的应用和发展。

参考文献

[1] 汤珊红，李晓松，赵柯然，等．生成式人工智能赋能国防科技情报［J］．情报理论与实践．2023，46（11）：83－84.

[2] 卢经纬，郭超，戴星原，等．问答ChatGPT之后：超大预训练模型的机遇和挑战［J］．自动化学报，2023，49（4）：705－717.

[3] 惠怀海．元宇宙概念研究与体系构想［M］．北京：国防工业出版社，2022.

[4] 于佳慧，孙宇祥，项祺，等．元宇宙赋能指挥控制：未来虚实融生的作战推演［J］．指挥与控制学报，2022，8（3）：260－269.

[5] ROB T，THOMAS J，MASAHIDE S. Focus on quantum science and technology initiatives around the

world [J]. Quantum Sci. Technol, 2019, 5 (1): 010201.
[6] RAYMER M G, MONROE C. The US national quantum initiative [J] . Quantum Science and Technology, 2019, 4 (2): 020504.
[7] 武佳铭. 可控核聚变的研究现状及发展趋势 [J]. 电子世界, 2017 (21): 9 - 13.
[8] 潘伟. 中国的“人造太阳”是怎样聚变的? [J]. 国资报告, 2023, (10): 123 - 127.
[9] DIAS R P, SILVERA I F. Observation of the Wigner - Huntington tran - sition to metallic hydrogen [J]. Science, 2017, 355 (6326): 715 - 718.
[10] GOZIN M, FERSHTAT L. Recent Advances in Chemistry of Nitrogen - Rich Energetic Polymers and Plasticizers [J]. Nitrogen - Rich Energetic Materials, 2023: 189 - 238.
[11] FANG X, WEN J, CHENG L, et al. Programmable gear - based mechanical metamaterials [J]. Nature Materials, 2022, 21: 869 - 876.
[12] SKLAN S R, WEN B L. Thermal metamaterials: functions and prospects [J] . National Science Review, 2018, 5 (2): 138 - 141.